高等教育安全科学与工程类系列教材
消防工程专业系列教材

电气防火技术

主　编　高庆敏
副主编　白国强
参　编　赵望达　裘志浩　李晓康　陈　磊
　　　　张村峰　王　健　张京兆　张国友
　　　　周　庆
主　审　涂志胜

机械工业出版社

本书是根据全国高等院校消防工程专业的主干课程教学大纲编写的，通过对电气火灾事故原因的深入分析，系统地阐述了电气防火的基本原理、技术基础及发展趋势。本书共分11章，全面介绍了电气火灾事故发生的原因和预防措施，讲述了接地接零保护及漏电保护的原理和适用范围，对雷电和静电的危害及其预防进行了简明、中肯的分析，最后在叙述燃烧和爆炸理论的基础上，详细地论述了电气设备的防火问题和火灾爆炸危险场所的火灾、爆炸的预防与控制问题。

本书内容新颖，体系完整，理论突出，结合实际，内容涉及电气防火的理论与技术、设计与施工、运行与维护管理等各个方面。

本书可作为高等院校消防工程、安全工程等专业的必修教材，也可作为建筑电气与智能化工程、给水排水工程、建筑环境与设备工程等其他专业的选修教材，还可作为注册消防工程师考试以及企业电气技术人员、安全生产管理人员的陪训教材及参考书。

图书在版编目(CIP)数据

电气防火技术/高庆敏主编．—北京：机械工业出版社，2011.12(2024.12重印)

高等教育安全科学与工程类系列教材

ISBN 978-7-111-36889-2

Ⅰ．①电…　Ⅱ．①高…　Ⅲ．①电气—防火—高等学校—教材　Ⅳ．①TM92

中国版本图书馆CIP数据核字(2011)第270833号

机械工业出版社（北京市百万庄大街22号　邮政编码100037）

策划编辑：冷　彬　责任编辑：冷　彬　关晓飞　卢若薇

版式设计：常天培　责任校对：陈延翔

封面设计：张　静　责任印制：李　昂

北京中科印刷有限公司印刷

2024年12月第1版第11次印刷

169mm×239mm · 21.75印张 · 424千字

标准书号：ISBN 978-7-111-36889-2

定价：49.00元

电话服务　　　　　　　　网络服务

客服电话：010-88361066　机　工　官　网：www.cmpbook.com

010-88379833　机　工　官　博：weibo.com/cmp1952

010-68326294　金　书　网：www.golden-book.com

封底无防伪标均为盗版　机工教育服务网：www.cmpedu.com

序一

“安全工程”本科专业是在1958年建立的“工业安全技术”、“工业卫生技术”和1983年建立的“矿山通风与安全”本科专业基础上发展起来的。1984年，国家教委将“安全工程”专业作为试办专业列入普通高等学校本科专业目录之中。1998年7月6日，教育部发文颁布《普通高等学校本科专业目录》，“安全工程”本科专业（代号：081002）属于工学门类的“环境与安全类”（代号：0810）学科下的两个专业之一㊀。据“高等学校安全工程学科教学指导委员会”1997年的调查结果显示，自1958~1996年年底，全国各高校累计培养安全工程专业本科生8130人。近年，安全工程本科专业得到快速发展，到2005年年底，在教育部备案的设有安全工程本科专业的高校已达75所，2005年全国安全工程专业本科招生人数近3900名㊁。

按照《普通高等学校本科专业目录》(1998)的要求，原来已设有与“安全工程专业”相近但专业名称有所差异的高校，现也大都更名为“安全工程”专业。专业名称统一后的“安全工程”专业，专业覆盖面大大拓宽。同时，随着经济社会发展对安全工程专业人才要求的更新，安全工程专业的内涵也发生很大变化，相应的专业培养目标、培养要求、主干学科、主要课程、主要实践性教学环节等都有了不同程度的变化，学生毕业后的执业身份是注册安全工程师。但是，安全工程专业的教材建设与专业的发展出现尚不适应的新情况，无法满足和适应高等教育培养人才的需要。为此，组织编写、出版一套新的安全工程专业系列教材已成为众多院校的翘首之盼。

机械工业出版社是有着悠久历史的国家级优秀出版社，在高等学校安全工程学科教学指导委员会的指导和支持下，根据当前安全工程专业教育的发展现状，本着“大安全”的教育思想，进行了大量的调查研究工作，聘请了安全科学与工程领域一批学术造诣深、实践经验丰富的教授、专家，组织成立了教材编审委员会(以下简称编审委)，决定组织编写“高等教育安全工程系列‘十一五’教材”㊂。并先后于2004年8月(衡阳)、2005年8月(葫芦岛)、2005年12月(北京)、2006年4月(福州)组织召开了一系列安全工程专业本科教材建设研讨会，就安全工程专业本科教育的课程体系、课程教学内容、教材建设等问题反复进行了研讨，在总结以往教学改革、教材编写经验的基础上，以推动安全工程专业教学改革和教材建设为宗旨，进行顶层设计，制订总体规划、出版进度和编写原则，计划分期分批出版近30余门课程的教材，以尽快满足全国众多院校的教学需要，以后再根据专业方向的需要逐步增补。

㊀ 按《普通高等学校本科专业目录》(2012版)，“安全工程”本科专业（专业代码：082901）属于工学学科的“安全科学与工程类”（专业代码：0829）下的专业。

㊁ 各高校安全工程本科每年的招生数量可以通过高等学校安全工程学科教学指导委员会主办的“全国高等院校安全工程学科教育数据和信息系统”查询（www. cosha. org. cn)。

㊂ 自2012年更名为“高等教育安全科学与工程系列教材”。

由安全学原理、安全系统工程、安全人机工程学、安全管理学等课程构成的学科基础平台课程，已被安全科学与工程领域学者认可并达成共识。本套系列教材编写、出版的基本思路是，在学科基础平台上，构建支撑安全工程专业的工程学原理与由关键性的主体技术组成的专业技术平台课程体系，编写、出版系列教材来支撑这个体系。

本套系列教材体系设计的原则是，重基本理论，重学科发展，理论联系实际，结合学生现状，体现人才培养要求。为保证教材的编写质量，本着“主编负责，主审把关”的原则，编审委组织专家分别对各门课程教材的编写大纲进行认真仔细的评审。教材初稿完成后又组织同行专家对书稿进行研讨，编者数易其稿，经反复推敲定稿后才最终进入出版流程。

作为一套全新的安全工程专业系列教材，其“新”主要体现在以下几点：

体系新。本套系列教材从“大安全”的专业要求出发，从整体上考虑，构建支撑安全工程学科专业技术平台的课程体系和各门课程的内容安排，按照教学改革方向要求的学时，统一协调与整合，形成一个完整的、各门课程之间有机联系的系列教材体系。

内容新。本套系列教材的突出特点是内容体系上的创新。它既注重知识的系统性、完整性，又特别注意各门学科基础平台课之间的关联，更注意后续的各门专业技术课与先修的学科基础平台课的衔接，充分考虑了安全工程学科知识体系的连贯性和各门课程教材间知识点的衔接、交叉和融合问题，努力消除相互关联课程中内容重复的现象，突出安全工程学科的工程学原理与关键性的主体技术，有利于学生的知识和技能的发展，有利于教学改革。

内容新。本套系列教材的主编大多由长期从事安全工程专业本科教学的教授担任，他们一直处于教学和科研的第一线，学术造诣深厚，教学经验丰富。在编写教材时，他们十分重视理论联系实际，注重引入新理论、新知识、新技术、新方法、新材料、新装备、新法规等理论研究、工程技术实践成果和各校教学改革的阶段性成果，充实与更新了知识点，增加了部分学科前沿方面的内容，充分体现了教材的先进性和前瞻性，以适应时代对安全工程高级专业技术人才的培育要求。本套教材中凡涉及安全生产的法律法规、技术标准、行业规范，全部采用最新颁布的版本。

安全是人类最重要和最基本的需求，是人民生命与健康的基本保障。一切生活、生产活动都源于生命的存在。如果人们失去了生命，一切都无从谈起。全世界平均每天发生约68.5万起事故，造成约2200人死亡的事实，使我们确认，安全不是别的什么，安全就是生命。安全生产是社会文明和进步的重要标志，是经济社会发展的综合反映，是落实以人为本的科学发展观的重要实践，是构建和谐社会的有力保障，是全面建设小康社会、统筹经济社会全面发展的重要内容，是实施可持续发展战略的组成部分，是各级政府履行市场监管和社会管理职能的基本任务，是企业生存、发展的基本要求。国内外实践证明，安全生产具有全局性、社会性、长期性、复杂性、科学性和规律性的特点，随着社会的不断进步，工业化进程的加快，安全生产工作的内涵发生了重大变化，它突破了时间和空间的限制，存在于人们日常生活和生产活动的全过程中，成为一个复杂多变的社会问题在安全领域的集中反映。安全问题不仅对生命个体非常重要，而且对社会稳定和经济发展产生重要影响。党的十六届五中全会提出“安全发展”的重要战略理念。安全发展是科学发展观理论体系的重要组成部分，安全发展与构建和谐社会有着密切的内在联系，以人为本，首先就是要以人的生命为本。“安全·生命·稳定·发展”是一个良性循环。安全科技工作者在促进、保证这一良性循环中起着重要作用。安全科技人才匮乏是我国安全生产形势严峻的重要原因之一。加快培养安全科技人才也是解开安全难题的钥匙之一。

高等院校安全工程专业是培养现代安全科学技术人才的基地。我深信，本套系列教材的出版，将对我国安全工程本科教育的发展和高级安全工程专业人才的培养起到十分积极的推进作用，同时，也为安全生产领域众多实际工作者提高专业理论水平提供了学习资料。当然，由于这是第一套基于专业技术平台课程体系的教材，尽管我们的编审者、出版者夙兴夜寐，尽心竭力，但由于安全学科具有在理论上的综合性与应用上的广泛性相交叉的特性，开办安全工程专业的高等院校所依托的行业类型又涉及军工、航空、化工、石油、矿业、土木、交通、能源、环境、经济等诸多领域，安全科学与工程的应用也涉及人类生产、生活和生存的各个方面，因此，本套系列教材依然会存在这样和那样的缺点、不足，难免挂一漏万，诚恳地希望得到有关专家、学者的关心与支持，希望选用本套教材的广大师生在使用过程中给我们多提意见和建议。谨祝本系列教材在编者、出版者、授课教师和学生的共同努力下，通过教学实践，获得进一步的完善和提高。

“嘤其鸣矣，求其友声”，高等院校安全工程专业正面临着前所未有的发展机遇，在此我们祝愿各个高校的安全工程专业越办越好，办出特色，为我国安全生产战线输送更多的优秀人才。让我们共同努力，为我国安全工程教育事业的发展作出贡献。

中国科学技术协会书记处书记
中国职业安全健康协会副理事长
中国灾害防御协会副会长
亚洲安全工程学会主席
高等学校安全工程学科教学指导委员会副主任
安全工程专业教材编审委员会主任
北京理工大学教授、博士生导师

2006年5月

⊖ 曾任中国科学技术协会副主席。

序二

1998年7月，教育部颁布的《普通高等学校本科专业目录和专业介绍》将消防工程归入工学门类，实行开放办学政策。开设消防工程专业的高等院校随之迅速增加，学生数量不断增长，形成了可喜的发展局面。随着我国社会的发展，以人为本的消防安全理念不断深入人心，对高素质消防工程专业技术人才的需求旺盛，消防工程专业已逐渐成为高等教育的热门专业之一。

与大好的专业发展形势不协调的是，目前，我国开设消防工程专业的普通高等院校，还没有一套系统、适用的专业系列教材。为满足学科发展的需求，提高消防工程专业高等教育的培养质量，组织编写、出版一套体系完善、结构合理、内容科学的消防工程专业系列教材事在必行，同时也是众多院校的共同愿望。

机械工业出版社是有着60年历史的国家级优秀出版社，也是国家教育部认定的规划教材出版基地。该社根据当前消防工程专业的发展现状，进行了大量的调研工作，协同较早前成立的安全工程专业教材编审委员会并在其指导下，聘请消防工程领域的一批学术造诣深、实践经验丰富的专家教授，成立了教材编审委员会，组织编写该专业系列教材。该社先后在西安（2008年11月）、株洲（2010年3月）、长沙（2010年10月）组织召开了一系列消防工程专业本科教学研讨会，就消防工程专业本科教育的课程体系、课程内容、教材建设等问题进行了深入研讨，确定分阶段出版该专业系列教材，以尽快满足众多院校的教学要求与人才培养目标的需求。

本套系列教材的编写，本着“重基本理论、重学科发展、重理论联系实际”的教材体系建设原则，在强调内容创新的同时，要体现出学科体系的系统性、完整性、专业性等特点。同时，采取“编委会评审、主编负责、主审把关”的方式确保每本教材的编写质量。本套教材还积极吸纳消防工程的设计单位、施工单位和公安消防专业人士的实践经验，在理论联系实际方面较以往同类教材实现了较大突破，提高了教材的工程实用价值。

由于消防工程内容的广泛性和交叉性，开办消防工程专业的高校所依托的行业背景和领域不同，因此，本套系列教材依然会存在不足，诚恳希望得到有关专家、学者的关心和支持，希望选用本套教材的师生在使用过程中多提意见和建议。谨祝本系列教材通过教学实践，获得进一步的完善和提高。

高等院校消防工程专业正面临着前所未有的发展机遇，在此我们祝愿各个高校的消防工程专业办出水平、办出特色，为我国消防事业输送更多的优秀人才。

中国消防协会理事
消防工程专业系列教材编审委员会主任
中南大学教授、博士生导师
徐志胜
2011年6月

前　言

随着科学技术的快速发展，电气防火技术的理论、原理与方法日新月异，特别是进入21世纪以来，我国的消防技术也逐步快速发展起来，消防设备检测元件已从以前的分立元件发展为具有智能化检测功能的产品，信息数据传输系统也从传统的多线制转向现场总线方式，消防控制系统也从传统的机电控制转向计算机控制系统和现代自动控制技术。随着智能控制技术的发展，消防技术已被列入智能建筑与楼宇自动化系统的一个重要子系统。电气防火技术是包含了多学科的一门综合技术，正因为如此，对从事消防工程的设计、施工与维护人员的要求也越来越高。为了满足培养消防工程专业技术骨干力量的需要，以及企业消防人员和有关用电安全的专业技术人员提高业务能力的需要，作者参照消防工程专业教学大纲，并根据多年从事消防工程电气防火工程施工的经验，编写了这本综合教材。

本书的主要特点是文字简练、图文并茂、深入浅出、理论联系实际，系统地介绍了电气防火的应用知识，注重电气安全的应用，特色突出。

本书由华北水利水电学院高庆敏担任主编并负责统稿。具体的编写分工为：第2、4章由高庆敏编写，第1、8章由中国人民武装警察学院李晓康和湖南省公安消防总队防火监督部周庆编写，第3章由河南理工大学王健编写，第5章由中南大学赵望达和裘志浩编写，第6章由内蒙古农业大学张国友和南京工业大学张村峰编写，第7、11章由华北水利水电学院白国强编写，第9章由西安科技大学张京兆编写，第10章由沈阳航空航天大学陈磊编写。

本书由中南大学徐志胜教授主审。徐教授对本书的编写提出了许多宝贵的意见和建议，在此对他表示衷心的谢意。同时，本书参考并引用了大量的书刊资料及有关单位的一些科研成果和技术总结，在此谨向这些文献的作者表示衷心的感谢。

本书编写时，虽然力图在认真总结消防工程专业、教学和消防工程实践的同时，集理论与应用为一体，按独立的学科体系搭建本书的框架结构，但因本书所涉及学科领域较多，需要的知识面较广，再加上作者水平有限，经验不足，不妥之处或错误在所难免，敬请读者和同行给予批评指正。

编　者

目 录

第 1 章

绪 论

内容提要： 本章主要介绍电气防火的基本概念和电气防火的研究对象，以及电气防火技术的产生发展过程，然后介绍电气防火审核检查的内容与方法。

本章重点： 本章中，重点掌握火灾事故的发生原因，以及由于电气原因引发火灾事故的主要原因。

1.1 电气防火的概念和研究对象

电是能源形式之一，它是现代文明的基础，是衡量一个国家现代化程度的标志，也是决定其发展速度的重要因素，但是电作为一种潜在的点火源，也悄悄进入了生产和生活的各个方面，进入了千家万户。电气火灾作为一种新的灾害，在城乡经济日益繁荣的形势下，给人民的生命和财产造成的损失也与日俱增。所以，电气防火是在大力发展电业基础上不可或缺的一部分。

电气火灾一般是指由于电气线路、用电设备、器具以及供配电设备出现故障释放的热能，如高温、电弧、电火花以及非故障性释放的能量，如电热器具的炽热表面，在具备燃烧条件下引燃本体或其他可燃物而造成的火灾，也包括由雷电和静电引起的火灾。

为了抑制电气火源的产生而采取的各种技术措施和安全管理措施，称之为电气防火。

电气防火技术是研究电气火灾形成机理及电气安全防火设施，防止电气火灾事故发生的一门科学，内容包含电气火源形成理论，变配电装置防火，电气设备和家用电器火灾预防，爆炸和火灾危险场所电气设备的选择，消防电源与配电系统，防雷和防静电等。它是“安全工学”门类中的一支分支，它与电气的设计、安装、运行和维护等工程问题密不可分，归纳起来可分为四大类，即电气防火技术，消防电源及其配电的可靠性，电气火灾原因鉴别，电气火灾报警与控制问题。所涉及的学科有电机学、电器学、绝缘材料、高电压技术、工业企业供电等。由此可以看出，电气防火是建立在多学科基础上的一门应用性和实用性很强的边缘学科。

电气防火与电气安全是我们研究的两大课题，那么二者的关系又如何呢？电气防火的重点要贯彻“以防为主”的方针，从电气的设计、施工、运行和维护等方面研究电气火灾形成的机理及防止电气火灾事故发生的具体措施，保证人民的生命和财产安全，最大限度地将损失降到最低。而电气安全则是以安全生产和人身安全为出发点，讨论如何用电气技术手段保障电气设备在生产过程中的安全运转，为人们创造安全的劳动条件，从而提高劳动生产率。从上面的分析可以看出，电气防火与电气安全二者是相辅相成的，它们既密切相关又有所区别，它们在研究内容上既相互渗透又各自有自己的侧重。比如电磁伤害只在电气安全中研究，但短路问题双方却都有研究，然而它们研究的重点却有所不同，电气防火着重于火灾起因的研究，电气安全则着重于可能对人体伤害的研究，我们在学习时应注意，此二者都是一项综合性很强的学科，都涉及工程技术问题，也涉及安全管理问题，不管是电气火灾事故，还是电气安全事故，就其事故发生的规律来讲，对于不同的工业部门也不尽相同，它们都具有一定的统计特性，这方面我们在学习时应该把握好。

电气防火是消防工程专业的一门重要的专业课。我们在学习中要学会电气防火检查和电气设计图纸的防火审查，以便将来步入社会能代表国家履行消防监督职能。我们在学习中，首先必须掌握有关电的基础知识，掌握电气防火原理、电气设备的设计原理、构造原理、安装方法及安全运行的基本知识，在掌握好这些基础知识的同时，我们还需熟悉国家的相关法律法规，注重实践的重要性，做到理论和实践相结合。

1.2 电气火灾的原因

1.2.1 电气火灾的趋势

电能是我国重要的能源之一，随着社会主义现代化建设的迅速发展和人民生活水平的不断提高，社会对电力的需求也越来越大。据资料显示，随着国民经济发展对电力需求的增长，我国的电力工业发展迅猛。1993 年全国的发电量为 8364.29 亿 kW · h，2002 年为 16400.00 亿 kW · h，是 1993 年的 2 倍。1993 ~ 2002 年，我国发电量不断增长，城市用电量进一步大幅度上升，农村用电住户达到 95% 以上，人均用电翻一番。电与工业生产和人民生活已密不可分。

我们都知道，电如果用法不当的话，也是一种潜在的点火源，随着用电设备的不断增多和用电量的不断加大，这种威胁也悄悄进入了生产和生活的各个方面，走进了千家万户。电能作为人们生活中不可缺少的能源之一，在造福人类的同时，也会带来危害。由于人们忽视安全用电，加之电气火灾的突发性和隐蔽性，所造成损失十分巨大，多年来由电气原因引发的火灾在各类火灾中也一直高居首位。根据我国消防部门的统计，自我国进入21世纪以来，电气火灾在全国总火灾数中占的比例不断上升，如表1-1所示。

表1-1 2000~2008年全国火灾趋势

项目＼年份	2000	2004	2005	2006	2007	2008
火灾起数	189185	256804	235941	235941	159000	133000
死亡人数	3021	2563	2496	1517	1418	1418
受伤人数	4404	2969	2506	1418	863	684
直接经济损失/亿元	15.2	19.77	13.6	7.85	9.9	15
电气火灾比例（%）	26.1	27.8	27.3	25.7	28.8	30.1

由表可见，电气火灾的比例，2000年为26.1%，到2008年上升到30.1%，有的沿海省份甚至达到本省火灾总起数的70%~80%，远远超过全国的平均数。从国外统计来看，电气火灾次数在总火灾中也占有相当大的比例。从火灾原因排位来看，除明火源引起的火灾外，电气火灾占着第二位，有的省市为第一位。在2000年的189185起火灾中，电气火灾中的特大火灾22起，死亡133人，受伤44人，直接损失10262.9万元。电气火灾中的重大火灾120起，死亡134人，受伤32人，直接损失5667.4万元。如6月12日18时46分，山东电子大厦（位于济南市北园大街415号，总建筑面积17900m^2。五层钢混结构，经营户28家，主要经营家用电器、通信器材、电工电料及VCD、录像带等电子产品），因四层营业厅018号摊位吊顶上的荧光灯电源线短路电弧引燃可燃物发生火灾，大厦营业厅和五层仓库内光盘、录像带等财物被烧，过火面积5700m^2，直接损失363.7万元。2008年11月14日早晨6时，上海商学院4名女大学生因火灾跳楼身亡，上海市公安局当天下午对外发布消息称，致4名大学生死亡的上海商学院学生宿舍火灾事故原因初步判断为寝室里使用“热得快”引发电器故障并将周围可燃物引燃所致。在我国，曾经也发生过一些特别严重的电力系统电气火灾事故，据资料显示，富拉尔基二厂皮带积煤自燃着火，姚孟电厂厂用配电装置着火，金竹山电厂炉渣引起电缆着火，大同二厂汽轮机严重超速引起油着火，清河电厂的燃油漏油着火，北京通州变电站和甘肃秦安变电站烧毁主变压器和电抗器的严重事故，以及1991年连续发生在北京石景山电厂、唐山陡河电厂、山西神头电厂的两起电缆火灾等损失都很惨重。国外著名的电气火灾有：美国纽约市的雷击停电

事故，长达24h，使一个现代化的城市变成一片黑暗，交通中断，商店关闭，政府停止办公，抢劫和火灾多处发生，经济损失无法估量。

通过上面的分析我们可以看出，电气火灾在政治和经济上造成的影响和损失是非常严重的，教训也是深刻的。为了预防火灾和减少火灾危害，加强应急救援工作，保护人身、财产安全，维护公共安全，由国家主席胡锦涛签署第6号主席令，公布自2009年5月1日起施行新《消防法》，法律规定，消防工作贯彻预防为主、消防结合的方针，尤其加大了对电气火灾早期预警、预报的强制性规定。值得注意的是，目前通过高科技已经可以使电气火灾防患于未然。

1.2.2 电气火灾的原因分析

电气火灾的直接原因是多种多样的，例如过载、短路、接触不良、电弧、火花、漏电、雷电或静电。有些火灾是人为的，比如疏忽大意、操作不当、不遵守有关防火法规等；有些火灾是由于线路老化造成的。从电气防火的角度看，安装使用不当、劣质电气设备、接地故障、雷电和静电是造成电气火灾的几个重要原因。下面来具体分析这些原因。

1. 电气设备安装使用不当

（1）过载。所谓过载，是指电气设备或导线的功率和电流超过了其额定值。造成过载的原因有以下几个方面：

1）设计、安装时选型不正确，使电气设备的额定容量小于实际负载容量。

2）设备或导线随意装接，增加负荷，造成超载运行。

3）检修、维护不及时，使设备或导线长期处于带病运行状态。

过载使导体中的电能转变成热能，当导体和绝缘物局部过热达到一定温度时，就会引起火灾。

（2）短路、电弧和火花。短路是电气设备最严重的一种故障状态，产生短路的主要原因有：

1）电气设备的选用、安装和使用环境不符合要求，致使其绝缘体在高温、潮湿、酸碱环境条件下受到破坏。

2）电气设备使用时间过长，超过使用寿命，绝缘老化发脆。

3）使用维护不当，长期带病运行，扩大了故障范围。

4）过电压使绝缘击穿。

5）错误操作或把电源投向故障线路。

短路时，在短路点或导线连接松弛的接头处，会产生电弧或火花。电弧温度很高，可达6000℃以上，不但可引燃它本身的绝缘材料，还可将它附近的可燃材料、蒸气和粉尘引燃。由于接地装置不良或电气设备与接地装置间距过小，过电压时使空气击穿可能引起电弧。切断或接通大电流电路、大容量熔断器爆断时，也可能产生电弧。

(3) 接触不良。接触不良主要发生在导线连接处，其原因主要有：

1) 电气接头表面污损，接触电阻增加。

2) 电气接头长期运行，产生导电不良的氧化膜，未及时清除。

3) 电气接头因振动或由于热的作用，使连接处发生松动。

4) 铜铝连接处因有约1.69V电位差的存在，潮湿时会发生电解作用，使铝腐蚀，造成接触不良。接触不良，会形成局部过热，形成潜在引燃源。

(4) 烘烤。电热器具（如电炉、电熨斗等）、照明灯泡在正常通电的状态下，就相当于一个火源或高温热源。当其安装不当或长期通电无人监护管理时，就可能使附近的可燃物受高温而起火。

(5) 摩擦。发电机和电动机等旋转型电气设备，轴承出现润滑不良、干枯产生干磨发热或虽润滑正常但出现高速旋转时，都会引起火灾。

2. 劣质电气设备

施工安装人员质量意识较差，不按设计图纸要求和施工规范进行施工。在工程中使用不符合国家及国际电工委员会（IEC）标准的劣质电气产品或已淘汰的电气产品，最后导致各类安全事故和电气火灾事故的发生。

3. 接地故障

接地故障指带电导体与水管、钢管、设备金属外壳的接触短路。接地故障比较隐蔽，不易发觉，也比较复杂，故接地故障起火的危险性较大。按照规范，民用建筑电气接地一般采用TN－C－S接地系统，即中性线在进户处做重复接地，入户后中性线（N线）和保护接地线（PE线）分开敷设，在插座和人体易接触外壳的用电设备或灯具回路中装设剩余电流断路器（漏电开关），以达到人体接触漏电的电器或设备外壳时，剩余电流断路器及时动作，切断电源，避免发生触电伤亡事故。

4. 雷电

雷电是在大气中产生的，雷云是大气电荷的载体。雷电的电位为$10 \sim 10^4$kV不等，雷电流的幅值约为数千安到数百千安。雷击时产生的功率很大，且放电时间一般约为几十微秒，放电区最高温度可达20000℃。雷电产生的高电压会沿金属物体侵入用户，使室内金属结构、供电线路回路之间产生放电、起火或爆炸，这就是雷电引发的火灾。

雷电造成破坏的原因主要是电压击穿效应和电流的热效应。当地面建筑物遭到雷击后会使建筑物破坏（即建筑物倒塌、起火或爆炸等），甚至造成人员伤亡。

雷电的危害类型除直击雷外，还有感应雷（含静电和电磁感应）、雷电反击、雷电波的侵入和球雷等。这些雷电危害形式的共同特点就是放电时总要伴随机械力、高温和强烈火花的产生，会使建筑物破坏，输电线或电气设备损坏，油罐爆炸、堆场器材物料着火。

5. 静电

静电是物体中正负电荷处于平衡状态或静止状态下的电形式，当平衡状态遭到破坏时物体才显电性。静电是由摩擦或感应产生的。

静电在一定条件下，会对金属物或地放电，产生有足够能量的强烈火花。此火花能使飞花麻絮、粉尘、可燃蒸气及易燃液体燃烧起火，甚至引起爆炸。

近20多年来，随着石油化工、塑料、橡胶、化纤、造纸、印刷、金属磨粉等工业的发展，静电火灾愈来愈受到人们的高度重视。

1.3 电气火灾的产生和发展

电气火灾是和电的发现与广泛应用分不开的，不管是强电领域还是弱电领域都有电气火灾问题。随着工业生产的发展，电气防火问题越来越引起了人们的重视，电气防火是伴随着消防科学的发展而发展起来的。为了提高电气防火的科学技术水平，近年来国内外有关科研部门和院校就相关课题做了大量研究工作。

消防科学发展到今天，已有200多年的历史。起初仅仅是对一般火灾灭火的研究，这些研究首先在国外开始。18世纪中后期，法国最先研制了灭火用的阻火剂，到后来的19世纪，在这方面有了大的发展，在英国和美国都出现了私人火灾保险机构，逐渐开始了消防器材的研制工作。但与其他科学相比，消防科学的发展还是比较缓慢的，它长期停留在试验阶段，没有固定的模式，最近的30年才能说是消防科学的真正形成阶段，所以说消防科学还是一个比较年轻的、有美好发展前景的学科。

由于电力应用范围的扩大，不同的发电厂也开始组网，联成电力系统。电网容量不断增加，短路电流也随之上升，电弧的威胁日趋严重。电力需求的不断增长，安全供电和安全用电问题便日益突显。美国、英国等在进行建筑材料和建筑构件耐火试验、阻火剂和防火涂料的试验及建筑火灾研究的同时，开展了电气防火基础理论的研究工作，比如对雷电火灾规律和控制技术的研究。不过这一时期的侧重点仍然是放在对明火源的控制和建筑火灾的预防上。电气防火的研究还不是首要工作。

新中国成立以来，随着科学技术飞速发展、火灾隐患的不断增多以及一些活生生的火灾案例，人们对消防越来越重视，这就促进了消防事业的快速发展，消防科学也随之进入了一个新的时期。与此同时，研究水平也有了较大提高，主要表现为增加消防研究机构、扩大消防研究队伍、改善科研条件、扩充研究领域和增加研究经费。1984年我国在创建中国消防协会的同时，组建了电气防火专业技术委员会，并吸收有关专家和教授参加电气防火的研究工作。到目前为止，国内多所大学开设了消防专业，用来培养专门的消防科研人员。与此同时，随着电气化时代发展的高峰期，电气防火不得不成为人们主要关注和研究的课题，电气防火教育也开始起步，到今天为止也有了很好的发展，为消防队伍培养了许多专门的技术人才。

为了提高电气防火的科研水平，国内有关部门和院校专门就某些课题做了深入的研究，比如“雷达火灾研究”、“家用电器火灾预防”等。这些领域的研究，为我们今后的学习提供了新的内容，但作为一门正在研究和发展的学科，还有好多地方是不全面的，这就等着我们将来去开发和探讨，为我国的消防事业做贡献。

1.4　电气防火审核与检查

在我国，消防机构还被赋予着一项神圣的职责，那就是对建筑工程的设计进行防火审核与竣工验收，对所辖区的消防工作进行查询验收。电气防火审核与电气防火检查就是其中的一项重要工作。众所周知，现代人们所居住的建筑和人们生活的各个方面都是和电脱离不了关系的，所以做好电气防火审核与检查是一项极其重要的任务。下面我们来具体说明电气防火与审查的具体步骤。

1.4.1　电气防火审查

（1）图纸审查。建筑工程设计图纸应由建设单位送审。具体送审单位应将工程图纸按统一规格装订成册，装入城乡建设档案馆的标准图盒内送审。

所送图纸应为全套正式蓝图，其中包括总平面图（含工程周围现状，工程位置，建筑平面、立面和剖面图，总平面布置，室外消防设施及其储存方式等）和室内、外有关消防部分的设计图（如消防用水及用电、空调内装修以及火灾自动报警、联动控制、自动灭火、防排烟设施等）。

（2）除全套正式蓝图外，还应附带如下资料：

1）设计任务书、说明书、计算书、消防设计专篇。

2）工业建筑应有可行性研究报告，生产工艺流程，成品，以及成品的理化性质、数量、运输和储存方式等。

3）内装修材料应有品种、数量、使用部位及防火装修材料的检测报告等。

当工程蓝图和资料都具备后，送审单位还应认真填写工程基本情况表（见表1-2），并经单位盖章。提前送消防部门建审科（股）后，方可进行图纸防火审查工作。

表 1-2 工程基本情况表

档案号： 卷数： 送审时间：

工程名称	（建设单位章）		预计开工时间		
工程地点	（区/县）		预计竣工时间		
建设单位		联系人		电话	
设计单位		联系人		电话	
施工单位		联系人		电话	
批准文件号		批复内容			

使用类别			工程等级	工程类别	投资方式
1. 饭店、旅馆	7. 甲、乙类厂房	13. 油罐站、管线	1. 国家级重点	1. 新建	1. 中资
2. 公寓、住宅	8. 甲、乙类库房	14. 气罐站、管线	2. 市级重点	2. 改建	2. 合资
3. 体育场、馆、俱乐部、影剧院	9. 丙类厂房	15. 高级综合建筑	3. 一般	3. 扩建	3. 外资
4. 办公、科研、医院	10. 丙类库房	16. 一般综合建筑			
5. 商业、金融	11. 丁、戊类厂房	17. 其他			
6. 交通、通讯枢纽	12. 丁、戊类库房				

总投资	消防投资	电源情况		水源种类	进水管 数量	进水管 管径
万元（概算）	万元（概算）	1. 一路供电	5. 一路供电、自备发电	1. 天然水源	（个）	（mm）
		2. 二回路供电	6. 二回路供电、自备发电	2. 深井		
		3. 二路供电	7. 二路供电、自备发电	3. 市政		
		4. 三路供电	8. 三路供电、自备发电			

建筑名称	结构类型	耐火等级	层数（层） 地上	层数（层） 地下	高度（m） 地上	高度（m） 地下	建筑面积（m^2） 地上	建筑面积（m^2） 地下	建筑面积（m^2） 人防	占地面积（m^2）	工业建筑分类	民用建筑分类
	1. 砖木 2. 混合 3. 钢筋混凝土 4. 钢结构	1. 一级 2. 二级 3. 三级 4. 四级									1. 甲 2. 乙 3. 丙 4. 丁 5. 戊	高层一类 高层二类 多层建筑 地下建筑

（续）

该工程设计是否有下列系统：（有者请画√）					
消防控制室		消防电话		卤代烷灭火系统	
火灾自动报警系统		防、排烟系统		泡沫灭火系统	
可燃气体报警系统		通风空调系统		二氧化碳灭火系统	
疏散指示标志和事故照明		消火栓系统		手提式灭火器材	
消防电梯		自动喷水灭火系统		其他	

储 罐 情 况			
储罐设计单位		储罐施工单位	
储罐位置			

储罐类型	储罐材质	储存形式	储存工作压力	储存温度	单罐储量	罐区总储量	储罐直径	储存物	储存物形态
1. 球形罐 2. 卧式罐 3. 拱顶罐 4. 浮顶罐 5. 内浮顶罐 6. 水槽式罐 7. 桶装、瓶装 8. 其他	1. 钢 2. 混凝土 3. 砖 4. 洞穴	1. 地上 2. 地下 3. 半地下	1. 高压 2. 常压 3. 低压	1. 高温 2. 常温 3. 降温	(m^3)	(m^3)	(m)		1. 可燃液体 2. 易燃液体 3. 可燃气体 4. 助燃气体 5. 非燃气体 6. 可燃固体 7. 其他

工程简要说 明	
备 注	一、送审单位应将工程图按统一规格装订成册，连同填好的表一同送消防局审核，方能审查工程图纸 二、请将表中各项对应的数字填写在空格内 三、请随本表附送： 1. 设计任务书、说明书（包括消防设计说明书）。工业建筑应有生产工艺流程、生产品种、使用原料和生产的半成品、成品的性质、数量和运输、储存方式等资料 2. 总平面图（包括工程周围现状、工程位置及室外消防设施、储存方式等资料） 3. 建筑的平、立、剖面图 4. 室内、外有关消防部分的设计图（消防用水、用电、通风、空调、室内装修以及火灾自动报警、自动灭火、防、排烟设施等，移动式灭火器材的配置图）

1.4.2 电气设计防火审图内容

电气设计防火审图主要是审查新建、扩建、改建工程的电气设计、施工图纸中，对电气防火安全技术措施的落实情况。通过对变配电所，室内外动力照明，爆炸危险区域划分，防雷、防静电，接地系统和火灾自动报警与联动控制系统等平、立面施工图和设计、施工说明的查看。重点审查如下内容，看其是否符合防火要求：

1）电工建筑物的位置与耐火等级。

2）消防电源的种类、进线路数、电源切换方式与位置（点）、消防用电设备的耐火耐热配线间的关系，以及防雷接闪器的种类、位置和数量、引下线方式等。

3）易燃易爆环境电气防火、防爆措施。

4）火灾自动报警与联动控制系统的功能，消防控制室的位置、保护面积、信号传递方式、联动对象和控制方式等。

5）火灾应急照明与疏散标志的位置、照度、装置耐火性能和电源供给。

6）动力线路的敷设方式、导线选型、负荷情况等，以及截面大小。

7）用电设备与开关装置的选型、位置、防火间距、负荷情况等。

8）接地情况，以及防雷接闪器的种类、位置和数量、引下线方式等。

1.4.3 电气设计防火审图依据

作为审核部门，我们要以国家的相关规范为依据，目前电气防火审核与检查所采用的规范有：

1）建筑设计防火规范（GB 50016—2014）。

2）火灾自动报警系统设计规范（GB 50116—2013）。

3）供配电系统设计规范（GB 50052—2009）。

4）爆炸危险环境电力装置设计规范（GB 50058—2014）。

5）其他有关国家设计防火规范和电气设计规范、规定等。

1.4.4 竣工验收

建筑工程竣工后，在建设单位自检自验合格的情况下，建设单位应向消防监督审核机构呈交书面消防工程验收申请报告，并提供有关文件和资料及施工图纸后，消防审核机构方能受理验收申请。

（1）电气防火检查。我们之所以要进行电气防火检查是为了发现和消除电气火灾隐患，提前控制电气火灾事故的发生，或将其消灭在萌芽阶段，以期最大限度地保护人民的生命及财产的安全。其本质是以有关法规、规范、规定为依据针对各行各业和居民的电气防火安全现况进行实地校验。电气防火检查一般采取群众性的自查，企事业单位内部的自查、抽查和重点检查，消防监督机关的例行、季节性、专项、重点和夜间突击检查，以及各级政府或各级防火委员会组织的联合检查等。

（2）电气防火检查的主要内容。

1）易燃易爆环境的电气防爆措施，包括危险区域划分，易燃易提物质的危险性，防爆电气设备的类型、性能、防护形式，配线防噪措施和接地、防雷防静电等。

2）电能生产、输配和使用中的电气火灾隐患，如发电机、变压器、用电设备（电动机、照明灯具、电热器具等）、家用电器、开关保护装置、电线电缆等的安装位置、耐火等级、防火间距、运行状况（过负荷、异常现象、故障史等）、绝缘老化情况、导线连接接触状况、保护装置完好状况等。

（3）电气防火工程是否完整有效，如消防电源系统的电源数量、电源种类、电源切换点、配线耐火性能与措施，火灾应急照明与疏散指示标志的位置、照度、亮度、电源、装置耐火性，火灾自动报警装置与联动控制系统及消防控制室的功能，火灾探测器的种类、位置、数量、保护面积、信号传输方式、联动装置（消防电梯、消火栓水泵、防排烟装置、防火卷帘门等），火灾广播与通报系统。

（4）建筑物的防雷和工业静电，包括避雷针的位置、数量、保护范围，防雷装置的完好状况，防静电措施等。

（5）其他。

复 习 题

1. 什么是电气防火？
2. 什么是电气火灾？
3. 电气火灾的直接原因是什么？
4. 电气防火与审查的具体步骤是什么？
5. 电气防火检查的主要内容是什么？

第 2 章

电力供配电与消防电源系统

内容提要： 本章主要介绍了消防电源、应急电源的设计与安装。

本章重点： 本章中，重点掌握电力系统与消防电源的基本理论知识与设计方法，特别是消防供电系统的组成、应急与疏散照明以及消防电器设备配电线路的设计安装与防火措施。

2.1 电力供配电系统

2.1.1 电力系统的基本概念

电能是厂矿企业最主要的动力和社会生活不可缺少的能源。如何正确、安全、合理、经济地利用电能是目前发展和研究的一项重要课题，也是我们如何更好地学习电气防火的前提。电能从生产到供给用户使用，一般要经过发电、变电、输电、配电和用电几个环节。

（1）发电厂。发电厂是生产电能的工厂，又称发电站。它把其他形式的一次能源，如煤炭、石油、天然气、水能、原子核能、风能、太阳能、地热、潮汐能等，通过发电设备转换为电能。由于所利用一次能源的形式不同，发电厂可分为火力发电厂、水力发电厂、原子能发电厂、潮汐发电厂、地热发电厂、风力发电厂和太阳能发电厂等。我国电能的获得当前主要是火电，其次是水电和原子能发电，至于其他形式的发电，所占比例较小。

（2）变电所。变电所又称变电站，是变换电能电压和接受电能与分配电能的场所，是联系发电厂和用户的中间枢纽。它主要由电力变压器、母线和开关控制设备等组成。变电站如果只有配电设备等而无电力变压器，仅用以接受和分配电能，则称为配电站。凡是担负把交流电能变换成直流电能的变电站统称为变流站。

变电站有升压和降压之分。升压变电站多建立在发电厂内，把电能电压升高后，再进行长距离输送。降压变电站多设在用电区域，将高压电能适当降低电压后，对某地区或用户供电。降压变电站就其所处的地位和作用又可分为以下三类。

1）地区降压变电站。地区降压变电站又称为一次变电站，位于一个大用电区或一个大城市附近，从 220～500kV 的超高压输电网或发电厂直接受电，通过变压器把电压降为 35～110kV，供给该区域的用户或大型工业企业用电。其供电范围较大，若全地区降压变电站停电，将使该地区中断供电。

2）终端变电站。终端变电站又称为二次变电站，多位于用电的负荷中心，高压侧从地区降压变电站受电，经变压器电压降到 6～10kV，对某个市区或农村城镇用户供电。其供电范围较小，若全终端变电站停电，只是该部分用户中断供电。

3）企业降压变电站及车间变电站。企业降压变电站又称为企业总降压变电站，与终端变电站相似，它是对企业内部输送电能的中心枢纽。而车间变电站是接受企业降压变电站所提供的电能，将 10kV 电压降为 220/380V，对车间各用电设备直接进行供电。

（3）电网。电网是输电线路和配电线路的统称，是输送电能和分配电能的通道。电网是把发电厂、变电站和电能用户联系起来的纽带。它由各种不同电压等级和不同结构类型的线路组成，从电压的高低可将电网分为低压网、中压网、高压网和超高压网等。电压在 1kV 以下的称为低压网，1～10kV 的称为中压网，高于 10kV 低于 330kV 的称为高压网，330kV 及以上的称为超高压网。

（4）电能用户。所有的用电单位均称为电能用户，其中主要是工业企业。据资料统计，我国工业企业用电占全年总发电量的 63.9%，是最大的电能用户。因此，研究和掌握工业企业供电方面的知识和理论，对提高工业企业供电的可靠性，改善电能品质，做好企业的计划用电、节约用电和安全用电是极其重要的。

（5）电力系统。所谓电力系统，就是由发电机、输配电线路、变配电所以及各种用户用电设备连接起来所构成的总体。它们之间的关系如图 2-1 所示。组成电力系统的目的是：

1）提高供电可靠性和电能质量。电力系统中备用发电机组较多，容量也比较大，个别机组发生故障对系统影响较小，从而提高了供电可靠性。此外，由于电力系统容量较大，个别负荷变动，即使是较大的冲击负荷，也不会造成电压和频率的明显变化，故可增强抵抗事故能力，提高电网安全水平，改善电能质量。

2）可减少系统的装机容量，提高设备利用率。电力系统往往占有很大的地域，因为存在时差和季差，各系统中最大负荷出现时间就不同，综合起来的最大负荷，也将小于各系统最大负荷相加的总和，因此系统中总的装机容量可以减少些，同时，备用容量也可减少些。如果装机容量一定，则可提高设备的利用率，

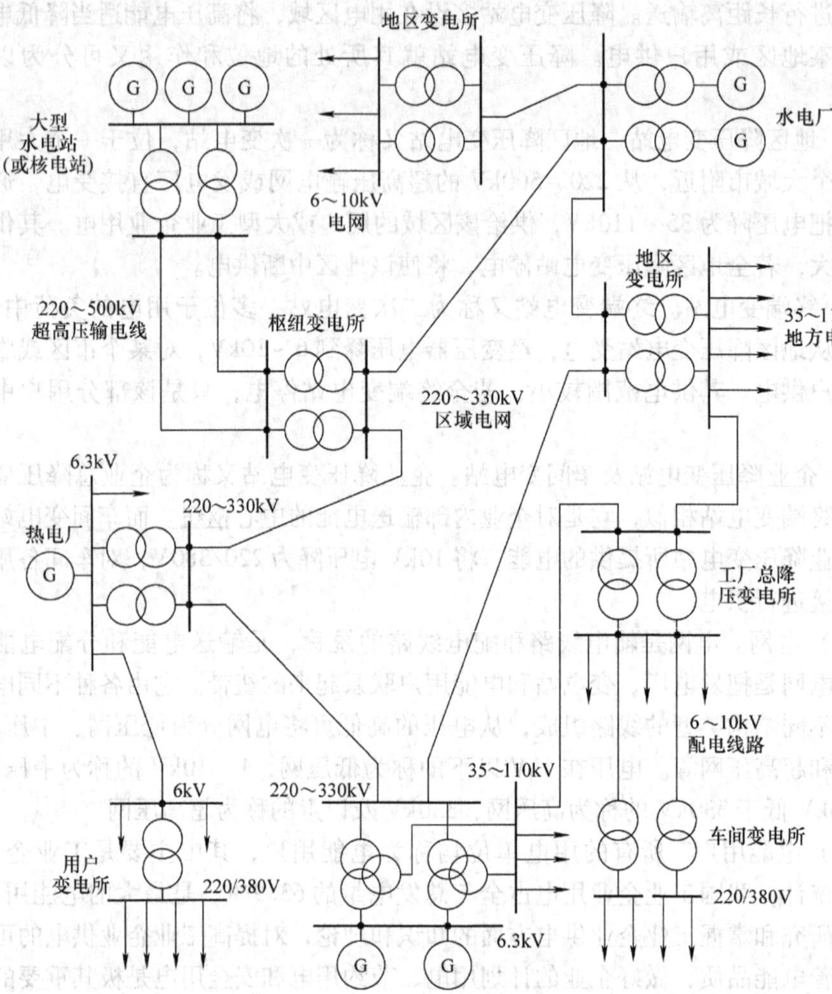

图 2-1　电力系统示意图

增加供电量。

3）便于安装大机组，降低造价。由于电力系统容量大，按照比例（一般100～1000万kW电力系统中，最经济的单机容量为系统总容量的6%～10%）可装容量较大的机组，而大机组每千瓦设备的投资和生产每千瓦·时电能的燃料消耗以及维修费用都比装小机组便宜，从而可节约投资，减少煤耗，降低成本，提高劳动生产率，加快电力建设速度。

4）充分利用各种资源，提高运行的经济性。水电站有多水与枯水之别，水电厂容量占的比例较大的系统（如湖北省）将造成枯水期缺电、丰水期弃水的后果。组成电力系统后，水、火电联合运行，丰水期水电厂多发电，火电厂少发电并适当安排检修；枯水期火电厂多发电，水电厂少发电并安排检修。这样，可以充分利用水动力资源，减少燃料消耗，从而降低电能成本，提高运行的经济性。

2.1.2　工业企业供电系统及其组成

如前所述，工业用电量占电力系统总用电量的70%左右，是电力系统的最大电能用户。

工厂（或企业）内部接受、变换、分配和消费电能的总电路称为工厂（或企业）供配电系统，它是公共电力系统的一个重要组成部分。工业企业或建筑物为了从电力系统获得电能，首先通过降压，然后把电能分配到各个车间和用电设备上去。其中，供电系统由高低压配电系统、变配电所和用电设备组成。

工业企业为了接受从电力系统送来的电能，经过降压后将电能分配到各个用电单位和车间，就需要有一个企业内部的供电系统。工业企业内部供电系统是高压变低压配电系统。在大、中型工业企业一般都设有总降压变电所，由于这里负荷密度较大，则先把 35 ~ 110kV 电压降为 6 ~ 10kV 电压，再向车间变电所或高压电动机和其他高压用电设备供电。向高压电动机和其他高压用电设备供电，总降压变电所通常设有 1 ~ 2 台降压变压器。而小型工业企业设有一个简易变电所，直接由电网以 6 ~ 10kV 电压供电。对于大型工业企业，考虑其生产对国民经济的重要性，需要自备发电厂做备用电源，或企业生产过程中的余热、废气可用来发电时，可建立工厂自备发电厂。一般当工业企业要求供电可靠性较高时，可采用从电力系统引两个独立电源对其供电。

在一个生产车间内，根据生产规模、用电设备的布局和用电量的大小等情况，可设立一个或几个车间变电所（包括配电所），也可以几个相邻且用电量小的车间共用一个车间变电所。车间变电所一般设置 1 ~ 2 台变压器（最多不超过 3 台），其单台容量一般为 1000kV · A 及以下（最大不超过 1800kV · A），将 6 ~ 10kV 电压降为 380/220V 电压，对低压用电设备供电。

变电所中的主要电气设备是降压变压器和受、配电设备及装置。用来接受和分配电能的电气装置称为配电装置，其中包括开关设备、母线、保护电阻、测量仪表及其他电气设备等。对于 10kV 及以下系统，为了安装和维护方便，现在均将受、配电设备及装置由制造厂组装成为成套开关柜。

工业企业高压配电线路主要作为厂区内输送、分配电能之用。高压配电线路尽可能采用架空线路，因为架空线路建设投资少且便于检修维护。但在工业企业厂区内，由于对建筑物距离的要求，及管线交叉、腐蚀性气体等因素的限制，不便于敷设架空线路时，可以敷设地下电缆线路。

工业企业低压配电线路主要作为向低压用电设备输送、分配电能之用。在户外敷设的低压配电线路尽可能采用架电线路，在车间内部则应根据具体情况而定，可采用明敷配电线路或采用暗敷配电线路。在车间厂房内，动力配电箱到电动机的配电线路一般采用绝缘导线穿管敷设。在工厂内，照明线路与电力线路一般应分开敷设。

在民用建筑内的低压配电线路，由于空间限制和安全美观的要求，竖向和纵向均可采用电缆竖井、母线槽、穿管等方法进行。在这里，消防用电设备的配线必须与一般动力、照明线路分开敷设，并按规定做耐火处理。

2.1.3 电网的额定电压

电网额定电压的等级是根据国民经济发展的需要、技术经济上的合理性、电机电器制造工业的水平等因素，经全面研究分析后由国家制定颁布的。从电气设备制造的程度和电力工业的发展来看，电网额定电压等级不宜过多。我国国家标准规定把各种电气设备的额定电压分为三类。

把100V以下的额定电压称为第一类额定电压，主要用于安全照明、蓄电池及开关设备的直流操作电压，具体数值见表2-1。

表2-1 第一类额定电压

直流/V	交流/V		直流/V	交流/V	
	三相（线电压）	单相		三相（线电压）	单相
6	—	—	—	36	36
12	—	12			
24	—	—	48	—	—

注：三相36V电压只作为潮湿工地和房屋的局部照明及电力负荷之用。

大于100V、小于1000V的额定电压，称为第二类额定电压，主要用于动力和照明，具体数值见表2-2。

表2-2 第二类额定电压

受电设备			发电机		变压器			
直流/V	交流三相/V		直流/V	交流三相/V	交流/V			
					三相		单相	
	线电压	相电压		线电压	一次绕组	二次绕组	一次绕组	二次绕组
110	—	—	115	—	—	—	—	—
—	(127)	(127)	—	(133)	(127)	(133)	(127)	(133)
220	220	127	230	230	220	230	220	230
—	380	220	—	400	380	400	380	—
440	—	—	480	—	—	—	—	—

注：本表括号内的电压只适用于矿井下或其他保安条件要求较高之处。

1000V 以上的额定电压称为第三类额定电压，主要用于发电机、变压器、送电线路及高压用电设备，具体数值见表 2-3。

表 2-3　第三类额定电压

受电设备额定电压/kV	交流发电机线电压/kV	变压器线电压/kV	
		一次绕组	二次绕组
3	3.15	3，3.15	3.15，3.3
6	6.3	6，6.3	6.3，6.6
10	10.5	10，10.5	10.5，11
—	15.75	15.75	—
35	—	35	38.5
60	—	60	66
110	—	110	121
154	—	154	169
220	—	220	242
330	—	330	363
500	—	500	550

注：1. 变压器的一次绕组栏内 3.15kV、6.3kV、10.5kV、15.75kV 电压适用于和发电机端直接连接的升压变压器及降压变压器。当技术、经济有特殊优点时，水轮发电机的额定电压可采用非标准电压。

2. 变压器二次绕组栏内 3.3kV、6.6kV、11kV 电压适用于阻抗值在 7.5% 及以上的降压变压器。

上述三类额定电压中，不满 1kV 的称为低压，36V（直流 48V）及以下的称为安全电压，1kV 以上的统称为高压。习惯上又把 3kV、6kV、10kV 电压等级称为配电电压，该等级的变压器叫做配电变压器，简称配变。220kV 及以上的电压称为超高压。把用于发电机升压和用于 35kV 及以上电压等级变电站中升、降压输送电能的变压器称为主变压器，简称主变。一定电压等级的电力线路，只能输送一定容量的电力到一定的供电距离，超过了这个距离，功率和电压损失太大，既不经济，又造成电压质量不符合要求。

电能既易于由其他形式的能量转换而来，又易于转换为其他形式的能量（如光能、热能和机械能）以供应用。用以将电能变换为其他形式能的电气设备称为用电设备。额定电压是用电设备、发电机和变压器正常工作且能获得最佳经济效果的电压。从表 2-1 中可以看出，在同一电压等级下，各种设备的额定电压并不完全相等。显然，对受电设备来说，它的额定电压应该和相应的电网额定电压一致。

变压器的额定电压有两个：额定一次电压和额定二次电压。额定一次电压指接到一次绕组电压的规定值，额定二次电压指变压器空载时一次侧加上额定电压后二次侧两端的电压。

电网电压等级是比较多的，不同电压等级有不同的作用。在线路运行时（有电流通过时）要产生电压降，所以线路上各点的电压都有所不同。线路始端电压为额定电压的1.15，末端电压为额定电压的0.95，供电线路的额定电压通常采用始端电压和末端电压的算术平均值，即额定电压的1.05，这个电压也是电网的额定电压。它是确定各类电力设备额定电压的基本依据。从输电方面看，电压愈高，输送距离就愈远，输送的功率就越大。

我国电力系统的额定频率为50Hz，一般情况允许的偏差不超过±0.5Hz，即频率的波动范围在49.5~50.5Hz内视为符合要求。美国常用电压是480/277V；东欧等国多用150V；英国采用600/347V，小负荷用600/120V；前苏联在20世纪60年代初采用660V，因660V是380V的$\sqrt{3}$倍，这样可简化技术改造工作。

受电设备的额定电压按规定应与其直接相连的电网的额定电压相等。但由于电网电压损失的存在，电网电压不可能处处都一样。电压损失随着负荷的变化，可能维持在某一恒定值上。图2-2是供电线路上各部分电压的分布。它正好可以说明电网电压的损失。

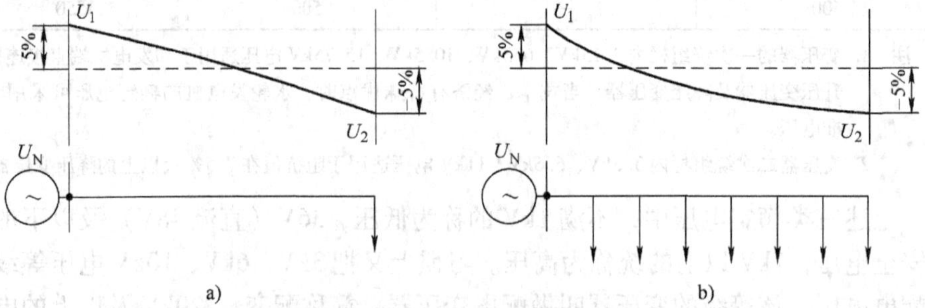

图2-2 电压沿线路长度的分布

a）集中负荷 b）均布负荷

在电力系统内，应尽可能地简化电压等级，减少变电层次，以节约投资与降低运行费用。各级额定电压间的级差不宜太小，根据国内外经验，额定电压在110kV以下的配电网，电压间级差一般应在3倍以上；额定电压在110kV以上的输电网，电压间级差一般应在2倍以上。输配电线路的额定电压与受电设备的额定电压规定得相同。因为受电设备需要接在线路上，而线路运行时又有电压降落，一般线路首端电压高而末端电压低，如图2-3所示。负荷变化时，线路中电压降落也随着变化，因而电压分布随线路长度各不相同。要使接于线路各处的受电设备都保持在额定电压下运行是不可能的，只能使加于受电设备的端电压与额定电压尽可能地接近。

额定电压就是受电设备（电动机、白炽灯等）、发电机和变压器正常工作时

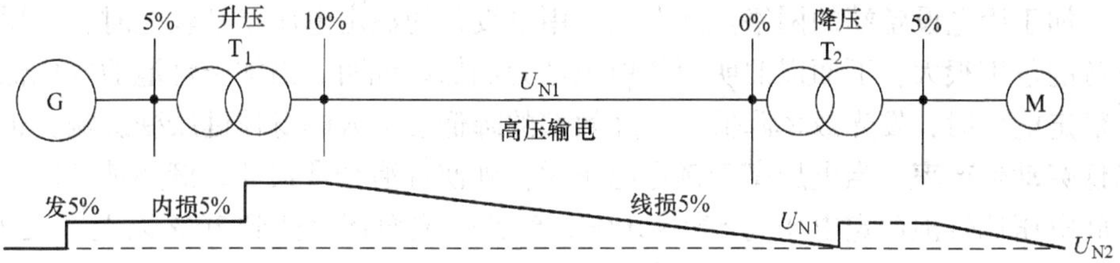

图 2-3　供电线路上电压的变化

具有最好技术经济指标的电压，显然，对受电设备来说它的额定电压应和供电电网的额定电压一致。那么，发电机的额定电压和变压器一次绕组和二次绕组的额定电压又是根据什么决定的呢？发电机的额定电压高于电网和受电设备的额定电压值，是因为考虑到线路在输送负载电流时必然产生电压损失，发电机的额定电压比电网电压高 5% 便是为了补偿线路上的电压损失，例如电网的额定电压为 10kV，则发电机的额定电压为 10.5kV。至于变压器的额定一次电压高于电网和用电设备的额定电压 10%，其原因是变压器的额定二次电压是超载电压，当变压器通过额定负载电流时，变压器绕组的电压损失约为电网额定电压的 5%，和发电机一样，它仍应比用电设备电压高 5% 左右，以补偿电网上的电压损失。另外，对于变压器的一次绕组内部连接在对应于某一级额定电压网络的末端，性质上属于电网的一个负载，所以它的额定电压与用电设备的额定电压相同。但如果变压器接在发电机的引出端（例如升压变压器），其一次绕组的电压应与发电机的额定电压相适应，用电设备的额定电压虽然规定得与电网的额定电压相一致，但电网中由于电压损失的影响，处处电压是不一样的，如图 2-3 所示。而且由于负荷的变化，电压损失也不可能维持在一个恒定的数值，所以要使加于用电设备处的电网电压与用电设备的额定电压始终相同，既很困难，也无必要。所以，一些国家规定低压用户供电电压变动在 ±(5～6)% 之间，高压用户根据负荷大小的不同，一般为 ±(5～7)%，这也就是电源电压维持比网络电压高 5% 的原因，因为在这种情况下，所有接在该级网络的用电设备，都能够在与其额定电压相接近的情况下工作。有时供电电压的变动值超过了上述规定，其主要原因是：用户的负荷由发电机通过电网供给，当电流流经各级送变电设备时，产生了较大的电压降；电网中缺乏运行中调压的设备，由于电力潮流的变化，也会造成电网和用户的电压过低。

实际上，当电流从电源通过电网流经各级输变电设备时，均有电压损失产生，再加上电力负荷潮流的变化，往往造成用户电压过低（当然也包括消防用电设备）。当施加于用电设备的受电电压与用电设备的铭牌额定电压差别较大时，对用电设备的性能、寿命都会造成很大影响，甚至使设备过热，促使绝缘老化，发生火灾。

加于用电设备端的网络实际电压与用电设备的额定电压差别较大时，对用电设备的危害很大，下面以照明用的白炽灯为例加以说明。当加于灯泡的电压低于其额定电压时，发光效率降低，发光效率的降低使工人的身体健康受影响，也会降低劳动生产率。当电压高于额定电压时，则使灯泡经常损坏，例如某工厂由于夜间电压比灯泡额定电压高 5% ~10%，致使灯泡损坏率达到 30% 以上。表 2-4 列出了端电压与灯泡光通量和寿命的关系。对于其他电光源，当电压降低时，也发生类似情况。如电压降低 10%，荧光灯亮度约减少 10%，汞灯亮度减少 10% ~50%；荧光灯寿命缩短 10% 以上。又如电压降低 20%，荧光灯本能启动，汞荧光灯启动频繁，使用寿命缩短。对电动机而言，当电压降低时，转矩减小。例如当电压降低 20%，转矩将降低到额定值的 54%，电流增加 20% ~35%，温度升高 12 ~15℃，转矩减小，使电动机转速降低，甚至停转，导致工厂产生废品甚至导致重大事故；异步电动机本身也将因为转差率增大致使有功功率损耗增加，线圈过热，绝缘迅速老化，甚至烧坏。某些电热及冶炼设备对电压的要求非常严格，电压降低使生产率下降，能耗显著上升，成本增高。

表 2-4 电压变化对白炽灯光通量和寿命的影响

$\frac{\text{网络实际电压}}{\text{灯泡额定电压}}$ (%)	110	105	100	95	90
$\frac{\text{实际光通量}}{\text{额定光通量}}$ (%)	135	120	100	82	68
$\frac{\text{实际使用时数}}{\text{额定使用时数}}$ (%)	30	55	100	150	360

2.1.4 工业企业的用电设备

为了满足生产的正常运行，根据需要工业企业中要安装各种类型和容量的电气设备，如果违规安装或者违规操作，它们可能极易引起火灾，这就需要我们按照要求安装和操作。工业和企业的用电设备包括：

（1）生产和转换电能的设备，例如将机械能转化成电能的发电机，将电能转变成机械能的电动机，将电能转变成热能的电炉，把一定电压的电能升压或降压转换成不同电压的变压器，降低或者减少电压、电流的电压互感器和电流互感器等。

（2）接通或断开电路的高压或低压开关电器，例如断路器、隔离开关、熔断器、接触器等。它们在电路正常运行或发生事故时，使电路闭合或断开。

（3）控制和保护电器，例如控制和保护用继电器、防止过电压的避雷器等。

（4）接地装置。不管是电力系统中性点的工作接地，或是保护人身安全的保护接地、防雷电和防静电接地，均用金属接地体埋入地中，有的还连接成接地网。

（5）载流导体，例如母线、电线、电缆等。它们均按照一定的要求，把变配电设备与用电设备，以及有关电气设备之间连接起来，形成一定的电路。

工业企业的用电设备按电流可分为直流和交流，大多数为交流；按电压可分为高压和低压，高于 1000V 属高压，低于 1000V 属低压，我们常见的大多为低压用电设备；按频率可分为低频（50Hz 以下）、工频（50Hz）、中频（50 ~ 10000Hz）和高频（10000Hz 以上），大部分为工频。

在变配电设备中通常把生产和分配电能的设备称为一次设备，如发电机、变压器、断路器等。对一次设备进行测量、控制、监视和保护用的设备称为二次设备，如仪用互感器、测量仪表、继电保护装置等。

2.1.5　负荷的分级及其对供电的要求

各种用电设备因为事故而停电所产生的损失和影响是不同的，根据供电的可靠性及终止供电在政治、经济方面所造成的影响以及损失的程度分为三个级别负荷，用户应根据单位重要性选择相应的供电等级，以达到提高经济效益和社会效益及环境效益的目的。

1. 一级负荷

一级负荷包括：

（1）中断供电将造成人身伤亡者。

（2）中断供电将造成重大的政治影响者。

（3）中断供电将造成重大的经济损失者。

（4）中断供电将造成公共场所秩序严重混乱者。

例如某些特别重要的交通枢纽、重要的通信枢纽、国宾馆、国家级大会堂、大型体育中心以及经常用于重要国际活动的大量人员集中的公共场所等，都属于一级负荷。一级负荷是特别重要的负荷，中断供电将影响计算机网络正常工作，甚至能引起爆炸事故、火灾以及严重中毒事故。

一级负荷应有两个或两个以上独立电源供电，当其中一个电源发生故障时，另一个电源应能自动投入运行，不至同时受到损坏；同时，还必须增设应急电源（EPS）。应急电源有独立于正常电源的发电机组、在供电网络中有效地独立于正常电源的专门馈电线路或蓄电池。

所谓独立电源有以下几种：

（1）蓄电池静止型不间断供电装置、柴油机不间断供电装置系统，适用于允许中断供电时间为毫秒级的供电。

（2）带有自动投入装置的、独立于正常电源的专门馈电线路，用于允许中断时间为 1.5s 以上的供电。

（3）快速自起动柴油发电机组，适用于允许中断供电时间为 15s 以上的供电。

2. 二级负荷

二级负荷包括：

(1) 中断供电将造成较大的政治影响者。

(2) 中断供电将造成较大的经济损失者。

(3) 中断供电将造成公共场所秩序混乱者。

二级负荷要求供电系统应做到当发生电力变压器故障或线路常见故障时，不至中断供电（或中断后能迅速恢复）。在负荷比较小或地区供电的条件困难时，二级负荷可以由一路6kV以上专用架空线供电。二级负荷应尽可能有两个独立的电源供电。

3. 三级负荷

不属于一、二级电力负荷者是三级负荷。三级负荷对供电没有特别要求。

2.2 消防电源及其配电系统的组成

由于消防控制室、消防水泵、消防电梯、火灾自动报警和自动灭火装置、火灾应急照明、疏散指示标志和电动的防火门窗、卷帘阀门等专用的消防设备或设施都是以电力作为动力源的，而火灾发生时往往发生停电事故，或为保证安全扑救火灾而需拉闸断电，所以要保证火灾时消防安全设施、设备能充分发挥作用，就必须设置符合消防安全要求的电源或备用动力。向消防用电设备供给电能的独立系统称为消防电源及其配电系统，对此系统的供电可靠性要求特别高。

消防电源及其配电系统由电源、配电部分和用电设备三部分组成。图2-4是一个典型的消防电源及其配电系统的框图。

1. 电源

电源是提供电压的装置，也是将其他形式的能量转换成电能的装置。消防电源多由几个不同用途的独立电源以一定的方式互相连接起来，构成一个电力网络进行供电。通常情况下，依据不同的时间和供电范围把消防电源分为主电源和应急电源两类。主电源指电力系统电源，消防电源中的电力系统电源通过输电、变压和分配，将电能送到220/380V低压消防用电设备。应急电源由自备柴油发电机组或蓄电池组担任。在消防电源中设置应急电源是确保消防电源向用电负荷连续供电的关键措施之一。

消防系统如果完全依赖城市电网供给电能，火灾时一旦失电，势必给早期报警、灭火作业带来困难甚至造成巨大的人身和财产损失，所以电源设计必须考虑火灾时消防电源的连续供电问题。

对于停电时间要求特别严格的用电设备，还可采用不间断电源设备（UPS）

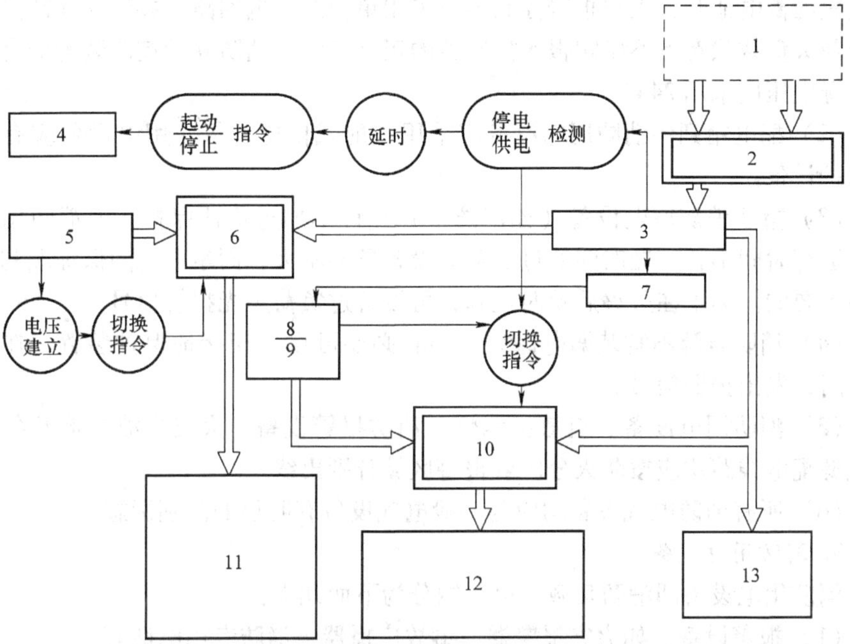

图2-4 消防电源及其配电系统的框图

1—双回路受电源 2—高压切换开关 3—低压变配电装置 4—柴油机 5—交流发电机 6、10—应急电源切换开关 7—充电装置 8—蓄电池 9—逆变器 11—消防动力设备（消防水泵、消防电梯等） 12—火灾应急照明与疏散指示标志 13—一般动力、照明

进行连续供电。例如在火灾应急照明或疏散指示标志的光源处，需要获得交流电时，可设置将蓄电池直流电变为交流电的逆变器。

2. 配电部分

配电部分是指电源到用电设备的中间环节，其作用是对电源进行保护、监视、分配、转换、控制和向消防用电设备输配电能。配电装置有变电所内的低压开关柜、发电机配电屏、动力配电箱、照明配电箱、应急电源切换开关箱等，以及配电干线和支线线路。配电装置应设在不燃区域内，设在防火分区时要有耐火结构。从电源到消防设备的配电线路，要用绝缘电线穿管埋地敷设，或敷设在电缆竖井中；若明敷时应使用耐火的电缆槽盒。双回路配电线路在末端配电箱处进行电源切换。值得注意的是：正常供电时切换开关一般长期闲置不用，为防止切换开关锈蚀，平时应定期对其维护保养，以确保火灾时能正常工作。

为保证用电的连续性，消防系统的配电应满足如下要求：

(1) 消防用电设备的双路电源或双回路供电线路，应在末端配电箱处切换。火灾自动报警系统应设有主电源和直流备用电源，其主电源应采用消防电源，直流备用电源宜采用火灾报警控制器专用蓄电池。当直流备用电源采用消防系统集中设置的蓄电池时，火灾报警控制器应采用单独的供电回路，并保证在消防系统处于最大负载状态下不影响报警控制器的正常工作。消防联动控制装置的直流操作电源电压应采用24V。

（2）配电箱到各消防用电设备应采用放射式供电，每一用电设备应有单独的保护设备。

（3）重要消防用电设备（如消防泵）允许不加过负荷保护。因消防用电设备总运行时间不长，短时间的过负荷对设备危害不大，而争取时间保证顺利灭火是最重要的。为了在灭火后及时检修，可设置过负荷声光报警信号。

（4）消防电源不宜装漏电保护，如有必要可设单相接地保护装置，在故障发生时，发出报警信号。

（5）消防用电设备、疏散指示灯、消防报警设备、火灾事故广播及各层正常电源配电线路均应按防火分区或报警区域分别出线。

（6）所有消防电气设备均应与一般电气设备有明显的区别标志。

3. 消防用电设备

消防用电设备即消防负载，可归纳分为下面几类：

（1）报警设备，如火灾报警器、事故广播器、消防专用电话等。

（2）电力拖动设备，如消防水泵、消防电梯、排烟风机、防火卷帘门等。

（3）电气照明设备，如消防控制室、变配电室、消防水泵房、消防电梯前室等处所火灾时提供照明的灯具，会议厅、观众厅、走廊、疏散楼梯、太平门等火灾时人员聚集和疏散处所的照明和指示标志灯具。

（4）其他用电设备，如应急插座等。

自备柴油发电机通常设置在用电设备附近，这样电能输配距离短，可减少损耗和故障。电源电压多采用220/380V，直接供给消防用电设备。只有少数照明才增设照明用控制变压器。

消防系统对供电有以下几点要求：

（1）消防主电源应设置专用的消防配电屏，供配电系统应能保证连续不间断工作。

（2）消防系统应设有专用的消防主电源及备用电源主、备电源应能保证在极短时间内完成可靠的切换、起动，实现对消防系统的可靠供电备用电源容量应保证在主电源发生停电事故时，确保至少两个监控区域消防设备的供电能力。

（3）各层消防联动控制设备及火灾报警控制器上的电源宜由消防控制室专用回路集中供电。

（4）火灾事故照明、疏散指示照明、消防联动控制设备、火灾报警控制器等消防用电设备为分散供电时，在各层应设置专用配电箱供电。

（5）火灾报警控制器的备用电源用蓄电池供电时，其容量应按火灾报警控制器在监视状态下工作24h后再加上2个分路同时报警30min用电量之和计算；同时，对全部音响设备必须满足10min的供电能力。

（6）消防用电设备的双路电源，应在消防控制室、消防泵房、消防电梯机房、防排烟机房、事故照明配电箱、各楼层应急照明配电箱等处自动切换。

（7）消防系统中供电系统布线，应按我国高层建筑防火设计规范及有关消防法规的规定，配电线路无论是明敷还是暗敷，都要采用必要的防火耐热措施。

2.3　主电源

建筑消防系统中，如消防控制室、消防水泵、消防电梯、防排烟设施、火灾自动报警设备及自动灭火装置、火灾事故照明、疏散指示标志等皆属于消防用电设备，在火灾中一旦断电，将会给早期报警、安全疏散、自动和手动灭火作业带来危险，甚至造成极为严重的财产损失和人身伤亡。因此，电源设计时必须认真考虑火灾时消防用电设备的电能连续供给问题。向消防用电设备供给电能的电源称为消防电源，需要绝对可靠，并便于操作和维护。按照我国消防法规规定，消防系统供电电源分主工作电源及备用电源两类。主电源是保证工业与民用建筑在火灾情况下系统工作用电的电源。为保证主电源能连续可靠的供电，按照负荷等级要求设置外，还应设置备用电源，即当正常电源因故障停电时，备用电源应继续连续供电。

2.3.1　消防负荷等级

根据建筑物的结构、使用性质、火灾危险性、疏散和扑救难度、事故后果等的基本情况，可以确定消防负荷等级及其供电方式。

1. 按《高层民用建筑设计防火规范》中的规定

高层建筑的消防安全指导思想是以自救为主。发生火灾时，主要是利用高层建筑本身的消防设施进行灭火和疏散人员、物资。如果没有可靠的消防设备供电电源，就不能及时报警和组织灭火，不能有效地疏散人员、物资和控制火势蔓延，势必造成重大损失。因此，合理地确定负荷等级，保障高层建筑消防用电设备供电的可靠性非常重要。

《高层民用建筑设计防火规范（2005版）》（GB 50045—1995）根据我国具体情况，按照高层建筑的使用性质、火灾危险性、疏散和扑救难度划分的类别，规定消防负荷等级参照电力负荷分级原则来划分，消防负荷供电方式按照高层建筑的类别确定，即一类高层建筑按一级负荷要求供电，二类高层建筑按不低于二级负荷要求供电。高层民用建筑分类见表2-5。

表2-5 高层民用建筑分类

名称	一类	二类
居住建筑	高级住宅 19层及19层以上的普通住宅	10～18层的普通住宅
公共建筑	1. 医院 2. 高级旅馆 3. 建筑高度超过50m或每层建筑面积超过1000m^{2}的商业楼、展览馆、综合楼、财贸金融楼 4. 建筑高度超过50m或每层建筑面积超过1500m^{2}的商住楼 5. 中央级和省级（含计划单列市）广播电视楼 6. 网局级和省级（含计划单列市）电力调度楼 7. 省级（含计划单列市）邮政楼、防灾指挥调度楼 8. 藏书超过100万册的图书馆、书库 9. 重要的办公楼、科研楼、档案楼 10. 建筑高度超过50m的教学楼和普通旅馆、办公楼、科研楼、档案楼等	1. 除一类建筑以外的商业楼、展览楼、综合楼、电信楼、财贸金融楼、商住楼、图书馆、书库 2. 省级以下的邮政楼、防灾指挥调度楼、广播电视楼、电力调度楼 3. 建筑高度不超过50m的教学楼和普通旅馆、办公楼、科研楼、档案楼等

2. 按《建筑设计防火规范》中的规定

国家现行的《建筑设计防火规范》（GB 50016—2006）根据各种建筑物的使用性质和重要性、火灾危险性、疏散和扑救难度，将建筑物、储罐、堆场的消防用电设备负荷等级划分如下。

（1）建筑高度超过50m的乙、丙类厂房和丙类库房的消防用电设备应按一级负荷供电。

（2）下列建筑物、储罐（区）和堆场的消防用电应按二级负荷供电：

1）室外消防用水量超过30L/s的工厂、仓库。

2）室外消防用水量超过35L/s的可燃材料堆场、甲类和乙类液体储罐或储罐区、可燃气体储罐或储罐区。

3）超过1500个座位的影剧院，超过3000个座位的体育馆，每层面积超过3000m^{2}的百货楼、展览楼，以及室外消防用水量超过25L/s其他公共建筑。

（3）按一级负荷供电的建筑物，若供电不能满足要求，应设自备发电设备。

（4）除（1）、（2）外的民用建筑，储罐（区）和露天堆场等的消防用电设备，可采用三级负荷供电。

建筑物、堆场消防用电设备的负荷等级见表2-6。

表2-6　建筑物、堆场消防用电设备的负荷等级

名称及类别	条　件	负荷等级
乙、丙类厂房	高度 > 50m	一级
丙类库房	高度 > 50m	一级
甲、乙、丙类厂房	体积 > 50000m^3	二级
丙类库房	体积 > 20000m^3	二级
公共建筑	体积 > 50000m^3	二级
乙、丙类厂房或库房	体积 > 5000m^3	二级
丁、戊类厂房或库房	体积 > 50000m^3	二级
公共建筑	体积 > 20000m^3	二级
影剧院	> 1500 座	二级
体育馆	> 3000 座	二级
百货楼、展览馆	每层面积 > 3000m^2	二级

3. 按《人民防空工程设计防火规范》中的规定

国家现行《人民防空工程设计防火规范》中明确规定：建筑面积大于5000m^2的，其消防用电按一级负荷要求供电；建筑面积小于5000m^2的人防工程，消防用电可按二级负荷的要求供电。

4. 按《石油化工企业设计防火规范》中的规定

国家现行《石油化工企业设计防火规范》中明确规定，石油化工生产区消防水泵房用电设备的电源，应满足一级消防负荷供电要求。

5. 按《汽车库、修车库、停车场设计防火规范》中的规定

《汽车库、修车库、停车场设计防火规范》规定，消防水泵、火灾自动报警、自动灭火、排烟设备、火灾应急照明、疏散指示标志等消防用电和机械停车设备，以及采用升降梯作车辆疏散出口的升降梯用电应符合下列要求：

(1) 类汽车库、机械停车设备以及采用升降梯作车辆疏散出口的升降梯用电，应按一级负荷供电。

(2) Ⅱ、Ⅲ类汽车库和Ⅰ类修车库应按二级负荷供电。

消防负荷等级的确定，应根据消防用电设备所处的环境、位置、使用情况等因素来确定。为了达到消防法规对负荷等级的规定，又能做到技术、经济合理，所以必须对消防用电设备做周密的调查研究。表2-7为国内外一些大型饭店、宾馆、综合建筑等高层建筑设置双电源的实例，供参考。

表 2-7 高层建筑消防电源设置举例

序号	建筑名称	城市电网电压等级	自备发电机容量/kW
1	北京长城饭店	35kV，两个不同变电站	750
2	日本东京阳光大厦	6.6kV，双电源	2500，蓄电池{400Ah ×5 300Ah ×7 250Ah ×2
3	日本新宿中心大厦	22kV，双电源	1500，蓄电池{100V ×1500Ah 100V ×210Ah 100V ×1500Ah
4	深圳国际贸易中心	10kV，双回路电源	900
5	香港上海汇丰银行	6.6kV，双电源	900
6	日本新大谷饭店	22kV，双电源	415
7	南京金陵饭店	10kV，双回路电源	415
8	北京国际大厦	10kV，双回路电源	415
9	长富宫饭店	10kV，双回路电源	1000
10	北京昆仑饭店	10kV，双回路电源	415
11	北京亮马河大厦	10kV，双回路电源	800

2.3.2 供电要求

1. 一级负荷的供电要求

一级负荷应至少由两个电源供电。对两个电源的要求，应符合下列条件之一。

（1）两个电源间无联系。

（2）两个电源间有联系，但应符合下列各要求：

1）发生任何一种故障时，两个电源的任何部分应不致同时受到损坏。

2）发生任何一种故障且主保护装置动作正常时，有一个电源不中断供电，并且在发生任何一种故障且主保护装置失灵以致两电源均中断供电后，应有人值班完成各种必要操作，迅速恢复一个电源供电。

结合高层建筑消防用电设备（含消防控制室、消防水泵、消防电梯、防排烟设备、火灾自动报警、自动灭火系统、应急照明、疏散指示标志和电动的防火门窗、卷帘、阀门等）及供电的具体情况，具备下列条件之一的供电，可视为一级负荷：

（1）电源来自两个不同的发电厂。

（2）电源来自两个区域变电站（电压在 35kV 及 35kV 以上）。

（3）其中一个电源来自区域变电站，另一个为自备发电设备。

国内已建的一类高层建筑采用了两个电源供电，如北京国际贸易中心、京广大厦、上海希尔顿饭店、广东国际贸易中心等。对于特别重要的建筑，应考虑一个电源系统检修或故障时，另一电源又发生故障的严重情况，此时应从电系统取得第三电源或自备电源，自备发电设备应设有自动起动装置，并能在30s内供电。

2. 二级负荷的供电要求

二级负荷应尽量做到当发生电力变压器故障或电力线路常见故障时不致中断供电（或中断后能迅速恢复）。因此，当地区供电条件允许且投资不高时，二级负荷宜由两个电源供电，在负荷较小或地区供电条件困难时，二级负荷可由6kV以上专用架空线路供电；如采用电缆时，应敷设备用电缆并经常处于运行状态。二类建筑有自备发电设备时，当采用自动起动困难时，可采用手动起动装置。

3. 三级负荷的供电要求

三级消防负荷应设有两台变压器，采用暗备用或一用一备的方式供电。

2.3.3　供电方式

电源供电方式，原则上有放射式、树干式和环式三种。选择供电方式所依据的因素比较多，主要有电压高低、负荷大小及数目的多少、电源与负荷的相对位置、经济效果、将来的发展、负荷对供电可靠性的要求、建筑物规模和外形等。对消防负荷首先应考虑供电可靠性及其备用性问题，也就是必须保证它有两个电源或双回路。从这点出发，根据负荷对供电可靠性的要求，按上述三种供电方式又分为无备用系统和有备用系统。在有备用系统中，当一回路因故障停电时，其余回路将保证对负荷全部或只保证对重要负荷供电。备用回线投入方式有手动、自动和经常投入等几种。

1. 无备用系统

无备用系统的优点是线路接线和敷设简单，运行操作和维护方便，容易发现和排除故障；其缺点是可靠性差。

无备用系统的接线方式有单回路放射式和直接连接树干式，如图2-5所示。

单回路放射式就是由电源点母线上引出的每一条专用回路直接向一个用户受电端供电，各条回路中途并不替接其他分支负荷，用户受电端之间也没有联系。其主要优点是：各回路独立，当保护选择性配合好时及故障时互不影响，停电机会少，保护简单，保护装置动作时间短。其缺点是：总降压变电所出线回路多，开关多投资较大，有色金属消耗多，特别是当电源进线、变压器和母线故障时会使全部负荷供电中断，或某一馈线或开关故障时则该出线供电负荷也要断电。

直接连接树干式就是由电源点引出的每回路供电干线沿线的用户用电点，都从该干线上直接接出分支线供电。其优点是：高压配电装置少，投资少；出线

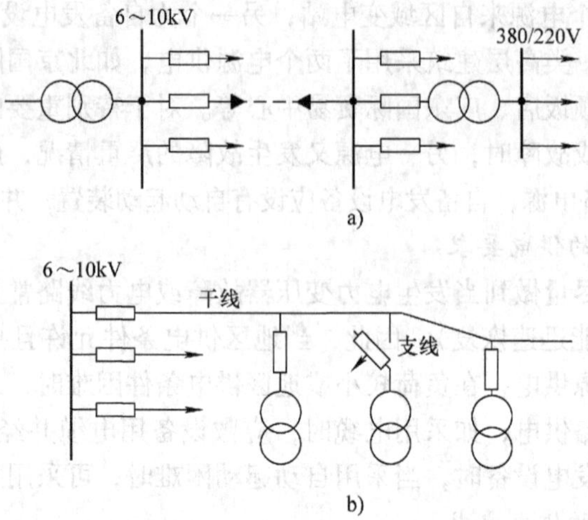

图 2-5 无备用系统的接线方式

a）单回路放射式 b）直接连接树干式

少，总长度短，敷设简单；节约有色金属和降低线路损耗。其缺点是：出线前段线路公用，若线路上任一线段（含干线或支线）发生故障，就会使全线停电，影响面广；若使线路继电保护通过有选择的动作切除故障，这样又会增加继电保护装置工作时间，从而延长了故障存在时间，可靠性差。这两种接线方式只适于三级负荷供电。

2. 有备用系统

有备用系统的供电方式分为双回路放射式和环式。其优点是可靠性高，缺点是使用设备多、投资大。

（1）双回路放射式。每个负荷都用双回路供电。双回路放射式按电源数目多少又分为单电源双回路放射式和双电源双回路放射式（又称双电源双回路交叉放射式），如图 2-6 所示。当在一条线路发生故障或检修时，另一条线路可继续供电。对单电源双回路放射式来说，当电源发生故障时，则仍要停电。对双电源双回路放射式来说，由于两路放射式线路连接在不同电源母线上，无论任一线路或任一电源故障时，都能保证供电不中断。双电源双回路放射式供电方式从电源到负载都设置双套设备，可同时投入工作状态，互为备用，可靠性很高，适用于一级负荷；但投资大，接线复杂，操作维护不便。

（2）环式。如图 2-7 所示，它实质上是串联型树干式的一种改进型，只要把两路串联型树干式线路的末端连接起来就构成了环式。

串联型树干式的连接特点是：从电源点引出的干线进入每个受电点高压母线 M 上，然后再引出进入另一个受电点高压母线，干线的进出两侧都要安装隔离开关（如 Q_1、Q_2），都装入高压开关柜内。其优点是减小了线路故障的停电

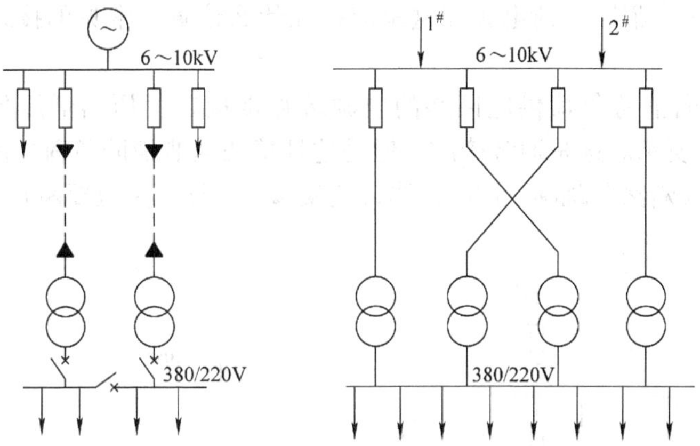

图2-6　双回路放射式

a）单电源双回路放射式　b）双电源双回路放射式

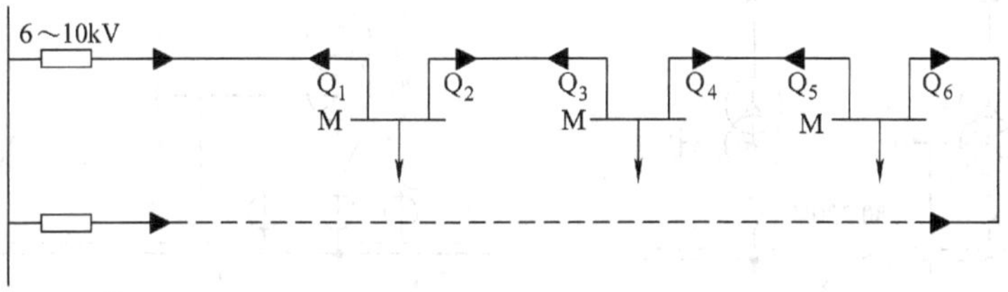

图2-7　环式

范围。

环式的优点是使用设备少，各线路走向不同，不易同时发生故障，可靠性较高，适于二、三级负荷；缺点是线路较长，电源附近故障时，电压损失大。一般要求电压损失不超过一定值，但要减小电压损失则又使线路金属损耗量增加。

环式运行方式有开环和闭环两种。由于闭环形成两端供电，当线路某一处故障时会使进线端断路器都跳闸，造成全部停电，故一般多用开环运行。虽说环式也是树干式的一种，但故障后的恢复供电要比树干式快，可用来供给二级负荷。

以上是电源供电的两种基本供电系统。总的来说，有备用系统比无备用系统可靠性高；双电源双回路放射式可满足对一级消防负荷供电要求；单电源双回路放射式可向二级消防负荷供电；而单回路放射式系统中如有引自其他变电所变压器低压侧的电源作为备用电源时，也可满足一、二级负荷要求。

2.3.4　消防负荷的接线方法

消防负荷在低压配电变电所如何取得用电电源，这是电气设计和电气防火审图人员经常思考的问题。当一个低压配电变电所设计得很可靠，技术经济也是很合理的情况下，消防负荷电源在这里应接在什么位置，常见的接线方法有下面几种：

（1）将向消防负荷供电回路的电源端直接接在变压器低压母线上，如图2-8、图2-9所示。这是通常接法，但是这种接法当非消防负荷故障时，有可能使变压器出线断路器跳闸；同时，当母线检修时，该开关也要断开，影响消防供电可靠性。

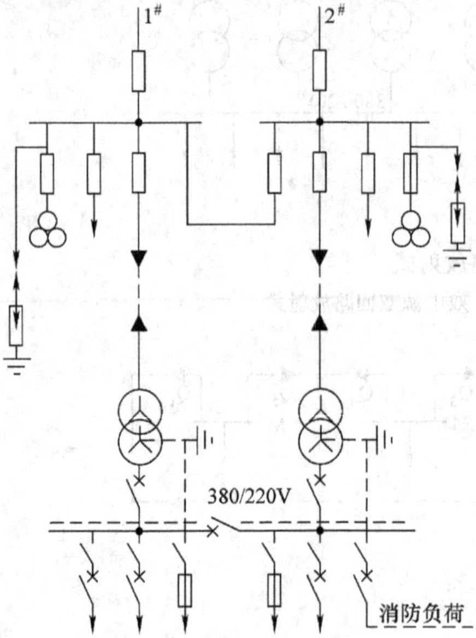

图2-8 双回路进线两台变压器

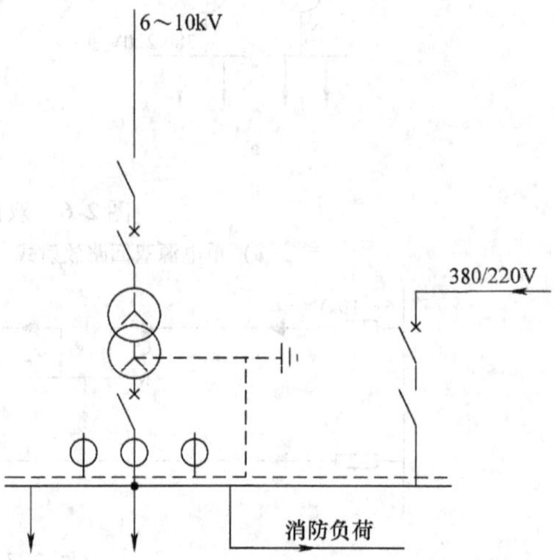

图2-9 双回路进线一台变压器

（2）将向消防负荷供电回路的电源端直接接在变压器低压出线断路器之前，如图2-10所示，这样可以克服上述缺点，提高供电的可靠性。在二类建筑，如住宅楼、储罐、堆场、供电条件比较困难或消防等级不太明确的地方，可用这种接线方法。

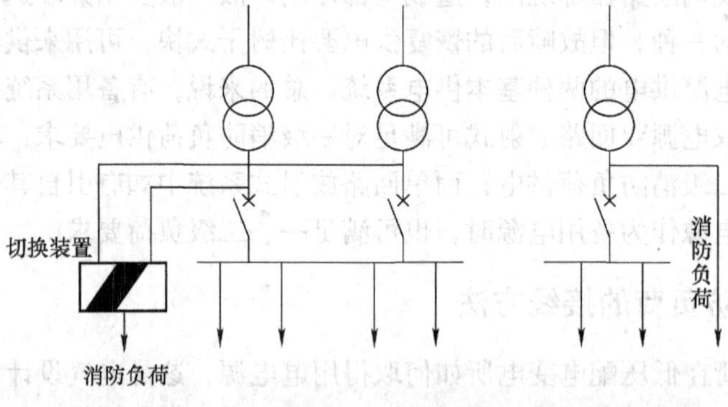

图2-10 消防负荷的其他接线方法

2.4　应急电源

2.4.1　概述

当工业与民用建筑处于火灾应急状态时，为了保证火灾扑救工作的成功，担负向消防用电设备供电的独立电源称为应急电源。

《民用建筑电气设计规范》明确规定：一级负荷应由两个电源供电，当一个电源发生故障时，另一个电源应不致受到损坏；一级负荷的电源形式有二路高压电源和一路高压电源及一路低压电源、柴油发电机组或蓄电池组；一级负荷中的特别重要负荷除上述两个电源外，还必须增设应急电源。

1. 常用应急电源的种类

（1）独立于正常电源的发电机组。

（2）供电网络中有效地独立于正常电源的专门馈电线路。

（3）蓄电池。

（4）对供电时间要求特别严格的地方，可采用 UPS。

2. 根据允许中断供电时间选型

（1）静态交流 UPS 适用于允许中断供电时间为毫秒级的场合。

（2）带有自动投入装置的独立于正常电源的专门馈电线路，适用于允许中断时间大于 1.5s 的场合。

（3）快速自动起动的柴油发电机组，适用于允许中断供电时间大于 15s 的场合。

3. 注意事项

（1）在进行配电设计时，首先要明确地划分一级负荷与一级负荷中特别重要的负荷。

（2）一级负荷中的特别重要的负荷需要应急电源。

（3）应急电源设计中的重要参数。主要包括：

1）特别重要负荷的容量。

2）用电持续时间：是 20min、40min，还是更长。

3）允许间隔时间：是 ms 级，还是 1.5s 或 15s 以上。

4）应急电源的形式：市电、柴油发电机及蓄电池。

4. 应急电源的特征

集中供电的应急电源是在建筑物发生火情或其他紧急情况下，对疏散照明或其他消防、紧急状态急需的各种用电设备供电的电源。由其供电目的可以看出，应急电源应当具备以下特有的要求。

（1）高可靠性。高可靠性是指电源在紧急状态下能可靠供电。保证供电是电源的第一目的，只要元器件可以运行而不致损坏，供电就不能停止。当然，此时的元器件的工作状态可能相当严酷，电源的某些电气参数（如频率、谐波率）在特殊状态时可能不理想，但只要用电负荷在这些参数状态下可以工作，电源就不能停止供电。

（2）可监视性。应急电源虽然是使用在特殊场合（供电电源停电、发生火情等），但是应急柴油发电机组还应定期进行试车。尤其对于应急静态不停电电源：一是利用其自身带的 RS232 接口，把信号送到主机，用计算机进行监视；二是对于正常负载，平时就可以用应急电源来供电，这是最好的监视。

（3）免维护性。免维护性在设备中表现在三个方面：一是电池的充放电是利用设备自带的智能集成芯片完成的；二是采用了免维护电池；三是设备可发出状态警告信号。

（4）系统简单、控制方便。建筑电气工程设计表明，在一个特定的防火对象物中，应急电源种类并不是单一的，多采用几个电源的组合方案。其供电范围和容量，一般是由建筑负荷等级、供电质量、应急负荷数量和分布、负荷特性等因素来决定的。

应急电源供电时间有限，其容量可按表 2-8 中的时间予以换算。

表 2-8 应急电源的种类、供电范围和时间一览表

需备应急电源的消防设备	应急电源的种类			时间/min	
	应急专用供电设备	自备发电机	蓄电池	日本	中国
室内消火栓设备	适用	适用	适用	30	
机械排烟设备		适用	适用	30	30
自动喷水灭火设备	适用	适用	适用	60	60
泡沫灭火设备	适用	适用	适用	30	
CO_2、卤代烷、干粉灭火设备		适用	适用	60	
消防电梯		适用		60	
火灾自动报警装置	适用		适用	10	10
防火门		适用	适用	30	
应急事故广播	适用		适用	10	
应急插座	适用	适用	适用	30	
火灾应急照明和疏散指示标志		适用	适用	20	20

2.4.2 柴油发电机组

柴油发电机组由柴油机、发电机、起动装置、油罐、油箱、冷却系统等配套组成，它作为重要负荷的备用电源，要求在市电故障或断电、火警时，在 15s 内起动并向重要负荷供电。

1. 一般规定

（1）符合下列情况之一时，宜设自备应急柴油发电机组：

1）为保证一级负荷中特别重要的负荷用电。

2）有一级负荷，但从市电取得第二电源有困难或不经济合理时。

3）大、中型商业性大厦，当市电中断供电将会造成经济效益有较大损失时。

（2）柴油发电机组宜靠近一级负荷或配变电所设置。柴油发电机房可布置于坡屋、裙房的首层或附属建筑内，应避开主要出口通道，如确有困难也可布置在地下层。当布置在地下层时，应处理好通风、防潮、机组的排烟、消音和减振等。

（3）发电机间、控制室及配电室不宜设在厕所、浴室或其他经常积水场所的正下方或潮湿的建筑物附近。

（4）柴油发电机组的选择：

1）柴油发电机组的容量与台数应根据应急负荷的大小和投入顺序以及单台电动机最大的起动容量等因素综合考虑确定。柴油发电机组总台数不宜超过两台。

2）在方案或初步设计阶段，可按供电变压器容量的10%～20%估算柴油发电机的容量。

3）在施工图阶段可根据一级负荷、消防负荷以及某些重要的二级负荷容量，并根据供电电压质量的要求确定柴油发电机容量。

（5）机房设备的布置：

1）柴油发电机组外廓与墙壁的净距最小尺寸见表2-9，尺寸标注如图2-11所示。

表2-9 柴油发电机组外廓与墙壁的净距最小尺寸 （单位：m）

项目容量/kW		64以下	75～150	200～400	500～800
机组操作面	a	1.60	1.70	1.80	2.20
机组背面	b	1.50	1.60	1.70	2.00
柴油机端	c	1.00	1.00	1.20	1.50
机组距离	d	1.70	2.00	2.30	2.60
发电机端	e	1.60	1.80	2.00	2.40
机房净高	h	3.50	3.50	4.00～4.30	4.30～5.00

注：1. 若机组设在地下层，其间距可适当加大。

2. 本表是根据国产封闭式自循环水冷却方式机组而定。

2）当不设计控制室时，控制柜和配电柜宜布置在发电机端或发电机侧，柜前距发电机端为2m，柜前距发电机侧为1.50m。

3）机房设置在地下层时，至少应有一侧靠外墙，热风和排烟管道应伸出室外，机房内应有足够的新风进口，气流分布应合理。

4）机房进风口宜设在正对发电机端或发电机端两侧，进风口面积应大于柴油机散热器面积的1.5倍。

5）机房设计应采取机组消音及机房隔音综合治理措施，治理后的环境噪声不宜超过表2-10中所列噪声标准。

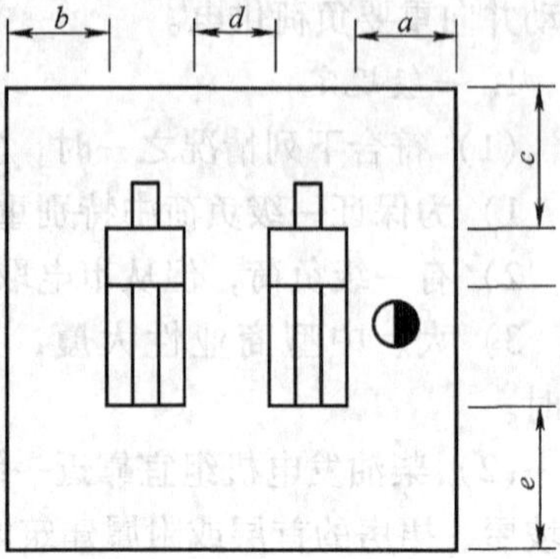

图2-11 柴油发电机组净距尺寸的标注

表2-10 机房噪声标准

通用区域	昼间/dBA	夜间/dBA
特殊住宅区	45	35
居民、文教区	50	40
一般商业与居民混合区	55	45
工业、商业、少量交通与居民混合区、商业中心区	60	50
工业中心区	65	55
交通干线道路两侧	70	55

还应特别注意：

1）机房应有良好的采光和通风。

2）发电机房应有两个出入口，其中一个出口的大小应满足搬运机组的需要。门应采取防火、隔音措施，并应向外开启。发电机房与控制室之间的门和观察窗应采取防火、隔音措施，门开向发电机房。

3）贮油间与机房相连布置时，应在隔墙上设防火门，并向发电机房开启。

4）发电机房、贮油间宜做水泥压光地面，并应有防止油、水渗入地面的措施；控制室宜做水磨石地面。

5）机房内的噪声应符合国家噪声标准规定，当机房噪声控制达不到要求时，应通过计算做消音、隔音处理。

6）机房各工作间的耐火等级与火灾危险性类别见表2-11。

表 2-11 机房各工作间的耐火等级与火灾危险性类别

工作间名称	火灾危险性类别	耐火等级
发电机房	丙	一级
控制室	戊	二级
贮油间	丙	一级

2. 保证柴油发电机组可靠、安全、经济运行的措施

在消防用电设备中，一般说来消火栓水泵是最大的消防负荷，又具有很大的随机性。

针对这种情况，为使柴油发电机组能可靠供电，常采取下列措施：

1）正确选择消防栓水泵电动机的容量。

2）对功率较大的异步电动机尽量采用Y－Δ起动、电抗器起动、电阻起动或自耦减压补偿器等减压起动方法，以减少电动机的起动容量。

3）调整起动顺序。较理想的顺序为最大容量电动机→较小容量电动机→无冲击的其他负荷。

4）错开起动时间，避免同时起动。比如，可在消火栓加压泵及自动喷淋泵电动机控制回路中接入时间继电器，把起动时间错开。即当自动喷淋泵系统喷头受火灾热的作用开始喷水时，水流继电器动作，自动喷淋泵电动机自动起动；同时，可碎玻璃按钥也被击破，消火栓加压泵电动机也开始起动。若刚好消防队员或供电部门为了安全又把主电源切除，这样，应急柴油发电机供电的负载，就是两台处于自起动状态的电动机，可能使柴油发电机组熄火停车。

5）火灾信号使柴油发电机组自起动投入前，共用母线把非消防负荷自动切除。

2.4.3 蓄电池组

蓄电池组是一种独立而又十分可靠的应急电源。火灾时，当电网电源一旦失去，它即向火灾信息检测、传递、弱电控制和事故照明等设备提供直流电能。当然，这种电源也可经过逆变器或逆变机组将直流变为交流。因此，它可兼作交流应急电源，向不允许间断供电的交流负荷供电。

蓄电池分为铅酸蓄电池和碱性蓄电池两大类。铅酸蓄电池是历史最久、产量最大、价格便宜、用途最广的蓄电池，它按用途可分为起动用、牵引车辆用、固定型及其他用途等四种系列。碱性蓄电池包括碱性锌锰电池（俗称碱锰电池或碱性电池）、镉镍电池、氢镍电池等品种。

蓄电池组通常按充放电制、定期浮充制和连续浮充制三种工作方式进行供电。消防常用连续浮充制的蓄电池组对小容量的消防用电设备供电。所谓连续浮充制，即整昼夜地将蓄电池组和整流设备并接在消防负载上，消防用电电流全部

由整流设备供给，而且电池组处于连续浮充备用状态，当市电停电时才起作用。

蓄电池组的优点是供电可靠、转换快；缺点是容量不大，持续时间有限，放电过程中电压不断下降，需经常检查维护。

在安装蓄电池组时应注意的事项：

（1）电池排列应为双行，不应采用单行。这是因为排成单行时，导线长度必然不同，有一部分导线所产生的电磁场不能抵消，易干扰到别的导线，引起较大噪声。

（2）电池线应取最短的途径，两组蓄电池的导线应采用同样线径和长度。这是为了保证在两组蓄电池并联放电或浮充时，使其电流相同。

（3）电池线（或汇流排）和电池相互间的连接都应采用焊接。这是为了防止电池室的硫酸雾对接触螺钉的侵蚀，以免日后造成接触不良故障。

（4）采用防酸隔爆蓄电池时，不必用电池架，而可采用铺设瓷砖的电池台。但应在电池台与电池槽之间加装厚20mm的耐酸胶皮，以防地面振动对蓄电池造成影响。

2.4.4 不间断电源设备

现代许多重要用电设备是不能停电的，如重要的计算机系统、通信系统、医院手术等，停电就会造成重大事故。因此，近年来发展了一种新型不间断电源设备（Uninterrupted Power System，UPS），其系统组成框图如图2-12所示。它主要由整流器、逆变器、充电器、蓄电池四部分组成。整流器将交流电变成直流电。正常工作时，S_1闭合，逆变器将整流器的输出直流电逆变为所需电压和频率的交流电，滤波后供给负载。同时，充电器（也是整流器）将交流电变换为直流电向蓄电池充电。如电网突然停电，则蓄电池通过二极管VD为逆变器输入能量，交流电输出不受影响。电路中的二极管VD起隔离开关的作用，电网正常供电时，二极管截止，整流器的输出不能向蓄电池充电，只有电网停电时二极管才导通。如逆变器发生故障，通过电子电路控制开关S_2闭合，S_1断开，负载直接连通交流电网。

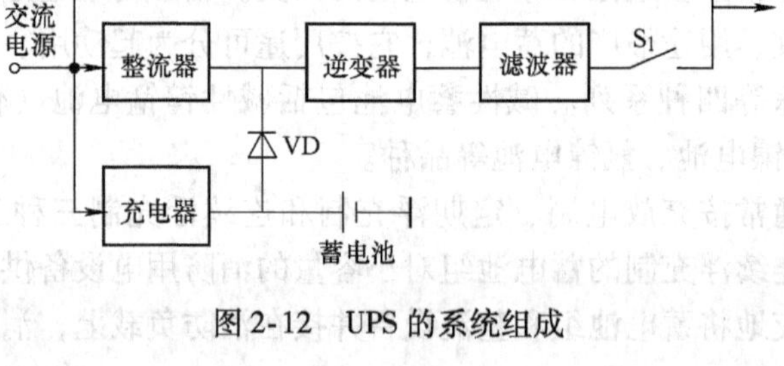

图2-12 UPS的系统组成

在满足可靠性的前提下，UPS 可采用单台供电系统、多台并联供电系统或时序备用系统。下面主要介绍时序备用系统中最简单的静止开关旁路系统，其供电主接线图如图 2-13 所示。

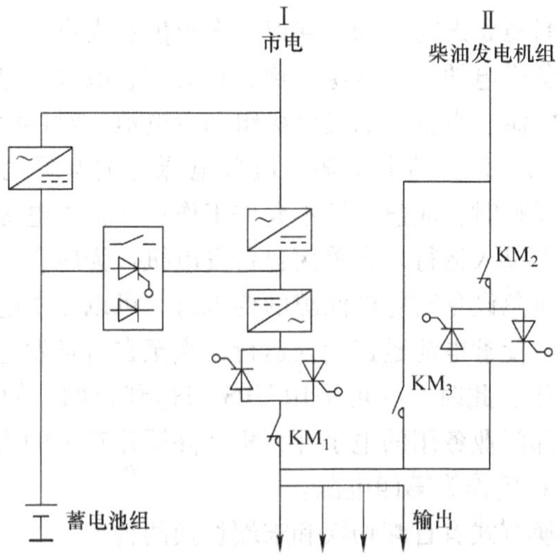

图 2-13　UPS 系统的主接线图

正常情况下，由市电Ⅰ供电，逆变器从整流器得电能，经过交流静止开关向负载供给 380/220V 的电能，若电池组在此时按连续浮充制供电方式工作，蓄电池组只维持在一个正常的充电电平水平上，对负载不供给电能。当市电Ⅰ发生故障停电时，蓄电池组经直流静止开关对逆变器供电，同时柴油发电机开始起动，待其电压和频率运转正常后，作为应急电源，经旁路交流静止开关，取代市电继续供电。

如果备用电源是市电Ⅱ，那么逆变器应与市电保持锁相同步，实现两套并联交流电源的相位跟踪，即同相位、同频率。当逆变器故障或发生超载时，临界负载就会自动地通过静止开关接通市电Ⅱ，其转换时间不超过 1ms，从而保证了负载的不间断供电。

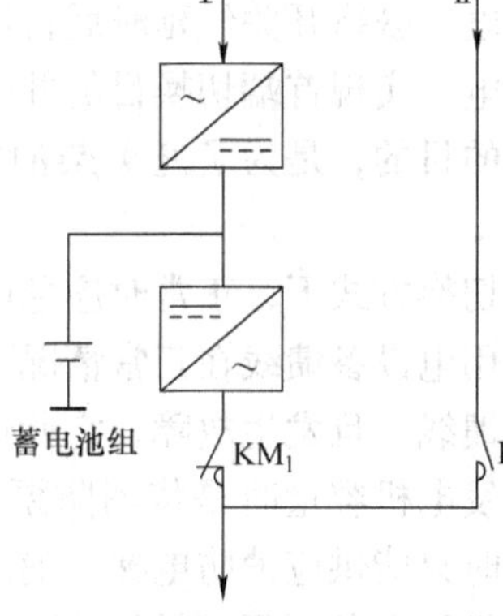

图 2-14　单相不间断供电系统

逆变器输出为单相交流 50Hz 正弦波电压。电源旁路电磁开关，可在逆变器故障或蓄电池组输出不足时，自动切换到旁路备用电源。单相不间断供电系统如图 2-14 所示。

2.5 主电源与应急电源的连接

建筑处于火灾紧急状态时，为了确保安全疏散和火灾扑救工作的成功，担负向消防应急用电设备供电的独立电源，称为火灾应急电源。应急电源一般有三种类型，即城市电网电源、自备柴油发电机组和蓄电池。对供电时间要求特别严格的地方，还可采用 UPS 作为应急电源。应急电源与主电源之间有一定的电气联锁关系。当主电源运行时，应急电源不允许工作；一旦主电源失电，应急电源必须立即在规定时间内投入运行。在采用自备发电机作为应急电源的情况下，如果起动时间不能满足应急设备对停电间隙的要求时，可以在主电源失电而自备发电机组尚未起动之间，使蓄电池迅速投入运行，直至在自备发电机组向配电线路供电时才自动退出工作。此时，亦可采用 UPS 来达到目的。如银行大厦、计算机中心、气象预报等部门业务用的电子计算机，高层建筑中的管理用计算机及信息处理系统等就可用 UPS 作为第四电源。

常用的电源切换方式有首端切换和末端切换两种。

2.5.1 电源切换方式

1. *首端切换*

主电源与应急电源的首端切换方式如图 2-15 所示。消防负荷各独立馈线分别接向应急母线，集中受电，并以放射式向消防用电设备供电。柴油发电机组向应急母线提供应急电源。应急母线则以一条单独馈线经断路器（称为联络开关）与主电源变电所低压母线相连接。正常情况下，该联络开关是闭合的，消防用电设备经应急母线由主电源供电。当主电源出现故障或因火灾而断开时，主电源低压母线失电，联络开关经延时后自动断开，柴油发电机组经 30s 起动后，仅向应急母线供电，实现首端切换目的并保证消防用电设备的可靠供电。这里联络开关引入延时的目的，是为了避免柴油发电机组因瞬间的电压骤降而进行不必要的起动。

这种切换方式下，正常时应急电网实际变成了主电源供电电网的一个组成部分。消防用电设备馈线在正常情况下和应急时都由一条线完成，节约导线且比较经济。但馈线一旦发生故障，它所连接的消防用电设备则失去电源。另外，由于选择柴油发电机容量时是依消防泵等大电动机的起动容量来定的，备用能力较大，应急时只能供应消防电梯、消防泵、事故照明等少量消防负荷，从而造成了柴油发电机组设备利用率低的情况。

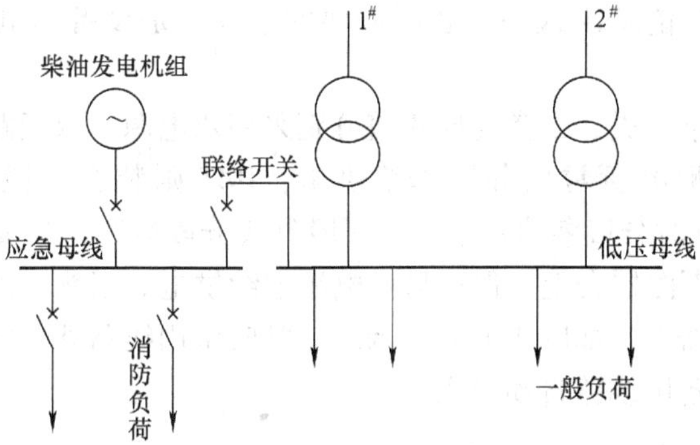

图 2-15　电源的首端切换方式

2. 末端切换

引自应急母线和主电源低压母线端的两条各自独立的馈线，在各自末端的事故电源切换箱内实现切换。其切换方式如图 2-16 所示。由于各馈线是独立的，从而提高了供电的可靠性，但其馈线比首端切换方式增加了一倍。火灾时当主电源切断，柴油发电机组起动供电后，如果应急馈线故障，同样有使消防用电设备失去电能供应的可能。对于 UPS，由于已经两级切换，两路馈线无论哪一回路故障对消防负荷或计算机负荷都是没有影响的。

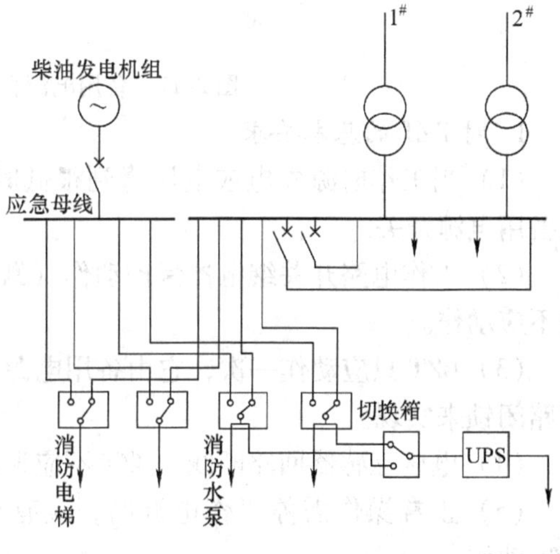

图 2-16　电源的末端切换方式

应当指出，根据建筑的消防负荷等级及其供电要求，必须确定火灾监控系统联锁、联动控制的消防设备相应的电源配电方式，一级和二级消防负荷中的消防设备必须采用主电源与应急电源末端切换方式来配电。

2.5.2　备用电源自动投入装置

前面已经述及，当供电网路向消防负荷供电的同时，还应考虑电动机的自起动问题。如果网路能自动投入，但消防泵不能自起动，仍然无济于事。特别是火灾时，消防水泵电动机的自起动冲击电流往往会引起应急母线上电压的降低，严重时使电动机达不到应有的转矩，会使继电保护误动作，甚至会使柴油机熄灭停车，从而使电路实现不了自动化，达不到火灾时应急供电、发挥消防用电设备投入灭火的目的。目前解决这一问题所需要的手段，是设备用电源自动投入装置(BZT)。

消防规范要求一类、二类高层建筑分别采用双电源、双回路供电。为保障供电的可靠性，变配电所常用分段母线供电，BZT 则装在分段断路器上，如图 2-17a 所示。正常时分段断路器断开，两段母线分段运行，当其中任一电源故障时，BZT 将分段断路器合上，保证另一电源继续供电。当然，BZT 也可装在备电电源进线的断路器上，如图 2-17b 所示。正常时备用线路处于明备用状态，当工作线路故障时，备用线路自动投入。

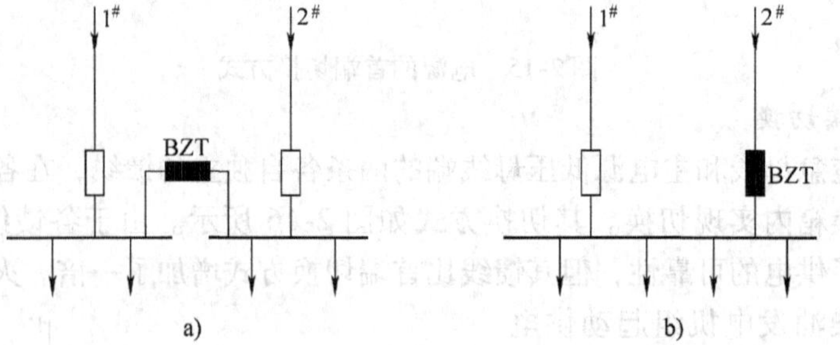

图 2-17　备用电源自动投入形式

1. 对 BZT 的基本要求

(1) 当工作电源失电或电压降到很低时，BZT 应将工作电源切断后，再合上备用电源开关。

(2) 工作电路开关继电器保护动作（跳闸），或备用电路电源无电时，BZT 均不应动作。

(3) BZT 只应动作一次，它由备用电源开或母联开关跳闸后，将 BZT 合闸、回路闭锁来实现。

(4) 电压互感器回路断线，BZT 不应误动作。

(5) 正常操作需停工作电源时，应有事先解除 BZT 装置的压板，以防止 BZT 动作。

2. BZT 的基本原理

图 2-18 是两台变压器低压侧采用交流接触器互为备用的 BZT 的原理接线。其操作电源直接来自互为备用的变压器低压侧。图 2-18 所示接线具有下列特点：

(1) 利用零电压继电器 1LYJ、2LYJ（采用 JT18—22P 型电磁式继电器）的接点组成交叉式的起动电路，只有其中 1 个继电器动作，便接通 3KM 接触器合闸。若两个继电器都动作或不动作，3KM 电路便不通，不能合闸。

(2) 利用交流接触器的常闭辅助触点将交流接触器相互闭锁。例如：1KM、3KM 接通时 2KM 不能接通；2KM、3KM 接通时 1KM 不能接通。

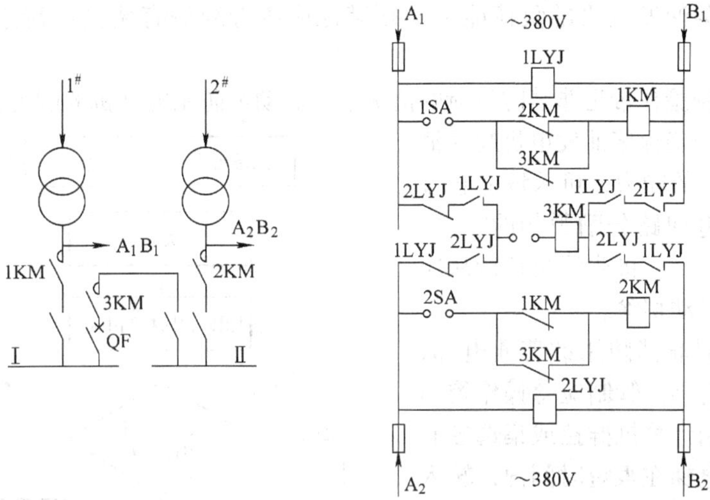

图 2-18　采用交流接触器互为备用的 BZT 的原理接线

3. 对切换开关性能的要求

切换开关的性能对应急电源能否适时投入影响很大。目前，电网供电持续率都比较高，有的地方可达每年只停电数分钟的程度，而供消防用的切换开关常是闭置不用的。正因为电网的供电可靠性很高，切换开关就容易被忽视。比如，日本的仙台和我国大连就曾发生应急时切换开关不能切换的情况。鉴于此，对切换开关性能应有特别高的要求，归纳起来有下列四点：

（1）绝缘性能，这是基础性能，特别是平时不通电又不常用部分的性能要高。

（2）通电性能要良好，这是基本性能。

（3）切换通断性能要可靠，由于长期处于不动作的状态下，一旦应急就要立即投入。

（4）长期不维修，又能立即投入工作。

随着新材料的出现和自动化技术的发展，目前已进入不用维修、不用检查和不用人值班的时代，用户按这四条性能要求来选择产品，就能提高供电电源的可靠性。

2.5.3　应急母线连接非消防负荷时应注意的问题

为了提高柴油发电机组设备的利用率和备用能力，设计人员有时出于经济效能的考虑而将部分非消防负荷接于应急母线上。这样，在非火灾停电时则可起动柴油发电机向其所连的用电设备供电。但从消防用电的安全可靠角度考虑，要注意下面问题：

（1）柴油发电机的负荷能力必须满足应急母线所有装接负荷连续运行的要求。

（2）校验在带足非消防负荷的情况下，起动消防用电动机的能力。

（3）为确保柴油发电机起动消防用电动机的能力，可采取应急母线所有供电回路分励脱扣的方法。当火灾确认后，将非消防负荷从应急母线上自动切除。

（4）对非消防用的普通电梯，实行火灾管制。管制应急操作控制方式可采用计算机群控或集选控制方式，使电梯在很短时间内，转入为火灾紧急服务或强制使电梯返回指定层将乘客放出、开门停运。因为火灾时主电源要停电，这样才能确保柴油发电机向消防负荷安全可靠供电。另外，火灾时，普通电梯中乘客并不知有火灾发生，若不幸在火灾层停止，烟和火焰会进入升降轿厢和电梯井内，造成不必要的损失。所以，也要求电梯停止运转并对电梯实行火灾管制，可在消防控制中心内设置的电梯事故运行操纵盘上完成。其管制运行程序如图2-19所示。

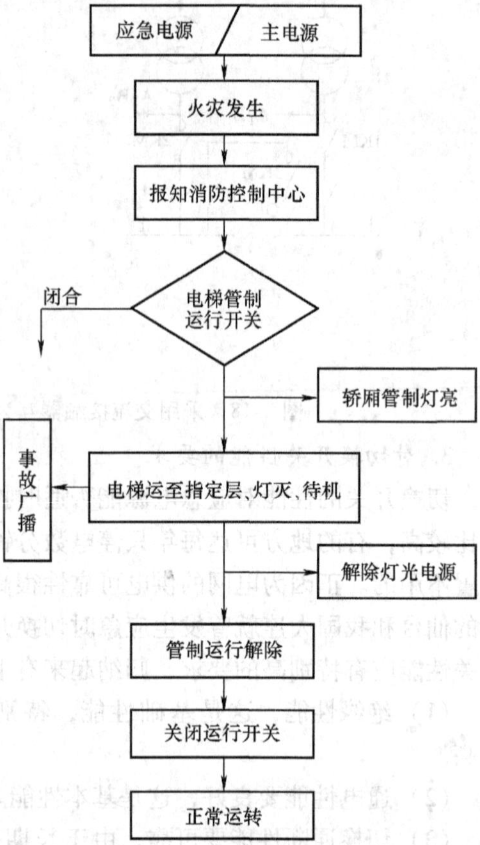

图2-19 电梯的火灾管制运行程序

2.6 火灾应急照明与疏散指示标志及火灾自动报警系统的电源

火灾应急照明是在火灾发生时，正常照明系统因电源发生故障，不再提供正常照明的情况下，供有关人员疏散、保障安全或继续工作的照明。它有两个作用，一是使消防人员继续工作，二是使居民安全疏散。

在疏散期间，为防止疏散通道骤然变暗就要保证一定的照度，以抑制人们心理上的惊慌和保障疏散安全。同时，还要以显眼的文字、鲜明的箭头标记指明疏散方向，这种采用信号标记的照明，叫疏散指示标志。

2.6.1　电光源与照度

1. 电光源

电光源就是将电能转换为光能的器件或装置。电光源按其发光机理可分为两大类：热辐射光源——利用物体加热辐射发光的原理制成的光源，如白炽灯、卤钨灯（碘钨和溴钨灯）等；气体放电源——利用气体放电时发光原理而制成的光源，如荧光灯、高（低）压汞灯、高压钠灯、金属卤化物灯和氖灯等。这里的高（低）压是指气体放电时的气压。电光源的种类很多，比较常用的有白炽灯、荧光灯、高压汞灯和卤钨灯。

（1）白炽灯　由于世界环保呼声越来越高，其措施之一是严格限制低光效的普通白炽灯应用，这已成为全世界各国节能减排的共同要求。因此就不赘述了。

（2）荧光灯。荧光灯即低压汞灯，它利用低气压的汞蒸气在放电过程中辐射紫外线，从而使荧光粉发出可见光的原理发光，因此它属于低气压弧光放电光源。

荧光灯不能瞬时点燃，点燃可靠性不如白炽灯，可作为平时点燃的事故照明使用。若平时不用，只做应急状态用，则须采用快速启动荧光灯或高频荧光灯，以保证其可靠性。

（3）高压汞灯。高压汞灯由石英电弧管、外泡壳（通常内涂荧光粉）、金属支架、电阻件和灯头组成。电弧管为核心元件，内充汞与惰性气体，放电时，内部汞蒸气气压为2～15个大气压，因此称为高压汞灯。高压汞灯应用了先进的制灯工艺，使得光效更高，寿命更长；发白光，色温在4100K左右，而且经济实惠，被广泛应用于室内外的工业照明、道路照明领域。

其缺点是要求冷启动，就是说关灯后马上再开灯，是开不了的，必须等几分钟灯管冷却下来以后才能重新开启，这和白炽灯是不同的。

（4）卤钨灯。在适当的温度条件下，从灯丝蒸发出来的钨在泡壁区域内与卤钨反应，形成挥发性的卤钨化合物。由于泡壁温度足够高（250℃），卤钨化合物呈气态，当卤钨化合物扩散到较热的灯丝周围区域时又分化为卤素和钨。释放出来的钨部分回到灯丝上，而卤素继续参与循环过程。

卤钨灯点燃快，可分两种，一是可直接接入220～240V电源，二是低电压卤钨灯需配相应的变压器。低电压卤钨灯具有相对更长的寿命、更高的安全性能等优点。

2. 照度

照度指物体被照亮的程度，采用单位面积所接受的光通量来表示，单位为勒［克斯］（lx），也可表示为lm/m^2，即1lx等于1lm的光通量均匀分布于1m^2面积上的光照度。照度以垂直面所接受的光通量为标准，若倾斜照射则照度下降。

消防水泵控制室、配电室等工作面上的最低照明值见表2-12。

表2-12 消防水泵控制室、配电室等工作面上的最低照明值

序号	车间和工作场所	视觉工作等级	最低照度/lx		
			混合照明	混合照明中的一般规定	一般照明
1	动力站的泵房	Ⅵ	—	—	20
	锅炉房、煤气站的操作房	Ⅵ	—	—	20
2	配、变电所的变压器室	Ⅵ	—	—	20
	高低压配电室	Ⅶ	—	—	30
3	一般控制室	Ⅳ	—	—	75
	主控制室	Ⅱ	—	—	150

对于设置在疏散通道的疏散照明，最低照度不应低于0.5lx。

指示出口的标志灯，有的国家并不用照度表示，而用亮度表示。其图形和文字呈现的最低亮度不应小于150cd/m^2，最高不大于300cd/m^2，任何标志上最低和最高亮度比在1∶10以内。因为，标志效果和清晰度是由亮度、图形、对比、均匀度、视看距离和安装位置等因素决定的。为保证标志灯在烟雾下，仍能使逃难者清楚辨认，美国推荐最大视看距离为30m，我国为20m。

当工作照明与应急照明混合设置时，应急照明的照度为该区工作照明照度的10%以上。具体数值，可视环境条件而定，为30%～50%。因为，应急状态下工作毕竟是短暂的，虽有视觉上的不舒服，甚至加快视觉疲劳，但这是允许的。

2.6.2 应急照明电源

应急照明电源是当正常电源不再提供正常照明需要的最低亮度的状态，即正常照明电源电压降为额定电压60%以下时，转换到应急照明电源供电。应急照明电源大致可以分为以下几种类型。

（1）来自电网有效地与正常电源分开的馈电线路。

（2）柴油发电机组。

（3）蓄电池组，又分为以下几种情况：

1）灯内自带蓄电池，即自带电源型应急灯。

2）集中设置的蓄电池组。

3）分区集中设置的蓄电池组。

（4）组合电源，即由以上任意两种以至三种电源组合供电。

通常在有应急备用电源的地方，都要从最末级的分配电箱进行自动切换，如

图2-20所示。

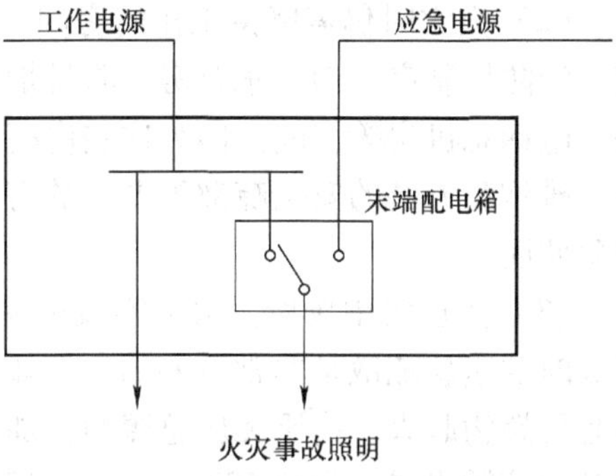

图2-20　火灾应急照明供电

对于分散布置的小型建筑物内供人员疏散用的疏散照明装置，由于容量较小，一般采用小型内装灯具、蓄电池、充电器和继电器的组装单元。正常电源电压也驱动一个继电器，以使应急单元上的灯具失电，一旦正常电源停电，继电器失电，灯具就从内装的蓄电池得电。其原理框图如图2-21所示。

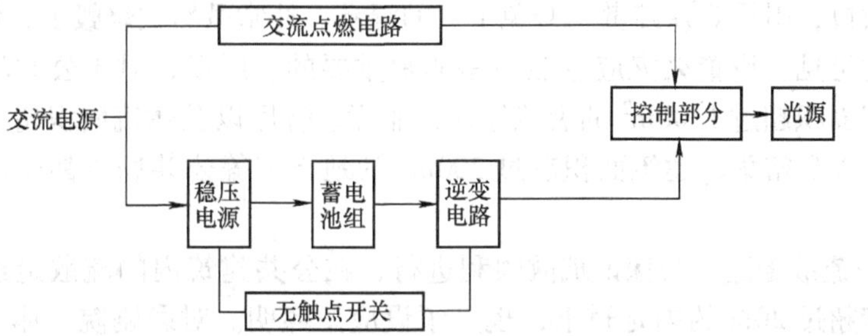

图2-21　应急灯原理框图

当交流电源正常供电时，一路点燃灯管，另一路驱动稳压电源工作，并以小电流给镍铜蓄电池组连续充电。当交流电源因故停电时，无触点开关自动接通逆变电路，将直流变成高频高压交流电；同时，控制部分把原来的电路切断，而将直流点燃电路接通，转入应急照明，直流供电不小于45min。当应急照明达到所需时间后，无触点开关自动切断逆变电路，蓄电池组不再放电。一旦交流电恢复，灯具自动投入交流电路，恢复正常点燃；同时，蓄电池组又继续重新充电。应急白炽灯的直流供电和自控系统与上述过程相同，只是没有逆变部分，其持续供电时间大于20min，电压不低于正常电压的85%，故能满足消防要求。

2.6.3　火灾应急照明及疏散指示标志电源

1. 需要设置火灾应急照明及疏散指示标志的部位

（1）供安全疏散用的主要房间。因为建筑火灾易造成严重的人员伤亡，其原因虽然是多方面的，但与有无应急照明也有一定的关系。为防止触电事故和通过电气设备、线路扩大火势，需要在火灾时及时切断起火部位甚至整个建筑物的电源，此时如无应急照明，人员在漆黑环境中必定惊慌混乱，加上烟气作用更易引起不必要的伤亡。所以，应在楼梯间、防烟楼梯间前室、消防电梯间前室、合用前室和高层建筑的避难层等主要供安全疏散用的疏散通道的主要部位设置应急照明。

（2）火灾时仍需坚持工作的房间。火灾时仍需坚持工作的房间主要有配电室、消防控制室、消防水泵房、防排烟机房、供消防用的蓄电池室、自备发电机房、电话总机房等房间。因为这些房间在扑救火灾过程中，为保证通信联络，保证防排烟和人员的安全疏散等方面的需要，必须坚持工作，所以以上场所也应设应急照明。

（3）人员集中场所。火灾实践说明，在人员密集场所设置应急照明对火灾事故时的紧急疏散是非常重要的。例如某俱乐部在一次演出时，因小孩燃放鞭炮引起可燃物起火，由于无应急照明，加之只有一个出口，观众们看不清出口，不能及时疏散出来，致使699人丧生。相反，某部队礼堂在演出中突然发生火灾，灯光熄灭一片漆黑，全场观众处于危急之中。这时剧场工作人员及时用四个手电照射疏散口，引导观众疏散，避免了大的混乱。礼堂虽然被烧毁了，但无人员伤亡。由此可见，设置火灾应急照明是非常重要的。所以，对于公共场所的观众厅，每层面积超过1500m^2 的展览厅、营业厅、餐厅以及建筑面积超过200m^2 的演播室，人员密集、建筑面积超过300m^2 的地下室等公共场所都应当设置应急照明。

（4）疏散走道。为保证疏散顺利进行，在公共建筑内的疏散走道和居住建筑内长度超过20m的内走道上，也必须设应急照明。对影剧院、体育馆、多功能礼堂、医院的病房和除二类居住建筑以外的高层建筑等，其疏散走道和疏散门，均宜设置灯光疏散指示标志。因为在火灾初期，往往烟雾很大，人们在紧急疏散时易迷失方向，设有疏散指示标志，人们就能够在浓烟弥漫的情况下，沿着灯光疏散指示标志顺利疏散，避免造成伤亡事故。

2. *火灾应急照明及疏散指示标志的设置要求*

（1）疏散用的应急照明，其地面最低照度不应低于0.5lx；消防控制室、消防水泵房、防排烟机房、配电室和自备发电机房、电话总机房以及在发生火灾时仍需坚持工作的其他房间的应急照明，仍应保证正常照明的照度，其照明电线应接在消防配电线路上。保证正常照明的照度是指应急照明的最低照度要与该部位平时工作面上的正常工作照度的最低照度一样。

（2）疏散应急灯宜设在墙面或顶棚上。安全出口标志宜设在出口的顶部；疏散走道的指示标志宜设在疏散走道及其转角处距地面1.00m以下的墙面上，走道疏散标志灯的间距不应大于20m。

疏散指示标志之所以设在距地面不超过1.00m的墙面上，是因为这一高度符合人们行走时目视前方的习惯，容易发现标志。若设在吊顶上或间距大于20m时，都有被烟气遮挡的可能。

（3）应急照明灯和灯光疏散指示标志，应设玻璃或其他不燃材料制作的保护罩。保护罩能防止火灾迅速烧毁应急照明灯和疏散指示标志，而影响安全疏散。

3. 对火灾应急照明和疏散指示标志电源的要求

火灾应急照明和疏散指示标志除采用正常电源外，可采用蓄电池作为备用电源，且连续供电时间不应少于20min。这是因为当建筑物发生火灾时，其中人员必须在10min以内疏散完毕。在通常情况下，火灾在10min内产生的一氧化碳尚不多，但在10～15min之间，所产生的一氧化碳就大大超过对人体危害的允许浓度，而空气中的氧含量显著下降。如果在15min内还没疏散出来，则窒息死亡的可能性就很大。并且，绝大多数建筑物采用蓄电池供电的火灾应急照明和疏散指示标志，其持续时间均在20min以上。

2.6.4 火灾自动报警系统的电源

1. 电源的要求

火灾自动报警系统是消防用电设备，系统供电首先应符合国家标准《建筑设计防火规范》、《高层民用建筑设计防火规范》等有关规定的基本要求。同时，根据火灾自动报警系统本身的特点和实际需要，还应符合下列要求。

（1）火灾自动报警系统应设有主电源和直流备用电源。这是因为火灾自动报警系统的保护对象都是重要的或比较重要的建筑或场所，为了保证系统正常、可靠工作，对系统供电要求必须是连续、可靠的。因此，系统必须设有主电源和直流备用电源，而且主、备电源应能自动切换。

（2）火灾自动报警系统的主电源应按一级负荷来考虑。火灾自动报警系统的主电源应采用消防电源，直流备用电源宜采用火灾报警控制器的专用蓄电池或集中设置的蓄电池，系统的负荷等级应按一级负荷来考虑。当直流备用电源采用集中设置的蓄电池时，火灾报警控制器应采用单独的供电回路，并应保证在消防系统处于最大负载状态下，不影响火灾报警控制器的正常工作。

（3）火灾自动报警系统应当设有防止突然断电的保护措施。火灾自动报警系统中的CRT显示器、消防通信设备等的电源宜由UPS供电，防止突然断电造成装置不能正常工作。

火灾自动报警系统主电源的保护开关不应采用漏电保护开关，以防止造成系统断电，不能正常工作。

2. 火灾自动报警系统用电线路的布设

火灾自动报警系统的布线首先应当符合一般建筑电气系统布线的基本要求，同时还应当符合国家标准《火灾自动报警系统设计规范》规定的要求。

（1）对用电线路的要求。火灾自动报警系统的传输线路和50V以下供电的控制电路，应采用电压等级不低于交流250V的铜芯绝缘导线或铜芯电缆。采用交流220/380V的供电或控制电路应采用电压等级不低于交流500 V的铜芯绝缘导线或铜芯电缆。

火灾自动报警系统的传输线路的线芯截面积选择，除应满足自动报警装置技术条件的要求外，还应满足机械强度的要求。铜芯绝缘导线线芯的最小截面积不应小于表2-13中的规定。

表2-13 铜芯绝缘导线线芯的最小截面积

类 别	线芯的最小截面积/mm^2	类 别	线芯的最小截面积/mm^2
穿管敷设的绝缘导线	1.00	多芯电线	0.50
线槽内敷设的绝缘导线	0.75		

用电传输线路宜选择不同颜色的绝缘导线或电缆，“+”线应为红色，“-”线应为蓝色。同一工程中相同用途导线的颜色应一致，接线端子应有标号。

（2）对室内用电线路的要求。火灾自动报警系统的传输线路应采用穿金属管、阻燃型硬质塑料管或封闭式线槽保护方式布线。

消防控制、通信和警报线路采用暗敷设时，宜用金属管或阻燃型硬质塑料管保护，并应敷设在不燃烧体的结构层内，且保护层厚度不宜小于30mm。当采用明敷设时，应用金属管或金属线槽保护，并应在金属管或金属线槽上采取防火保护措施。采用经阻燃处理的电线时，可不穿金属管保护，但应敷设在电线竖井或吊顶内有防火保护措施的封闭式线槽内。

火灾自动报警系统用的电缆竖井，宜与电力、照明用低压配电线路电缆井分别设置。如受条件限制必须合用，两种电缆应分别布置在竖井两侧。

从接线盒、线槽等处引到探测器底座盒、控制设备盒、声器箱的线路均应加金属管保护。

接线端子箱内的端子宜选择压接或带锡焊点的端子板，接线端子上应有相应的标号。

传输网络不应与其他系统的传输网络合用。

2.7 消防用电设备的耐火耐热配线

为了提高消防电源供电系统的可靠性，除了对电源种类、供配方式采取一定的可靠性措施外，还要考虑火灾高温对配电线路的影响，采取措施防止发生短路、接地故障，从而保证消防设备的安全运行，使安全疏散和扑救火灾的工作顺利进行。

2.7.1 消防用电设备耐火耐热配线范围

（1）消防用电设备配电线路防火要求，在国外有较严格的要求。如日本电气规范要求，消防用电设备的配电线路，要根据不同消防设备和配电线路分别选用耐火配线或耐热配线。所谓耐火配线，是指按照规定的火灾升温标准曲线达到840℃时，在30min内仍能继续有效供电的配线。所谓耐热配线，是指按照规定的火灾升温标准曲线（1/2的曲线）升温到380℃时，能在15min内仍继续供电的配线。

（2）目前，国内有的厂生产耐火和耐热电线，有条件的，可推广采用。

在设计中，消防用电设备配电线一般是套金属管埋设在非燃烧体结构内的。这是一种比较经济、安全的敷设方法。

对穿金属管保护层厚度不小于3cm，主要是参考火灾实例和试验数据确定的。试验情况表明，3cm厚的保护层，按照标准火灾升温曲线升温，在15min内，金属管的温度达105℃；30min时，达到210℃；到45min，可达290℃。试验又说明，金属达此温度，配电线路温度约比上述温度低1/3，在此温升范围能保证继续供电，因此作了此规定。

从一些火灾实例得知，金属管暗设时保护层厚度如能达到3cm以上，可保障继续供电。

（3）考虑到钢筋混凝土装配式建筑或建筑物某些部位配电线路不能穿管暗设，必须明敷，故规定要采取防火保护措施，如在管套外面涂刷丙烯酸乳胶防火涂料等。耐火配线是指按照规定的火灾升温曲线，对配电线路进行耐火试验，从受火的作用起，到火灾升温曲线达到840℃时，在30min内仍能继续有效供电的线路。耐热配线是指按照规定的火灾升温曲线的1/2曲线，对配电线路进行试验，从受火的作用起，到火灾升温曲线达到380℃时，在15min内仍能供电的线路。

耐热耐火配线的定义见表2-14。需要特别说明的是，从耐热耐火配线的性能定义以及表2-14所示，消防设备的耐热耐火配线包含两方面的含义，即导线选择和敷设要求，在需耐热耐火配线的场合，不必一味追求导线的耐热耐火，而要根据敷设方式是否合理来确定。

表2-14　不同配线类别与导线配线种类的关系

配线类别	导线种类	配线种类
耐热配线	0.45kV/0.75kV 耐热绝缘电线 四氯化乙烯绝缘电线 硅橡胶绝缘电线 石棉绝缘电线 母线槽 桥架上聚乙烯绝缘塑料护套电缆 铝包电缆 铅包电缆 钢带铠装电缆 氯丁橡胶绝缘电缆 阻燃型电缆	采用金属管、软金属管或金属线槽（或其他非燃性线槽）配线，但在符合耐火等级的电气专用房间内的布线方式不受此限 当在电气专用房间内与其他配线共同敷设时，相互间距应大于15cm，并应用不燃材料制成的隔板加以隔开
	耐热电线（BV－105，AF－250） 耐火电线（NH－BV） 耐火电缆（MI矿物绝缘）	在电缆工程施工或类似的设施中采用

（续）

配线类别	导线种类	配线种类
耐火配线	0.45kV/0.75kV 耐热绝缘电线 四氯化乙烯绝缘电线 硅橡胶绝缘电线 石棉绝缘电线 母线槽 桥架上聚乙烯绝缘塑料护套电缆 铝包电缆 铅包电缆 钢带铠装电缆 氯丁橡胶绝缘电缆 阻燃型电缆	采用金属管、软金属管或合成树脂管暗配于混凝土或其他耐火耐火材料的楼板、墙体内，且保护层厚度应大于 3cm，但在符合耐火等级的电气专用房间内的布线方式不受此限 当在车间内与其他配线共同敷设时，相互间距应大于 15cm，并应用不燃材料制成的隔板加以隔开
	耐火电线 耐火电缆	在电缆工程施工或类似的设施中采用

2.7.2　消防用电设备配线防火基本措施

根据消防设备在防火和灭火中的作用，其配线应采用耐火配线或耐热配线。

耐热电线的选择及其敷设部位现在国外已有相应产品，价格较贵。日本主要采用包铅或包铝电缆、钢带铠装电缆、氯丁橡胶铠装电缆、600V 耐热乙烯树脂绝缘电线、石棉绝缘电线、硅橡胶绝缘电线等产品。

根据国内外电线电缆产品的发展和对电气线路的保护方式的研究结果，对消防设备的耐火配线应优先选用矿物绝缘电缆，也可选用封闭式桥架等有效保护的耐火电缆；或穿金属管并埋设在不燃烧体结构内，且保护层厚度≥30mm。耐热配线的选用：线路明敷时，采用穿金属管或金属线槽保护并应用防火涂料提高线路的耐火性能；当采用阻燃和耐火电缆时，可不穿金属管保护，但应敷在电缆井内或电缆沟内或吊顶内有防火保护措施的封闭式线槽内，但当与延燃电缆敷设在同一竖井时，两者之间应用耐火材料分隔开。消防控制设备的工作接地应采用专用的 $25mm^2$ 以上的铜芯控制干线。

图 2-22 为火灾温度下梁内主筋温度与保护层厚度的关系曲线。

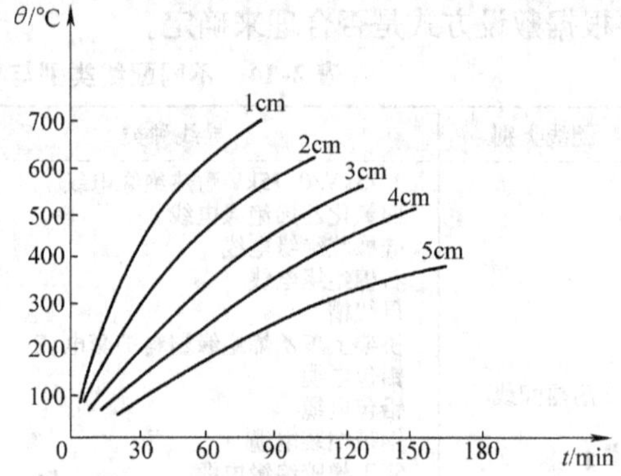

图 2-22　火灾温度下梁内主筋温度与保护层厚度的关系曲线

消防用电设备耐火耐热配线范围，应该包括从应急母线或主电源低压母线到消防用设备点的所有配电线路，如图 2-23 所示。

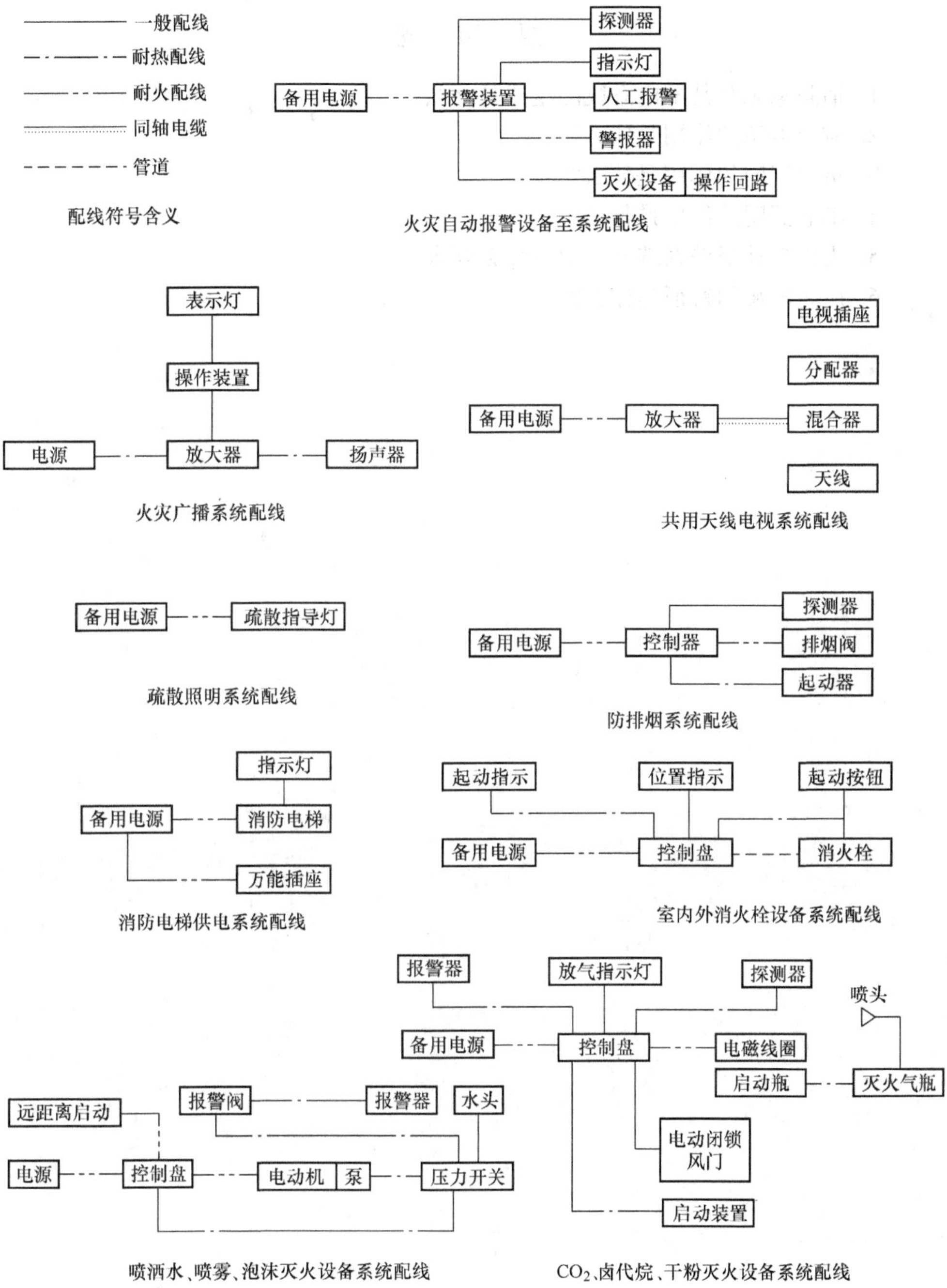

图 2-23　消防用电设备耐火耐热配线范围

复 习 题

1. 消防电源及其配电系统的组成是什么?
2. 应急电源的作用是什么?
3. 疏散照明的作用是什么?
4. 事故照明的作用是什么?
5. 火灾自动报警系统对电源有什么要求?
6. 应急电源的特征是什么?

第 3 章

电气发热与计算

内容提要：本章内容主要从理论上讲述了发热对载流导体产生的不良影响，以及载流导体长时和短时的发热与散热工程。

本章重点：本章中，重点掌握电气发热的各种计算方法和提高导体长期允许通过载流量的方法与措施。

电给我们带来了舒适的电气化生活，但若使用不当，除了会发生触电事故外，由于电气发热而引起的电气火灾也十分普遍，以至于社会上每当发生火灾而查不出原因时，通常都归结为“电线走火”。因此，研究发热对载流导体的影响，对了解和预防电气火灾具有极其重要的现实意义。

3.1 电气发热的危害

3.1.1 发热对载流导体的不良影响

发热对载流导体的不良影响主要表现在绝缘材料的绝缘性能降低、导体的机械强度下降和导体接触部分性能变坏等三个方面。

1. 绝缘性能降低

(1) 绝缘材料的耐热温度。导体的绝缘材料在温度的长期作用下会逐渐老化，并逐渐丧失原有的力学性能和绝缘性能，老化的速度与导体的温度有关。当导体的温度超过一定的允许值后，绝缘材料的老化加剧，使用寿命明显缩短。由于绝缘材料变脆弱，绝缘强度显著下降，结果就可能被过电压甚至被正常电压所击穿。

按国内标准，电气绝缘材料按其耐热温度分为七级，其长期工作下的极限温度列在表 3-1 内，材料在该温度下能工作 20000h 而不致损坏。

(2) 绝缘材料的寿命。图 3-1 表示几种绝缘材料的使用寿命与温度的关系。在某一温度限值内寿命一定，但当超过这一“限值”时，温度增加则使用寿命降低。例如：A级绝缘材料其极限允许温度为105℃，在这个温度下，能长期工作达15~20年。但若超过这个温度，比如达到113~115℃，其使用寿命将降为8~10年。

表3-1 各级绝缘材料的耐热温度

等级	耐热温度/℃	相应的材料
Y	90	未浸渍过的棉纱、丝及电工绝缘纸等材料或组合物质所组成的绝缘结构
A	105	浸渍过的Y等级材料的绝缘结构
E	120	合成的有机薄膜、合成的有机磁漆等材料或其组合物组成的绝缘结构
B	130	以合适的树脂粘合或浸渍、涂覆后的云母、玻璃纤维、石棉等
F	155	以合适的树脂黏合或浸渍、涂覆后的云母、玻璃纤维、石棉等，以及其他无机材料，合适的有机材料或其组合物所组成的绝缘结构
H	180	硅有机漆，云母、玻璃纤维、石棉等用硅有机树脂黏合的材料，以及一切经过试验能用在此温度范围内的各种材料
C	>180	以合适的树脂（如热稳定性特别优良的硅有机树脂）黏合或浸渍、涂覆后的云母、玻璃纤维等，以及未经浸渍处理的云母、陶瓷、石英等材料或其组合物所组成的绝缘结构

对大部分绝缘材料来说，可以用所谓的“八度规则”经验规律来估算其寿命，即温度每上升8℃，则其寿命降低一半。

必须指出，随着绝缘材料使用环境的复杂化，“八度规律”推论只能用来估算寿命。绝缘材料的使用寿命与温度有极大关系，温度增加则使用寿命降低，出现绝缘老化现象，在防火检查实践中就可根据这些老化特征，对使用寿命做出判断。

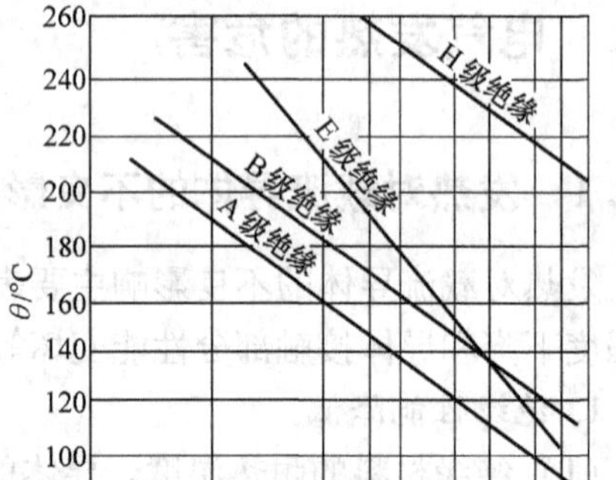

图3-1 绝缘材料的使用寿命与温度的关系

（3）绝缘材料的允许温度。发热是影响电器寿命和工作状态的重要因素之一。为了限制发热对电器及载流体带来的危害，在设计和运行时，人们规定了一个允许温度。

允许温度是用一定方法测定的电器元件的最热温度，在此温度下，整个电器元件保持连续工作。允许温度通常规定必须小于耐热温度。设备和导体上的任一部分都不能超过允许温度。所以，有关规程做出如下几项规定：

1）允许温度规定必须小于材料损坏的极限允许温度（耐热温度），这是因为考虑到测量等诸方面不可避免的误差。

2）电气设备是由各种导体组合而成的，允许温度要考虑到它的最薄弱环节。

3）短路电流引起的发热是发热时间极其短暂的发热，设备绝缘材料的老化和金属机械强度的变坏，除了温度的高低外，还取决于发热持续时间的长短，因此短时发热允许温度比长时发热允许温度规定得要高。

2. 机械强度下降

当导体的温度超过一定允许值后，温度过高会导致导体材料退火，使其机械强度显著下降。例如铝和铜导体在温度分别超过100℃和150℃后，其抗拉强度急剧下降。这样当短路时在电动力的作用下，就可能使导体变形，甚至使导体结构损坏。金属材料机械强度与温度关系如图3-2所示。

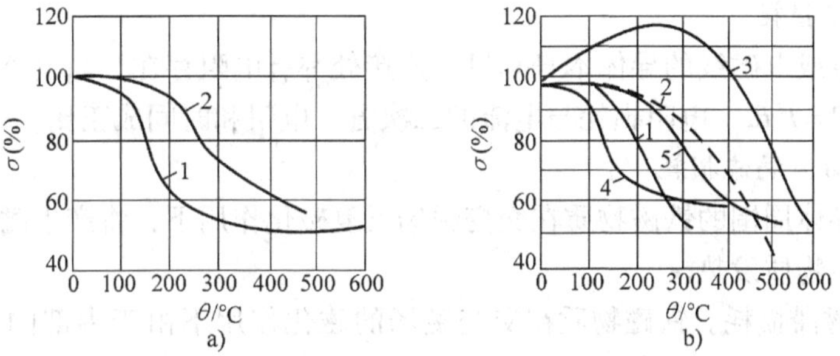

图3-2　金属材料机械强度与温度的关系

a）铜：1—连续发热　2—短时发热　b）不同的金属导线：1—硬拉铝　2—青铜　3—钢　4—电解质　5—铜

由图3-2可见，连续发热150℃或短时发热300℃时，铜的抗拉强度迅速下降。很明显，铜的短时发热抗拉极限高于其连续发热的抗拉极限，在任一温度之下都是如此。换句话说，也就是加热时间愈短，抗拉极限下降时的温度就愈高。这是因为载流体长期处于高温状态，会使其慢性退火，亦可使其丧失机械强度，当机械强度丧失之后，会导致变形或破坏。

为了保证导体可靠工作，需使其发热温度不得超过一定数值。这个限值叫做最高允许温度。按照有关规定，导体的正常最高允许温度，一般不超过70℃；短路最高允许温度可高于正常最高允许温度，对硬铝可取200℃，硬铜可取300℃。

3. 导体接触部分性能变坏

当接触连接处温度过高时，接触连接表面会强烈氧化并产生一层电阻率很高的氧化层薄膜，从而使接触电阻增加，接触连接处的温度更加升高，当温度超过允许值后，就会形成恶性循环，导致接触连接处烧红、松动甚至熔化。

3.1.2 载流导体运行中的工作状态

载流导体工作中常遇到以下两种工作状态。

（1）正常工作状态：当电压和电流都不超过额定值时，导体能够长期、安全、经济地运行。

（2）短路工作状态。当系统因绝缘故障发生短路时，流经导体的短路电流比额定值要高出几倍甚至几十倍。保护装置动作、将故障切除的短期内，导体将承受短时发热和电动力的作用。

3.1.3 载流导体运行中的损耗

载流导体工作中将产生各种损耗。

1. 电阻损耗

输电线或电磁线的导体本身和机械连接处都有电阻存在，当电流通过时，即产电损耗 $P=I^2Rt$，电阻损耗与电流的二次方、电阻和时间成正比。

2. 磁滞、涡流损耗

载流导体周围的铁磁物质在交变磁场反复磁化作用下，将产生磁滞、涡流损耗，使铁磁物质发热。

（1）磁滞损耗。铁磁物质在交变磁场的磁化作用下由于内部的不可逆过程而使铁磁物质发热所造成的一种损耗，称为磁滞损耗。

磁滞损耗可用下列经验公式求得：

$$P_{cz}=\eta f B_m^n \tag{3-1}$$

式中 η——与材料性质有关的系数，由实验确定（见表3-2）；

n——指数，当 $B_m<1\text{Gs}$ 时 $n=1.6$，$B_m>1\text{Gs}$ 时 $n=2$。

可见，磁滞损耗与频率的一次方成正比，与最大磁感应强度 B_m 的 n 次方成正比。

图3-3表示铁磁物质的基本磁化曲线和磁滞回线 $B=f(H)$，即磁感应强度 B 同外磁场 H 之间的关系。由图3-3可见，铁磁物质从 O 开始磁化时，曲线由 O 到 a，若减少 H，则 B 不沿 aO 下降，而沿 aa' 下降。磁滞现象就是 B 的变化滞后于 H 的这一现象。

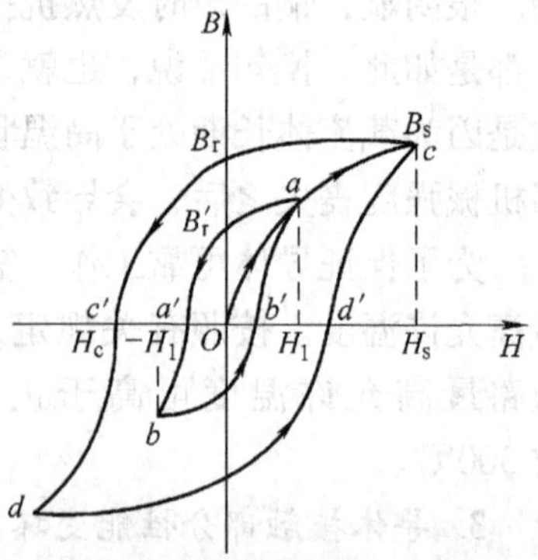

图3-3 基本磁化曲线

（2）涡流损耗。众所周知，当铁磁物质放置在变化着的磁场中，或者在磁场中运动时，铁磁物质内部会产生感应电动势（或感应电流）。从图3-4中可见，涡流是感应电流之一，在铁心内围绕着磁感应强度呈旋涡状流动，其方向可按楞次定律来决定。涡流损耗是导体在非均匀磁场中移动或处在随时间变化的磁场中时，因涡流而导致的能量损耗。

涡流对许多电气设备来说是极为有害的，它消耗电能，使铁心发热，不仅会引起额外的大量功率损失，更严重的是还会使线圈温度过高，甚至损坏线圈的绝缘，造成设备的过热损坏甚至酿成事故。另外，它又削弱了原来磁场的强度。

在电动机、电器、变压器内部，为了减少铁心的涡流损耗和去磁作用，通常采用增加铁磁材料电阻率的办法。如用硅钢片叠片的方法代替整块铁心材料，各片之间加上绝缘层，使涡流在各层间受阻。硅钢片一般厚度为0.35mm或0.4mm，如图3-5所示，这样就把涡流限制在许多狭长的小截面之中。尽管如此，在交流电动机和变压器中，涡流损耗也还是不能忽视的。涡流损耗P_w与电源频率的二次方成正比，与磁感应强度最大值的二次方和体积成正比，即

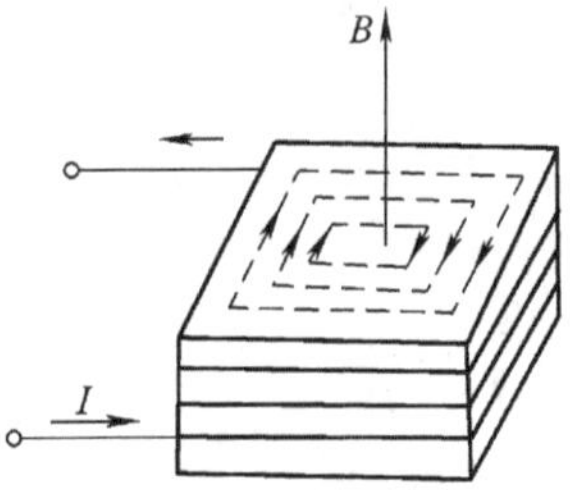

图3-4　涡流的产生

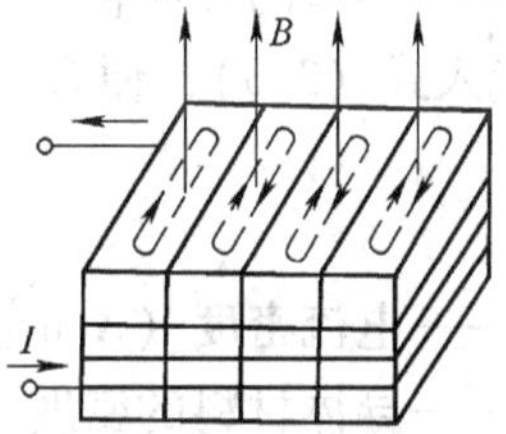

图3-5　减小涡流的方法

$$P_w = \xi f^2 B_m^2 \tag{3-2}$$

式中　ξ——与材料电阻率及厚度有关的系数（见表3-2）。

表3-2　磁滞损耗和涡流损耗的计算系数

钢片厚度/mm	普通发电机硅钢片			变压器硅钢片	
	1	0.5	0.35	0.5	0.35
η/(W/kg)	4.4	4.4	4.7	3.0	2.4
ξ/(W/kg)	22.5	5.7	3.0	1.3	0.7

（3）铁损。交变磁通在铁心中产生的磁滞损耗P_{cz}和涡流损耗P_w合起来叫做铁磁损耗，简称铁损。它把从电源吸收的能量转化为热能，使铁心发热。

3. 附加损耗

当直流电流流过导体时，电流在导体中的任一横截面处的分布都是均匀的，故金属导体能得到充分的利用。但是交流电流通过时则不然，由于趋肤效应和邻近效应的作用，电流沿导体分布不均匀，使导体的发热量大于直流电流通过时的

发热量，相当于导体的电阻增加了。或者说，由于导体的截面未被充分利用，相当于截面积缩小了。所以，导体电阻增加，因而其发热量就增大了。

所以，交流电流通过导体时的电阻损耗（或称焦耳损耗）应为

$$P = K_{fj} I^2 R \tag{3-3}$$

式中 P——损耗功率（W）；

K_{fj}——附加损耗系数，$K_{fj} = K_j K_l$；

K_j——趋肤效应系数；

K_l——邻近效应系数。

因为导体的电阻为

$$R = \frac{\rho l}{S}$$

式中 ρ——导体的电阻率（$\Omega \cdot m$）；

l——导体的长度（m）；

S——导体的截面积（m^2）。

将该式代入式（3-3），便有

$$P = \frac{K_{fj} J^2 m \rho}{\gamma} \tag{3-4}$$

式中 J——电流密度（A/m^2）；

γ——导体材料的密度（kg/m^3）；

m——导体的质量（kg），$m = \gamma l S$。

电阻率与温度的关系为

$$\rho = \rho_0 \left(1 + \alpha\theta + \beta\theta^2 + \cdots\right) \tag{3-5}$$

式中 ρ_0——在 $\theta = 0℃$ 时的电阻率；

α、β——电阻温度系数。

当 $\theta \leqslant 100℃$ 时，通常仅考虑式（3-5）中的前两项，即

$$\rho = \rho_0 (1 + \alpha\theta) \tag{3-6}$$

当导体中通过交流电流时，产生使电流趋于表面的现象，这就是趋肤效应。如图 3-6 所示，在导体的中心部分 A 中，与之相交链的磁通为 Φ_1 和 Φ_2；同时，与导体外围部分 B 相交链的磁通只有 Φ_2。同电流一起变化的磁通越大，该电流所产生的感应电动势也就越大，可见在 A 区产生的感应电动势无疑要比 B 区的大。众所周知，感应电动势是一个反电动势，它与产生它的电流方向相反，而在导体截面的外围部分 B 区电流密度增大，这即是趋肤效应的机理。当然，电流密度 J 不是由 A 区到 B 区陡然增加的，而是沿半径方向均匀地增加，$J = f(r)$ 表示于图 3-6a 中的上部。

趋肤效应以电磁波在导体内的渗透深度 b 表征为

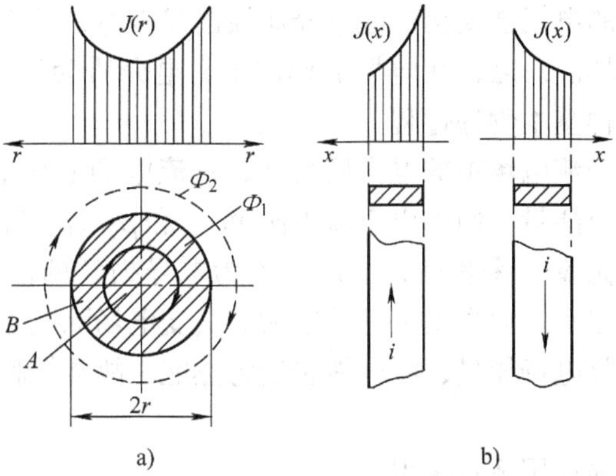

图 3-6 通过交变电流时的趋肤效应和邻近效应

a) 趋肤效应 b) 邻近效应

$$b = \sqrt{\rho/2\pi f\mu} \tag{3-7}$$

式中 ρ——导体的电阻率（$\Omega \cdot m$）；

μ——材料的绝对磁导率（H/m）；

f——电流频率（Hz）。

对于钢（$\rho = 10^{-7}\Omega \cdot m$，$\mu = \mu_r\mu_0 = 1000 \times 1.25 \times 10^{-6}$H/m，$\mu_r$ 为相对磁导率，μ_0 为真空磁导率），工频（$f = 50$Hz）电流时有

$$b = \sqrt{10^{-7}/2 \times 3.14 \times 50 \times 1000 \times 1.25 \times 10^{-6}}\text{m} = 0.0005\text{m}$$

铜导体（$\mu = \mu_0$）中电磁波的渗透深度比钢的要大 1000 倍。交流电流的频率越高，则趋肤效应越强。

邻近效应在两个载流导体处于彼此布置较近时才表现出来。由于两个相邻的载流导体之间磁场的相互作用，而使导体截面中电流线分布改变。一个导体中的电流建立的磁场，在另一导体中作用时，相邻近的一侧磁场强度较大，相反的一侧则较小。如果两导体中电流方向相同，则在邻近的一侧由一个导体在另一个导体中产生的磁场而感应的反电动势将阻止另一导体与相邻一侧内的电流通过，所以出现了两导体相邻近一侧电流密度的减小，而相反的一侧，电流密度则较大。如果两导体中所流过的电流方向相反，则电流密度的分布情况与前相反，在相邻的一侧，电流密度较大，如图 3-6b 所示。可见，两导体内电流方向不同时，$J = f(x)$ 沿矩形导体截面的分布也是不同的。

由上述可知，临近效应系数 K_l 与导体之间的分布与距离有关，导体相距越远，K_l 越小。

4. 介质损耗

电气绝缘材料称为电介质，电介质能建立电场，储存电场能量，也能消耗电

场能量。短期较高的电场强度会引起电介质被击穿破坏，长期较低的电场强度会导致电介质老化破坏。总之，在电场的作用下，电介质会发生极化、电导损耗、介质损耗和击穿四种基本物理过程。

电介质损耗是交流电场中的电介质特性，直流电场下只是带电质点（离子）的迁移从电场中吸取能量，通常以直流电阻率 ρ_v 和 ρ_s（ρ_v 为介质材料的体电阻率，ρ_s 为其表面电阻率）来表征，这部分称为电导损耗的泄漏电流的大小。一般低温下泄漏电流很小，而高温下可能很大。交变电场除电导损耗外，还因周期性的极化存在，吸收电场能量，将电能转变为热能，故常统称这两个方面的损耗为介质损耗。

电介质的功率损耗用下式求得：

$$P = U^2 \omega C \tan\delta \tag{3-8}$$

由式（3-8）可以看出，介质损耗 P 与外加电压 U^2 成正比，$\omega = 2\pi f$，C 为介质电容量，取决于材料的介电常数 ε 和几何尺寸。上述参数都是给定值，故 P 最后就取决于材料本身的 $\tan\delta$。为了比较不同材料在交流电场下损耗的性能，$\tan\delta$ 就成为衡量材料本身在电场中损耗能量并转化为热能的一个宏观物理参数，称之为电介质损耗角正切（又称为损耗因数）。

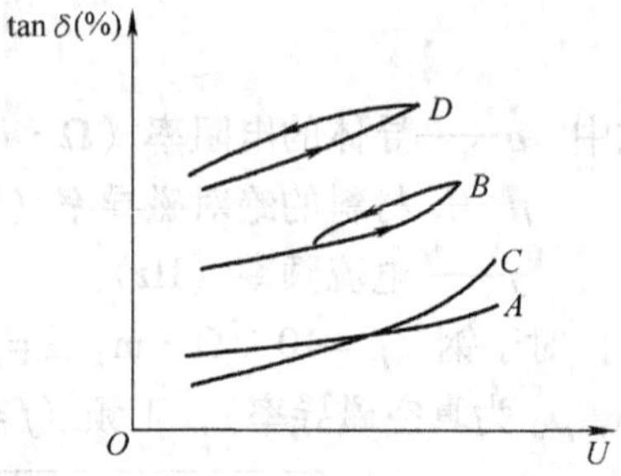

图 3-7 绝缘状态和 tanδ 的变化

在绝缘材料的测试中，可以利用绝缘受潮或老化后 $\tan\delta$ 增加的情况来判断绝缘性能。从图 3-7 中的 $\tan\delta = f(U)$ 的关系可以判断几种情况：曲线 A 为良好干燥的绝缘，曲线 B 表明绝缘未老化，曲线 C 表明绝缘中有空气隙，曲线 D 表明绝缘老化受潮。

3.2 接触电阻

当两个金属导体互相接触时，在接触区域内存在着一个附加电阻，称为接触电阻。所谓接触电阻，实际上指的是电接触电阻，又称电接触，它使两个金属导体互相接触在一起达到导电的目的。

3.2.1 接触电阻的类型

（1）固定接触。用紧固件（如螺钉或铆钉等）压紧的电接触称为固定接触。这种接触工作时没有相对运动。

（2）可分接触。工作中可以分开的电接触称为可分接触。接触的双方实际上就是电触头，即一个是静触头，另一个是动触头。触头决定了电器的一些重要性能，如电器的分断能力、控制电器的电气寿命、继电器的可靠性等。触头是电器的最薄弱环节，所以很容易发生故障。

(3) 滑动及滚动接触。在工作过程中触头可以互相滑动和滚动的接触方式称为滑动接触，又叫滚动接触。高压断路器的中间触头、公共电车及电气火车的电源引进部分都属此类。

3.2.2 接触电阻的组成

接触电阻 R_j 由收缩电阻 R_s 和表面膜电阻 R_b 两部分组成，即

$$R_j = R_s + R_b \tag{3-9}$$

以下分别讨论它们的形成及性质。

1. 收缩电阻

无论用什么工艺切开导体，或切开后对切面无论用什么工艺实行精加工，其接触区表面也绝不会是很理想的平面。若在显微镜下观察两个相接触的金属表面的侧面，显示的图像中，我们可以看出切面表面凸凹不平，可以说不论经过什么样的精加工或研磨工序，总是有宏观和微观上的不平、波纹、表面粗糙等。因此，当两个接触面接触时，实际上只有若干个小块面积相接触（见图3-8），而在每块小面积内，又只有若干小的突起部分相接触，它们被称为接触点。

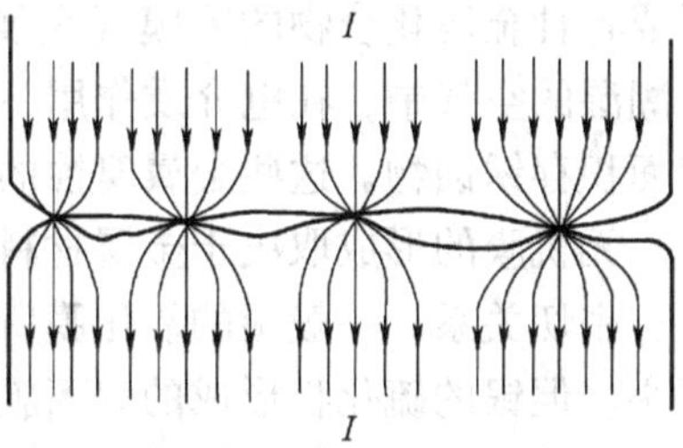

图3-8 电流收缩现象

可见，金属的实际截面积在切断处减小了，电流在流经电接触区域时，从原来截面积较大的导体突然转入截面积很小的接触点，电流线就会发生剧烈收缩现象。该现象所呈现的附加电阻称为收缩电阻。因为接触面由多个接触点组成，所以整个接触面的收缩电阻，为各个接触点收缩电阻的并联值。经过进一步分析可发现，R_s 与材料的电阻率 ρ 成正比，与材料硬度 HB 的二次方根成正比，与压力 F 和接触点的数目 n 的二次方根的乘积成反比。

2. 表面膜电阻

在电接触的接触面上，由于污染而覆盖着一层导电性很差的物质，这就是接触电阻的另一部分——表面膜电阻。它的存在使接触电阻增大，还会产生严重的接触不良现象，也可能使电接触的正常导电遭到破坏。尤其对于控制容量较小的继电器触头，表面膜电阻成为发生故障的重要原因之一，从面影响到继电器工作的可靠性，这对被保护电器或系统是巨大的威胁。

表面膜电阻的成因可分为以下几种类型。

（1）尘埃膜。飘扬于空气中的团状微粒，如灰粉、尘土、纺织纤维等，由于静电的吸力而覆盖于接触表面形成表面膜电阻。在外力作用下，这些被吸附的微粒也极易脱落，使接触重新恢复，因此其电阻值的变化是不稳定的，具有随机的特点。

触头附近的碳氢化合物，在高温（如电弧）作用下分解成微粒，沉积在触头表面上，形成碳的吸附层，它的电阻值随触头间的压力变化而变化，压力大时它的影响极小，压力小时则其阻值急剧上升。

（2）吸附膜。吸附膜即水分子和气分子在接触表面的吸附层。其厚度仅有几个分子层，但当触头间的压力在接触面上形成很高的压强时，其厚度可以减到1~2个分子层（即5~10Å，$1Å=10^{-8}cm$），但无法用机械的办法把它完全消除。因此，无论采用何种触头材料，其吸附膜都是不可避免的。吸附膜靠隧道效应导电，使接触电阻增大，当接触压力很小时（在2g以下），使接触电阻呈现严重不稳定状态。因此，一些继电器的触头压力最低不能小于2g。

（3）无机膜。电接触材料暴露于空气中时，由于化学腐蚀作用在金属表面形成各种金属化合物的薄膜（金属和氧生成氧化膜，和 H_2S 反应生成硫化膜）；在潮湿的空气中，在电介质作用下，使不同的金属间发生电化学腐蚀，也在金属表面积存锈蚀物。这些金属腐蚀的产物称为无机膜。

无机膜的形成取决于金属材料的化学和电化学性质，并与介质温度和环境条件有密切关系。一般银的氧化膜所形成的表面膜电阻，对接触电阻的稳定性影响甚小。但银的硫化物形成的表面膜电阻导电性差，对接触电阻的危害较大。铜和铜合金具有良好的导电性能，但铜的金属表面很容易形成较厚的、电导率很小的 Cu_2O 无机膜。这种膜随着温度的升高，其厚度迅速增加，接触电阻成千倍地增大。铝在空气中几秒即可形成厚度为2~2.5mm的 Al_2O_3 膜，然后其厚度便增加得很慢，该膜力学性能坚固，并有绝缘性能。

无机膜对电接触的破坏作用不但与其厚度有关，还和膜的性质有关。有些膜质脆，易被压碎；有些无机膜耐湿热性差，易在高温（电弧）作用下气化。因此，在接触压力较大、电路参数较高时，有些无机膜对电接触的危害并不严重。

（4）有机膜。从绝缘材料中析出的有机蒸气，在电接触金属材料表面形成一种粉状有机聚合物，是一种不导电的薄膜，称为有机膜。它对电接触的危害是很严重的，因其阻值可达几兆欧，绝缘性能与一些无机膜相似，但它们的击穿电压却是无机膜的10倍左右。

因电接触的导电性能取决于膜的厚度和性质，尤其当存在着较厚的无机膜时，触头间的导电性能几乎完全遭到破坏。为了恢复良好的导电性，可以利用机械力的作用（如增加接触压力）把膜压碎；也可切换大电流的触头，利用因开断或闭合时伴随产生的电流热效应和电弧的烧损，把膜破坏，使不致影响电接触的良好导电性能。

3.2.3　影响接触电阻的因素

电气设备的接触电阻过大时的危害有三个方面：

(1) 使设备的接触点发热。

(2) 发热时间过长缩短设备的使用寿命。

(3) 严重时可引起火灾，造成经济损失。

为了保证电器能良好工作，必须降低接触电阻的阻值。因此，需要进一步研究影响接触电阻的诸因素，以便采取措施，保证 R_j 的低值和稳定性。

1. 触头材料

为了防止触头冷焊，需要用硬度较高的触头材料（包括表面镀层材料），如金、银、铜、铜镀银等。但为了要获得低的接触电阻，改善接触性能，材料硬度又不宜太高。因此，要根据实际需要来选择。

材料的化学稳定性要好，抗污染、抗腐蚀、抗氧化能力要强，材料的导电性能要好，电阻率要低，以满足接触电阻小而稳定的要求。

2. 触头接触压力

触头接触压力越大，接触面积越大，接触电阻越小。但触头压力增大到一定数值时，接触电阻的减小已不明显，反而会使触头的机械磨损和电磨损增大。因此，触头压力应控制在适当的范围内。

3. 触头形状和接触形式

接触形式与触头形状有密切关系，点接触时接触电阻大，线接触时接触电阻要小些，面接触时接触电阻更小些。中小功率的继电器中多采用线、面接触，以提高抗熔接、抗腐蚀能力；小型继电器中往往还采用桥式接触形式和分叉的双触头接触形式，以适应频繁动作，提高接触可靠性。另外，大尺寸的触头虽然接触电阻可以减小，但尺寸太大既浪费材料又增大了体积和重量，而且会使回跳增多和回跳时间延长，增大触头磨损，也降低了抗振动、抗冲击的能力。

4. 表面粗糙度

触头表面加工的粗糙度值越小，实际接触点越多，而且更不易粘附尘埃、吸附有害气体和潮气，增强了抗腐蚀的能力，同时减小了接触电阻。表面粗糙度值一般为 $R_a1.6\mu m \sim R_a0.4\mu m$，$R_a$ 值太小了就要抛光和研磨，抛光膏的存在会增大有机污染的机会，是极为不利的。表面粗糙度值过小也会增大冷焊的机会。

5. 触头污染

触头的污染物有尘埃、潮气、纤维、有机气体的液体等，以及来自周围环境和加工工艺过程及继电器本身的结构材料（如绝缘材料）。污染是影响接触电阻的重要因素，会产生较大的表面膜电阻和化学腐蚀，增大接触电阻，降低寿命。

因此，要求整洁生产和超净生产以减少污染。采用全密封技术和接触系统、电磁系统单独密封技术都是抗污染的措施。

6. 触头温度

触头表面温度的增加（包括环境温度和触头本身温度的增加），会使其表面状况、接触面积都发生变化。在触头压力不变的情况下，温度升高会使电阻增大，因此接触电阻增大；温度升高到一定程度时，会使触头软化，接触面积增大，接触电阻下降。另外，温度升高会加剧触头金属氧化和化学腐蚀，不利于工作的稳定和可靠。改善散热条件的措施有充入高压气体或罩壳涂黑。

3.3 电器的发热与允许温升及散热

3.3.1 电器的温升

大量的电气火灾事实证明，电气火灾的主要原因是设备选用不当、安装不合理、操作管理有误所致，而这些因素导致电气事故的过程，很大程度上是电器过度发热所引起的。用电设备在运行过程中，由于电流通过导体和线圈而产生电阻损耗；交变电流所产生的磁场，在铁磁体内要产生涡流和磁滞损耗；在绝缘体内还要产生介质损耗。所有这些损耗几乎全部转化为热能，一部分散失到周围介质中去，另一部分加热了用电设备，使其温度升高。特别是过负荷运行、短路事故等状态下，导体中流过较大的电流时，使电器温度急剧上升，当温度升高到一定程度时，电气绝缘强度受到破坏，机械强度下降，寿命降低，甚至很快烧毁电气设施，引起火灾及其他事故，造成巨大损失。

为了保证电器的安全使用和具有一定的寿命，一般都要对电器各部分的最高温度有明确的规定，这一点是用极限允许温升来衡量的。

所谓温升是指电器运行中自身温度与工作环境温度之差，而极限允许温升是指电器能够正常工作时的极限允许温度与工作环境温度之差。为了保证低压电器工作的可靠性及具有一定的使用寿命，一般低压电器各部件的极限允许温升见表3-3。

周围环境温度的高低，直接影响到电器的散热情况，表3-3中规定的产品正常工作条件为海拔不超过2500m，周围空气温度为：

（1）最高空气温度不超过表3-4中规定的值。

（2）最低空气温度按下面几个规定。

1）+5℃（适用于水冷电器）。

2）-10℃（适用于某些电子式电器等部件）。

3）-25℃。

4）-40℃（特殊环境使用）。

表 3-3 低压电器各部件的极限允许温升

不同材料和零部件名称		极限允许温升/℃	
		长期工作制	间断长期或反复短时工作制
绝缘线圈及包有绝缘材料的金属导体	A 级绝缘	65	80
	E 级绝缘	85	95
	B 级绝缘	90	105
	F 级绝缘	115	130
	H 级绝缘	140	155
各类触头或插头	铜及铜基合金的自励式触头、插头、无防蚀层	35	
	铜及铜基合金的他励式触头、插头、无防蚀层	45	65
	铜及铜基合金的他励式触头，有 6 ~ 8μm 的银防蚀层	80	—
	铜及铜基合金的他励式触头，有 6 ~ 8μm 的锡防蚀层	60	—
	银及银基合金触头	以不伤害相邻部件为限	
与外部连接的接线端头	接线端头有锡（银）防蚀层，当指明引入导体为铝也有锡（银）防蚀层时	55	
	接线端头为铜及铜基合金材料，无防蚀层，当指明引入导体为铜或有防蚀层的铝时	45	
	当接线端头为铜及铜基合金材料，有锡防蚀层，当指明引入导体为铜也有锡防蚀层时	60	
	当接线端头为铜及铜基合金材料，有银防蚀层，当指明引入导体为铜也有银防蚀层时	80，也还以不伤害相邻部件为限	
产品内部导体连接处	铝材对铝材、钢材对铝材紧固结合处，两者均有锡防蚀层	55	
	铝材对铝材、钢材对铝材紧固结合处，两者均有银防蚀层	60	
	铜材对铜材，紧固结合处无防蚀层	45	
	铜材对铜材、紧固结合处两者均有锡防蚀层	60	
	铜材对铜材，紧固结合处两者均有银防蚀层	以不伤害相邻部件为限	
	铝材对铝材、铝材对铜材、铜材对铜材焊接的导体		

（续）

不同材料和零部件名称			极限允许温升/℃	
			长期工作制	间断长期或反复短时工作制
其他	浸入有机绝缘油中的工作部件		60	
	操作时接触的部件	金属材料	15	
		绝缘材料	25	
	与弹簧作用的部件		以不伤害材料弹性、不伤害相邻部件为限	
	电阻元件		由所用的材料决定，以不伤害相邻部件为限	

表 3-4　低压电器的极限允许温升修正值

海拔/m	极限允许温升修正值/℃
$h \leqslant 500$	0
$500 < h \leqslant 1000$	+2
$1000 < h \leqslant 1500$	+4
$1500 < h \leqslant 2000$	+6
$2000 < h \leqslant 2500$	+8

对于不同海拔，极限允许温升有一定的差别，见表 3-5。

表 3-5　不同海拔的最高空气温度

海拔/m	$h \leqslant 1000$	$1000 < h \leqslant 1500$	$1055 < h \leqslant 2000$	$2000 < h \leqslant 2500$
最高空气温度/℃	40	37.5	35	32.5

温度的升高，导致绝缘材料老化加剧。绝缘材料与绝缘材料内载流导体的极限允许温升决定于绝缘材料的老化速度，当温度超过绝缘材料的允许温度时，绝缘材料急剧老化，且老化速度随温度升高而加快，甚至立即丧失绝缘性能。故对长期工作的电气绝缘材料必须限定其最高使用温度，即 Y 级 90℃、A 级 150℃、E 级 120℃、B 级 130℃、F 级 155℃、H 级 180℃、C 级大于 180℃。

导体和绝缘体总会有处在短路状态下的情况，由于处于短路状态的时间非常短，所以允许的温度较在长期工作状态下时大大提高，这种情况下，要求电器具有一定的热稳定性，即在短时间内，通过短路故障电流而不致过度发热而损坏。

3.3.2　电器的发热与散热平衡规律

1. 发热

电器发热的主要原因是电器中各部分存在着电能损耗，包括运动部位的摩擦、电流流过导体时产生的电阻损耗、铁磁体在交变磁场下的涡流和磁滞损耗以及绝缘体在交变磁场作用下的介质损耗。同时，开、断电器时的电弧发热也是电器发热的一个原因。

(1) 电阻损耗。电流流过导体时克服电阻作用消耗的功率称为电阻损耗，其大小为

$$P_a = K_{tg} I^2 R \tag{3-10}$$

式中 P_a——损耗的功率（W）；

I——通过导体的电流（A）；

R——导体的电阻（Ω）；

K_{tg}——附加损耗系数。

而其中 $R=\rho l/S$，ρ 是导体的电阻率（Ω·m），l 是导体的长度（m），S 为导体的截面积（m^2）。式（3-10）可写为

$$P_a = \frac{K_{tg} I^2 \rho l}{S}$$

变换成另一种形式，有

$$P_a = \frac{K_{tg} J^2 \rho m}{\gamma} \tag{3-11}$$

式中 J——电流密度（A/m^3）；

γ——导体材料的密度（kg/m^3）；

m——导体的质量（kg），$G=\gamma lS$。

导体的电阻率与导体的温度有关，当温度为 θ 时，电阻率 $\rho=\rho_0(1+\alpha\theta)$。其中 ρ_0 是 $\theta=0$ 时导体的电阻率。

附加损耗是指导体中通过交变电流时，伴随的趋肤效应和导体的邻近效应而产生的额外损耗增值，一般用附加损耗系数 K_{tg} 反映其大小。附加损耗系数 K_{tg} 等于趋肤效应系数 K_j 和邻近效应系数 K_l 之积，即

$$K_{tg} = K_j K_l \tag{3-12}$$

K_j 和 K_l 可根据导体的形状和导体间的距离及交变的频率，查阅有关手册求得。

(2) 铁磁体在交变磁场作用下的涡流损耗与磁滞损耗。当载流导体经过铁质部件的窗口或缠绕铁质部件时（如电机定子、变压器铁心），由载流导体产生的磁通经过铁质零部件形成闭路，当磁通反复变化时，在铁质部件中产生涡流。由于铁质的磁导率很高，而磁通变化速度又快，因而产生相应的感应电动势和涡流损耗，引起电器发热。同时，磁通方向和数值的变化，也使铁磁物质反复磁化和去磁而产生磁滞损耗，导致载流导体周围的铁质零部件发热。

铁磁体中的损耗（涡流损耗与磁滞损耗）比较复杂，一般用图 3-9 中的曲线估算求值。

图 3-9 中，I/P 为流过铁磁体中的电流 I 与其截面周长 P 的比值。

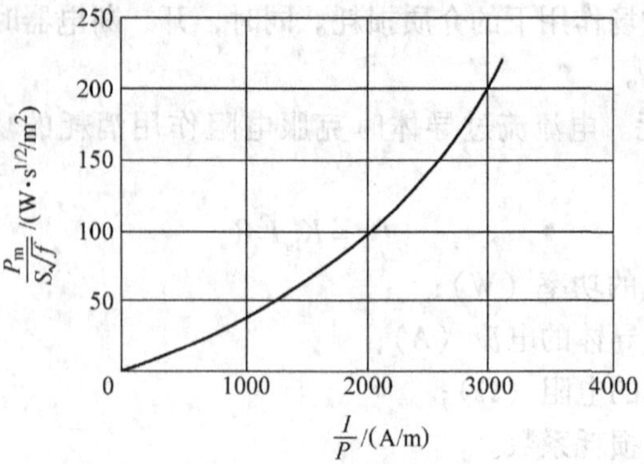

图 3-9　计算实心钢导体中损耗的曲线

实心导体的功率损耗也可用下式计算：$P_m/(S\sqrt{f})$，其中 P_m 表示铁磁体中的功率损耗（W）为涡流损耗+磁滞损耗，S 为铁磁体的外表面积（m^2），f 为电流频率（Hz）。

P_m 取决于铁磁体的磁感应强度，磁感应强度越强，则损耗越大。

（3）绝缘体中的介质损耗。绝缘体中的介质损耗在低压电器中数值很小，而在高压电器中，这种损耗所引起的发热是比较大的，甚至引起介质击穿。介质损耗的数值，见表 3-6。

表 3-6　在 50Hz 下各种绝缘材料的介质损耗

材料	相对介电常数	单位损耗/($\times 10^2 W/m^3$)	
		40℃时	90℃时
层压纸胶木的管和圆柱	5.0	7	38
浸在油中的纸	4.5	1.6	6.8
浸在电缆胶中的纸	3.7	1.3	6.1
浸在油中的电容器纸	3.5	0.17	0.56
浸在苏凡尔中的电容器纸	5.2	0.47	1.2
干燥和纯净的变压器油	2.4	1	1.6
潮湿和不洁的变压器油	2.1	80	350
云母薄片	2.4	1.8	18
浸在油中的电工纸板	5.0	10.8	35
瓷	5.5	30.2	6.5

2. 散热

电器的散热方式有三种，即热传导、热辐射和对流。电器中，由于损耗产生的热量一部分通过这三种方式发散到周围的介质中去，另一部分使电器自身温度升高。温度越高，这三种散热作用越强，从而保持电器温升不越过极限允许温升。如果散热条件遭破坏，将导致电器自身温度过高，轻则损坏其绝缘，重则可能烧毁电器，甚至引起火灾。

（1）热传导散热。热传导是物质内部基本质点之间能量的相互作用，把能量从一质点传递到另一相邻质点。在不同的介质中导热的机制是不同的。在液体和固体绝缘材料中，能量通过弹性波的作用在质点之间传播；在气体中，热传导过程则伴随着气体原子和分子的扩散而产生；而在金属中，热传导则是由于原子的扩散来传递的。

（2）热对流散热。对流现象是不断运动着的冷介质——液体或气体将热量带走的过程。这种散热只在液体和气体中发生（例如变压器油、电动机风扇叶轮形成的空气流动等）。自然对流发生在不均匀的加热介质中，在高温区域，介质密度小于冷却的区域，因此较热的质点向上运动，冷却的质点向下运动，导致介质中质点的转移，并在其中产生热交换。在电器中为了强化冷却作用，有时要强迫对流进行散热，否则温度升高会使电器无法正常工作，甚至产生事故。

（3）热辐射散热。热辐射则是电磁波传递能量的一种形式。

实际的热分析与计算中，散热方式不是单独来考虑的，通常是几种散热合并在一起计算，用一个综合表面传热系数 K_T 来考虑，即牛顿公式法：

$$P_a = K_T S\tau \tag{3-13}$$

式中　P_a——散热功率（W）；

S——有效散热面积（m^2）；

K_T——综合表面传热系数（$W/(m^2 \cdot K)$）；

τ——发热体的温升（℃），$\tau=\theta-\theta_0$（θ_0 为周围介质的温度，θ 为发热体的温度）。

牛顿公式法把复杂的影响散热的因素全部由 K_T 考虑，使散热分析大大简化，因此用牛顿公式计算散热功率时，最重要的是正确选用 K_T。

3. 稳态温升

正常工作的电器，经过一段时间后，发热与散热总会趋于平衡，此时的温升称为稳态温升。把平衡后电器发热的总功率用 P_f 表示，则

$$P_f = P_R + P_T + P_J \tag{3-14}$$

式中　P_R、P_T、P_J——分别表示电器中的电阻损耗、涡流与磁滞损耗、绝缘材料介质损耗。

发热与散热平衡时，即 $P_f=P_a$，则式（3-14）也可写成

$$P_R + P_T + P_J = K_T S\tau$$

即

$$\tau = (P_R + P_T + P_J)/K_T S \tag{3-15}$$

用牛顿公式计算所得的温升一般是发热体表面的平均温升，也是电器发热、散热平衡以后的稳态温升。牛顿公式通常适用于用气体和液体作为介质中的发热体的温升计算，如求线圈和载流导体的稳态温升。

（1）电器中线圈的稳态温升。线圈中由于通过电流而产生的电阻损耗，全

部由绕组表面散出，故在热稳定状态下，线圈的发热应等于其散热，即

$$I^2R = K_T S\tau \tag{3-16}$$

式中 K_T——线圈的综合表面传热系数（W/(m²·K)）；

S——线圈的散热表面积（m²）；

I——线圈中流过的电流（A）；

R——线圈电阻（Ω）；

τ——稳态温升（℃）。

（2）无限长载流导体的稳态温升。对于无限长载流导体，温度沿导体轴向是均匀分布的，因此只需取单位长度计算即可。单位长度导体的发热功率为

$$P_f = I^2R = I^2\rho/S = J^2\rho S \tag{3-17}$$

式中 I——导体中电流（A）；

J——导体中电流密度（A/m²）；

S——导体截面积（m²）；

ρ——电阻率（Ω·m）。

单位长度导体外表面散出的热功率为

$$P_a = K_T P\tau \tag{3-18}$$

式中 P_a——散热功率（W）；

K_T——线圈的综合表面传热系数（W/(m²·K)）；

τ——稳态温升（℃）；

P——单位长度导体散热面积截面的外周长（m）。

在稳定状态下，由于 $P_f = P_a$，故

$$J^2\rho S = K_T P\tau$$

即

$$\tau = J^2\rho S/K_T P \tag{3-19}$$

对于圆导体，截面积 $S = \frac{\pi}{4}d^2$，周长 $P = \pi d$，代入式（3-19）得

$$\tau = J^2\rho d/4K_T \tag{3-20}$$

式（3-20）表明，在相同电流密度下，导体直径越大，则温升越高。这是因为导体的发热与直径的二次方成正比，而散热却与直径的一次方成正比。为了保证导体温度不超过允许值，导体直径越大，则允许通过的电流密度就必须越小，故在大电流时常采用扁平的矩形导体或采用多根圆导体绞合并联，以增加导体的散热面积。

3.3.3 绝缘损伤

有绝缘层保护的导线或导电部件，如果绝缘层遭到破坏或绝缘性能降低，就会有不同程度的漏电甚至发生短路，造成严重的损失。对导体绝缘的要求，除了

增进绝缘本身性能外，还应针对绝缘层损坏的各种因素和形式，采取相应的防范措施，使其安全可靠的运行。绝缘损坏的形式主要有老化、击穿、机械损伤等。

1. 老化

绝缘材料在应用过程中，受各种因素的长期作用，会产生一系列缓慢的物理化学变化，从而导致其电性能和力学性能的恶化，称为老化。影响绝缘材料老化的因素很多，如光、电、热、氧、湿、微生物等。老化过程非常复杂，其机理也随使用条件的不同而不同，但主要是热老化和电老化。

（1）电老化。绝缘材料在高压电器设备中，因高电场强度造成电离而产生的老化属于电老化，典型的电老化机理是：

1）局部放电时产生臭氧，臭氧是一种强氧化剂，最易与大分子链的双键起加成反应，在加成反应过程中使碳碳键断裂，因此很容易使材料发生臭氧裂解。

2）局部放电产生氯的氧化物，它与潮气结合生产硝酸，发生腐蚀作用。

3）局部放电产生高速粒子，对绝缘材料袭击，发生破坏作用。

4）局部放电使介质损耗增大，材料局部发热促使材料性能的恶化。

（2）热老化。绝缘材料经常会受到外界环境或来自本身内部的（如介质损耗引起的）热作用，在低压高频电场条件下，这种热作用引起的老化更为明显。热老化的机理主要是：

1）存在于绝缘材料中或老化过程形成的低分子挥发成分或产物的逸出。

2）热解。在热作用下，有些材料（如聚氯乙烯）会裂解产生有害物质（如氯化氢），可能引起催化作用。

3）解聚和氧化裂解。在热和氧作用下，引发生成游离基并参与链反应，结果使大分子链断裂，生成单基物或低分子物，使材料的介电、力学性能下降。

4）分子继续聚合。开始可能会提高物理和电气性能，但随后即导致柔软性下降、变脆，并在机械应力作用下损坏。

长期以来，对热老化规律的研究初步总结出下列近似公式：

$$\tau = Ae^{-tm} \tag{3-21}$$

式中 τ——寿命；

t——温度（℃）；

A、m——常数。

假若使材料的寿命缩短一半需要增加的运行温度为 Δt，则 Δt 与 m 的关系见表3-7。

表3-7 运行温度与常数的关系

Δt/℃	8	10	12
m	0.087	0.0615	0.058

在对数坐标上，A 级、B 级、H 级绝缘的标准寿命曲线，如图 3-10 所示。

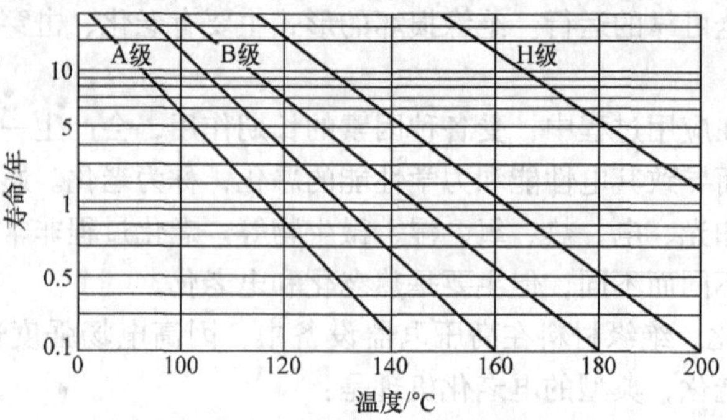

图 3-10　标准绝缘等级的热寿命曲线

由图 3-10 可见，使寿命降低一半所需增加的工作温度，A 级绝缘为 8℃，B 级绝缘为 10℃，H 级绝缘为 12℃，这种规律被称为热老化 8℃原则。实际上，这种规则也考虑了其他一些老化因素。

（3）氧化老化。各种材料都有不同的氧化形式，多数塑料由于热裂解成游离基，再和氧结合生成—ROOH 的连锁反应。在低温下热氧化老化较慢，有氧存在使热聚温度下降，如聚乙烯在真空中热解聚的活化能是 48 ~ 70kcal/mol（1kcal = 1.163W），在空气中为 16 ~ 35kcal/mol。有机大分子的氧化反应，常使极性基增加，引起介质损耗和电导的增加。液体介质的氧化结果使介质酸值变大，粘度上升，并有沉淀生成。

（4）湿度老化。水分能对一些材料起水解作用。水分的存在使材料介电常数变大，绝缘电阻降低；水分的存在使电晕产生的几种氧化物变为硝酸、亚硝酸而腐蚀金属，使纤维及其他绝缘材料发脆；水分的存在是树脂老化的必要条件；水分的存在也为微生物的生成提供了有利条件；湿度使许多物质离解为离子，加速老化发展，湿度对热老化、氧化老化起加速作用，故干热和湿热绝缘材料的寿命相差 40%。如油浸纸绝缘水分含量超过允许值一倍时，其使用寿命就缩短 1/2；对于交联聚乙烯电缆的树脂老化特性，全干式交联优于半干式交联，而半干式交联又优于湿法交联。

（5）光老化。光和射线供给分子、电子以一定能量，一般光的波长在 400nm 以下（即紫外线、X 射线、γ 射线，可见光波长在 1000nm 左右），才能对高聚物起能觉察到的老化作用。光有切断分子链及交联作用，使绝缘材料发粘、变脆、开裂、失去绝缘性能。

（6）微生物老化。微生物以有机绝缘材料为食物，或破坏绝缘引起介质老化，微生物的繁殖因其生物体的影响会使绝缘表面电阻下降，其分泌物会促成高分子分解，还会使力学性能下降。

2. 绝缘击穿

任何绝缘材料，当其上所加电压超过某一临界值时，通过绝缘材料的电流剧增，绝缘能力丧失，即击穿破坏。

击穿电压取决于绝缘材料的性质、厚度以及环境情况。绝缘材料发生击穿后，其绝缘能力丧失，造成短路甚至引起火灾。

3. 机械损伤

机械损伤是指在制造、安装和维修时，由于嵌线不慎、意外碰撞、摩擦等造成的绝缘材料损伤。损伤的部分或彻底穿透或厚度减少。这样在通电运行时，可能会立即发生短路，也可能在损伤部位发生击穿或提前老化损坏，经过一段时间后发生短路事故。

3.4 导体的长时发热与短时发热

通常，导体有两种发热状态：一种是导体长期流过工作电流的发热，称为长时发热；另一种是导体短时间流过短路电流引起的发热，称为短时发热。为了保证导体的运行安全，应使导体的发热温度不超过最高允许温度，研究导体的发热与散热过程，对电线电缆防火非常有意义。

3.4.1 导体发热

单位长度的导体，通过导体的电流为 I 时，由电阻损耗产生的热量 Q_R（W/m）为

$$Q_R = I^2 R_{ac} \tag{3-22}$$

式中 R_{ac}——交流电阻（Ω/m），可按下式计算：

$$R_{ac} = K_{fj}\frac{\rho\left[1+\alpha(\theta-20)\right]}{S} \tag{3-23}$$

式中 K_{fj}——附加损耗系数，可从有关手册查得；

ρ——导体温度为20℃时的直流电阻率，对于铝 $\rho_{Al}=(0.027\sim0.029)$ $\Omega\cdot mm^2/m$，对于铜 $\rho_{Cu}=0.0174\Omega\cdot mm^2/m$；

α——电阻温度系数，对于铝 $\alpha_{Al}=0.0041℃^{-1}$，对于铜 $\alpha_{Cu}=0.0043℃^{-1}$；

θ——导体的运行温度（℃）；

S——导体截面积（mm^2）。

3.4.2 导体的温升过程

当导体未通电流时，其温度与周围介质的温度相等；有电流通过之后，便产生热量，会使导体温度升高，同时又以对流和辐射的方式向周围散发热量。当发

热和散热达到平衡时，其热平衡方程式即可以写成

$$
\begin{aligned}
I^2R\mathrm{d}t &= mc\mathrm{d}\theta + K_{zh}F(\theta-\theta_0)\mathrm{d}t \\
&= mc\mathrm{d}\tau + K_{zh}F\tau\mathrm{d}t
\end{aligned} \tag{3-24}
$$

式中 I——通过导体的电流（A）；

R——导体的电阻（Ω）；

m——导体的质量（kg）；

c——导体材料的比热容［J/(kg·℃)］；

K_{zh}——导体的总放热系数［W/(m^2·℃)］；

θ、θ_0——导体及周围环境的温度（℃）；

τ——导体对周围环境的温升（℃），$\tau=\theta-\theta_0$；

F——导体的散热面积（m^2）。

式（3-24）中，只考虑对流和热辐射，并用总放热系数 K_{zh} 来表示。因置于空气中的均质裸导体，全长截面相同，各处温度一样，沿导线纵向长度方向没有热传导，再加上空气热传导性很差，故热传导可忽略不计。

通过正常工作电流时，导体温度的变化范围不大，故可将 R、c、K_{zh} 当做与温度无关的常量，式（3-24）为常系数线性非齐次一阶微分方程，在 $t=0$ 时，导体对周围空气的起始温升为 τ_0，则方程式为

$$
\begin{aligned}
\tau &= \frac{I^2R}{K_{zh}F}\left(1-\mathrm{e}^{-\frac{K_{zh}Ft}{mc}}\right)+\tau_0\mathrm{e}^{-\frac{K_{zh}Ft}{mc}} \\
&= \tau_W\left(1-\mathrm{e}^{-\frac{t}{T}}\right)+\tau_0\mathrm{e}^{-\frac{t}{T}}
\end{aligned} \tag{3-25}
$$

式中 T——发热时间常数，$T=\dfrac{mc}{K_{zh}F}$。

可见，均质导体的温升亦是按时间指数函数增长的，如图 3-11 所示。当 $t=(3\sim4)T$ 时，导体温升即趋于稳定温升 τ_W，有

$$\tau_W=\frac{I^2R}{K_{zh}F}$$

或

$$I^2R=K_{zh}F\tau_W \tag{3-26}$$

式（3-26）称为牛顿公式。

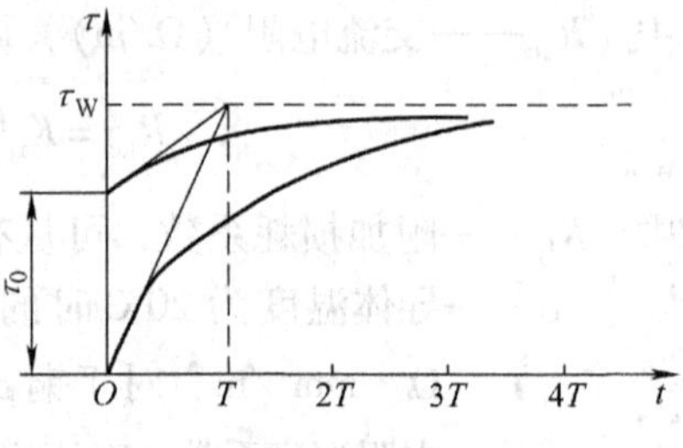

图 3-11 均质导体温升曲线

3.4.3 导体的长期允许电流

由式（3-26）可知，在稳定发热状态下，导体中产生的全部热量都散失到周围环境中了。τ_W 与电流的二次方成正比，与导体的放热能力成反比，而与导体的起始温度 θ_0 无关。

设导体的长期允许电流（导体载流量）为 I_y，导体长期发热允许温度为 θ_y，由式（3-26）可得

$$I_y = \sqrt{\frac{K_{zh}F\ (\theta_y - \theta_0)}{R}} \tag{3-27}$$

式中，$\theta_y - \theta_0 = \tau_y$。

在已知 I_y 的情况，式（3-27）也可计算导体正常发热温度 θ_y 或导体的截面积 S，对于圆截面导体 $S = \rho\frac{l}{R}$，$F = \pi dl$。

3.4.4 导线绝缘层的温升

圆导线的热传导如图3-12所示。绝缘层内侧为发热体，外侧为空气。绝缘层内半径 r_1 处表面温度为 θ_1，半径 r_2 处表面温度为 θ_2，空气介质温度为 θ_0。

于是，绝缘层内外表面温升分别为 $\tau_1 = \theta_1 - \theta_0$，$\tau_2 = \theta_2 - \theta_0$。根据傅里叶定律，通过以 r 为半径的绝缘层表面积 F 传导的功率（热流）为

$$Q = -\lambda F\frac{d\tau}{dr} \tag{3-28}$$

式中，热流 Q 就是导体的发热功率 P，它通过绝缘层传导到外表面而全部散出，$F = 2\pi rl$，l 为导体长度。以 P 代 Q 后，则有

$$d\tau = -\frac{P}{2\pi\lambda l}\frac{dr}{r} \tag{3-29}$$

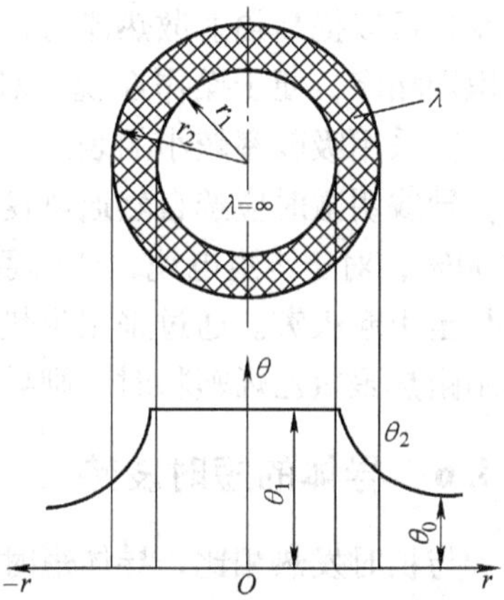

图3-12 圆导线的热传导

对式（3-29）积分，可得绝缘层中温度降落为

$$\tau_1 - \tau_2 = \frac{P}{2\pi\lambda l}\int_{r_1}^{r_2}\frac{dr}{r} = \frac{P}{2\pi\lambda l}\ln\frac{r_2}{r_1} \tag{3-30}$$

绝缘层外表面温升 τ_2 可由牛顿公式求得，即

$$\tau_2 = \frac{P}{K_{zh}F} = \frac{P}{2\pi r_2 l K_{zh}} \tag{3-31}$$

所以

$$\tau_1 = \frac{P}{2\pi l}\left(\frac{1}{K_{zh}r_2} + \frac{1}{\lambda}\ln\frac{r_2}{r_1}\right) \tag{3-32}$$

如果圆导线有几层不同导热系数的绝缘层，则

$$\tau_1 = \frac{P}{2\pi l}\left(\frac{1}{K_{zh}r_{n+1}} + \sum_{i=1}^{n}\frac{1}{\lambda_i}\ln\frac{r_{i+1}}{r_i}\right) \tag{3-33}$$

根据国家有关规定取环境温度 $\theta_0=25℃$。

3.4.5 提高导体长期允许电流的方法

由式（3-27）可见，导体的长期允许电流取决于导体材料的长期发热允许温度、表面散热能力和导体电阻。为了提高导体的载流能力，导体材料采用电阻率小的材料，如铝、铝合金、铜等。同时，改进导体接头的连接方法，可以提高其 θ_y，如铝导体接头螺栓连接时的 θ_y 为70℃。因此，减少接触电阻，如接触面镀银、搪锡等，可提高导体允许温度。导体的布置应采用散热效果最佳的布置方式，导体的散热面积和导体的几何形状有关。在截面积相同的条件下，圆柱形外表面最小，矩形、槽形外表面较大，所以工程上很少使用圆柱形母线。提高表面传热系数还可以采用强迫冷却、导体表面涂漆、加强自然通风等方法对2000A以上的大电流母线，可采用强迫水冷和风冷来提高母线的对流放热量。导体表面涂漆，可以提高辐射散热能力，故屋内配电装置母线涂漆，能增加载流量，并用以识别相序，便于操作巡视。对于屋外配电装置母线，为减少对太阳辐射的吸收，应采用吸收率较小的表面，故屋外配电装置母线不应涂漆，而保留其光亮表面。导线明敷时应选自然通风良好的环境，不应覆盖；穿管时导线占积率不应超过60%；对于沟道电缆，通风条件在设计时也要给予考虑。否则，将使导体升温甚至引起火灾。通过采用耐热绝缘材料导体，以提高导体绝缘的耐热性能。如采用耐热聚氯乙烯塑料时，则导体绝缘材料的允许工作温度可提高到80～105℃。

3.4.6 导体的短时发热

与长时发热相比，导体短时发热的特点是导体中流过的是短路电流，数值大但持续时间非常短。我们研究的目的，就是设法限制短路对导体最高温度的影响，以防引起发、变、供、配电及用户等任一环节的火灾和爆炸事故。

1. 短时发热过程分析

导体中流过短路电流时，温度的变化如图3-13所示。

图3-13形象地描绘出导体温度变化的过程，其物理过程是：在导体中没有电流通过时，导体的温度与环境的温度相同，为 θ_0，此阶段用 PM 段表示。当在时间 t_1 时，导体通以恒定负荷电流，导体温度由 θ_0 开始上升，与周围介质形成温差 $\theta_W-\theta_0$；负荷电流所发出的热量的一部分，被导体吸收用以升高自身的温度，而另一部分因导体与周围介质有温差，即发散到介质中

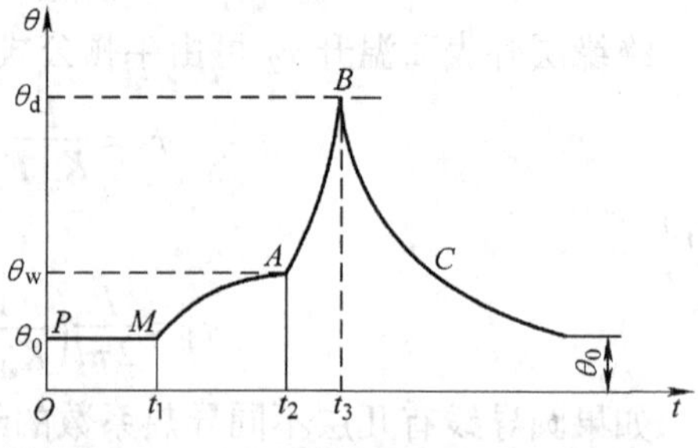

图3-13 电流流过导体时的温度变化

去。其温度上升如图3-13中曲线*MA*所示。起初因温差小而散热少，故吸热多，导体温度上升较快。以后则因温差增大而使得散热增多，相应地吸热减少，而使导体温度上升减慢，最后当温差增大到单位时间内的发热与散热相平衡时，则全部的发热都散失掉。由于导体不再吸收热量，故温度不再升高，这时温度达到稳定值（相当于*A*点），这时温度为θ_W。在时间t_2发生短路，导体被急剧加热，到时刻t_3时被加热到θ_d，正好在此时短路被切断（除），之后导体温度由*B*点下降到*C*点，因这时导体中无任何负荷，故导体温度降到环境温度θ_0。

以上分析说明，短路事故发生后，无论多快的保护继电器，它也需要一定的动作时间，在事故切除前电器或导体在短路电流热效应的作用下温度仍有可能被加热到很高的程度（如θ_d）。电器或导体必须能承受短路电流的热效应而不致破坏，这种能力称为电器或导体的热稳定性。即计算出导体通过短路电流时的最高温度θ_d，是否超过导体规定的短时发热允许温度θ_{dy}，当$\theta_d<\theta_{dy}$时，则认为导体在短路时是热稳定的，否则，就应采取相应的措施，如增加导体截面积或限制短路电流等以保证$\theta_d<\theta_{dy}$。外包绝缘的铝导体的$\theta_{dy}=200℃$，铜导体的$\theta_{dy}=300℃$。

根据上述分析可近似认为短路时发热过程是一个绝热过程，因此短路时的热平衡微分方程式应为

$$I_d^2 R_\theta \mathrm{d}t = c_\theta m \mathrm{d}\theta \tag{3-34}$$

式中 I_d——短路电流的全电流有效值（A）；

R_θ——温度为θ_0时导体的电阻（Ω），$R_\theta=\rho_0(1+\alpha\theta)\dfrac{l}{S}$；

c_θ——温度为θ_0时导体的比热容［J/（kg·℃）］，$c_\theta=c_0(1+\beta\theta)$；

ρ_0——温度为0℃时导体的电阻率（Ω·m）；

c_0——温度为0℃时导体的比热容［J/（kg·℃）］；

α、β——ρ_0和c_0的温度系数（J/℃）；

m——导体的质量（kg），$m=\gamma Sl$；

l——导体的长度（m）；

S——导体的截面积（m^2）；

γ——导体材料的密度（kg/m^2）。

将R_θ、c_θ、m代入式（3-34），得

$$I_d^2 \cdot \rho_0(1+\alpha\theta)\frac{l}{S}\mathrm{d}t = c_0(1+\beta\theta)\gamma Sl\mathrm{d}\theta \tag{3-35}$$

经过变换之后得

$$\frac{1}{S^2}I_d^2\mathrm{d}t = \frac{c_0\gamma}{\rho_0}\left(\frac{1+\beta\theta}{1+\alpha\theta}\right)\mathrm{d}\theta \tag{3-36}$$

为了求短路切除时导体的最高温度，对式（3-36）两边积分，左边从 0 积分到 t（短路切除时间），右边则从导体起始温度 θ_h 积分到 θ_d，则有

$$\frac{1}{S^2}\int_0^t I_d^2 \mathrm{d}t = \frac{c_0\gamma}{\rho_0}\int_{\theta_h}^{\theta_d}\left(\frac{1+\beta\theta}{1+\alpha\theta}\right)\mathrm{d}\theta \tag{3-37}$$

式（3-37）左边代表了与由短路电流所产生的热量成正比例的数值，$\int_0^t I_d^2 \mathrm{d}t$ 称为短路电流的热脉冲，以 Q_d 表示（计算见后）；右边代表了与导体吸热成比例的数值。积分整理后得

$$\left.\begin{aligned} Q_d &= S^2(A_d - A_h) \\ A_d &= \frac{1}{S^2}Q_d + A_h \end{aligned}\right\} \tag{3-38}$$

式中

$$\begin{aligned} A_d &= \frac{c_0\gamma}{\rho_0}\left[\frac{\alpha-\beta}{\alpha^2}\ln(1+\alpha\theta_d)+\frac{\beta}{\alpha}\theta_d\right] \\ A_h &= \frac{c_0\gamma}{\rho_0}\left[\frac{\alpha-\beta}{\alpha^2}\ln(1+\alpha\theta_h)+\frac{\beta}{\alpha}\theta_h\right] \end{aligned} \tag{3-39}$$

S^2（$A_d - A_h$）为导体由 θ_h 升到 θ_d 的短路电流热脉冲，与导体的材料和温度有关。为了简化 A_h 及 A_d 的计算，工程上按铜、铝、钢的参数（c_0、ρ_0、γ、α、β）的平均值根据式（3-39）作成 $\theta = f$（A）曲线，如图 3-14 所示。

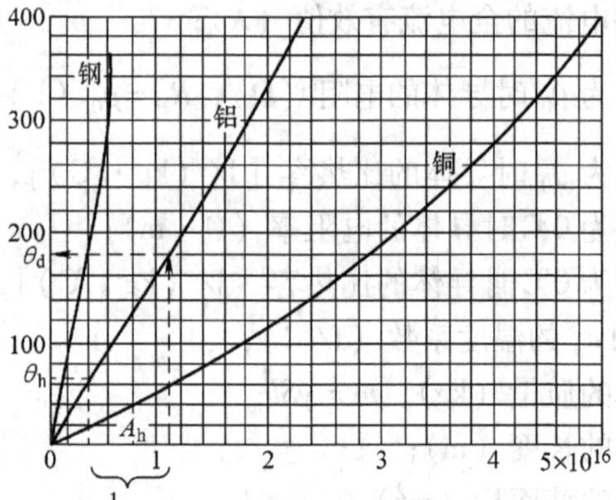

图 3-14　决定短路发热温度的曲线

用曲线计算 θ_d 的程序如下：

（1）由已知的导体起始温度 θ_h（通常取正常运行最高允许温度），在相应导体材料的曲线上查出 A_h。

（2）将 A_h 及计算所得之 Q_d 值代入式（3-38），求出 A_d。

（3）由 A_d 在曲线上查得 θ_d。

2. 短路热脉冲的计算

对于短路电流的热脉冲 $Q_d = \int_0^t I_d^2 dt$ 的求取，一般不能用解析法进行计算，工程上常用等值时间法。

等值时间法是依据等效发热的概念，设导体中通过短路电流的稳态值 I_∞，其时间为 t 时，导体中产生的热效应与短路电流有效值的热效应 $\int_0^t I_d^2 dt$ 相等。t_j 就是短路电流作用的假想时间。于是热脉冲 Q_d 可用下式表示：

$$Q_d = \int_0^t I_d^2 dt = I_\infty t_j = I_\infty^2 (t_{jz} + t_{jf}) \tag{3-40}$$

根据短路电流过渡过程的时间概念，显然假想时间也应该包括短路电流周期分量作用的假想时间 t_{jz} 和非周期分量的假想时间 t_{jf}。但是，对于无限容量供电的工业与民用建筑供电网络，发生短路时其周期分量保持不变。这样看来，周期分量的假想时间 t_{jz} 就是短路电流在导体上的作用时间，这个时间又刚好是保护装置动作时间 t_b 和断路器切断电流的机械动作时间 t_D 之和，即

$$t = t_{jz} = t_b + t_D \tag{3-41}$$

对于无限容量电源的非周期分量的假想时间，$t_{jf} = 0.05s$。

到底 t_{jf} 应不应该忽略掉，一般可根据短路电流切断时间来判断。当 $t > 1s$ 时，导体发热主要由周期分量决定，故 t_{jf} 可不计；当 $t < 1s$ 时，非周期分量造成的发热不可忽略，故必须计入 t_{jf} 的影响。

对于非无限容量供电系统的 t_j，可以查找有关手册给予计算。

至此，把求出的 Q_d 代入式（3-38）就可按前述步骤求出 θ_d 的值。

复 习 题

1. 电气发热的主要危害是什么？
2. 什么是磁滞损耗？
3. 什么是介质损耗？
4. 提高导体长期允许电流的方法有哪些？
5. 电气设备的接触电阻过大时的危害有哪些？
6. 什么叫铁损？
7. 接触电阻的类型有哪几种？
8. 影响接触电阻的因素有哪几种？
9. 提高导体长期允许电流的方法有哪几种？

第4章

变电所的防火设计

内容提要：本章内容主要是对变电所的基本知识和防火设计进行介绍。首先介绍了变电所中主要的火灾隐患电弧的形成原因，接着介绍了变电所中常见的灭弧方式，然后讲述变电所一次高压设备、低压设备、变压器等的基本结构和火灾隐患以及变电所主接线方式，最后介绍了变电所的防火、防震方法。

本章重点：本章中，重点掌握变电所中主要火灾隐患形式及其产生原因，以及如何对这些火灾进行控制，了解变电所的防火和防震方法。

4.1 概述

4.1.1 变配电所的地位和作用

近些年，由于电力系统的不断发展，电能已广泛应用于社会生活各个方面。由于交流电能不能储存，因此其从发电厂生产出来以后，我们必须立即将其输送并分配到各种电压等级的不同电能用户。

变电所主要由变压器、母线和开关控制设备等组成。变电所是电力系统中对电能的电压和电流进行变换、集中和分配的场所。变电所按用途可分为电力变电所和牵引变电所；按其性质和作用，可分为升压变电所和降压变电所两大类。升压变电所的主要任务是将低电压变换为高电压，一般建在发电厂；降压变电所的主要任务是将高电压变换到一个合理的电压等级，一般设立在靠近负荷中心的地点。降压变电所按其在电力系统中的地位和作用，可分为系统枢纽变电所（330～500kV）、地区重要变电所（220～330kV）、一般变电所（0～220kV）三类。系统枢纽变电所汇集多个大电源和大容量联络线，在系统中处于枢纽地位，并向地区重要变电所输送大量电能。而地区重要变电所则位于地区网络的枢纽点上，其高压侧主要以交换或接受功率为主，供电给地区中压负荷。一般变电所多为终端或分支变电所，降压供给附近用户或一个企业。大中型企业一般设有总降压变电所，从电力系统接收35～110kV电能，并降为6～10kV电压，再向车间变电所或高压电动机和其他高压用电设备供电。

只有受电、配电开关控制设备，而没有变压器的场所称为配电所。配电所只对电能起着分配的作用，通过开关进行控制。

4.1.2 变配电所的类型

在工业与民用建筑中常见的变配电所，就其所处的位置而言，可分为如图4-1所示几种类型。

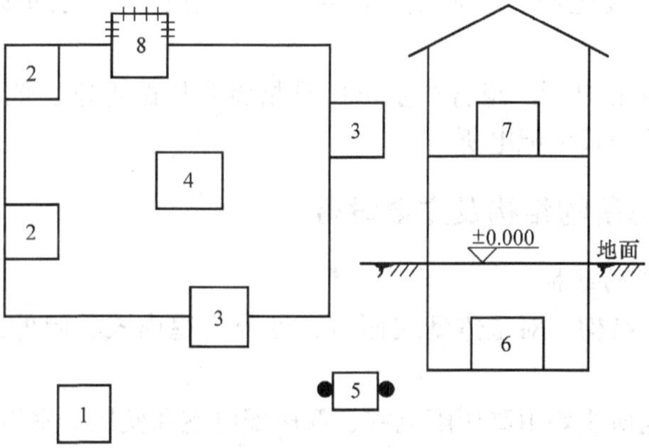

图4-1 变配电所的类型示意图

1—独立变配电所 2—内附设变配电所 3—外附式变配电所 4—车间内变配电所 5—杆（台）上变配电所 6—地下变电所 7—楼上变电所 8—半露天式变配电所

（1）独立变配电所。所谓的独立变电所是设于离车间建筑物有一定距离的单独建筑物内的变电所。其一般适用于对几个用户供电，它不便设于某一个用户的旁侧，需要远离易燃易爆的地区。但由于其成本较高，独立变电所多用于化工厂中和大中城市居民住宅区。

（2）内附设变配电所。这种变配电所的一面或几面墙与车间或建筑物的墙共用，变电所大门向车间或建筑物外开。附设变配电所还可以分成内附式或外附式。

（3）外附式变配电所。其变压器安装于室外露天地面，并在其周围设有围栏或刺网，而低压配电设备则装于室内。此种变配电所尤其要注意防火的措施。

（4）车间内变配电所。车间内变配电所位于车间或建筑物内的单独房间，门向车间或建筑物内开。由于其接近负荷中心，所以这种变配电所多适用于电设备布置稳定、负荷大且集中的大型车间。

(5) 杆（台）上变配电所。其变压器安装在室外电杆等上，适用于容量较小的变压器。

(6) 地下变电所。地下变电所即整个变电所设置在地下。地下变电所通风散热条件差，湿度较大，建筑费用也较高，但相当安全。这种型式的变电所在一些高层建筑、地下工程和矿井中采用较多。

(7) 楼上变电所。楼上变电所即整个变电所设置在楼上，适于高层建筑。这种变压器要求结构尽可能轻型、安全，其主变压器通常采用无油的干式变压器。

(8) 移动式变电所。这种变电所主要用于坑道作业及抢险临时施工现场供电。

(9) 组合式变电所。组合式变电所是指将高压配电室、低压配电室、变压器室组合一起的箱式变配电所。

4.1.3 变配电所的结构及主要设备

1. 变配电所的结构

变配电所的结构，对整体型式而言，可分为屋内式、屋外式和组合式三种型式。

屋内式变电所主要由高压配电室、低压配电室和变压器室组成。变配电所里的高、低压配电室内装设有高、低压配电装置，它起着接受、分配、控制与保护等方面的作用。屋内配电装置多用于35kV以下电压等级，全部电气设备装在室内。

(1) 高压配电室。高压配电室中最主要的设备高压开关柜，是按一定的线路方案将有关一次、二次设备组装在一起而成的高压成套配电装置，在发电厂和变配电所中用于控制和保护发电机、变压器和高压线路，也可用于大型高压交流电动机的起动和保护，其中安装有高压开关设备、保护电器、监测仪表和母线、绝缘子等。图4-2即为典型的高压开关柜。

图4-2 GC—1A（F）型高压开关柜

老系列的高压开关柜全型号的表示和含义如下：

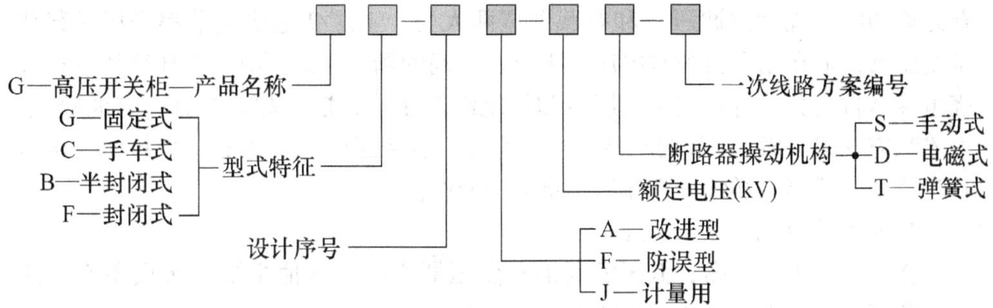

新系列的高压开关柜全型号的表示和含义如下：

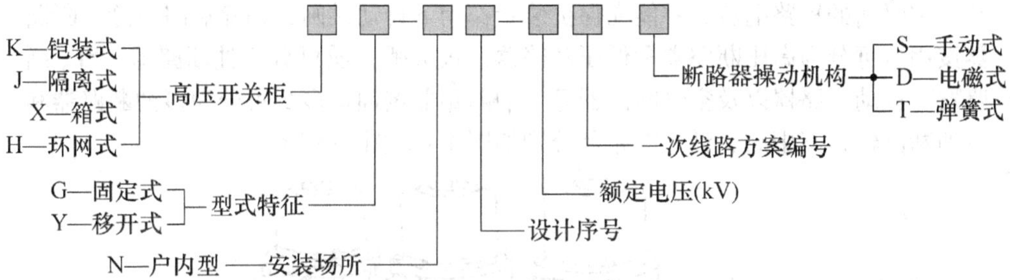

（2）低压配电室。低压配电室中最主要的设备是低压开关柜。低压开关柜是按一定的线路方案将有关一次、二次设备组合而成的一种低压成套配电装置，在低压配电中作为动力和照明配电之用，主要的组成设备有低压开关设备、保护电器、监测仪表、母线和绝缘子等，其结构类似于高压配电柜，如图4-3所示。有的为了提高功率因数还设有高压电容器室和值班室。

图4-3　低压开关柜

（3）变压器室。变压器室中最主要的设备是变压器。电力变压器按相数分，有单相和三相两大类，工厂变电所通常都采用三相电力变压器；按调压方式分，有无载调压（无励磁调压）和有载调压两大类，工厂变电所通常都采用无载调压变压器，但在用电负荷对电压水平要求较高的场合亦采用有载调压变压器；按绕组导体材料分，有铜绕组变压器和铝绕组变压器；按冷却方式分，有油浸式、干式和充气式（SF_6）等变压器；按用途分，有普通电力变压器、全封闭变压器和防雷变压器等。详细内容在后续章节中介绍。

2. 变配电所内的其他设备

变配电所中，除高、低压配电柜和变压器之外，其他主要一次设备有断路器、负荷开关、隔离开关、熔断器与母线等。

（1）断路器。断路器的功能是不仅能通断正常负荷电流，而且能接通和承受一定时间的短路电流，并能在保护装置作用下自动跳闸，切除短路故障。断路器按用途可分为高压断路器和低压断路器，按灭弧介质可分为油断路器、SF_6 断路器、振动断路器以及空气断路器等。油断路器按油量多少可分为多油断路器和少油断路器，其中高、低压断路器分别如图 4-4、图 4-5 所示．

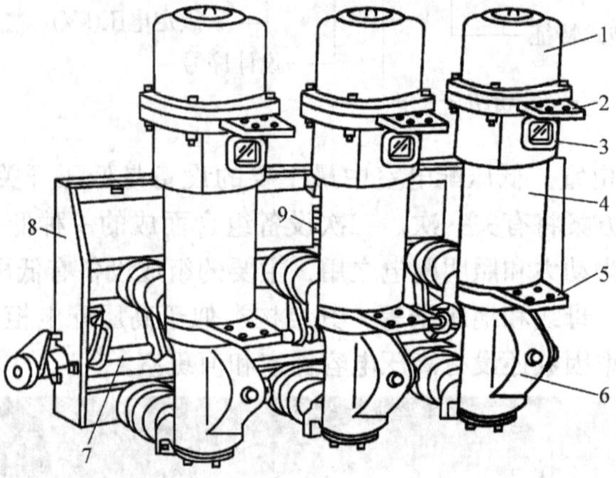

图 4-4　SN10—10 型高压少油断路器

1—铝帽　2—上接线端子　3—油标　4—绝缘筒　5—下接线端子
6—基座　7—主轴　8—框架　9—短路弹簧

（2）隔离开关。隔离开关的功能主要是隔离电源，以保证其他设备和线路的安全检修，因此其结构特点是断开后有明显可见的断开间隙，而且断开间隙的绝缘及相间绝缘都必须足够可靠，能充分保障人身和设备的安全。但是隔离开关没有专门的灭弧装置，因此不允许带负荷操作。高压隔离开关按安装地点，分为户内式和户外式两大类，图 4-6 为 GN8 型户内式高压隔离开关的外形结构图。户内式高压隔离开关通常采用 CS6 型手动操动机构进行操作，而户外式高压隔离开关则大多采用绝缘钩棒（令克棒）手工操作，如图 4-7 所示。

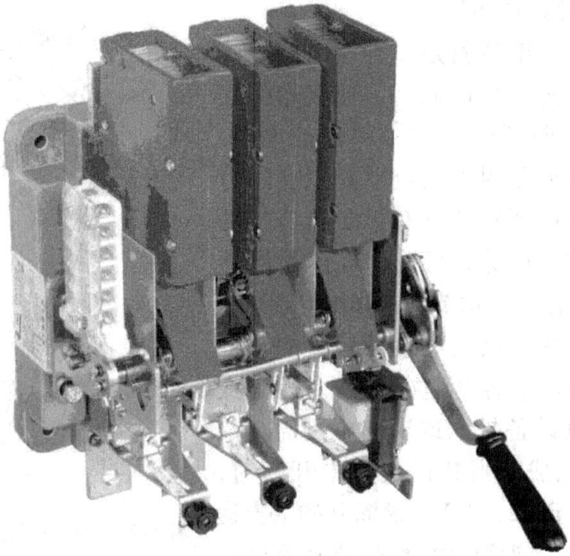

图4-5　QW型万能式低压断路器

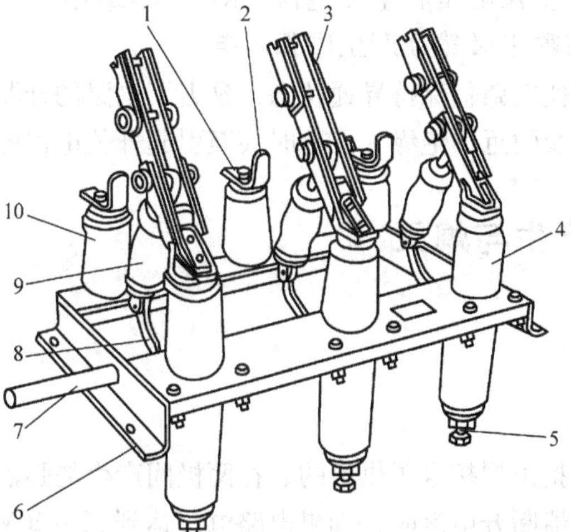

图4-6　GN8—10/600型户内式高压隔离开关的外形结构图

1—上绝缘端子　2—静触头　3—闸刀　4—绝缘套管　5—下接线端子　6—框架　7—转轴　8—拐臂　9—升降瓷绝缘子　10—支柱瓷绝缘子

（3）负荷开关。高压负荷开关具有简单的灭弧装置，因而能通断一定的负荷电流和过负荷电流。但是负荷开关的断流灭弧能力有限，不能断开短路电流，所以一般与高压熔断器串联使用，借助熔断器来进行短路保护。负荷开关断开后，与隔离开关一样，也具有明显可见的断开间隙，因此它也具有隔离高压电源、保证安全检修的功能。

（4）熔断器。熔断器是一种在电路电流超过规定值并经过一定时间后，使其熔体熔化而分断电流、断开电路的一种保护电器。熔断器的功能主要是对电路及电路设备进行短路保护，有的熔断器还具有过负荷保护的功能。熔断器按用途分，可分为高压熔断器和低压熔断器。在后续章节，将详细介绍。

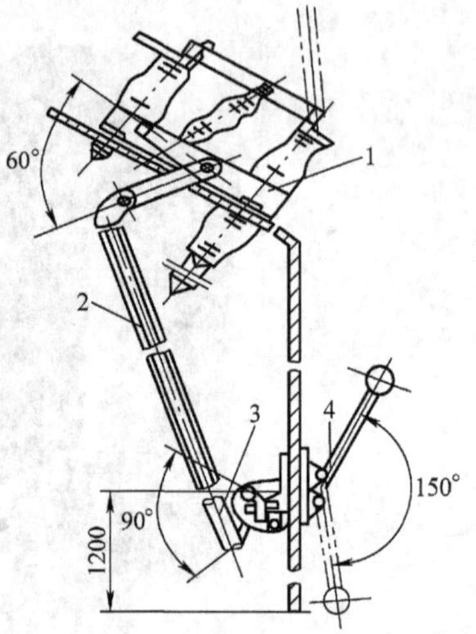

图 4-7 CS6 型手动操动机构与 GN8 型隔离开关配合的一种安装方式
1—GN8 型隔离开关 2—传动连杆 3—调节杆 4—CS6 型手动操动机构

在变配电所内，火灾危险性最大的是变压器、断路器和电容器等电气设备。因为变压器及各种用电设备投入或退出电网时，都由开关电器来完成，当其在大气中开断时，只要电源电压达到 12 ~ 20V，被断开的电流达到 0.25 ~ 1A，在触头间（简称弧隙）就会产生电弧。实际上开关电器在工作时，电路的电压和电流都大于生弧电压和生弧电流，即开断电路时触头间隙中必然会产生电弧。电弧的产生，一方面使电路仍保持导通状态，延迟了电路的开断；另一方面电弧长久不熄会烧损触头及附近的绝缘，严重时甚至引起开关电器的爆炸和火灾。

4.2 电弧的产生与熄灭

4.2.1 概述

1. 电弧

所谓电弧，是指由焊接电源供给的、在两极间产生的强烈而持久的气体放电现象。当用开关电器断开电流时，如果电路电压达到 12 ~ 20V，电流达到 0.25 ~ 1A，电器的触头间便会产生电弧。而如果开断电流或弧隙的电压小于上述值，则只能产生为时极短的弧光放电，此现象通常称为火花。图 4-8 为直流电弧的组成。

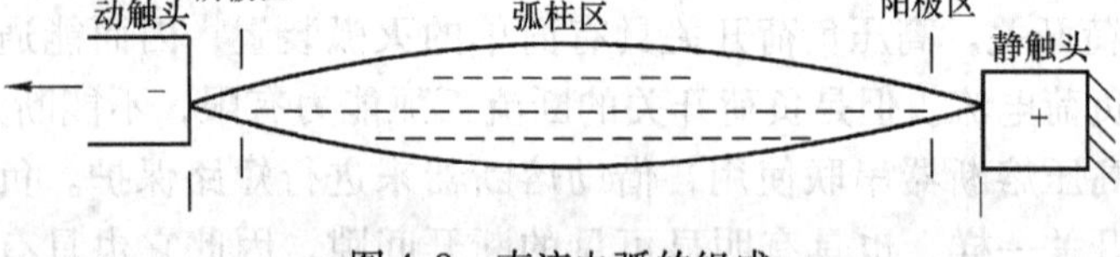

图 4-8 直流电弧的组成

2. 电弧的特性

（1）电弧由阴极区、阳极区和弧柱区三部分组成，如图4-8所示。阴极和阳极附近的区域分别称为阴极区和阳极区，在阴极和阳极间的明亮光柱称为弧柱。弧柱区中心部位温度最高、电流密度最大，称为弧心；弧柱区周围温度较低、亮度明显减弱的部分称为弧焰。

（2）电弧的温度很高。电弧形成后，由电源不断地输送能量，维持其燃烧，并产生很高的温度。电弧燃烧时，能量高度集中，弧柱区中心温度可达到10000℃以上，表面温度也有3000～4000℃，同时发出强烈的白光，故称弧光放电为电弧。

（3）电弧是一种自持放电。不同于其他形式的放电现象（如电晕放电、火花放电等），电极间的带电质点不断产生和消失，处于一种动态平衡。弧柱区电场强度很低，一般仅为10～200V/cm，很低的电压就能维持电弧的稳定燃烧而不会熄灭。

（4）电弧是一束游离的气体，质量很轻，在电动力、热力或其他外力作用下能迅速移动、伸长、弯曲和变形。其运动速度可达每秒几百米。

4.2.2　电弧的产生

1. 电弧产生的根本原因

电弧产生的根本原因在于触头本身及触头周围介质含有大量可被游离的电子（内因）。

当分断的触头间存在足够大的外施电压的条件下，而且电路电流也达到最小生弧电流，其间的介质就会强烈游离形成电弧（外因）。

触头周围的介质原本是绝缘的，电弧的产生说明绝缘介质变成了导电的介质，发生了物态的转化。任何一种物质都有三态，即固态、液态和气态，这三态随温度的升高而改变。当物质变为气态后，若温度再升高，一般要到5000℃以上，物质就会转化为第四态，即等离子体态。任何等离子体态的物质都是以离子状态存在的，具有导电的特性。因此，电弧的形成过程就是介质向等离子体态的转化过程。电弧的产生和维持是触头间中性质点（分子和原子）被游离的结果。

开关触头刚分离时，由于触头间的间隙很小，触头间会出现很高的电场强度，当电场强度超过3×10^6V/m时，阴极触头表面的电子在强电场的作用下被拉出来发生强电场发射。从阴极表面发射出来的自由电子，在电场力的作用下向阳极作加速运动，它们在奔向阳极的途中碰撞介质的中性质点（原子或分子），只要电子的运动速度足够高，其动能大于中性质点的游离能（能使电子释放出来的能量）时，便产生碰撞游离，原中性质点游离为正离子和自由电子。新产生的电子将和原有的电子一起以极高的速度向阳极运动，当它们和其他中性质点相碰撞时又再一次发生碰撞游离，依次连续发生。碰撞游离过程示意图如图 4-9 所示。

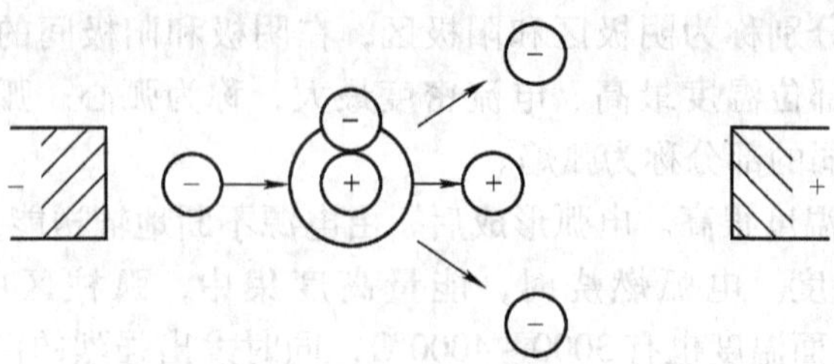

图 4-9　碰撞游离过程示意图

碰撞游离连续进行的结果是使触头间隙充满了电子和正离子，介质中带电质点剧增，使触头间隙具有很大的电导，在外加电压的作用下，大量的电子向阳极运动，形成电流，这是由于介质被击穿而产生的电弧，这时电流密度很大，触头间电压降很小。电弧产生后，弧柱的温度很高，可达 5000K 以上，这时处于高温下的介质分子和原子产生剧烈运动，使它们之间不断发生碰撞，其结果又游离出电子和正离子，这便是热游离过程。

电弧燃烧过程中，电极表面少数点上有较集中的电流，同时因开关触头分离后，触头间接触压力及接触面积逐渐减少，接触电阻随之增大，会使电极表面有相当高的温度，从而造成其中的电子获得很大的动能，逸出到周围空间。这种现象称为热电子发射，是气体介质中带电质点产生的主要原因之一，其强弱程度与阴极的材料及表面有关。

从以上分析可知，电弧形成的过程是：开关阴极触头在强电场作用下发射电子，所发射出的电子在触头间电压作用下产生碰撞游离，形成了电弧。在高温的作用下，介质中发生热游离，热电子发射，使电弧得以维持和发展。

2. 产生电弧的游离方式

（1）热电发射。当开关触头分断电流时，阴极表面由于大电流逐渐集中而出现炽热的光斑，温度很高，从而使触头表面分子中外层电子吸收足够的热能而发射到触头间的介质中去，形成自由电子。

（2）高电场发射。开关触头分断之初，电场强度很大。在这种高电场作用下，触头表面的电子可能被强拉出去，也进入触头间的介质中形成自由电子。

（3）碰撞游离。当触头间隙存在足够大的电场强度时，其中的自由电子以相当大的动能向阳极运动，在运动中碰撞中性质点（介质分子），有可能使中性质点分裂为带电的正离子和自由电子。这些被碰撞游离出来的带电质点，在电场力作用下继续参与碰撞游离，使触头间隙中的离子数越来越多，形成“雪崩”现象。

（4）高温游离。由于触头处于高温状态下，使得其中的电子能量非常高，从而形成自由电子，产生游离。

由于以上几种游离方式的综合作用，使得触头在带电开断时产生的电弧得以维持。

3. 影响游离作用的物理因素

（1）气体介质的温度。温度越高，热游离越强烈。

（2）介质的压力。压力越大，自由电子的平均自由行程越小，发生碰撞游离的可能性越大。

（3）触头之间的外加电压。电压越高越容易将间隙击穿。

（4）触头之间的开断距离。开断距离增大则减小间隙中的电场强度。

（5）触头之间的介质种类。不同介质游离电场不同，热游离温度也不同。

（6）开关电器的触头材料。不同金属的蒸气有不同的游离电压，有些金属耐高温，不易产生金属蒸气。

在电弧中，发生游离过程的同时还进行着带电质点减少的去游离过程。去游离过程是指自由电子和正离子相互吸引发生中和现象。

4.2.3　电弧的熄灭

1. 电弧的熄灭条件

要使电弧熄灭，必须使触头间电弧中的去游离速度大于游离速度，即其中离子消失的速率大于离子产生的速率。所以为使电弧熄灭，就要设法削弱游离作用，加强去游离作用。电弧的熄灭，实际上就是电弧区域内已电离的质点不断发生去游离的结果。

2. 影响去游离的物理因素

（1）介质的特性。介质的特性在很大程度上决定了电弧中去游离的强度。介质的特性包括导热系数、热容量、热游离温度、介电强度等，这些参数值越大，去游离作用越强，电弧越容易熄灭，如氢气的灭弧能力是空气的7.5倍，SF_6气体的灭弧能力约是空气的100倍。

（2）电弧的温度。降低电弧温度可以减弱热游离，减少新的带电质点的产生，同时也降低带电质点的运动速度，加强了复合作用。通过快速拉长电弧，用气体或油吹动电弧，或使电弧与固体介质表面接触，都可以降低电弧的温度。

（3）气体介质压力。气体介质压力增大，可使质点间的距离减小、浓度增大、复合作用加强。而高度真空的绝缘强度远远高于一个大气压的空气和SF_6气体的绝缘强度，并且高于变压器油的绝缘强度，真空中绝缘强度恢复快、熄弧能力强。

3. 去游离的方式

（1）复合。复合是指异号离子或正离子从弧柱逸出而进入周围介质中的现象，即两个带有异号电荷的质点相遇后重新结合为中性质点，而电荷消失。复合的一般规律是电子先附着在中性原子或固体介质表面，再与正离子结合成中性质点。电子的运动速度远大于离子，电子对于正离子的相对速度较大，它们复合的可能性很小，但电子在碰撞时，如果先附着在中性质点上形成负离子，则速度大大减慢，而正、负离子间的复合比电子和正离子间的复合要容易得多。

若利用液体或气体吹弧，或将电弧挤入绝缘冷壁做成的窄缝中，迅速冷却电弧，减小离子的运动速度，可加强复合过程。此外，增加气体压力，使离子间自由行程缩短，气体分子密度加大，使复合的几率增加，也是加强复合过程的措施。

（2）扩散。扩散是指弧隙中介质被游离的带电质点，由于热运动从浓度较高的区域向浓度较低的周围气体中移动的现象。扩散去游离主要有两个方面原因及形式：

1）离子浓度差。由于弧道中带电质点浓度高，而弧道周围介质中带电质点浓度低，存在着浓度上的差别，带电质点会由浓度高的地方向浓度低的地方扩散，使弧道中的带电质点减少。

2）温度差。由于弧道中温度高，而弧道周围温度低，存在温度差，这样弧道中的高温带电质点将向温度低的周围介质中扩散，减少了弧道中的带电质点。电弧截面积越小，离子扩散也越强。

一般情况下，扩散速度与下列因素有关：弧区与周围介质带电质点的浓度差，弧区与周围介质的温差，电弧弧柱表面积的大小。

弧隙介质恢复电压就是弧隙介质的最小击穿电压。当电弧电流过零时，弧隙中去游离作用继续进行，弧隙电阻不断增大，弧隙介质的强度要恢复到正常状态值需要一个过程。其恢复强度与冷却条件、电流大小、开关电器灭弧装置的结构和灭弧介质的性质有关。

弧隙介质恢复电压与电路参数有关。电阻电路、电感电路和电容电路的弧隙介质恢复电压波形如图 4-10 所示。

4.2.4 交直流电弧的伏安特性

1. 交流电弧的伏安特性

交流电弧的伏安特性如图 4-11 所示，图中曲线 OA（O 点即 0 点）、OC 是非电弧放电阶段，电压随着时间的增加而增加；图中曲线 AB、CB 是电弧放电阶段，电压随着时间的增加而减少。因此，曲线 OA、OC 为燃弧电压，曲线 BC 为灭弧电压。

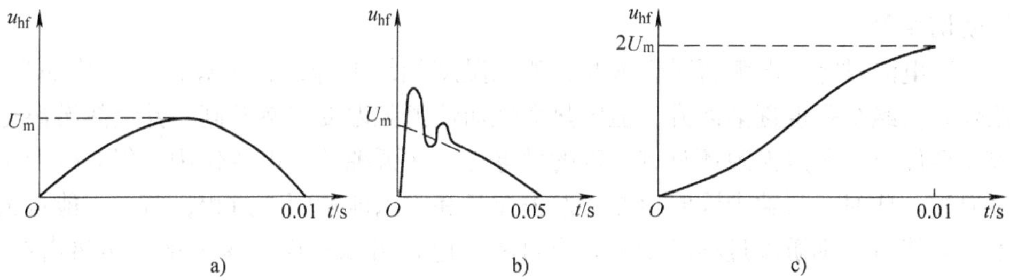

图 4-10　恢复电压波形

a）电阻电路　b）电感电路　c）电容电路

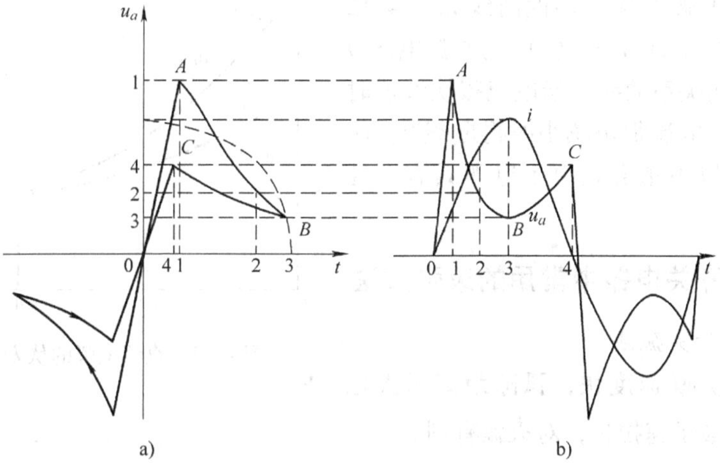

图 4-11　交流电弧的伏安特性

2. 交流电弧的熄灭

工频交流电每秒有 100 次过零，当电流自然过零时，电弧熄灭。当电流反向后，电弧会重燃。电流过零后电弧能否熄灭，是由弧隙介质恢复电压和弧隙恢复电压的大小决定的。

由于电源电压的交变，交流电弧与直流电弧燃烧过程的基本区别在于交流电弧中电流每半个周期要经过零点一次，此时电弧暂时熄灭，而不像直流电弧那样需要强行熄灭。熄灭交流电弧的主要问题仅为防止电弧重燃，且其产生过电压的可能性也低于需强行熄灭的直流电弧，因而交流电路较直流电路易于切断。

在电流过零时，若恢复电压高于介质的绝缘强度，电弧将会重燃，这种现象叫电击穿；反之，若采取有效措施加强弧隙的冷却，使弧隙介质的绝缘强度达到不会被弧隙外施电压击穿的程度，则在下半周电弧就不会重燃而最终熄灭。

同时，弧隙中电弧是否能够熄灭也与弧隙中去游离过程和游离过程的竞争结果密切相关。

当电流过零、电弧暂时熄灭时，弧隙温度继续下降，去游离作用继续加强，弧隙介质绝缘强度逐渐回升，但因热惯性而使弧隙温度仍然较高，甚至热游离也未完全停止，所以弧隙还具有一定的导电性，在弧隙外加电压作用下仍有残余电流通过。此时，弧隙中同时存在着散失能量和输入能量两个过程，若输入能量大于散失能量，则游离过程胜于去游离过程，电弧可以重燃，这种现象叫热击穿；反之，电弧就会熄灭。

一般来说，断路器电弧多因电击穿而重燃。

3. 直流电弧的伏安特性

直流电弧的伏安特性曲线如图 4-12 所示，图中曲线 $u=f(i)$ 是电弧电压 u 与电流 i 的关系曲线，当电流很快增加时得曲线 1，电流很快减小时得曲线 2，两条线之所以不重合是由于电弧具有惯性的关系。

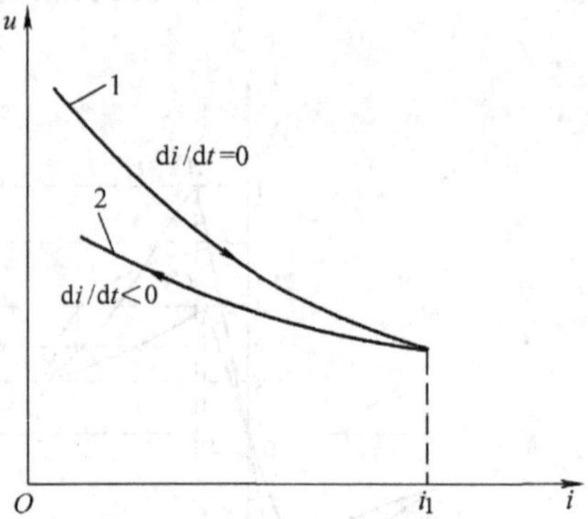

图 4-12 直流电弧的伏安特性

4.2.5 开关电器中常用的灭弧方法

1. 速拉灭弧法

触头分断速度快，弧隙距离增大也快，电弧被迅速拉长，对灭弧有利。

2. 冷却灭弧法

冷却灭弧法的原理是冷却电弧从而减弱电子的游离能量，减小游离速度，减弱游离作用，以达到灭弧作用。

3. 吹弧灭弧法

根据所用介质不同分为气吹灭弧、油吹灭弧和电磁灭弧。

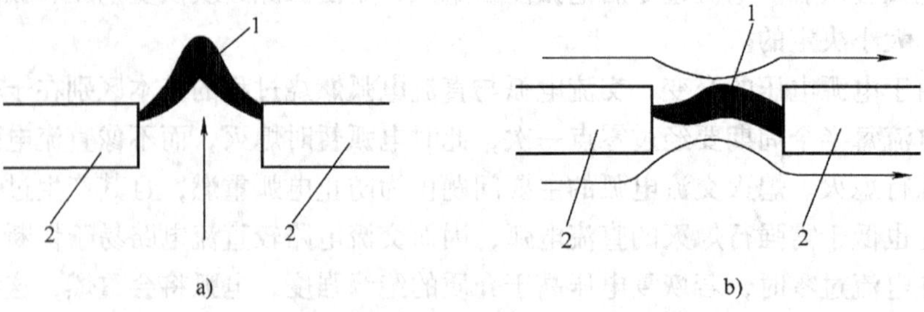

图 4-13 吹弧方式

a）横吹 b）纵吹

1—电弧 2—触头

（1）气吹灭弧。气吹灭弧可以分为横吹灭弧和纵吹灭弧两种方法，如图4-13所示。其原理是将压缩气体注入弧道，使电弧受到冷却和拉长，造成强烈去游离而使电弧熄灭。理论上，横吹比纵吹效果好，因为横吹使电弧长度和表面积增大，即加强了电弧的去游离作用。

（2）油吹灭弧。油吹灭弧的原理是：在产生电弧后，电弧将油气化、分解而形成油气。油气中的主要成分是氢气，在油中以气泡的形式包围电弧，使电弧在其中燃烧。利用氢气的高导热性和低粘度加强对弧柱的冷却作用，使电弧的热量散发。另外，由于存在着温度差，使气泡产生运动，又进一步加强了电弧的冷却。油断路器就是用油吹灭弧的，油断路器的灭弧室可以做成各种不同的结构型式，在电弧高温的作用下，使有机物质分解而达到灭弧的。

（3）电磁灭弧。由于电弧带电质点质量很小，它在电磁力的作用下，迅速向周围介质中移动，相当于气体的横吹，进而电弧被拉长冷却，从而熄灭。电磁灭弧装置一般多用于低压开关电器中。常见的利用电磁力移动电弧的方法有：

1）利用电弧各部分电流之间电动力的相互作用以及电弧高温形成空气向上流动等原理，使电弧拉长冷却进而熄灭，如图4-14a所示。

2）磁性物体会影响电弧电流产生的磁场方向，利用这一原理，可以使电弧向一边移动而拉长，形成横吹或纵吹效果，如图4-14b所示。例如磁力启动器的灭弧栅，用铁磁材料制成，将电弧吹入栅内，使其迅速熄灭。

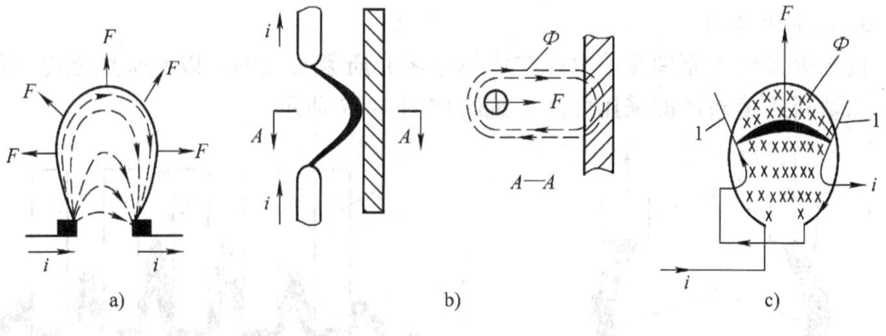

图4-14 各种电磁吹弧方式

3）利用磁吹原理，将电弧拉长使其熄灭。如图4-14c所示，电弧与磁吹线产生的磁场方向垂直，电弧受到力的作用沿触头的弧角1方向运动，这样才能达到熄弧目的。

4. 长弧切短灭弧法

长弧切短灭弧法是指将长弧分成若干短弧从而加强冷却与复合作用，使电弧熄灭。

由于电弧的电压降主要降落在阴极和阳极上，其中以阴极电压降最大，而弧柱的电压降极小。因此，如果利用金属片将长弧切割成若干短弧，则电弧中的电压降将近似地增大若干倍。当外施电压小于电弧中总的电压降时，则电弧就不能维持而迅速熄灭。图 4-15 为钢灭弧栅将长弧切割成若干短弧的情形。电弧进入钢灭弧栅内，一方面利用电动力吹弧，另一方面利用铁磁吸弧。钢片对电弧还有冷却降温作用。

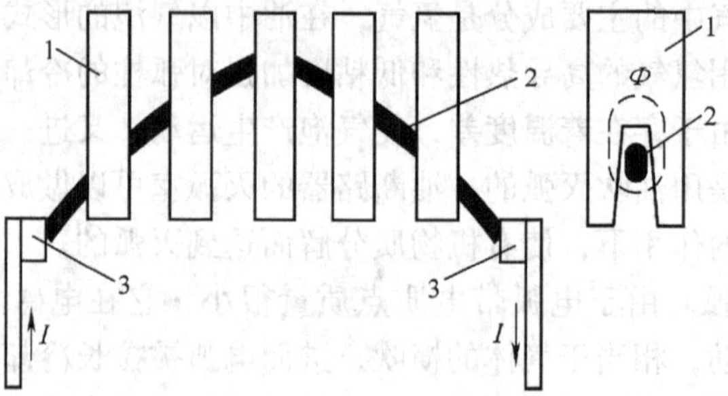

图 4-15　钢灭弧栅对电弧的作用

1—钢栅片　2—电弧　3—触头

5. 多断口灭弧法

通常，在高压断路器中多利用多断口灭弧方法，即在一相断路器内，做成多个断口，而当断口增加时，相当于电弧长度与触头的分离速度得到成倍的提高，如图 4-16 所示。

6. 狭沟灭弧法

狭沟灭弧法的原理是使电弧与固体绝缘介质紧密接触，以此来加强冷却的效果，如填料式熔断器即采用此法。绝缘如图 4-17 所示。

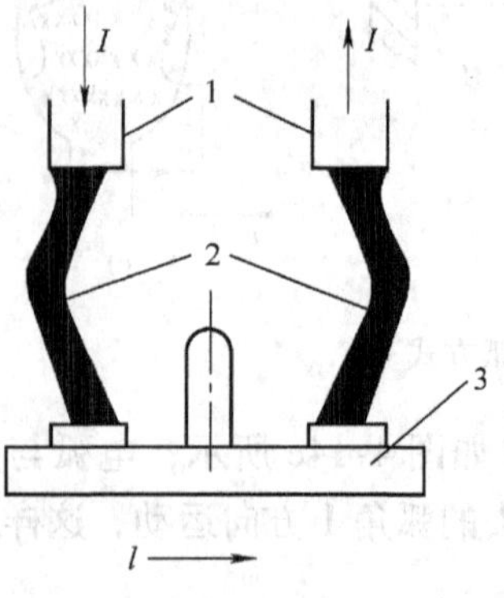

图 4-16　双断口灭弧法示意图

1—静触头　2—电弧　3—动触头

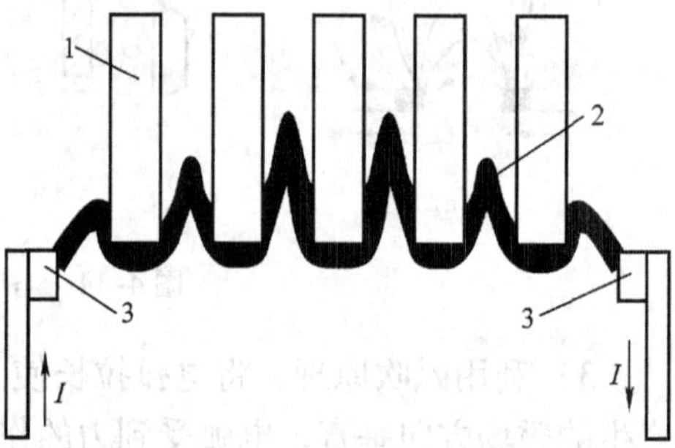

图 4-17　绝缘灭弧栅对电弧的作用

1—绝缘栅片　2—电弧　3—触头

7. 真空灭弧法

利用真空作为绝缘和灭弧介质（真空断路器灭弧室内的气体压力在 1.33×10^{-4}Pa 以下）是非常理想的灭弧方法。由于真空间隙内的气体稀薄，分子的自由行程大，发生碰撞的概率很小，具有相当高的绝缘强度，因此碰撞游离不是真空间隙击穿产生电弧的主要因素。真空中的电弧是由触头电极蒸发出来的金属蒸气形成的，具有很强的扩散能力，因而使电弧电流过零后触头间隙的介质强度能很快恢复起来，使电弧迅速熄灭。装在真空容器内的触头分断时，在交流电流过零时即能熄灭电弧而不致复燃。真空断路器就是利用真空灭弧原理制成的，目前已得到广泛应用。

8. SF_6 灭弧法

SF_6 气体是一种不可燃的惰性气体，它的热导率随温度的不同而变化，其绝缘性能也很好，它的灭弧能力要比空气高 100 倍左右，是比较理想的灭弧介质。当用它吹弧时，采用不高的压力和不太大的吹弧速度就能熄灭高压断路器中的电弧。SF_6 断路器就是利用 SF_6 作为绝缘介质和灭弧介质的。由于 SF_6 断路器具有开断容量大、电寿命长、开断性能好、无火灾危险等优点，因此受到普遍欢迎。

4.3　高低压一次设备

4.3.1　概述

变配电所中担负输送和分配电能任务的电路，称为一次回路或一次电路，也可称为主电路、主接线。一次电路中的电气设备称为一次设备。

凡用来控制、指示、测量一次设备运行的电路称二次回路（电路、接线）。二次回路通常接在互感器的二次侧，二次电路的电气设备称为二次设备或二次元件。

本节介绍高压一次电路中常用的高压熔断器、高压隔离开关、高压负荷开关、高压断路器及高压开关柜等。

低压设备是用来接通或断开 1000V 以下的交流和直流电路的电气设备。本节也将介绍常用的低压熔断器、低压开关和低压配电屏等，着重讲述低压断路器。

4.3.2　高压电器设备

熔断器（fuse，文字符号为 FU），是一种在电路电流超过规定值并经一定时间后，使其熔体（fuse－element，文字符号 FE）熔化而分断电流、断开电路的一种保护电器。熔断器的功能主要是对电路及电力设备进行短路保护，有的熔断器还具有过负荷保护的功能。

1. 高压熔断器简介

高压熔断器由熔丝管、绝缘子、弹簧触头和支承机构组成，其主要功能是对电路或设备进行短路保护，有的也具有过负荷保护功能。

其类型及特点：

（1）户内型（RN），固定式。

（2）户外型（RW），跌落式。

RN1 主要用作高压线路和设备的短路保护，也可用作过负荷保护。RN2 用作高压互感器的短路保护。RN1、RN2 灭弧能力很强，为“限流”式熔断器。

RW3 既可作 6～10kV 线路和变压器的短路保护，又可在一定条件下直接用高压绝缘棒（俗称令克棒）来操作熔丝管分合，以断开或接通小容量的空载变压器和空载线路等。其灭弧能力不强，为“非限流”式熔断器。

2. 高压隔离开关

高压隔离开关没有灭弧装置，不能接通和切断负荷电流。其功能如下：

（1）隔离高压电源。

（2）倒闸操作。

（3）接通和断开较小电流。

3. 高压负荷开关

高压负荷开关的功能如下：

（1）能通断一定的负荷电流和过负荷电流，不能切断短路电流故障。

（2）必须与高压熔断器串联，借助于熔断器切除短路电流。

（3）与隔离开关一样，具有明显的断开间隙，也具有隔离电源、保证安全检修的功能。

4. 高压断路器

高压断路器的功能如下：通断正常负荷电流、接通和承受一定的短路电流、在保护装置作用下自动跳闸、切除短路故障。

（1）油断路器。

1）多油断路器：开关触头在绝缘油中闭合和断开；油兼有灭弧和绝缘功能，油量多，有易燃易爆危险；体积大，维护麻烦；可频繁通断负荷；趋于淘汰。

2）少油断路器：开关触头在绝缘油中闭合和断开；油只有灭弧功能，油量少，易燃易爆危险性较小；体积小，价廉，维护方便；不能频繁操作；多用于 6～10kV 线路，图 4-18 为 SN10－10 型少油断路器灭弧室结构。

当断路器跳闸时，导电杆向下运动并离开静触头，产生电弧。电弧的高温使油分解形成气泡，使静触头周围的油压骤增，压力使单向阀上升堵住中心孔。此时，电弧在封闭的空间内燃烧，使灭弧室内的油压力迅速增大。当导电杆向下运动而相继打开一、二、三道灭弧沟及下面的油囊时，油流强烈地横吹和纵吹电弧。同时，在灭弧室底部还会形成附加油流（体积补偿）射向电弧，降低了电弧的温度。由于油流的横吹、纵吹以及机械运动引起的油吹综合作用，使电弧迅速熄灭。图4-19是灭弧室灭弧过程示意图。

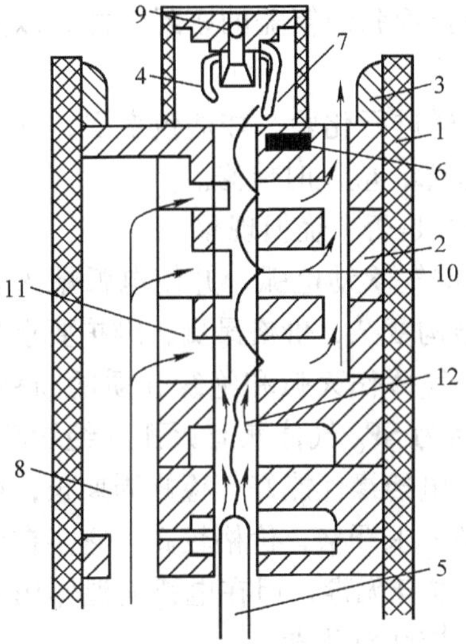

图4-18　SN10－10型少油断路器灭弧室结构

1—绝缘筒　2—灭弧室　3—压环　4—静触头　5—导电杆　6—铁片　7—耐弧片　8—附加油流孔道　9—钢球　10—电弧　11—横吹油道　12—纵吹油束

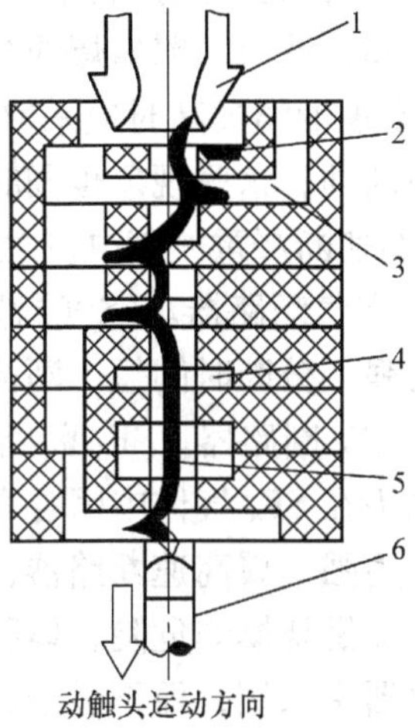

图4-19　灭弧室灭弧过程示意图

1—静触头　2—吸弧钢片　3—横吹灭弧沟　4—纵吹灭弧囊　5—电弧　6—动触头

在实际运行中，应特别注意其油箱内的油量，看其是否符合要求。若油量较多而气隙小，当切断大电流时，油箱所受压力会增高，这种情况下，油箱可能发生爆炸。相反，当油量较少时，油气、氢气等从油中析出，电弧火花若与油面上的油气接触，即可能发生爆炸。

除了上述油面高低的因素外，以下原因也可能造成火灾：

1）断路器的断流容量不够，切不断电弧。电弧高温将使绝缘油分解，引起爆炸。

2）油质不洁含有杂质，长期运行老化或受潮，分闸时引起了内部闪络。

3）脱扣弹簧老化或螺杆松动造成压力不足，或触头表面粗糙，致使合闸后接触不良，分闸时电弧不能及时被切断，使油箱内产生过多的气体。

一般断路器的防火措施有以下几种：

1）断路器的断流容量应大于装设该断路器回路的容量。例如，过去我国生产的SN1、SN2型开关系仿原苏联产品，铭牌上标明的断路器容量大约仅为设计值的70%。因此我们必须增容改造，留出一定的裕量。

2）断路器在安装前应严格检查，选择合适的断路器来装设回路。

3）经常检修、进行操作试验，保证机件灵活可靠，并且调整好三相动作的同期性。

4）使油箱内的油面保持适当的高度。

5）油断路器投入运行前，还应检查绝缘套管和油箱盖的密封性能，以防油箱进水受潮，造成断路器爆炸燃烧。

6）发现油温过高时应采取措施，取出油样进行化验。如油色变黑，气体逸出，应换新油；这些现象也同时说明触头有故障，应及时检修。

7）在切断严重故障电流之后，应检查触头是否有烧损现象。

（2）空气断路器。空气断路器利用压缩空气吹动电弧，并使电弧熄灭。其灭弧能力强，分断时间短，断流容量大，但结构复杂，价格昂贵，维护要求高。

（3）SF_6 断路器。SF_6 断路器是利用 SF_6 气体作灭弧和绝缘介质的断路器，即开关触头在 SF_6 气体中闭合和断开。这是因为 SF_6 气体兼有灭弧和绝缘功能。其灭弧能力强，属高速断路器；断流容量大，电绝缘性能好，检修周期长，可频繁操作；无燃烧爆炸危险，体积小；但其维护要求严格，价格较高。它多在全封闭组合电器中采用，而不适于高寒地区。SF_6 本身无毒，但在电弧高温作用下会生成氟化氢等强烈腐蚀性的剧毒物，检修时，应注意防毒。

SF_6 是一种无色、无味、无毒且不易燃的惰性气体，在150℃以下时，其化学性能相当稳定。由于 SF_6 中不含碳（C）元素，对于灭弧和绝缘介质来说，具有极为优越的特性。SF_6 也不含氧（O）元素，不存在触头氧化问题。除此之外，SF_6 还具有优良的电绝缘性能，在电流过零时，电弧暂时熄灭后，SF_6 能迅速恢复绝缘强度，从而使电弧很快熄灭。但在电弧的高温作用下，SF_6 会分解出氟（F），具有较强的腐蚀性和毒性，且能与触头的金属蒸气化合为一种具有绝缘性能的白色粉末状的氟化物，因此 SF_6 断路器的触头一般都设计成具有自动净化功能。这些氟化物在电弧熄灭后的极短时间内能自动还原，对残余杂质可使用特殊的吸附剂清除，基本上对人体和设备没有什么危害。

（4）高压真空断路器。高压真空断路器的开关触头是在真空的容器内闭合和断开的。其灭弧能力强，燃弧时间短，属高速断路器，开断能力强；重量轻、体积小，寿命长、易维修，但价格较贵；可频繁操作，主要用于操作频繁的场所；无易燃易爆危险。由于其开断速度高，易产生截流过电压，对变压器等感性负载易造成危害，故应配置过电压吸收装置。图4-20为真空断路器灭弧室的结构。

真空断路器的触头为圆盘状，被放置在真空灭弧室内。在触头刚分离时，由于真空中没有可被游离的气体，只有高电场发射和热电发射使触头间发生电弧。电弧的温度很高，可使金属触头表面形成金属蒸气。随着触头的分开和电弧电流的减小，触头间的金属蒸气密度也逐渐减小。由于触头设计为特殊形状，如图4-21所示，当电弧电流过零时，电弧暂时熄灭，触头周围的金属离子迅速扩散，金属蒸气凝聚在四周的屏蔽罩内壁上，以致在电流过零后几微秒的极短时间内，触头间隙又恢复了原有的高真空度。即使电流过零后外加电压很快恢复，但触头间隙不会再被击穿，真空电弧在电流第一次过零时就能完全熄灭。

国内生产的真空断路器归纳起来大致可分为三类：

1）引进技术并国产化的产品。

2）在借鉴国外同类产品的基础上开发的产品。

3）自行设计的产品。

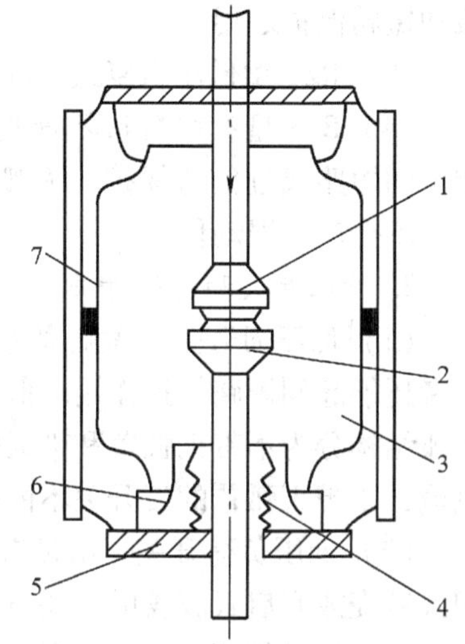

图4-20　真空断路器灭弧室结构

1—静触头　2—动触头　3—屏蔽罩

4—波纹管　5—与外壳接地的金属法兰盘

6—波纹管屏蔽罩　7—玻壳

4.3.3　低压电器设备

1. 低压熔断器简介

（1）RM10型低压无填料密闭管式熔断器。其灭弧断流能力较差，属非限流式熔断器；结构简单，价廉及更换熔体方便，仍较普遍地应用于低压配电装置中。

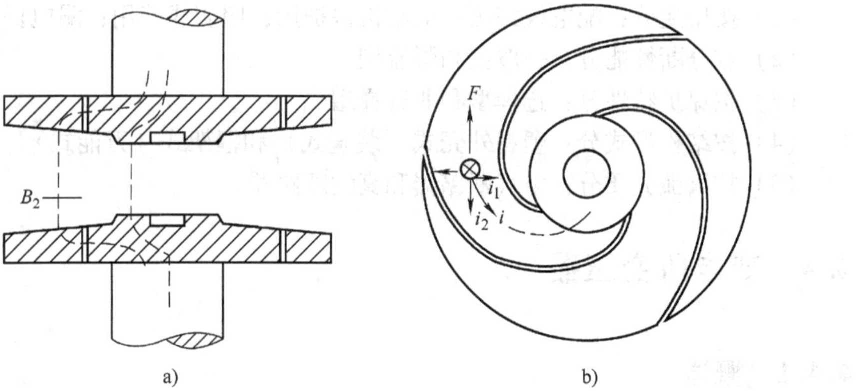

图4-21　真空断路器的触头形状

a）触头纵剖面图　b）下触头端面图

（2）RT0型低压有填料封闭管式熔断器。其灭弧断流能力很强，具有限流作用；能实现短路保护和过负荷保护；保护性能好，断流能力大，可应用在靠近电源的配电装置；但它多为不可拆式，熔体熔断后报废，不经济。RT0（NATO）系列有填料封闭管式刀形触头熔断器适用于交流50Hz、额定电压为380V（或直流400V）、额定电流至630A的工业电气装置的配电设备中作线路过载和短路保护之用。

（3）RZ1 型低压自复式熔断器。

（4）RS3 型有填料封闭管式快速熔断器。其主要用作硅整流元件及其成套装置的短路或过负荷保护，灭弧断流能力很强，具有限流作用，长期工作不老化、不会产生误动作。

2. 低压开关和负荷开关

（1）低压刀开关：做隔离电源之用，分为不带熔断器和带有熔断器两大类，后者还能起到短路保护作用。低压刀开关按操作方式分为单极、双极和三极；按灭弧结构分为不带灭弧罩和带灭弧罩两种。带灭弧罩的刀开关能通断一定的负荷电流，不带灭弧罩的刀开关不能带负荷操作。

（2）低压负荷开关：由带有灭弧装置的刀开关与熔断器组合而成，外装封闭式铁壳或开启式胶盖的开关电器，具有刀开关和熔断器的双重功能，可带负荷操作，也能进行短路保护，但一般不能频繁操作。例如 HR3 刀熔开关、HH 封闭式负荷开关、HK 开启式负荷开关，皆属此类。

3. 低压断路器

低压断路器俗称低压自动空气开关，它既能带负荷通断，又能在短路、过负荷和失电压等时自动跳闸。

低压断路器按不同的分类方法可以有以下几种类型。

（1）按用途分：配电线路用；电动机保护用；照明线路用；漏电保护用。

（2）按分断性能分：一般型和限流型。

（3）按保护特性分：选择型和非选择型。

（4）按结构型式分：塑料外壳式（装置式）和框架式（万能式）。

（5）按灭弧介质分：空气断路器和真空断路器。

4.4 变电所变压器

4.4.1 概述

电力变压器的常用分类方法如下。

（1）按功能分：升压和降压。

（2）按绕组导体分：铜绕组和铝绕组。

（3）按容量系列分：采用国际通用的 R10 容量系列。

（4）按相数分：三相和单相。

（5）按调节方式分：无载调压和有载调压。

（6）按用途分：普通电力变压器，封闭电力变压器，ZGS11－H(Z)·R－

200－1000/10 系列卷铁心组合式变压器，S11－M·R－30－1000/10 系列三相卷铁心全密封配电变压器，干式变压器，SC（B）10 系列 10kV、30～2500kV·A 配电变压器。

（7）按绕组绝缘类型分：

1）油浸式。油浸式变压器广泛用作电力变压器，与干式变压器相比，具有较好的绝缘和散热性能，价廉，但不宜用于易燃、易爆场所，三相油浸式电力变压器如图 4-22 所示。

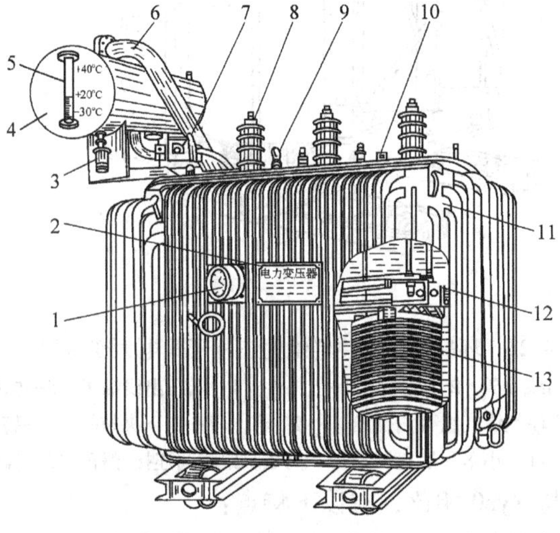

图 4-22　三相油浸式电力变压器

1—信号温度　2—铭牌　3—吸湿器　4—储油柜　5—油位指示器　6—防爆管
7—气体继电器　8—高压套管和接线端子　9—低压套管和接线端子
10—分接开关　11—油箱及散热油管　12—铁心　13—绕组及绝缘

2）干式。干式电力变压器又可分为开启式、封闭式和浇注式三种。其中，浇注式电力变压器用浇注的环氧树脂作为绝缘和散热介质，结构简单体积小，重量轻，适合于安全防火要求高的场所，广泛用于民用建筑。图 4-23 为环氧树脂浇注绝缘的三相干式电力变压器。

3）充气式。充气式电力变压器多为 SF_6 变压器。

4.4.2　电力变压器的结构及联结组别

1. 电力变压器的结构

电力变压器都包含铁心和绕组两大部分，这是变压器的基本结构。

2. 电力变压器的联结组别

6～10kV 变压器在其低压侧为三相四线制系统时，其联结组别有 Yyn0 和

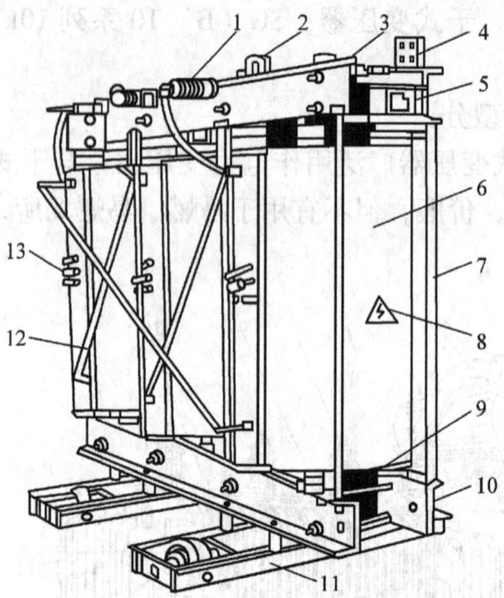

图 4-23 环氧树脂浇注绝缘的三相干式电力变压器

1—高压出线套管 2—吊环 3—上夹件 4—低压出线端子 5—铭牌
6—环氧树脂浇注绝缘绕组（内低压，外高压） 7—上下夹拉杆 8—警示标牌
9—铁心 10—下夹件 11—小车（底座） 12—高压绕组相间连接导杆 13—高压分接头连接片

Dyn11 两种。Dyn11 与 Yyn0 相比，有以下特点：

1）更有利于抑制高次谐波，更有利于单相短路接地故障的切除，承受单相不平衡负荷能力强；缺点是造价高。

2）防雷变压器的联结组别采用 Dyn11。由于此变压器二次侧同一铁心柱上的两个绕组的电流方向正好相反，因此其磁动势相互抵消，过电压不会感应到一次（高压）侧的线路上去。

4.4.3 电力变压器的容量和过负荷能力

1. 变压器的容量

变压器的额定容量（铭牌容量）S_{NT}是指在规定的环境温度为 $\theta_{av}=20℃$时，在规定的使用年限（20 年）内变压器所连续输出的最大视在功率，如环境温度不为 20℃须按下式予以修正，即

$$S_T = K_\theta S_{NT}$$

式中 S_T——调整后的变压器实际额定容量；

K_θ——温度修正系数，取值为 $1-(\theta_{av1}-20)/100$。

变压器的实际容量一般为额定容量的 80% 左右。实际容量还要看实际工作

环境，比如散热条件、环境温度、功率因数、是否连续工作等。按照变压器配负荷时可参照变压器铭牌上的额定电流，负荷电流不得超过变压器的额定电流。

2. 正常过负荷

对于昼夜和季节不均匀的负荷，对于户内变压器和户外变压器分别有

户内变压器

$$S_{T(OL)} = K_{OL} S_T \leqslant 1.2 S_T \tag{4-1}$$

户外变压器

$$S_{T(OL)} = K_{OL} S_T \leqslant 1.3 S_T \tag{4-2}$$

K_{OL}为油浸式变压器过负荷系数，为1.2时适合于室内油浸式电力变压器，为1.3时适合于室外油浸式电力变压器；$S_{T(OL)}$为变压器最大过负荷值，但干式变压器不允许过负荷运行。

（1）昼夜负荷不均匀时，过负荷系数K_{OL}可根据典型日负荷曲线的填充系数（即日负荷率）β和日最大负荷持续时间t（h），由图4-24所示曲线查得。

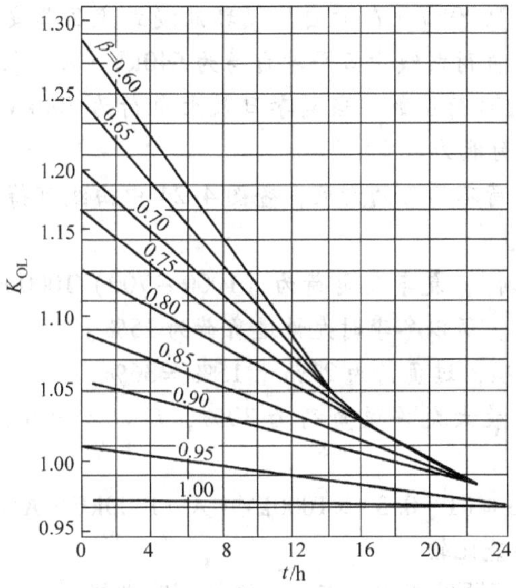

图4-24　油浸式电力变压器允许的过负荷系数与日负荷率及最大负荷持续时间的关系

（2）对于季节性负荷差异，按“1%规则”确定。由于夏季变压器欠负荷，在冬季可以考虑变压器过负荷运行。此规则规定：变压器如果在夏季（6、7、8三个月）平均日负荷曲线中的最大负荷，每低于变压器额定容量的1%，则可在冬季（12、1、2三个月）过负荷1%；但由此所增加的冬季过负荷系数最大不能超过15%。

上述两种过负荷可以同时考虑，但二者相加的总过负荷，对于户外变压器不得超过30%，而对于户内变压器不得超过20%。

3. 事故过负荷

在事故情况下，允许短时间较大幅度过负荷，但运行时间不能超过规定值。

工厂供电系统发生事故时，首先应设法保证不间断供电，即在较短的时间内，使变压器过负荷以作为事故时供电之用，故称为事故过负荷。事故过负荷的允许值见表4-1。

表4-1 自燃循环油浸式变压器的允许事故过负荷值及允许时间

允许时间/min	120	80	45	20	10
过负荷（%）	30	45	60	75	100

事故过负荷时，其过载量很大，引起绝缘老化比正常工作条件下要快得多，但由于变压器是在欠负荷下运行，故事故发生的机会很少。所以，事故过负荷时间不超过表4-1中规定时，不致产生严重的后果。

【例4-1】 一台1000kV·A的自然循环油浸式变压器安装在室外。当地年平均气温为20℃，日负荷曲线中日平均负荷为640kV·A。求变压器日最大负荷持续时间为5h时的过负荷系数。当夏季日最大负荷为700kV·A时，试求该变压器在冬季时的过负荷能力。

解：(1) 考虑负荷不均匀的影响，查图4-24中曲线可得允许过负荷系数约为0.21。

(2) 按"1%规则"，夏季欠负荷为 $(1000-700)/1000=0.3$，但因最大过负荷不允许超过15%，所以冬季时允许过负荷为15%。

综合考虑以上两项，过负荷为21%＋15%＝36%。

但户外变压器的最大允许过负荷为30%，所以冬季变压器的实际工作容量为

$$S=(1+0.3)\times1000\text{kV}\cdot\text{A}=1300\text{kV}\cdot\text{A}$$

4. 各类变压器性能比较

表4-2为各类变压器性能比较表，可供使用时选择。

表4-2 各类变压器性能比较

类型	矿油变压器	硅油变压器	SF_6变压器	干式变压器	环氧树脂浇注式变压器
价格	低	中	高	高	较高
安装面积	中	中	中	大	小
体积	中	中	中	大	小

（续）

类型	矿油变压器	硅油变压器	SF_6变压器	干式变压器	环氧树脂浇注式变压器
爆炸性	有可能	可能性小	不爆	不爆	不爆
燃烧性	可燃	难燃	不燃	难燃	难燃
耐湿性	良好	良好	良好	弱	优
耐尘性	良好	良好	良好	差	良好
损失	大	大	稍小	大	小
绝缘等级	A	A或H	E	B或H	B或F
重量	重	较重	中	重	轻

4.4.4　变电所主变压器台数和容量的选择

1. 台数的选择

（1）根据负荷性质。如果是二级负荷，则宜选用两台。若无一级负荷时，也可采用一台，但在低压侧应与其他备用电源联络。

（2）考虑经济运行。季节负荷较大时，可装二台以上的变压器；需求量较小时，则可减少机组的台数。

（3）考虑负荷的发展。应根据负载的变化适当增加或减少变压器的台数。

2. 容量的选择

（1）单台变压器时。对于只装一台变压器的变电所，变压器容量 S_T 应能满足全部用电设备总计算负荷 S_{30} 的需要，即

$$S_T \approx S_{NT} \approx S_{30} \tag{4-3}$$

（2）两台变压器时。对于装设两台变压器的变电所，变压器容量 S_T 应能同时满足以下两个条件。

1）任一台变压器单独运行时，应满足总计算负荷 S_{30} 的 60% ~70% 的需要，即

$$S_T = (0.6 \sim 0.7)S_{30} \tag{4-4}$$

2）任一台变压器单独运行时，应满足一、二级负荷的需要。

$$S_T \geqslant S_{30(\mathrm{I}+\mathrm{II})} \tag{4-5}$$

（3）车间变电所主变压器的单台容量上限：

1）一般不宜大于 1000kV · A。

2）建筑物内，干式变压器容量不宜超过 2000kV · A。

3）二层楼以上的干式变压器容量不宜大于 630kV · A。

4）居民小区变电所的配电变压器单台容量不宜超过 630kV · A。

3. 变压器形式的选择

变压器形式选择应按照工厂或用户需求与使用环境进行选择，见表4-3。但需注意，二级负荷建筑物内不得选用油浸式变压器。

表4-3 主变压器形式的选择

主变压器形式	适应范围	型号选择
油浸式	一般正常环境的变电所	应优先选用 S_9 等系列低损耗配电变压器
干式	用于防火要求较高或环境潮湿、多尘的场所	SCB_8、SCL 等系列环氧树脂浇注式变压器，具有较好的难燃、防尘和防潮的性能
密闭式	用于具有化学腐蚀性气体、蒸汽或具有导电、可燃粉尘、纤维等会严重影响变压器安全运行的场所	BS_7、BS_8 等系列全密闭式变压器，具有防尘、防腐、防潮性能，并可与可爆性气体隔离
防雷式	用于多雷区及土壤电阻率较高的山区	S_2 等系列防雷变压器，具有良好的防雷性能，承受单相负荷能力较强
有载偶压式	用于电力系统供电电压偏低或电压波动严重的用电设备对电压质量又要求较高的场所	SZ_0 系列有载变压器和限低损耗配电变压器，可优先选用

4.5 变配电所的电气主接线和主接线图

4.5.1 变配电所的电气主接线

所谓母线，就是汇集和分配电能的金属导体，又称汇流排，在原理上它仅是电路中的一个电气节点。

按照有无汇流母线可以将所有电气主接线分为有汇流母线的电气主接线和无汇流母线的电气主接线。

有汇流母线的电气主接线包括单母线接线、单母线分段接线、单母线带旁路接线、双母线接线、双母线分段接线、双母线带旁路接线。无汇流母线的电气主接线包括单元接线、角形接线、桥形接线。

1. 单母线接线

单母线接线是比较简单的接线方式。单母线接线又分为单母线不分段接线、用隔离开关分段的单母线接线和用高压断路器分段的单母线接线三种形式。

单母线接线的每一回进线和出线，都是经过断路器和隔离开关接到母线上的。此处断路器的作用是用于切、合正常负荷电流和切断短路电流，所以断路器应具有足够的灭弧能力。

单母线的缺点是可靠性和灵活性差。例如，当母线或母线隔离处发生故障或进行检修时，必须断开所有回路的电源。

2. 单母线分段接线

为了克服上述缺点，可用隔离开关或断路器将单母线分段。当用隔离开关分段时，如需检修母线或母线隔离开关，可将分段隔离开关断开后分段进行。当母线发生故障时，经过短时倒闸操作将故障段切除，非故障段仍可继续运行。

分段接线的优点是接线简单清晰，使用设备少，经济性比较好。运行经验表明，误操作是造成系统故障的重要原因之一，主接线简单，操作人员发生错误操作的可能小，因而接线简单也是评价主接线的条件之一。

3. 双母线分段接线

在双母线接线中，两组母线均可分别作为工作母线或备用母线使用。和单母线接线相比供电可靠性和运行灵活性大大提高，但开关设备也相应大大增加，从而增加了初期投资，所以此方法在工厂变电所中很少采用，主要用于电力系统的枢纽变电站。

电气主接线由一种运行状态转换到另一种运行状态时，按一定顺序对照隔离开关和断路器进行接通或断开的操作，俗称“倒闸操作”。其操作方法必须严格按照安全用电操作规程进行。

双母线分段接线如图 4-25 所示。

4. 桥形接线

桥形接线是指由一台断路器和两组隔离开关组成连接桥，将两回变压器—线路组横向连接起来的电气主接线。在变压器—线路组的变压器和线路之间接入连接桥的称为内桥接线。

对于具有两回电源进线和两台变压器的降压变电所，可考虑采用桥形接线。它是由单母线分段接线演变而成的一种更简单、经济并具有相当可靠性的接线方式。

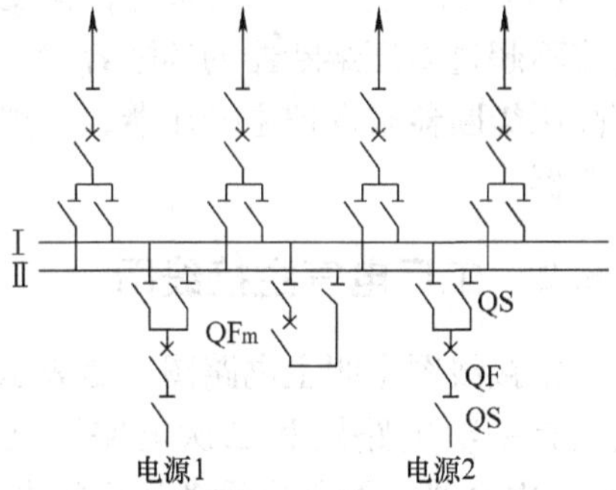

图 4-25　双母线分段接线

图 4-26 和图 4-27 示出了三种情况，现分述如下：

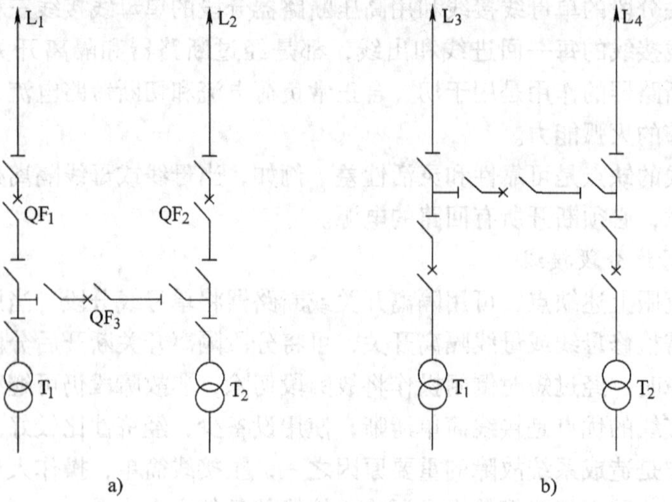

图 4-26 桥形接线

a）内桥接线 b）外桥接线

（1）一般情况，可在变压器高压侧装设一台高压断路器和一台隔离开关。

（2）当供电线路短路、变压器发生故障能使供电端的线路断路器断开时，或供电端变电所的继电保护范围可以包括该供电线路全长和主变压器时，则允许在变压器高压侧只装一台隔离开关。

（3）如符合（2）的条件，但变电所短路电流不超过高压熔断器的巡断容量时，允许采用高压熔断器来保护主变压器，一般用跌落式熔断器。

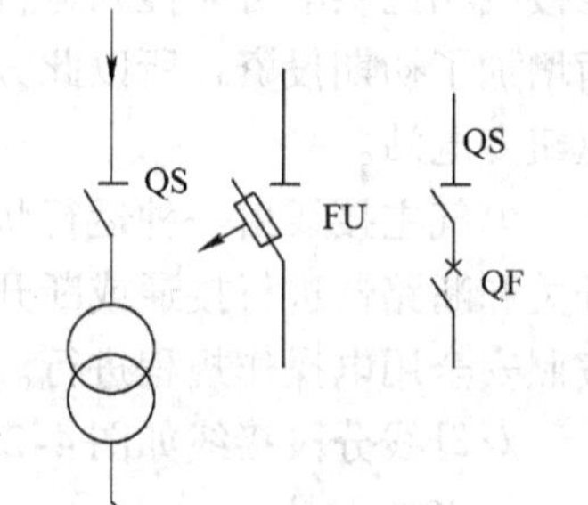

图 4-27 线路—变压器组单元接线

4.5.2 工厂电气主接线图

主接线图也叫主电路图，是表示系统中电能输送和分配路线的电路图。主接线图有一次电路图和二次电路图之分。用来控制、指示、测量和保护主电路（即一次电路）及其中设备运行的电路图称为二次接线图。图 4-28 为工厂 10kV 电气主接线图。图 4-29 为车间变电所高压侧主接线方案。

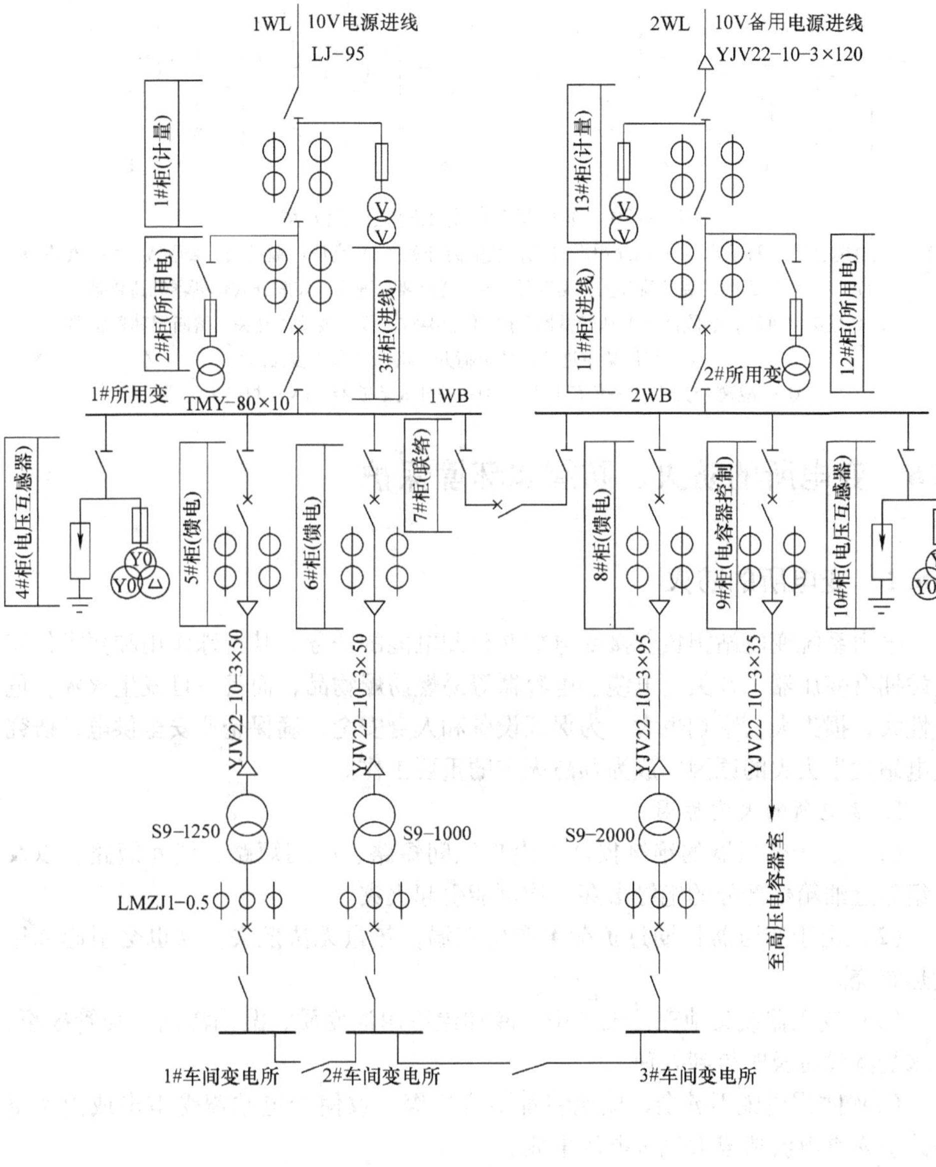

图4-28 工厂10kV电气主接线图

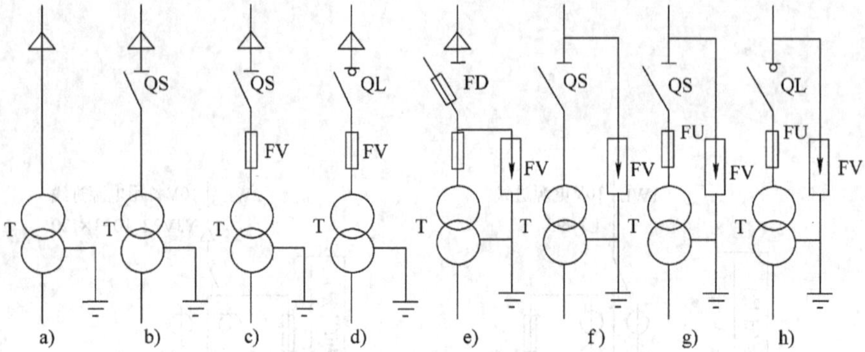

图 4-29　车间变电所高压侧主接线方案

a）高压电缆进线，无开关　b）高压电缆进线，装隔离开关　c）高压电缆进线，装隔离开关－熔断器　d）高压电缆进线，装负荷开关－熔断器　e）高压架空进线，装跌开式熔断器和避雷器　f）高压架空进线，装隔离开关和避雷器　g）高压架空进线，装隔离开关－熔断器和避雷器　h）高压架空进线，装负荷开关熔断器和避雷器

QS—隔离开关　QL—负荷开关　FD—跌开式熔断器　FV—阀式避雷器

4.6　变电所的防火、防震和环境保护

4.6.1　变电所的防火

电力系统变电站担负着接受电能并分配电能的任务，其特殊作用和要求使变电站拥有变压器、开关、电缆、电容器等易燃易爆物品，而且一旦发生火灾，危险性大，损失大，影响也大。为保证设备和人身安全，确保企业安全供电，研究变电站发生火灾的原因，成为预防火灾的重要工作。

1. 变电所的火灾原因

（1）由于变压器的绝缘损坏，出现匝间短路、相间短路、层间短路，以及绕组靠近油箱壁部分的绝缘击穿，均可能引起火灾。

（2）由于变压器长期过负荷，产生高温，热量无法散失，这也会引起绕组过热燃烧。

（3）变压器或其他充油设备中，冷却绝缘用油变质、漏油渗油，套管破裂、进水受潮没有及时得到处理。

（4）防雷措施不健全、接地装置不合格等，致使变电站遭受雷击或由架空线路引入雷电波造成大气过电压事故。

（5）油断路器油面过低、油质变坏，操作机构调整不当，电弧不能切断或及时熄灭，套管破裂、受潮，对地闪络放电等，可能引起油断路器着火爆炸。

（6）变压器铁心硅钢片间，由于某种原因使绝缘损坏，形成涡流，造成铁心过热，引起燃烧。

（7）开关设备断流能力不足，或误操作引起的强烈电弧，造成燃烧或爆炸。

（8）蓄电池室通风装置不完善或调酸时操作不当，使硫酸或充电时放出的氢气着火爆炸。

（9）电容器由于内部绝缘击穿，过热引起着火爆炸。

（10）变电所内电气连接部分接触不良、过热、跳火等引起火灾。

（11）氧气和硫酸蒸气引起的变电所内堆积杂物、油污，动火管理混乱或其他原因引来的火源造成的火灾。

2. 变电所防火的有关规定

（1）变电所中建筑物和构筑物的耐火等级不应低于表4-4中的要求。

表4-4 变电所中建筑物和构筑物的耐火等级

建筑物和构筑物的名称	火灾危险性类别	最低耐火等级
一、主要生产建筑物和构筑物		
1. 控制楼（包括蓄电池室）	戊	二级
2. 配电装置室		
每台设备充油量在60kg以上	丙	二级
每台设备充油量在60kg以下	丁	二级
3. 变压器室	丙	一级
4. 调相机房	丁	二级
5. 冷却塔	戊	四级
6. 水处理室	戊	三级
7. 电容器室（有可燃性介质的电容器）	丙	二级
二、辅助生产建筑物和构筑物		
1. 油处理室	丙	二级
2. 露天固定油罐	丙	一级
3. 空气压缩机室	戊	四级
三、附属建筑物		
1. 材料库、工具间（不贮藏燃料、润滑油及可爆炸材料）	戊	三级
2. 锅炉房	丁	二级

（2）变电所中消防设施一般采用砂箱和化学灭火装置，如附近已有消防管道，可同时设置消防栓。30000kV·A以下变压器可采用水雾灭火装置。

（3）为防止变压器发生喷油、爆裂漏油事故引发火灾，对单个油箱的充油量为1000kg以上时，在变压器下面应设置能容纳100%油量的贮油池或设置容量为20%油量的挡油池，并设置能将油迅速排到安全处所的设施。

（4）油量均为2500kg以上的屋外油浸式变压器之间无防火墙时，其防火净距不应小于10m。

（5）建筑物外墙距屋外油浸式变压器外廓5m以内时，在变压器总高度以上3m的水平线以下及外廓两侧各3m的范围内，不应有门窗和通风处；建筑物墙距变压器外廓5～10m时，可在外墙上设防火门，并可在变压器总高度以上设非燃性的固定窗。

（6）露天固定油罐与主变压器、生产建筑物和构筑物之间无防火墙时，其防火净距不应小于15m。装有可燃性介质电容器的房间与其他生产建筑物分开布置时，其防火净距不应小于10m；连接布置时，则其间的隔墙应为防火墙。

（7）充油电气设备间内的总油量为60kg及以上，且门开在建筑物内时，其门应为非燃烧体或难燃烧体的实体门。配电装置进出口的门一般为非防火门。

（8）蓄电池室的门应向外开，且一般为非防火门。

4.6.2 变电所的防震

1. 一般规定

变电所的选址应考虑多种因素，根据经验，归结为以下几点：

（1）变电所所址的选择，应避开地质断层、滑坡、塌陷区和溶洞地带等；如所址选在有矿藏的地区，应征得有关部门的同意。

（2）变电所的土建设计、结构设计应整体考虑，并在强度、刚度、变形、稳定、抗裂、防震和耐久等方面满足生产使用和安全的要求。

（3）对建设在基本烈度为七度和七度以上地区的变电所，应做好生产建筑、生活建筑的抗震检查和必需的抗震加固工作。处在基本烈度为六度及以下地区的变电所应制定预防地震发生灾害的措施。

2. 防震措施

处在震级为七级及以上地区的变电所应考虑下列防震措施：

（1）变电所内的建筑物及构筑物，必须按照抗震标准进行加固或改造。

（2）安装在架构上的电气设备，必须安装牢固，采取防止滚动、滑动、摆动移位措施。

（3）电气连接必须牢固，电气设备的连接导体必须留有伸缩裕度。

（4）电力变压器应有固定措施。对于大、中型变压器应在上部拉线，有滚轮的可将滚轮拆除，还应将底盘固定于轨道上。

（5）电力变压器套管用软导线连接时，应适当放松；用硬导线连接时，应将软连接过渡接头适当加长。

（6）110kV及以上变压器套管，其瓷套与法兰的连接宜加固。

（7）冷却器与变压器分开布置时，其连接管道在靠近变压器处应依次设有截止阀和柔性接头。

（8）变压器应装有防震型气体继电器。

（9）柱上变压器的底盘应与支座固定，上部用钢丝与柱绑牢。

（10）制订预防由于地震可能引起的保护误动、开关误跳造成停电事故和事故范围扩大的紧急处理措施。

4.6.3　变电所的环境保护

1. 一般要求

（1）一切新建、扩建和改造工程，在选址阶段时必须提出环境影响报告书，经上级环境保护部门或其他有关部门审查批准后才能进行设计，其中防止污染和其他公害的设施必须与主体工程同时设计、同时施工、同时投产。对造成环境污染和其他公害的已建企业、事业单位，应制订规划，积极进行治理。

（2）在设计中应积极采用无污染或少污染（包括噪声、干扰、灾害等）的新技术、新工艺、新设备，使污染尽量消除在生产过程中。

（3）变电所的废水（酸、碱、油）、有害气体和生活污水的排放，应符合国家的排放标准，并应防止排放的废水对土壤的渗漏和地下水的污染。

（4）新建变电所应考虑周围污染源可能对自身造成的危害，所址应尽量位于污染源影响范围以外（各种污染源的影响范围见表4-5）；对于已建成的变电所，应采取相应的防污染措施。

表4-5　各类污染源的影响范围

污染源名称	距厂区边缘/km	污染源名称	距厂区边缘/km
有色金属厂	2	石灰窑	1
制铝厂	2	冶金和钢厂	0.6～1
化肥厂	1～2	碱厂	0.9
化工厂	1～2	水泥厂	0.5～0.8
炉烟	1～1.5	重机厂	0.6
焦化厂	0.5～1	烧窑	0.4

（5）变电所的小型化、低层化、屋内式或地下式，采用组合式开关装置将架空线改为地下线路，美化和绿化所区环境等，对防止噪声、防止灾害、改善外观、消除屋外变电所的不协调感和危险感是非常有效的对策。

2. 噪声的允许标准及限制措施

在设计变电所的配电装置时，应重视对噪声的控制，降低有关运行场所的连续噪声级。变电所的主要噪声源是主变压器、电抗器及电晕放电，以前者为最严重，故设计时必须注意主变压器与主控制室、通信间及办公室等的相对位置和距离，尽量避免平行相对布置，以便使变电所内各建筑物的室内连续噪声级不超过表4-6所列的最高允许连续噪声级。有人值班的生产建筑，每工作日接触噪声时间少于8h的，噪声标准可按表4-7放宽。

SF_6是无毒、无色的，并且没有气味。然而，虽然它是无毒的，却不能维持生命，因此在装有SF_6设备的地方，没有进行适当的通风以前不能进入。由于这种气体密度大，在缺乏通风时，管沟或密闭的小室中都可能全部为这种气体所充满，而工作人员必须知道在这类地方有窒息的危险。这些地方应使用氧量仪测定氧气含量，空气中氧气含量大于18%方可进入。

表4-6 最高允许连续噪声级 （单位：dB）

工作场所	一般值	最大值
主控制室、计算机室、通信室	55	65
办公室	60	75
有人值班的生产建筑	85	90

表4-7 每工作日接触噪声时间少于8h的噪声标准 （单位：dB）

每工作日接触噪声时间/h	一般值	最大值	每工作日接触噪声时间/h	一般值	最大值
8	85	90	2	91	96
4	88	93	1	94	99

3. *静电感应的场强水平和限制措施*

高压配电装置的母线（或高压输电线路）下和电气设备附近有对地绝缘的导电物体时，会由于电容器的耦合感应而产生电压。当上述被感应物体接地时，就产生感应电流，这种感应通称为静电感应。通常用空间场强来衡量某处的静电感应水平。所谓空间场强，是指离地面1.5m处的空间电场强度。

（1）关于静电感应的场强水平，目前在国际上尚无统一的标准和规定。根据我国实测的结果，大部分测点的空间场强在10kV/m以内。

高压配电装置内，其设备安全围栏外的静电感应水平不宜超过10kV/m，围墙外的静电感应场强水平不宜大于5kV/m。

（2）关于静电感应的限制措施。实测证明，对于220kV变电所，测得其空间场强一般不超过5kV/m，因此110kV及以下的变电所，静电感应的问题不是突出问题。

至于330kV及以上的高压配电装置，在设计时则应作相应的考虑，例如尽量不在电气设备上方设置软导线、当技术经济合理时适当提高电气设备及引线高度、控制操作设备尽量布置在低场强区、设置屏蔽线等。

复　习　题

1. 何谓变配电所的一次接线、二次接线？对电气主接线有哪些要求？

2. 何谓变压器的过负荷能力？在实际运行中短时间内为什么允许变压器的负荷大于额定容量？

3. 什么叫“1%规则”？变压器的过负荷能力有何限制条件？

4. 变电所有哪几种基本接线形式？请画图说明，并比较其优缺点。

5. 何谓“倒闸操作”？在操作过程中应注意哪些问题？为什么在停电时应先拉负荷侧隔离开关？

6. 内桥接线与外桥接线有何区别？各适用在什么场合？

7. 高压配电网络有哪几种配电方式？各适用在何种工作场所？

8. 试述电压偏移、电压波动、电压降落和电压损失的定义和产生的原因。

9. 试推导带有集中负荷线路中电压损失的计算公式。

10. 试分析变压器电压损失计算公式中各量的意义及单位。

11. 某一降压变电所有两回35kV电源进线和6回10kV出线，拟采用两台双绕组变压器，低压侧采用单母线分段接线，请你分别画出当高压侧采用内桥接线或单母线分段接线时，降压变电所的电气主接线图。

12. 某变电所装有一台500kV·A变压器，该车间的平均日负荷系数为0.7，日最大负荷持续时间为6h，夏季日最大负荷为450kW，请问冬季时，该变压器的过负荷能力为多少。

13. 某变电所有两台Dyn11联结的S9－630/10型变压器并列运行，而变电所的负荷只有520kV·A，问是采用一台还是采用两台运行较为经济合理。已知$K_q=0.1$，$\Delta P_0=1.2\text{kW}$，$\Delta P_k=6.2\text{kW}$，$I_0\%=1.5$，$U_k\%=4.5$。

第 5 章

导线电缆的防火设计

内容提要： 本章主要介绍负荷计算的方法（需要系数法、二项式法和估算法），导线截面积计算方法（安全载流量法、允许电压降法）和按照机械强度选择导线电缆的方法，以及导线电缆的安全防火要求。

本章重点： 1. 负荷计算的三种方法。

2. 导线截面积计算方法。

3. 电缆导线截面积的选择方法。

5.1 负荷计算

建筑物建成之后，一般都要在建筑物内设计安装各种各样的电气设备及装置，这些电气设备及装置统称为用电负载。用电负载工作时，其电流流过供电线路，在负荷计算中，负载消耗的功率或流过的电流称为负荷。为了保证用电负载的正常工作及供电系统的安全运行，供电线路需要有足够的载流能力。实际中，所有用电负载并非都同时运行，而且运行着的用电负载其实际电流也并不都时刻等于额定电流。因此，供电线路的实际电流是随时变动的。在电气设计时，如果直接按照所有用电负荷的额定容量或额定电流选择供电线路及供电设备，必将估算过高，增加不必要的工程投资反而造成浪费；相反，如果计算不准确，估算过低，又会使供电线路及供电设备承担不了实际负荷电流而过热，加速其绝缘老化，缩短使用寿命，影响供电系统的安全运行。由此可见，对供电系统进行合理的负荷计算，极其重要。

所谓的负荷计算，是指对某一线路中的实际用电负荷的运行规律进行分析，从而求出该线路的计算负荷的过程。负荷计算与计算负荷，是两个不同的概念，不可混淆。

负荷计算的目的，是为了合理地确定建筑物的平均最大用电负荷，即求出计算负荷，以此作为按发热条件选择配电变压器、供电线路及控制、保护装置的依据，作为计算电压损失和功率损耗的依据，亦作为计算电能消耗量及无功补偿容量的依据。所以，合理进行负荷计算是设计建筑供电系统的一个很重要的环节。

所谓的计算负荷，是指一组用电负载实际运行时，在线路中形成的或负载自身消耗的最大平均功率。如果某一不变的假想负荷在线路中产生的热效应（也就是使导线产生的恒定温升）与该组用电负载实际运行时，在同一线路中产生的最大热效应（也就是使导线产生的平均最高温升）相等，则把这一不变的假想负荷叫做该组实际负载的计算负荷

计算负荷的确定比较复杂，通常是用半小时平均负荷绘制的负荷曲线上的“最大负荷”作为计算负荷，如图5-1所示。

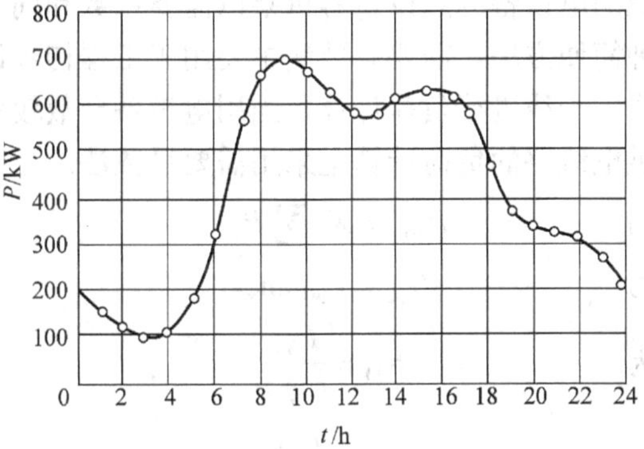

a)

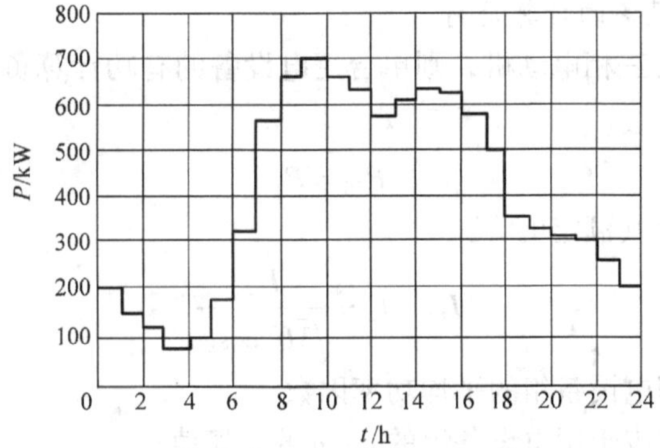

b)

图5-1 日有功负荷曲线

a）逐点描绘的日有功负荷曲线 b）阶梯形的日有功负荷曲线

这样确定的计算负荷也有不足之处。对中小截面积导线和电缆，其发热时间常数 $T=10\text{min}$，理论分析和实验证明，温升曲线在 $3T=3\times10\text{min}=30\text{min}$ 时间内，导线温升 t 可达到稳定温升 t_w 的97%。即只有持续30min以上的负荷值，才

能构成最大负荷值，如果负荷持续时间很短，导线还达不到稳定温升，负荷就消失了。而对截面积 $50mm^2$ 以上的导线永远也达不到稳定温升，因为发热时间常数 $T>10min$，这对电气设备来说，也是如此。在这样的情况下，导线、电缆和电气设备不可能被充分利用。

负荷计算的方法主要有需要系数法、二项式系数法、单位指标法（又叫负荷密度法）等几种。各种方法均有各自的特点和适用范围，其中当无确切的资料时，亦可使用估算法对负荷进行估算。下面将讲述需要系数法、二项式法及估算法。

5.1.1 需要系数法

需要系数法是把用电设备的总设备容量乘以需要系数和同时系数，从而直接求出计算负荷的一种简便方法。需要系数法主要用于工程初步设计及施工图设计阶段，对变电所母线、干线进行负荷计算。当用电设备台数较多、各台设备容量相差不悬殊时，其供电线路的负荷计算也采用需要系数法。

有功计算负荷为
$$P_{30}=K_x\sum P_e \tag{5-1}$$

无功计算负荷为
$$Q_{30}=P_{30}\tan\varphi \tag{5-2}$$

视在计算负荷为
$$S_{30}=\frac{P_{30}}{\cos\varphi} \tag{5-3}$$

计算电流为
$$I_{30}=\frac{P_{30}}{\sqrt{3}U_e\cos\varphi} \tag{5-4}$$

1. 单台用电设备的计算负荷

如果只有一台三相电动机，则单台用电设备的有功计算负荷 P_{30} 就是铭牌额定容量 P_e，即

$$P_{30}=P_e \tag{5-5}$$

计算电流就取其额定电流：

$$I_{30}=I_e=\frac{P_e}{\sqrt{3}U_e\cos\varphi} \tag{5-6}$$

式中 $\cos\varphi$——用电设备组的平均功率因数；

$\tan\varphi$——对应于用电设备组的 $\cos\varphi$ 的正切值；

U_e——用电设备组的额定电压；

P_e——用电设备组设备容量。

短时间重复工作制的设备（如起重机）的设备容量，就是将铭牌暂载率 JC 下的额定容量 P'_e 换算到暂载率 $JC_{25}=25\%$ 时的额定容量，作为计算负荷，则

$$P_{30}=P_e=P'_e\sqrt{JC/JC_{25}}=2P'_e\sqrt{JC} \tag{5-7}$$

电焊机的设备容量是换算到暂载率 $JC_{100}=100\%$ 时的额定容量，于是

$$P_{30} = P_e = P'_e\sqrt{JC/JC_{100}} = 2P'_e\sqrt{JC} = S_e\sqrt{JC}\cos\varphi_e \tag{5-8}$$

式中 S_e——电焊机的铭牌额定视在功率（kV·A）；

$\cos\varphi_e$——对应于 S_e 的额定功率因数。

对于单个白炽灯或碘钨灯，有 $P_{30} = P_e = P'_e$。

对于荧光灯，由于镇流器有20%的损耗，所以 $P_{30} = P_e = 1.2P'_e$。

对于高压汞灯，考虑10%的镇流器损耗后有 $P_{30} = P_e = 1.1P'_e$。

对于需要计算效率的单台用电设备（如电动机），则有

$$P_{30} = \frac{P_e}{\eta} \tag{5-9}$$

式中 P_e——电动机的铭牌额定容量（kW）；

η——电动机在额定负荷时的效率。

2. 单组用电设备的计算负荷

工艺、性质相同的用电设备的分组情况见表5-1。

表5-1 各用电设备组的需要系数 K_x 及功率因数

用电设备组名称	K_x	$\cos\varphi$	$\tan\varphi$
单独传动的金属加工机床： 1. 冷加工车间 2. 热加工车间	 0.14～0.16 0.20～0.25	 0.50 0.55～0.6	 1.73 1.52～1.33
连续运输机械： 1. 联锁的 2. 非联锁的	 0.65 0.60	 0.75 0.75	 0.88 0.88
通风机 1. 生产用 2. 卫生用	 0.75～0.85 0.65～0.70	 0.8～0.85 0.80	 0.75～0.62 0.75
泵、活塞式压缩机、鼓风机、电动发电机组、排风机等	0.75～0.85	0.80	0.75
起重机： 1. 锅炉房，修理、金工、装配车间 2. 铸铁车间、平炉车间 3. 轧钢车间、脱锭工部等	 0.05～0.15 0.15～0.30 0.25～0.35	 0.50 0.50 0.50	 1.73 1.73 1.73

每一组用电设备的计算负荷为

$$P_{30} = K_x \sum P_e \tag{5-10}$$

式中 K_x——用电设备组的需要系数；

$\sum P_e$——该用电设备组的设备容量之和。

需要系数 K_x 是考虑同组用电设备、不同时运行、不同时到达满载，以及设备效率、台数、线损、劳动组织等许多影响计算负荷的因素后，而归并成的一个系数，它是通过对各用电设备组进行测试、调查、分析后制定的。当用电设备台数多时，K_x 可取得小一些；当台数少时，可适当取得大一些；当只有一台设备时，$K_x=1$。

3. 多组用电设备的计算负荷

将各单组用电设备的计算负荷相加后，再乘以同期系数 K_Σ，$K_\Sigma=0.7\sim0.95$，则得多组用电设备的有功计算负荷为

$$P_{30}=K_\Sigma\Sigma P_{j2} \tag{5-11}$$

无功计算负荷为

$$Q_{30}=K_\Sigma\Sigma P_{30}\tan\varphi \tag{5-12}$$

【例 5-1】 已知图 5-2 中各组用电设备的技术数据如下，试用需要系数法求 E_1、E_2、E_3 各点和低压干线 D 点的计算负荷。

配电箱 N_1 配接的负荷是机修车间单独传动的小批生产冷加工机床，计 7.5kW 电动机 1 台、5kW 电动机 2 台、3.5kW 电动机 7 台。

配电箱 N_2 配接水泵和通风机负荷，计 7.5kW 电动机 2 台、5kW 电动机 7 台。

配电箱 N_3 配接非联锁的连续运输机，计有 5kW 电动机 2 台、3.5kW 电动机 4 台。

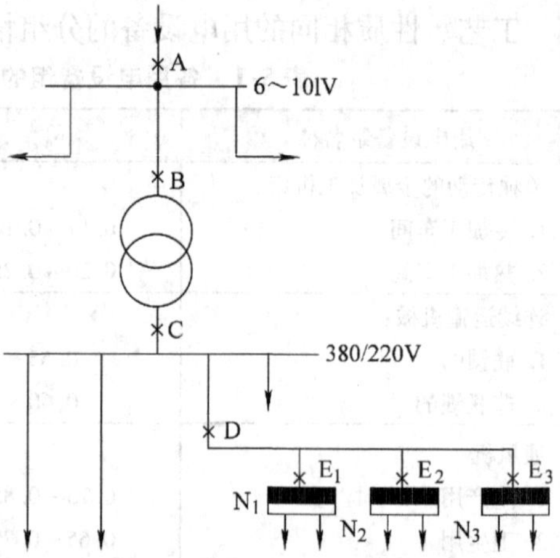

图 5-2 供电系统各点负荷计算图

解：从表 5-1 查得各组用电设备数据为

N_1 $K_{x1}=0.15$ $\tan\varphi_1=1.73$

N_2 $K_{x2}=0.75$ $\tan\varphi_2=0.75$

N_3 $K_{x3}=0.6$ $\tan\varphi_3=0.88$

于是有：

E_1 点 $\Sigma P_{e1}=1\times7.5\text{kW}+2\times5\text{kW}+7\times3.5\text{kW}=42\text{kW}$

$$P_{301}=K_{x1}\Sigma P_{e1}=0.15\times42\text{kW}=6.3\text{kW}$$

$$Q_{301}=P_{301}\tan\varphi_1=6.3\times1.73\text{kvar}=10.9\text{kvar}$$

$$S_{301}=\sqrt{P_{301}^2+Q_{301}^2}=\sqrt{6.3^2+10.9^2}\text{kV}\cdot\text{A}=12.6\text{kV}\cdot\text{A}$$

$$I_{301}=\frac{S_{301}}{\sqrt{3}U_e}=\frac{12.6}{\sqrt{3}\times0.38}\text{A}=19.1\text{A}$$

E_2 点 $P_{302}=K_{x2}\Sigma P_{e2}=0.75\times(2\times7.5+7\times5)\text{kW}=37.5\text{kW}$

$$Q_{302}=P_{302}\tan\varphi_2=37.5\times0.75\text{kvar}=28.1\text{kvar}$$

$$S_{302}=\sqrt{P_{302}^2+Q_{302}^2}=\sqrt{37.5^2+28.1^2}\text{kV}\cdot\text{A}=47\text{kV}\cdot\text{A}$$

$$I_{302}=\frac{S_{302}}{\sqrt{3}U_e}=\frac{47}{\sqrt{3}\times0.38}\text{A}=71.4\text{A}$$

E_3 点 $P_{303}=K_{x3}\Sigma P_{e3}=0.6\times(2\times5+4\times3.5)\text{kW}=14.4\text{kW}$

$$Q_{303}=P_{303}\tan\varphi_3=14.4\times0.88\text{kvar}=12.7\text{kvar}$$

$$S_{303}=\sqrt{P_{303}^2+Q_{303}^2}=\sqrt{14.4^2+12.7^2}\text{kV}\cdot\text{A}=19.2\text{kV}\cdot\text{A}$$

$$I_{303}=\frac{S_{303}}{\sqrt{3}U_e}=\frac{19.2}{\sqrt{3}\times0.38}\text{A}=29.2\text{A}$$

干线D点的计算负荷为

$$P_{30D}=P_{301}+P_{302}+P_{303}=6.3\text{kW}+37.5\text{kW}+14.4\text{kW}=58.2\text{kW}$$

$$Q_{30D}=Q_{301}+Q_{302}+Q_{303}=10.9\text{kvar}+28.1\text{kvar}+12.7\text{kvar}=51.7\text{kvar}$$

$$S_{30D}=\sqrt{P_{30D}^2+Q_{30D}^2}=\sqrt{58.2^2+51.7^2}\text{kV}\cdot\text{A}=77.8\text{kV}\cdot\text{A}$$

$$I_{30D}=\frac{S_{30D}}{\sqrt{3}U_e}=\frac{77.8}{\sqrt{3}\times0.38}\text{A}=118.2\text{A}$$

该计算负荷可以用来选择低压干线导线或电缆截面积和干线上的开关设备。

4. 车间低压母线和全厂负荷的计算

车间低压母线和全场负荷（这里为高压配电母线）的计算，要按图5-2所示逐级进行。但要注意各配电点负荷相加时，要乘以不同的同期系数。在配电点之间有变压器时，应加入变压器损耗。一般变压器损耗为

$$\Delta P_b=0.012S_{30}$$

$$\Delta Q_b=0.06S_{30}$$

5.1.2 二项式法

需要系数法忽略了用电设备台数及容量对计算负荷的影响，因此在确定连接设备台数不太多的车间干线或支线的计算负荷时，其中大容量设备对计算负荷的影响就会很大。二项式法就是表征这种变化规律的计算方法，其基本公式为

$$P_{30}=cP_x+bP_{e\Sigma} \tag{5-13}$$

式中 c、b——系数，见表5-2；

P_x——该组中 x 台容量最大的用电设备的设备容量之和；

$P_{e\Sigma}$——该组中所有用电设备的设备容量之和；

cP_x——x 台容量最大的用电设备，对平均负荷造成的参差值；

$bP_{e\Sigma}$——该组用电设备的平均负荷。

不同工作制的不同类用电设备，规定取用的最大容量设备的台数并不相同，金属加工机床一般采用 $x=5$，但当 $x\leqslant 3$ 时，可将用电设备容量之和作为计算负荷；反复短时工作制采用 $x=3$；加热炉采用 $x=2$；电焊设备采用 $x=1$。

式（5-13）是单组用电设备的二项式表达式，对于几个性质不同的用电设备，其二项式表达式为

$$\left.\begin{aligned} P_{30} &= (cP_x)_{\max} + \Sigma bP_{e\Sigma} \\ Q_{30} &= (cP_x)_{\max}\tan\varphi_x + \Sigma bP_e\tan\varphi \end{aligned}\right\} \tag{5-14}$$

式中 $(cP_x)_{\max}$——各组用电设备算式中第一项 cP_x 的最大值；

$\Sigma bP_{e\Sigma}$——各组用电设备算式中第二项的总和；

$\tan\varphi_x$——与 $(cP_x)_{\max}$ 相应的功率因数正切值；

$\tan\varphi$——与各组用电设备 bP_e 相应的功率因数正切值。

上述各参数的值见表 5-2。

表 5-2 用电设备组的二项式系数

用电设备组名称	c	x	b	$\cos\varphi_x$	$\tan\varphi$
小批生产金属加工车床	0.1	5	0.11	0.5	1.73
通风机、泵、压缩机及电动发电机组	0.25	5	0.65	0.8	0.75
连续运输机（不联锁）	0.1	5	0.4	0.75	0.88
锅炉房、机修、装配、机械车间起重机	0.2	3	0.06	0.5	1.73
自动装料的电阻炉（连续）	0.3	2	0.7	0.95	0.33
非自动装料的电阻炉（不连续）	0.5	1	0.5	0.95	0.33

【例 5-2】 试用二项式法计算例 5-1 和图 5-2 中 E_1、E_2、E_3 点及 D 点的计算负荷。

解：根据例 5-1 的给定条件，从表 5-2 中查得相应的数据，然后进行计算。

$$I_{30D} = \frac{S_{js}}{\sqrt{3}U_e} = \frac{23.7}{\sqrt{3}\times 0.38}\text{A} = 36\text{A}$$

D 点为配电箱 N_1、N_2、N_3 用电设备组的总计算负荷，其值为

$$\begin{aligned} P_{30D} &= (cP_x)_{\max} + \Sigma bP_{e\Sigma} \\ &= 9.8\text{kW} + (5.9 + 32.5 + 9.6)\text{kW} \\ &= 9.8\text{kW} + 48\text{kW} = 57.6\text{kW} \end{aligned}$$

$$\begin{aligned} Q_{30D} &= (cP_x)_{\max}\tan\varphi_x + \Sigma bP_{e\Sigma}\tan\varphi \\ &= 17\text{kvar} + (10.2 + 24.4 + 8.45)\text{kvar} \\ &= 17\text{kvar} + 43.05\text{kvar} = 60.05\text{kvar} \end{aligned}$$

$$S_{30D}=\sqrt{P_{30D}^2+Q_{30D}^2}=\sqrt{57.6^2+60.05^2}\text{kV}\cdot\text{A}=83.2\text{kV}\cdot\text{A}$$

$$I_{30D}=\frac{S_{30D}}{\sqrt{3}U_e}=\frac{83.2}{\sqrt{3}\times0.38}\text{A}=126.4\text{A}$$

至此，可将按需要系数法和二项式法计算的结果加以对比，不难看出，二项式法计算出的结果均比需要系数法计算出的结果偏大，其中对持续工作的泵、风机及连续运输机算得的结果，尚接近，但对机床等用电设备，结果则相差较大。这就说明了大容量电动机对计算负荷的影响不可忽视。另外，二项式法的系数也尚待进一步研究。二项式法计算中，Q_{30}、S_{30}、I_{30}也可按式（5-2）~式（5-4）计算。

5.1.3　估算法

（1）用需要系数法估算，有

$$P_{30}=K_x\Sigma P_e \tag{5-15}$$

式中　P_{30}——总计算负荷；

ΣP_e——设备铭牌功率的总和；

K_x——总需要系数，对于生产车间按工艺的不同取0.2~0.8，对于工厂按生产性质不同可取0.15~0.35，对于民用建筑的照明负荷，一般住宅楼取0.4~0.6，教学楼0.8~0.9，商业、服务楼取0.75~0.85，旅游宾馆取0.6~0.7，展览厅取0.5~0.7等。

（2）用单位面积法估算，有

$$P_{30}=PS \tag{5-16}$$

式中　P_{30}——总计算功率；

P——单位面积安装功率（W/m^2），如住宅楼（有电热水器）为20W/m^2，科研楼为10~40W/m^2，剧场的舞台照明为30~70W/m^2，商业、服务楼为20~40W/m^2，展览馆为30~50W/m^2等；

S——建筑面积（m^2）。

关于需要系数和单位面积功率的详细资料，在应用时可查阅有关手册。

5.1.4　暂载率换算

暂载率也叫负载持续率，是指此设备能够满载工作时间的比率。

工业企业的用电设备的工作制可分为连续工作制、短时工作制和断续周期工作制三类。

（1）连续工作制。是指用电设备使用时间较长、连续工作，如各种泵类、通风机、压缩机、输送带、机床、电弧炉、电阻炉、电解设备、照明装置等，用电设备的负荷稳定，即30min出现的最大平均负荷与最大负荷的平均负荷相差不大；平均负荷与总装容量的比称为利用系数，其值为0.5~0.6；功率因数约为

0.85，容量大时（250kW 以上的）为提高功率因数，一般常选用同步电动机。机床用电动机，容量小至 1kW 以下，大至数百千瓦，供电电压为交流 50Hz、380/220V，机床用电设备大多属三级负荷，负荷不平稳，且变化与生产批量、流水程度、零件加工工艺、工作制等都有关系，所以 30min 出现的最大平均负荷与最大负荷的平均负荷差别较大。对于大批量生产、流水作业的金属冷加工机床来说，负荷的利用系数要比小批生产的为高，重工作制要比轻工作制的高，热加工机床（如锻压设备）比冷加工机床高。

（2）短时工作制。是指用电设备在恒定负荷下工作的时间甚短，短于达到热平衡所需要的时间，停歇时间相当长，长到足以使设备温度冷却到周围介质的温度，如金属切削机床用的辅助机械（横梁升降、刀架快速移动装置等），又如水闸用电动机。它们的利用系数低，耗电量少，占整个用电设备的数量也少。

（3）断续周期工作制。是指用电设备周期性地时而工作，时而停歇，如此反复运行，无论工作还是运行都不足以使设备达到热平衡，如起重机用电动机及电焊用变压器等。

为表征其断续周期工作制的特点，可用暂载率 JC 来表示。

$$JC = \frac{t}{T} \times 100\% = \frac{t}{t + t_0} \times 100\% \tag{5-17}$$

式中 T——工作周期，小于 10min；

t——工作周期内的工作时间；

t_0——工作周期内的停歇时间。

根据我国国家技术标准规定，工作周期以 10min 为计算依据。起重机暂载率有 15%、25%、40%、60% 四种；电焊设备的标准暂载率有 50%、65%、75% 及 100% 四种，其中 100% 为自动电焊机暂载率。

断续周期工作制设备的额定容量（铭牌功率）P_N，是对应于某一标称暂载率 JC 的。在实际运行的暂载率 JC 往往和设备铭牌标注的暂载率 JC 不同，则实际容量应按同一周期内等效发热条件进行换算。如果设备在 JC_N 下的容量为 P_N，则换算到 JC 下的设备容量 P_e 为

$$P_e = P_N \sqrt{\frac{JC_N}{JC}}$$

5.2 导线、电缆的选择

导线、电缆是用于传输电能、传递信息和实现电磁能量转换的电工产品，被广泛应用于工农业生产中。由导线、电缆组成的供电网络，线路长，分支线多，并且有更多的机会与可燃物或建筑物相接触。

导线、电缆的绝缘材料，多为以碳、氢为主的高分子材料，具有热不稳定性，即当加热时发生化学破坏并伴随产生挥发物，从而留下多孔的残渣。这将使空气中氧容易渗入，并在固体基体中引起进一步的氧化反应。残渣多由炭渣组成，它吸收周围的辐射热量，促进材料的热裂解。这样就会产生累积性的温升，最后挥发物起燃，形成火焰。起燃可由外部火焰引起，也可能是自燃。燃烧产生的热量连续地为基材热裂解提供所必需的热能而维持燃烧。

当导线、电缆集中敷设或成束敷设时，其引燃温度比自燃点往往还要低，在绝缘材料老化的情况下，自燃点也随之下降。

导线、电缆在一定使用条件下，是能够安全运行的。但是，当导线电缆发生短路、过载、局部过热、电火花或电弧等故障状态时，所产生的热量将远远超过正常状态。火灾案例表明，有的绝缘材料是直接被电火花或电弧引燃的；有的绝缘材料是在高温作用下发生自燃的；有的绝缘材料是在高温作用下，加速了热老化进程，导致热击穿短路，产生的电弧将其引燃的。导线电缆不管是由于电的原因还是被外界火源点燃，都属于导线电缆火灾范畴。值得注意的是，导线电缆在着火的同时，还产生有毒气体，比如氯化氢、一氧化碳等，这些有毒气体常常会对灭火人员造成威胁。

导线、电缆因使用场所和电压等级不同，其类型也很多。为了确保电气网络的经济运行和防火安全，在电气工程设计时，必须考虑其类型、使用环境、敷设方法和截面积选择等工程问题。

5.2.1　导线、电缆类型的选择

1. 导线材料的选择

导线按材料可分为铜芯线和铝芯线两大类。在爆炸和火灾危险环境、腐蚀性严重的地方、移动设备处和控制电路，宜选用铜芯线。在高层建筑中，由于负荷比较集中，为提高截面的载流能力，便于敷设，也多采用铜芯线。

2. 导线型号的选择

导线按有无绝缘和保护层分为裸导线和绝缘线。裸导线没有任何绝缘和保护层，主要用于室外架空线。绝缘线是有绝缘包皮的导线，如果再加保护层，则具有防潮湿、耐腐蚀等性能。绝缘线按绝缘和保护层的不同又分为多种型号。例如，常用的橡皮绝缘线（BX、BLX、BBx、BBLx），用玻璃丝或棉纱作保护层，柔软性好，但耐热性差，易受油类腐蚀，且易延燃。塑料绝缘线（BV、BLV、BVV、BLVV）绝缘性能良好，价格低，可代替橡皮绝缘线，以节约棉纱；缺点是气候适应性差，低温下会变硬发脆，高温下塑料易挥发，加速绝缘老化。氯丁橡皮线（BLXF）耐油性能好，不延燃，具有取代普通橡皮绝缘线的趋势。另外，绝缘导线根据线芯硬软，又分为硬线和软线。软线芯线均为多股铜芯。

3. 电缆型号的选择

电缆主要由缆芯、绝缘层和保护包皮三大部分组成，如图5-3所示。

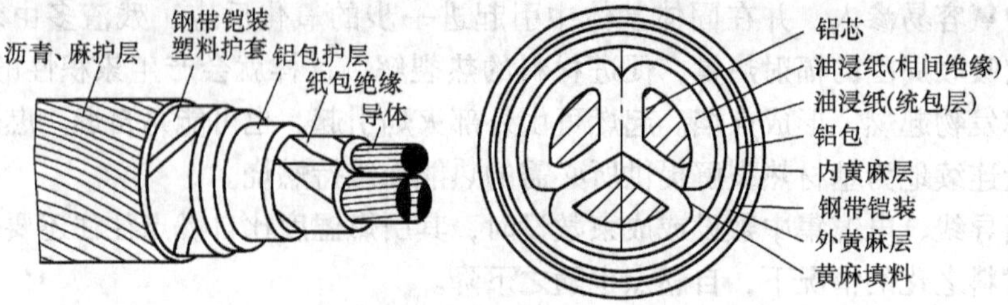

图5-3　ZLQ型电力电缆的结构

电缆按缆芯、绝缘层和保护包皮材料的不同可分为多种型号。聚氯乙烯绝缘及护套电力电缆［如VLV（VV）］和交联聚乙烯绝缘聚氯乙烯护套电力电缆［如YJLV（YJV）］，具有抗酸碱、抗腐蚀、重量轻、不延燃等优点，适用于高差大的场所，可以取代油浸纸绝缘电力电缆。

油浸纸绝缘电力电缆一般用ZLQ（ZLL）来表示。油浸纸绝缘具有良好的耐热性和较低的介质损耗，也不易受电晕影响而氧化，且价格低廉，使用寿命长。它的缺点是绝缘易老化变脆，可弯曲性差，绝缘油易在绝缘层内流动，不宜倾斜和垂直安装。况且带负荷运行后，绝缘油会受热膨胀，从电缆头或中间接头外渗漏出，久而久之，使电缆头绝缘性能降低，发生相间短路，酿成火灾事故。

铜芯铜套氧化镁绝缘电缆（简称矿物绝缘电缆），缆芯为铜芯，绝缘物为氧化镁，护套为无缝铜管。由于铜熔点为1083℃，氧化镁熔点为2300℃，故能经受1000℃内火灾（火焰或辐射）热的作用，具有良好的防火性能。同时，铜套和氧化镁均无老化、延燃性，又不产生烟雾和毒性气体，是目前我国市场中的一种性能较好的防火电缆。矿物绝缘电缆价格较贵，主要应用在具有爆炸和火灾危险的场所、高温车间和高层建筑物中（要求对消防用电设备供电线路采用耐火耐热配线的地方）。

5.2.2 导线、电缆截面积的选择

电线和电缆选择的一般原则：

（1）导线和电缆在通过正常最大工作电流（即计算电流）时，产生的发热温度，不应超过其正常运行时的最高允许温度。

（2）导线和电缆在通过正常最大工作电流时，产生的电压损失，不应超过其正常运行时允许的电压损失。

（3）导线和电缆在施工过程中或在运行中要受拉力或张力的作用，因而需要有足够的机械强度，据此要求选择导线最小截面积。

（4）导线和电缆的截面积越大、电阻越小，在传递相同电压等级的电能情况下，其电能损耗越小，但线路投资、维修费用和有色金属消耗量会增加很多，所以要根据情况合理选择其截面积。

5.2.3　按发热条件选择截面积

1. 截面积选择公式

导线电缆的允许载流量 I_{ux} 可用下式求得，即

$$I_{ux} = \sqrt{\frac{K_{zh}F(\theta_2 - \theta_1)}{R}} \tag{5-18}$$

式中　K_{zh}——总散热系数［W/（cm^2·℃）］；

F——散热面积（cm^2）；

θ_2——导线电缆的允许温度（℃）；

θ_1——周围介质的温度（℃）；

R——温度在 θ_2 时导体的电阻（Ω）。

式（5-18）表明，当 θ_1 一定时，对于不同的截面积，在 θ_2 下有一个最大允许电流与其相对应，该电流一般用实验的方法求出。例如，聚氯乙烯绝缘导线明敷的载流量可采用上述方法获得，见表 5-3。

表 5-3　聚氯乙烯绝缘导线明敷的载流量（θ_2 = 65℃）　（单位：A）

截面积/mm^2	BLV 铝芯				BR、BVR 铜芯			
	25℃	30℃	35℃	40℃	25℃	30℃	35℃	40℃
1.0					19	17	16	15
1.5	18	16	15	14	24	22	20	18
2.5	25	23	21	19	32	29	27	25
4	32	29	27	25	42	39	36	33
6	42	39	36	33	55	51	47	43
10	59	55	51	46	75	70	64	59
16	80	74	69	63	105	98	90	83
25	105	98	90	83	138	129	119	109
35	130	121	112	102	170	158	147	134
50	165	154	142	130	215	201	185	170
70	205	191	177	162	265	247	229	209
95	250	233	216	197	325	303	281	257
120	285	266	246	225	375	350	324	296
150	325	303	281	257	430	402	371	340
185	380	355	328	300	190	458	423	387

式（5-18）中导线的允许温度 θ_2，是在考虑了导线接头部位易氧化和绝缘材料具有热老化性能的条件而人为规定的。一般地，裸导线的允许温度 $\theta_2=70℃$，绝缘线的允许温度 $\theta_2=65℃$。

式（5-18）中电缆的允许温度与电压等级有关。为防止绝缘老化和因热胀冷缩而使绝缘材料电离击穿，规定聚氯乙烯电缆的允许温度 $\theta_2=65℃$；铅包铝芯电缆 1kV 时的允许温度 $\theta_2=80℃$，10kV 时的允许温度 $\theta_2=50℃$。

式（5-18）中的周围介质温度 θ_1，对导线来说，指的是空气温度，它是按最热月份下午 1 点的平均温度规定的；而对于电缆，在空气中 $\theta_1=25℃$，在地下 $\theta_1=15℃$。

在按发热条件选择截面积时，只要导线电缆允许载流量 I_{ux} 大于计算负荷电流 I_j 就可以，即

$$I_{ux} \geqslant I_j \tag{5-19}$$

当使用环境的介质温度与手册表格中规定的周围介质温度不符合时，导线电缆的允许载流量应按下式予以修正，即

$$I'_{ux}=KI_{ux}$$

$$K=\sqrt{\frac{\theta_2-\theta_0}{\theta_2-\theta_1}}$$

式中　K——温度修正系数；

　　θ_0——实际的周围介质温度。

θ_1、θ_0 均可从导线电缆载流量表格中查到。例如，导线穿管时的允许载流量约减少 30%；电缆沟道中，大部分是由 N 条 n 芯电缆并列敷设在一起的，由于电缆芯线电阻热损失功率的存在，沟道温度会升高，此时电缆允许载流量比规定值也要减少 10%～27%。其他各种导线、电缆的载流量可从有关手册中查到。

按上述方法选择的导线、电缆截面积，长期连续通过负荷电流时，发热温度不会超过允许工作温度。否则，导线、电缆将过热，而且绝缘加速老化，严重时将引起火灾。

2. 保护装置与载流量的匹配关系

对于长时负荷，导线、电缆截面积只要满足式（5-19）即可。另外，为确保短路时导线、电缆能安全运行，不被烧坏，线路保护装置与导线之间的载流量匹配关系还必须满足 $I_{er}<2.5I_{ux}$。

【例 5-3】 某厂生产的水泵电动机的额定功率 $P_e=28\text{kW}$，$\cos\varphi=0.8$，额定电压 $U_e=380\text{V}$。试按发热条件选择向该电动机配电的导线截面积，并按熔断器与导线载流量的配合关系，校验熔体电流是否合适。

解：(1) 按 $I_{30}=\dfrac{P_e}{\sqrt{3}U_e\cos\rho}=\dfrac{28}{\sqrt{3}\times0.38\times0.8}\text{A}=53.18\text{A}$

从表5-3中查得聚氯乙烯绝缘导线（BLV）的截面积 $S=10\text{mm}^2$，$I_{ux}=59\text{A}$。

（2）按 $I_{er}\geqslant\frac{I_{dq}}{\alpha}=\frac{K_{dq}I_e}{\alpha}=\frac{4\times53.18}{2.5}\text{A}=85.09\text{A}$，可选熔体的 $I_{er}=100\text{A}$。

（3）$I_{er}=100\text{A}>I_{ux}=59\text{A}$，校验熔体电流是否合适，判断短路时导体能否被烧坏。由 $I_{er}\leqslant2.5I_{ux}=2.5\times59\text{A}=147.5\text{A}$，可见 $100\text{A}\leqslant I_{er}\leqslant147.5\text{A}$，满足匹配关系，熔体电流合适，短路时导线不会被烧坏。

一般地，熔断器是作短路保护用的。若按过负荷要求确定 I_{er}，则 $I_{er}\leqslant0.8I_{ux}=47.2\text{A}$，才是合适的。这里也看出采用熔断器保护的线路，出现过负荷是危险的。如果运行中，再随意将熔体加大，就等于埋下了火灾隐患。

3. 按短路电流校验电缆的热稳定性

在电缆配电线路中，电缆截面积与断路器的遮断时间有关。当通过短路电流 I_∞ 时，电缆不被烧坏的最小截面积 S_{min}（mm^2）可按下式验算，即

$$S_{min}=\frac{I_\infty\sqrt{t_j}}{C} \tag{5-20}$$

式中 I_∞——电线配电线路的短路电流（A）；

C——与导体材料有关的系数，铜线为175，铝线为92；

t_j——通过短路电流的假想时间，假想时间即遮断时间（s）。

式（5-20）表示，若电缆截面积小于 S_{min}，当电缆故障时，不但会烧坏电缆铜芯，而且在爆炸火灾危险场所会引起火灾和爆炸事故并将波及其他线路和设备。

假定按发热条件选得的电缆截面积为 22mm^2，当 $t_j=0.6\text{s}$，$I_\infty=26\text{kA}$ 时，$S_{min}\approx120\text{mm}^2>22\text{mm}^2$，不满足热稳定要求，即短路时会使电缆烧坏。因此，防止电缆被烧坏的措施是降低 t_j 值，或加大电缆截面积。例如，可以用熔断器代替断路器，熔断器的遮断时间 $t_j=0.01\text{s}$，则 $S_{min}=14.8\text{mm}^2<22\text{mm}^2$，则当发生短路时，电缆铜芯就不会烧断。

5.2.4 按电压损失选择截面积

电流通过导线、电缆时，在线路的电阻和电抗上，除电能消耗外，还有电压损失。这样，用电设备的端电压就可能出现小于额定电压的现象，从而影响用电设备的正常运行，甚至发生火灾。

1. 电压损失的计算

（1）线路末端接有集中负荷。图5-4a是一个末端接有集中负荷的三相线路。由于三相负荷是平衡的，因此可以用单相表示，并以末端相电压为基准，做出一相的电压相量图，如图5-4b所示。

从图5-4b中可以看出，电压降落 ac 是始端电压 U_{x1} 与末端电压 U_{x2} 相量的几

何差。电压损失 ae 是两个电压相量的代数差。对用电设备来讲，人们关心的是加在设备两端的电压数值，而不去考虑它的相位变化。故线路电压计算，只计算电压损失，而不计算电压降落。在工程计算中，常以 ad 近似代替 ae，这样替代后，电压损失的误差不超过5%，故线电压损失 ΔU 为

$$\Delta U=\frac{PR+QX}{U_e} \tag{5-21}$$

式中 P——三相有功功率（kW）$P=\sqrt{3}IU_2\cos\varphi_2$；

Q——三相无功功率（kvar），$Q=P\tan\varphi_2$；

U_e——额定线电压（kV），$U_2\approx U_e$；

R、X——线路的电阻和电抗（Ω）。

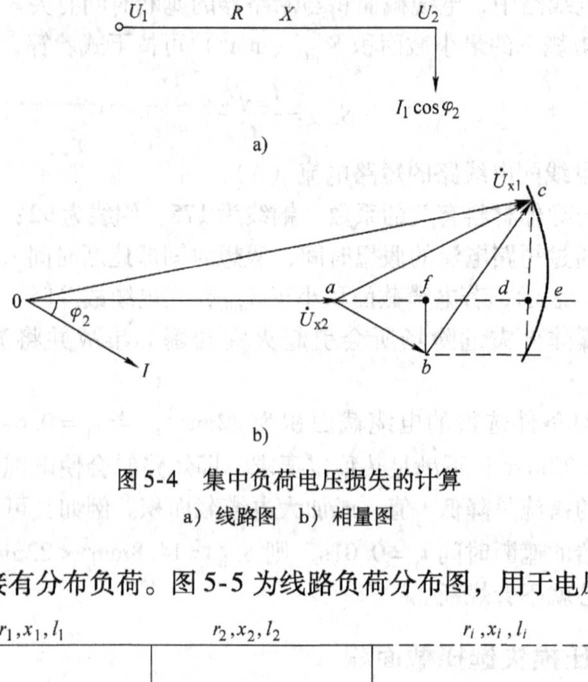

图 5-4 集中负荷电压损失的计算

a）线路图 b）相量图

（2）线路接有分布负荷。图 5-5 为线路负荷分布图，用于电压损失的计算。

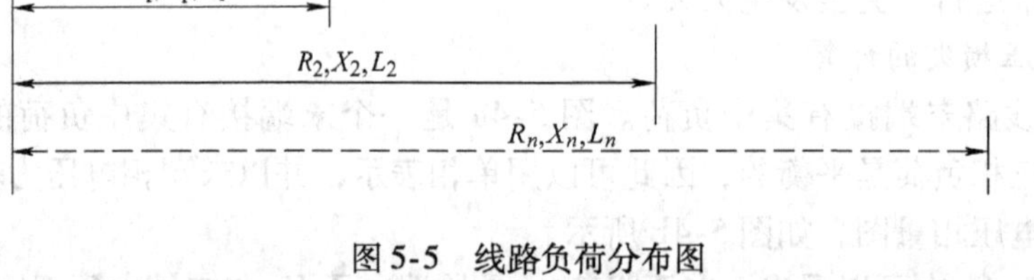

图 5-5 线路负荷分布图

设图5-5中为n段干线，且P_1，P_2，…，P_n，Q_1，Q_2，…，Q_n，为通过各段干线上的负荷；p_1，p_2，…，p_n和q_1，q_2，…，q_n为通过各段支线上的负荷，且忽略线路上的功率损耗时，有

$$P_1 = \sum_{i=1}^{n} p_i,\ P_2 = \sum_{i=n-1}^{n} p_i,\ Q_1 = \sum_{i=1}^{n} q_i,\ Q_2 = \sum_{i=n-1}^{n} q_i,\ \cdots$$

于是，线路各段的总电压损失为

$$\Delta U = \sum_{i=1}^{n} \frac{P_i}{U_e} r_i + \sum_{i=1}^{n} \frac{Q_i}{U_e} x_i \tag{5-22}$$

或

$$\Delta u = \sum_{i=1}^{n} \frac{p_i}{U_e} R_i + \sum_{i=1}^{n} \frac{q_i}{U_e} X_i \tag{5-23}$$

式中 R_i，X_i——从电源到各支路线间的干线电阻和电抗。

若将电压损失以其额定电压的百分数表示，则有

$$\Delta U\% = \frac{\Delta U}{1000 U_e} \times 100 = \frac{1}{10 U_e^2} \left(\sum_{i=1}^{n} P_i r_i + \sum_{i=1}^{n} Q_i x_i \right) \tag{5-24}$$

或

$$\Delta U\% = \frac{1}{10 U_e^2} \left(\sum_{i=1}^{n} p_i R_i + \sum_{i=1}^{n} q_i X_i \right) \tag{5-25}$$

通常各干线截面积是相同的，则

$$\Delta U\% = \frac{r_0}{10 U_e^2} \sum_{i=1}^{n} P_i l_i + \frac{x_0}{10 U_e^2} \sum_{i=1}^{n} Q_i l_i \tag{5-26}$$

$$\Delta U\% = \frac{r_0}{10 U_e^2} \sum_{i=1}^{n} p_i L_i + \frac{x_0}{10 U_e^2} \sum_{i=1}^{n} q_i L_i \tag{5-27}$$

r_0、x_0为导线每千米的电阻和电抗值，l_i、L_i所表示的长度如图5-5所示。电阻值随截面积的增加而降低，但截面积的变化对电抗影响不大。架空线的$x_0 = 0.35 \sim 0.4\Omega/\text{km}$，电缆的$x_0 = 0.08\Omega/\text{km}$。

式（5-24）~式（5-27）类似于力学中的力矩公式，故称负荷矩，是计算电压损失的常用公式。

令
$$\Delta U_\alpha\% = \frac{r_0}{10 U_e^2} \sum_{i=1}^{n} p_i L_i$$

式中 $\Delta U_\alpha\%$——由有功负荷及电阻引起的电压损失。

$$\Delta U_r\% = \frac{x_0}{10 U_e^2} \sum_{i=1}^{n} q_i L_i$$

式中 $\Delta U_r\%$——由无功负荷及电阻引起的电压损失。

则式（5-26）可写成

$$\Delta U\% = \Delta U_{\alpha}\% + \Delta U_{r}\% \tag{5-28}$$

对于380/220V低压电路，整条线路的导线截面积、材料、敷设方法均相同，且x_0很小，$\Delta U_r\%$远小于$\Delta U_{\alpha}\%$，故$\Delta U_r\%$可略去不计，则

$$\Delta U\% = \Delta U_{\alpha}\% = \frac{r_0}{10U_e^2}\sum_{i=1}^{n} p_i L_i = \frac{1}{CS}\sum M = \frac{1}{10\gamma S U_e^2}\sum_{i=1}^{n} p_i L_i \tag{5-29}$$

式中 ΣM——总负荷矩（kW·m）；

S——导线截面积（mm^2）；

C——系数，由电压和材料决定，$C = 10\gamma U_e^2$，铜线的$\gamma_{Cu} = 53m/(\Omega \cdot mm^2)$，铝线的$\gamma_{Al} = 32m/(\Omega \cdot mm^2)$；$C$值可以从表5-4中查得。

表5-4 系数C值

线路额定电压/V	线路系统	系数C公式	C值	
			铜	铝
380/220	三相四线	$10\gamma U_e^2$	77	46.3
220	单相	$5\gamma U_{ex}^2$	12.8	7.75

注：U_e为线电压，U_{ex}为相电压，单位kV。

2. 截面积选择公式

令$\Delta U\% = \Delta U_{ux}\%$，其中$\Delta U_{ux}\%$为允许电压损失百分数，代入式（5-29），整理可得380/220V低压线路导线截面积公式，即

$$S = \frac{\sum_{i=1}^{n} p_i L_i}{10\gamma \Delta U_{ux}\%} \tag{5-30}$$

当计及$\Delta U_r\%$的影响时，电压损失由两部分组成。由式（5-27）和式（5-28）可推导出

$$S = \frac{1}{10\gamma(\Delta U_{ux}\% - \Delta U_r\%)}\sum_{i=1}^{n} p_i L_i \tag{5-31}$$

按式（5-31）算出截面积后，再从有关表格中查出标准截面积，并进行校验。

【例5-4】 试计算图5-6中的导线截面积。设$\Delta U_{ux}\% = 5\%$，$U_e = 10kV$，导线为铝绞线。

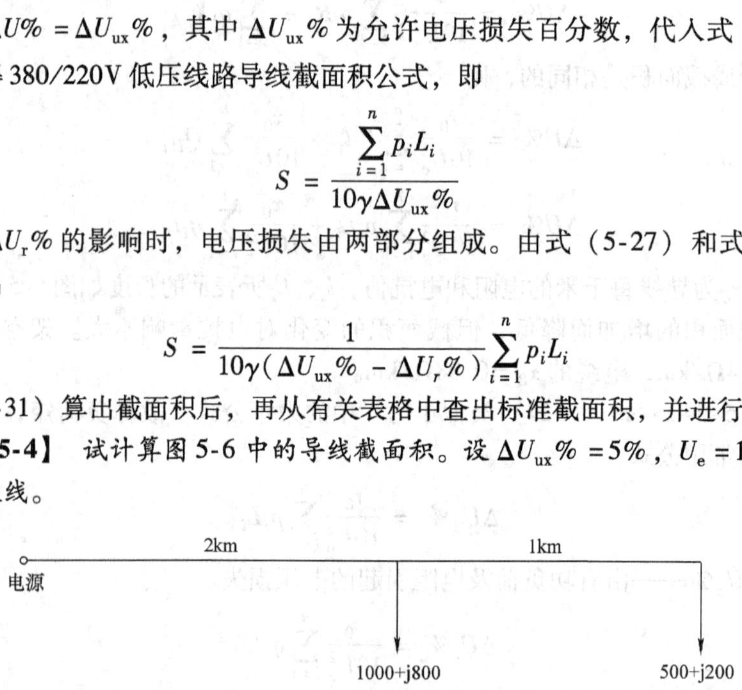

图5-6 分布负荷供电系统图

解：设 $x_0=0.35\Omega/\text{km}$，则

$$\Delta U_r\% = \frac{x_0}{10U_e^2}\sum_{i=1}^{n} q_iL_i = \frac{0.35}{10\times10^2}\times(800\times2+200\times3)=0.77$$

$$\Delta U_\alpha\% = \Delta U_{ux}\% - \Delta U_r\% = 5-0.77=4.23$$

所以

$$S = \frac{1}{10\gamma(\Delta U_{ux}\% - \Delta U_r\%)}\sum_{i=1}^{n} p_iL_i$$

$$= \frac{1000\times2+500\times3}{10\times32\times4.23\times10^2}\times1000\text{mm}^2 = 25.86\text{mm}^2$$

选 $S=35\text{mm}^2$，查得 $\gamma_0=0.92\Omega/\text{km}$，$x_0=0.366\Omega/\text{km}$，则

$$\Delta U\% = \frac{r_0}{10U_e^2}\sum_{i=1}^{n} p_iL_i + \frac{x_0}{10U_e^2}\sum_{i=1}^{n} q_iL_i$$

$$= \frac{0.92}{10\times10^2}\times(1000\times2+500\times3)+\frac{0.366}{10\times10^2}\times(800\times2+200\times3)$$

$$=4.02<5$$

所选截面积满足电压损失要求。

如果电压损失超过允许值，会使用电设备端电压低于设备的额定电压，这样对电气设备的正常运行极为不利。如果电线、电缆选择不当，会使电压损失太大，从而造成电气设备的烧毁。

5.2.5　按机械强度选择截面积

电缆在安装和运行中，可能会受到风、雨、雪、冰及温度等各种复杂恶劣环境因素的影响。为了保证安全运行，用于低压架空线路的铝绞线和钢芯铝绞线的截面积不应小于 16mm^2，铜线也应在 10mm^2（或直径 $\phi\geqslant3.2\text{mm}$）以上。用于 10kV 以下高压架空线路的铝绞线，在居民区内截面积不应小于 35mm^2，钢芯铝绞线截面积不应小于 25mm^2；在非居民区内，铝绞线截面积不应小于 25mm^2，钢芯铝绞线截面积不应小于 16mm^2。在居民区或非居民区内，铜绞线截面积均应不小于 16mm^2。当线路跨越铁路时，高、低压架空线路导线截面积应不小于 35mm^2。各种场合按机械强度选择最小导线截面积的方法详见有关设计手册。

5.2.6　按经济电流密度选择截面积

导线的经济截面积与经济电流密度的关系为

$$S_j = I_{js}/\gamma_j \tag{5-32}$$

式中　S_j——导线的经济截面积（m^2）；

I_{js}——线路的计算电流（A）；

γ_j——线经济电流密度（A/mm^2）。

导线经济电流密度由年最大负荷利用的小时数确定，我国目前规定采用的经济电流密度见表5-5。

表5-5 导线经济电流密度值 （单位：A/mm^2）

线路类别	导线类型	年最大负荷利用小时数/h		
		≤3000	3000~5000	>5000
架空线路	裸铝、钢芯铝绞线	1.65	1.15	0.90
	裸铜导线	3.00	2.25	1.75
电缆线路	铝芯电缆	1.92	1.73	1.54
	铜芯电缆	2.50	2.25	2.00

5.3 电气线路敷设的防火要求

5.3.1 架空线路敷设的防火要求

架空线路由电杆、横担、绝缘子和导线组成。它能支撑导线对地的安全距离，保持相间导线规定线距，起到导线对地以及导线之间的绝缘作用，保证人身安全，防止春夏秋冬四季气温变化，导线热胀冷缩或风吹摆动，形成对地或相间短路。为了防止架空线路火灾应采取一定的措施。

1. 对架空线路路径的防火要求

架空线路不得跨越以易燃材料为屋顶的建筑物和以可燃材料搭建的露天粮囤、棉花堆垛等可燃材料堆垛，为的是防止架空线路发生松弛、受风吹摇摆相碰产生电弧熔融高温金属颗粒，散落到可燃易燃物上而着火燃烧。

架空线路不得跨越易燃易爆物品库、有爆炸危险场所、易燃可燃液体储罐、可燃气体储罐和易燃材料堆场。当其与这些有燃烧、爆炸危险的设施靠近时，必须保持不小于电杆高度的1.5倍间距，主要是为了防止倒杆或发生断线事故时，导线短路产生的火花、电弧，引燃易燃易爆物，形成燃烧爆炸事故。同样理由，对已建的架空线路下方，也不应堆放可燃材料或易燃易爆物。

2. 架空线路垂直、水平及其线间距离

为确保架空线路的安全运行，防止与车体、树木、建筑物相碰短路，必须使其与各种设施之间，保持一定的安全距离。架空线有高压和低压两种。

（1）垂直距离。

1）380/220V和1~10kV架空线路，对地面（含居民区、交通困难区）、水面（指不通航的河、湖）以及跨越物（含铁路）的最小允许间隔距离应符合有关规定。

2）为了防止导线与树木顶部相碰发生对地短路，发生火灾甚至危及人身安全，导线至树木顶部的垂直距离见表5-6。

表5-6 导线与树木之间的最小垂直距离

线路电压/kV	1以下	1~10	35~110	154~220	330
垂直距离/m	1.0	1.5	4.0	4.5	5.5

(2) 水平距离。在最大风偏情况下，架空线路的边导线与城市中多层建筑物或新建扩建建筑物的规划线之间的水平距离，不应小于表5-7中的规定数值。

表5-7 边导线与建筑物之间的最小距离

线路电压/kV	1以下	1~10	35	60~110	154~120	330
水平距离/m	1.0	1.5	3.0	4.0	5.0	6.0

在没有风的情况下，导线与不在规划范围内的城市建筑之间的水平距离，即边导线与城市中现有建筑物之间的净空距离，不应小于表5-7中所示数据的一半。

(3) 线间距离。架空配电线路导线与导线之间的距离不应小于表5-8所示的数值。

表5-8 导线的线间最小距离 （单位：m）

线路电压/kV \ 档距/m	40及以下	50	60	70	80	90	100	110	120
1以下	0.3	0.4	0.45	0.5	—	—	—	—	—
1~10	0.6	0.65	0.7	0.75	0.85	0.9	1.0	1.05	1.15

(4) 架空线路相互跨越交叉距离。电力线路在相互跨越交叉时，在跨越交叉档距内，导线不应有接头，且较低压线路在下，较高压线路应在上方，并规定保持一定的允许跨越距离，防止高压线断线，掉落在低压线上，或因间距不够而放电，扩大事故范围。其中允许跨越距离见表5-9。

表5-9 电力线相互交叉时的允许跨越距离

跨越（上方）线路的额定电压/kV	6~10	35~110	154~220	330
跨越距离/m	2.0	3.0	4.0	5.0

5.3.2 接户线与进户线敷设的防火要求

从架空线路的电杆到用户屋外第一个支持点之间的引线叫接户线。接户线的档距，不宜超过25m。距地距离，对小于1kV的，要大于2.5m，对于1~10kV

的，不应小于4m。

从用户屋外第一个支持点到屋内第一个支持点之间的引线叫进户线。进户线应采用绝缘线穿管进户。进户钢管应设防水弯头，为的是防止电线磨损，雨水倒流，造成短路或产生漏电而引起火灾。严禁将电线从腰窗、天窗、老虎窗或从草、木屋顶直接引入建筑内。

爆炸物品库的进户线，宜用铠装电缆埋地引入；进户处宜穿管，并将电缆外皮接地，从电杆引入电缆的长度要大于50m，电杆上应设置低压避雷器，以防感应雷电波沿进户线侵入库内引起爆炸事故。

5.3.3 室内、外线路敷设的防火要求

室内线路是指安装在房屋内的线路。室外线路是指安装在遮檐下，或沿建筑物外墙，或外墙之间的配线。室内、外线路应采用绝缘线。在敷设时要防止导线机械受损，以避免绝缘性能降低。导线连接同时也要避免造成局部过热。

1. 按环境确定敷设方式

在实际生产、生活中，电气设备所处的环境各异。不同环境要求使用的导线、电缆类型也不同，安装敷设方法也要与其相适应，只有这样才能保证导线在各种环境下的安全运行，并防止火灾。表5-10列出了按环境选择的导线、电缆及其敷设方式，以供参考。

表5-10 按环境选择的导线、电缆及其敷设方式

环境特征	线路敷设方式	常见电线、电缆型号
正常干燥环境	1. 绝缘线瓷珠、瓷夹板或铝皮卡子明配线	BBLX、BLXF、BLV、BLVA、BLX
	2. 绝缘线、裸线瓷绝缘子明配线	BBLX、BLXF、BLV、BLX、BV
	3. 绝缘线穿管明敷或暗敷	BBLX、BLXF、BLX
	4. 电缆明敷或放在沟中	ZLL、ZLL_{11}、VLV、VJV、XLV
潮湿和特别潮湿的环境	1. 绝缘线瓷绝缘子明配线（敷设高度>3.5m）	BBLX、BLXF、BLV、BLX
	2. 绝缘线穿塑料管明敷或暗敷	BBLX、BLXF、BLV、BLX
	3. 电缆明敷	ZLL_{11}、VLV、VJV、XLV
多尘环境	1. 塑料瓷珠、瓷绝缘子明配	BLV、BLVV
	2. 绝缘线穿塑料管明敷或暗敷	BBLX、BLXF、BLV、BV、BLV
	3. 电缆明敷	VLV、VJV、ZLL_{11}、XLV
有火灾危险的环境	1. 绝缘线瓷绝缘子明配线	BBLX、BLV、BLX
	2. 绝缘线穿管明敷或暗敷	BBLX、BLV、BLX
	3. 电缆明敷	ZLL_{11}、ZLQ、VLV、YJV
有爆炸危险的环境	1. 绝缘线穿钢管明敷或暗敷	BBX、BV、BX
	2. 电缆明敷	ZL_{120}、ZQ_{20}、VV_{20}

在高温场所，应采用以石棉、玻璃丝、瓷珠、云母等作为耐热配线。

有闷顶的三、四级耐火等级建筑物中，闷顶内的电线，应采用金属管配线或带有金属保护的绝缘导线。

2. 对室内、外线路敷设距离的要求

为防止导线绝缘损坏后引起火灾，敷设线路时，要注意线间、导线固定点间以及线路与建筑物、地面之间必须保持一定的距离。

（1）导线固定点间的最大允许距离。导线固定点间的距离，随着敷设方式、敷设场所和导线截面积的不同而不同，见表5-11。

（2）配线与建筑物、地面及导线间的最小距离。为了保证配线的安全运行，配线与室内外管道、建筑物、地面及导线相互间应保持一定的最小距离，分别见表5-12～表5-16的规定。

表5-11 导线支持件固定点间的最大允许距离 （单位：mm）

敷设场所	敷设方法	导线截面积/mm^2				
		1～4	6～10	16～25	35～70	95～120
室内	瓷夹板配线	700	800			
	瓷柱配线	1500	2000	3000		
	瓷绝缘子配线	2000	2500	3000	6000	6000
	塑料护套线配线	200	200			
	槽板配线	500（钉间）/300（盖钉间）				
室外	墙面上直接固定瓷柱或瓷绝缘子	2000	2000	2000		
	墙上支架上固定瓷绝缘子或瓷柱	6000	12000			
	电杆横担上固定瓷绝缘子	铜芯2.5mm^2/铝芯6mm^2，1000			铜芯4mm^2/铝芯10mm^2，25000	

表5-12 室内、外绝缘导线线间最小距离

固定点间距/m	导线最小间距/mm	
	室内配线	室外配线
<1.5	35	100
1.5～3	50	100
3～6	70	110
>6	100	150

表 5-13 配线与管道间最小距离 （单位：mm）

管道名称	接近方式	穿管配线	绝缘导线明配	裸导线明配
蒸汽管	平行	1000（500）	1000（500）	1500
	交叉	300	300	1500
暖、热水管	平行	300（200）	300（200）	1500
	交叉	100	100	1500
通风、上下水、压缩空气管	平行	100	200	1500
	交叉	50	100	1500

表 5-14 室外绝缘导线至建筑物最小距离

敷设方法	允许最小距离/mm
水平敷设时的垂直距离：	
距阳台、平台、屋顶	2500
距下方窗户	300
距上方窗户	800
垂直敷设时至阳台窗户的水平距离	750
导线至墙壁和构架的距离（挑檐下除外）	50

表 5-15 室内、外绝缘导线至地面最小距离

敷设方法		最小允许距离/m
水平敷设	室内	2.5
	室外	2.7
垂直敷设	室内	1.8
	室外	2.7

表 5-16 裸导线间距和至建筑物表面最小允许距离

固定点间距/m	最小允许距离/mm
<2	50
2～4	100
4～6	150
>6	200

3. 室内导线采用其他敷设方式时的防火要求

（1）采用明敷的方式时，要防止绝缘导线受到机械损伤。比如说导线穿过墙壁或可燃建筑构件时，应穿过砌在墙内的绝缘管子，且每只管子只能穿一根导

线。特别是农村草房的入户线，如果不加绝缘管，则当电线绝缘层磨损后，极易引起火灾。从地面往上安装的绝缘导线，在距地面 2m 高以内的一段导线应加钢管保护，以免绝缘层受损造成事故。

（2）线管配线的防火要求。凡明敷于潮湿场所或埋在地下的线管均应采用水、煤气钢管。明敷或暗敷于干燥场所的线管采用一般的钢管即可。线管内导线绝缘强度不应低于交流 500V。为避免涡流产生，用金属管保护的交流线路，当负荷电流大于 25A 时，应将同一回路的所有导线穿进同一根金属管内。

（3）槽板配线的防火要求。所谓的槽板配线就是把绝缘导线敷设在槽板线槽内，上面再用盖板把导线盖住。槽板有木质的和塑料制的两种，适用于办公室、生活间等干燥场所。槽板应敷设在明处，不得直接穿过楼板或墙壁，必要时，可改用瓷套管或钢管来保护。在安装槽板时，要小心不要将导线绝缘层钉破，否则会造成漏电或短路事故。若为木质槽板，则应采用干燥坚硬的板，并在它上面涂漆防潮，以达到防止机械损伤和增强绝缘的目的。但在有尘埃或有燃烧爆炸的危险场所，不得使用木质槽板。

4. 对导线的连接和封端的技术要求

导线相互连接或导线与电气设备连接的接头处，是造成过大电阻而产生局部过热的主要部位，是火灾的引火源。

（1）对连接的基本要求

1）导线连接的接触处，应该保证接触的可靠与稳定，接触电阻应不大于同长度、同截面积的电阻。

2）连接的接头要牢固，其机械强度不得小于同截面积导线的 80%。

3）接头应耐腐蚀。铝线连接采用焊接时，要防止助焊剂和焊渣的化学腐蚀；铝线与铜线连接时，要防止接触面松动、受潮、氧化，以及防止在铜铝之间产生电化腐蚀。

4）接头处包缠的绝缘材料的绝缘强度应与原导线相同。

（2）对铜（铝）芯导线的中间连接和分支连接的要求

1）应该用熔焊、线夹、瓷接头或压接法等来连接。

2）在实际施工中，截面积在 2.5mm^2 以下的单芯导线多采用绞接；截面积在 4mm^2 的单芯铜导线可采用缠绕法连接；多芯铜线多采用压接或缠绞连接。铝芯线可用铝管进行压接。铜导线和铝导线连接时，可用铜铝过渡连接管。

（3）对导线出线端子的装接要求：截 10mm^2 以下的单股铜芯线，2.5mm^2 以下的多股铜芯线和单股铝芯，在与电气设备的接线端子连接时，可直接连，但多股铜线宜先拧紧，搪锡后再连接。多股铝芯线和截面积大于 2.5mm^2 的多股铜芯线的终端，应在其端子焊接或压接后，再与电气设备的接线端子连接。铜线接线端子，俗称铜接头、线鼻子，常用锡来焊接，焊接时涂上无酸焊接膏。

(4) 对恢复接头外绝缘的要求：绝缘导线中间和分支接头，绝缘应包缠得均匀、严密，并不低于原有绝缘强度；接线端子端部与导线绝缘层的空隙处，应利用绝缘带把它包缠严密。

5.4 电缆线路的防火和阻燃措施

5.4.1 电缆敷设的一般要求

(1) 电缆线路的路径要短，且要尽量避免与其他管线（如管道、铁路、公路和弱电电缆）交叉。敷设时要考虑到已有的或拟建房屋的位置，使电缆远离易燃易爆物及其他热源，尽可能使电缆不要受到各种损坏，如机械损伤、化学腐蚀、地下流散电流腐蚀、水土锈蚀、蚁鼠害等。

(2) 不同用途的电缆，如工作电缆与备用电缆、动力与控制电缆等，宜分开敷设，并将其进行防火分隔。

(3) 电缆支持点之间的距离、电缆弯曲的半径、电缆最高最低点间的高差等不得超过规定数值，以防止受到机械损伤。

(4) 当电缆在电缆沟内、隧道内及明敷时，应将麻包外皮剥去，并采取防火措施。

(5) 交流回路中的单芯电缆应采用无钢带铠装电缆或非磁性材料护套的电缆。单芯电缆要注意的是，防止引起附近金属部件发热。

5.4.2 电缆敷设的方式

电缆敷设常用的方式有电缆隧道、电缆沟、排管、壕沟（直埋）、竖井、桥架、吊架、夹层等，各种敷设方式的特点及其选用要求如下。

1. 电缆隧道和电缆沟

电缆隧道是一种用来放置电缆的、封闭而又狭长的构筑物，它的高在1.8m以上，两侧设有数层敷设电缆的支架，可用来放置多层电缆，人在隧道内能方便地进行电缆的敷设、更换和维修等工作。电缆隧道适用于有大量电缆配置的工程环境，其缺点是投资大、耗材多、易积水。

电缆沟是一条有盖板的沟道，沟宽与沟深不足1m，敷设和维修电缆时必须揭开水泥盖板，很不方便，并且容易积灰、积水，但施工简单、造价低，走向灵活且能容纳较多电缆。电缆沟分为屋内、屋外和厂区三种，它适于电缆更换机会少的地方。电缆沟要避免在易积水或易积灰的场所使用。

电缆隧道（沟）在进入建筑物（如变配电所）处，或电缆隧道每隔100m处，应设带门的防火隔墙（对电缆沟只需设隔墙），以防止电缆发生火灾时，烟火向室内蔓延扩大，同时也可防止小动物进入室内。自然通风对电缆隧道来说是最好的，当电缆热损失超过150~200W/m时，需要考虑机械通风。

2. 电缆排管

当电缆敷设在排管中时，可免受机械损伤，并能有效地防火，但它施工复杂，检修和更换都不方便，散热条件差，需要降低电缆载流量才可以正常工作。关于电缆排管的孔眼直径，电力电缆应大于100mm，控制电缆应大于75mm，孔眼中电缆占积率为65%。对于电缆排管材料的选择，高于地下水位1m以上的可用石棉水泥管或混凝土管；对于潮湿地区，为防电缆铅层受到化学腐蚀，可用PVC（塑料管）。

3. 壕沟

当把电缆直接埋在地下时，既经济、方便，又可防火，但是易受机械损伤、化学腐蚀、电腐蚀等，导致这种方式可靠性差，且检修不便，因此多用于工业企业中电缆根数不多的地方。一般地，电缆被埋的深度不得小于700mm，壕沟与建筑物基础的间距要大于600mm。电缆引出地面时，为防止机械损伤，应用2m长的金属管或保护罩来保护它；电缆不得平行敷设于管道的上方或下面；直埋电缆与各种管线、公路、铁路之间交叉接近的距离需符合电气设计手册要求。

4. 竖井

竖井是电缆垂直敷设的通道。竖井多用砖和混凝土砌成，在有大量电缆垂直通过处采用这种方式，如发电厂的主控室，高层建筑的楼层间等。竖井在地面设有防火门，通常做成封闭式，底部与隧道或沟相连；在每层楼板处设有防火分隔。高层建筑的竖井一般位于电梯井道两侧和楼梯走道附近。竖井还可做成钢结构固定式，竖井截面积视电缆多少而定，大型竖井的截面积为4~5m^2，小的只有0.9m×0.5m不等。

高层建筑竖井会产生烟囱效应，容易使火势扩大，蔓延成灾。因此，高层建筑的每层楼板都应隔开；穿行管线或电缆孔洞，必须用防火材料封堵。

5. 桥架

电缆架空敷设在桥架上，其优点是无积水问题，避免了与地下管沟交叉相碰，成套产品整齐美观，节约空间；封闭桥架有利于防火、防爆、抗干扰。而它的缺点是耗材多，施工、检修和维护困难，受外界引火源（油、煤粉起火）影响的概率比较大。

6. 电缆穿管

电缆一般在出入建筑物、穿过楼板和墙壁、从电缆沟引出地面2m、地下深0.25m内，以及与铁路、公路交叉时，均要穿过管子给予保护。保护管可选用水煤气管，腐蚀性场所可选用PVC（塑料管）。管径要大于电缆外径的1.5倍。保护管的弯曲半径不应小于所穿电缆的最小允许弯曲半径。

7. 电缆头的要求

电缆线的端部接头，称为电缆终端头。将两根电缆连接起来的接头，称为电缆中间接头。油浸绝缘电缆两端位差太大时，由于油压的作用，低端将会漏油，电缆铅包甚至会胀裂；为避免此类故障的发生，往往要将电缆油路分隔成几段，这种隔断油路的接头，称为电缆中间堵油接头。终端头、中间接头和中间堵油接头统称为电缆头。

电缆的型号和使用环境不同决定了电缆头的型式，一般有户内型和户外型两种。油浸纸绝缘电缆多采用户内型、有预制外壳的环氧树脂终端头、沥青终端头和干包头等；户外型有户外瓷质盒、铸铁盒、环氧树脂终端头等。塑料电缆全部用干包电缆头。

电缆头是影响电缆绝缘性能的关键部位，同时也最容易成为点火源。因此，确保电缆头的施工质量是极为重要的。电缆头在投入运行前，要做耐压试验，测量出的绝缘电阻应与电缆头制作前没有大的差别，其绝缘电阻一般在 50 ~ 100MΩ 或更高。运行时要检查电缆头有无漏油、渗油现象，有无积聚灰尘、放电痕迹等故障。

5.4.3 电缆火灾原因

常见的电缆火灾原因有两个：一是由于本身故障引起的；二是由于外界原因引起的，即火源或火种来自外部。据统计，外因引起的电缆火灾较多，只有少数是电缆本身故障引起的。具体的原因，可归纳如下：

（1）电缆绝缘损坏。如在运输、施工过程中受到机械损伤，过负荷运行、接触不良加速绝缘老化或绝缘达到使用寿命期，以及短路等故障而使绝缘遭到破坏。

（2）电缆头故障使绝缘物自燃。如施工质量差、电缆头不清洁降低了线间绝缘强度。

（3）堆积在电缆上的粉尘自燃起火。如电缆过负荷时，其表面高温使堆积其上的煤粉自燃起火。

（4）电焊火花引燃。这类事故与对电缆沟的管理不严格有关。当盖板不严密时，使沟内混入了油泥、木板等易燃物品。在地面上进行电焊或气焊时，焊渣和火星落入沟内而引起火灾。

（5）充油电气设备发生故障时喷油起火。如火焰经电缆孔洞、电缆夹层蔓延并造成火灾。

（6）电缆遇高温起火并蔓延。如发电厂汽轮机油管路系统，因漏油遇到高温管道起火，火焰沿电缆延燃。此外，锅炉防爆门爆破，或锅炉焦块也可引燃电缆。

5.4.4 电缆基本防火措施

电缆着火延燃的同时，往往伴生有大量的有毒烟雾，这会使扑救困难，导致事故扩大，损失严重。防止电缆发生火灾的基本对策如下。

（1）远离热源及火源。使缆道尽可能地远离蒸汽及油管道，其最小允许距离见表5-17。可燃气体或可燃液体管沟内，不应敷设电缆。若敷设在热力管沟中，应有隔热措施。在具有爆炸和火灾危险的场所不应架空明敷电缆。

表5-17 电缆与各种管道的最小允许距离 （单位：mm）

名称	电力电缆		控制电缆	
	平行	垂直	平行	垂直
蒸汽管道	1000	500	500	250
一般管道	500	300	500	250

（2）隔离易燃易爆物。容易受到外界着火影响的电缆区段，应采用防火槽盒或涂刷阻燃材料等措施，来防止火灾蔓延。对充油电气设备（如高压电流、电压互感器）附近的电缆沟，应将其密封好。

（3）封堵电缆孔洞。对通向控制室电缆夹层的孔洞、竖井的所有墙孔、楼板处电缆穿孔和控制柜、箱、表盘下部的电缆孔洞等，必须用耐火材料严密封堵。决不能用木板等易燃物品承托或封堵，以防止电缆火灾向非火灾区蔓延。封堵孔洞常用防火堵料（有机或无机）、防火包和防火网三种材料。

（4）设置防火墙及阻火段。设置防火墙及阻火段的目的是，将火灾控制在一定电缆区段，从而可以缩小火灾范围。在电缆隧道、沟及托架的下列部位应设置带门的防火墙：不同厂房或车间交界处、建筑物入口处，不同电压配电装置交界处，不同机组及主变压器的缆道连接处，隧道与主控、集控、网控室连接处等。长距离电缆隧道每隔100m处，均应设置防火墙。

（5）防止电缆因故障自燃。电缆构筑物要避免积灰、积水。要确保电缆头的工艺质量，集中的电缆头要用耐火板隔开，并对电缆头附近电缆刷防火涂料。高温处应选用耐热电缆，应对消防用电缆作耐火处理。加强电缆隧道通风，控制隧道温度。明敷电缆不得带麻被层。

（6）设置自动报警及灭火装置。在电缆夹层、电缆隧道、电缆竖井的适当位置，可以设置自动报警及灭火装置来探测并控制火灾。

5.4.5 电缆防火材料及应用

采用防火材料作为各种防火阻燃措施，是国内外防止电缆着火延燃的主要方法。采用电缆防火材料可提高电缆绝缘材料的引燃温度，降低引燃敏感性，降低火焰沿电缆表面的燃烧速率和蔓延长度，提高阻止火焰传播的能力。

1. 常用电缆防火材料

（1）膨胀型防火涂料。这种防火涂料的阻燃机理是，涂覆于电缆表面的膨胀型防火涂层，在受到火星或火种作用时，很难被引燃；在受到高温或明火作用时，涂层中的部分物质因热分解，高速产生不燃气体（如 CO_2和水蒸气），使涂层薄膜发泡，形成致密的炭化泡沫。该泡沫具有排除氧气和对电缆基材的隔热作用，可以阻止热量传递，防止火焰直接烧到电缆，延迟了电缆的着火时间，在一定条件下甚至还可将火阻熄。

在采用防火涂料涂覆于电缆时，一般可以采用全涂、局部涂覆、局部长距离大面积涂覆三种形式。为保证火灾时消防电源及控制电路能够正常供电和控制操作，可全涂，如消防水泵、火灾应急照明线路、火灾报警及联动控制电路等。为增大隔火距离，防止窜燃，在阻火墙一侧或两侧，根据电缆的数量和型号的不同，可局部涂覆 0.5 ~ 1.5m 长的涂料。对邻近易着火部位，可采用长距离大面积涂覆。对成束控制和热控电缆，可只涂电缆束的外层。

膨胀型防火涂料的涂覆厚度，可根据不同场所、不同环境、电缆的数量及其重要性，适当增减，一般以 1.0mm 左右为宜，最少 0.7mm，多则 1.2mm。涂覆比为 1 ~ 2kg/m^2。涂覆方式可由具体施工环境及条件而定，可人工刷涂或喷枪喷涂。

防火涂料不但对于电缆能起到防火保护作用，亦可用于一些重要场所，如配电间，控制室，计算机房的门、墙、窗，公用建筑的平面等，以达到防火与装饰美化环境的双重效应。建筑平面上涂刷防火涂料厚度以 0.5 ~ 1.0mm 为宜，其耗重为 0.75 ~ 1.0kg/m^2。

（2）电缆用难燃槽盒。难燃槽盒按盒体材料的不同，可分为钢板型和 FRP 型两种。FRP 型槽盒是用 4mm 厚的玻璃纤维增强塑料粘结而成的，具有质轻、强度高、安装方便、耐腐蚀、耐油、耐火、不燃、无毒等优点，适用于 -20 ~ 70℃的环境温度及潮湿、含盐雾和化学气体的环境。钢板槽盒是由 2mm 厚的钢板制成的，因其质重、安装不便，在应用时要受到一定的限制。

FRP 型封闭式槽盒的耐火性，可使槽内敷设的电缆免遭外部火灾的危害，以保证其正常运行。它能够阻止延燃，这就保证了电缆无论在槽盒内短路着火，还是裸露在槽盒外部的电缆着火延燃至槽盒端口时，均能使着火电缆因缺氧而自熄，从而有效地阻止电缆在盒内的延燃。FRP 型封闭式槽盒是目前国内用得较多的一种电缆用防火敷设材料，其氧指数大于 40，因此可对发电厂、变电所、供电隧道、工业企业等电缆密集场所明敷在支架（或桥架）上的各种电压等级电缆回路实行防火保护、耐火分隔和防止电缆延燃着火。

根据工程的实际需要，电缆槽盒可做成箱形，由上盖和下底组成，下底侧边有凹形口，用来固定上盖，盒体外用镀锌钢带扎紧。箱形槽盒应与防火隔板配套使用。敷设电缆时，上下两层电缆用隔板隔开，以起到防火隔离的作用。

电缆槽盒按需要可以连续敷设，也可在电缆30m或50m处设一段2m长的槽盒作防火段，盒体两端用有机防火堵料封堵，即可起到防火、耐火作用。

（3）耐火隔板。耐火隔板是由难燃的玻璃纤维增强塑料制成的，隔板两面涂覆有防火涂料，具有耐火隔热的性能。隔板可在电缆层间作防火分隔，缩小着火范围，减缓燃烧强度，防止火灾蔓延。

（4）防火堵料。防火堵料主要用来对建、构筑物的电缆穿孔洞来进行封堵，从而抑制火势穿过孔洞向邻室蔓延。常用的防火堵料有可塑性有机防火堵料和速固无机防火堵料两种。

可塑性有机防火堵料，主要是由绝热性能好的无机物和阻火效果良好的有机制剂组成的。堵料呈油灰状，具有长期柔软性，而且施工方便，还可以重复使用，适用于电缆密集区域中的一些小孔洞的封堵和缝隙的填塞。

速固无机防火堵料主要是由耐高温无机材料混合而成的，呈粉末状，形似水泥。该堵料耐火性好，施工方便，且凝固迅速。使用时，只要加水搅拌成糊状，10min左右即凝固干燥，类似水泥砂浆板，但较疏松，易敲落，适用于各种电缆孔洞的封堵。

（5）防火包。防火包形状类似枕头，内部填充的是无机物纤维、不燃和不溶于水的扩张成分，以及特殊耐热添加剂，外部由玻璃纤维编织物包装而成。防火包主要应用在电缆或管道穿越墙体或楼板贯穿孔洞的封堵，阻止电缆着火后向邻室蔓延。用防火包构成的封堵层，耐火极限可达3h以上。防火包耐潮湿，在任何天气、气温、环境条件下，都能够保持其特性不变，经久耐用。防火包的安装和拆除都很容易，使用方便，并可重复使用。

（6）防火网。防火网是以钢丝为基材，再在它表面涂刷上防火涂料而成的，适用于既要求通风又要求防火的地方。其特点是可保证平时能充分通风，若把它安装在槽盒端口，则可制成通风型槽盒，这有利于提高槽盒内敷设电缆的载流量。以防火网为基材可做防火门。

当防火网遇上明火时，网上的防火涂料即刻膨胀发泡，网孔被致密泡沫炭化层封闭，从而可阻止火焰的穿透和蔓延。防火网目前有两种规格可供选用：①基材为5mm×10mm的菱形网孔，涂刷防火涂料后有效通风面积为整个网的60%；②基材为4mm×4mm的正方形网孔，涂刷防火涂料后有效通风面积为整个网的40%。

2. 防火材料的应用

防火阻燃材料是电缆防火工程中的关键，不仅直接关系着防火阻燃的效果，而且对电缆的安全运行、环境美化、文明生产也有直接影响。所以，防火阻燃措施及其材料的选用，应根据不同的场所、使用条件和环境情况正确地选用，以达到防火阻燃的目的。电缆防火材料在防火设施中的典型应用有下列几种情况。

(1) 防火隔墙。防火隔墙是电缆隧道（沟）或夹层中的一种防火设施。隔墙由矿渣棉填充密实而成，矿渣棉用料量由隔墙大小来决定。

电缆隧道（沟）的防火隔墙一般如图5-7、图5-8所示。

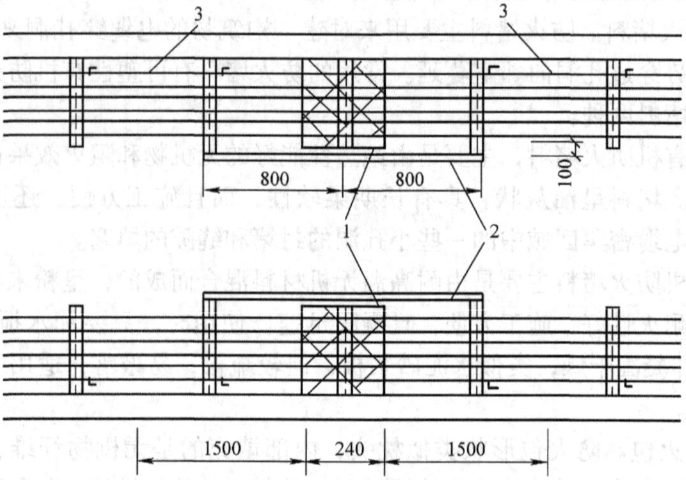

图5-7 电缆隧道防火隔墙

1—防火隔墙用矿渣棉夯实 2—可拆防火隔墙 3—防火涂料

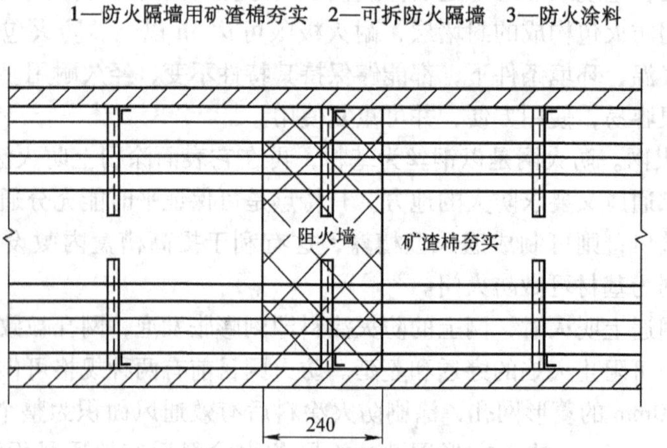

图5-8 电缆沟防火隔墙

电缆隧道隔墙两侧1.5m长的电缆，需涂上防火涂料，一般涂刷4~6次即可，每次涂刷用量与电缆外径的关系曲线如图5-9所示。隔墙两侧还装有2mm×800mm宽的防火隔板（系厚2mm的钢板），用螺栓固定在电缆支架上。

电缆沟阻火隔墙与隧道隔墙的做法相同，且都要考虑沟（隧道）的排水问题，但防火隔墙两侧无需设隔板，也不需涂刷防火涂料。

电缆夹层防火隔墙如图5-10所示。

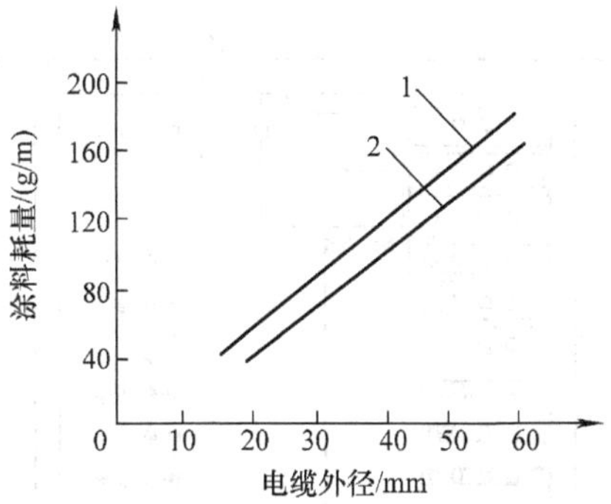

图5-9 涂料用量与电缆外径的关系曲线
1—油浸铠装电缆 2—塑料扩套电缆

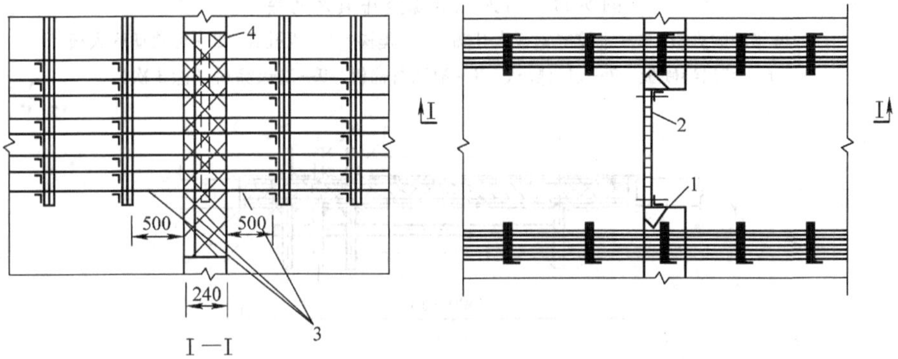

图5-10 电缆夹层防火隔墙
1—矿渣棉砌料 2—耐火隔墙 3—防火涂料 4—防火隔墙

（2）阻火夹层。图5-11是带人孔电缆竖井阻火夹层，夹层上下用耐火板，中间一层用矿棉半硬板。耐火板在电缆穿过处，按电缆外径大小锯成条状孔。铺好电缆后用散装泡沫矿棉填充缝隙。夹层上下1m处，用防火涂料涂刷电缆及支架3次。人孔用可移动防火板铰链带及活动盖板予以密封。

不带人孔电缆竖井阻火夹层如图5-12所示，其做法与带人孔的做法相同。

（3）阻火段。为防止架空电缆着火后延燃，沿架空电缆线路可设置阻火段，如图5-13所示。具体要求是：电缆支架为5层时，在2m长的一段电缆上涂刷防火涂料5次（或包防火带）即可；如果支架为10层时，需在2m长的一段电缆上涂刷防火涂料6次，并在其上部6层，每隔两层用6m长防火隔板来分隔，以防止发生窜燃。控制电缆可用封闭式耐火槽盒进行分段。

（4）电缆中间接头盒防火段。无论电缆隧道、沟、竖井、桥架等地方，还是敷设电缆的中间接头盒周围电缆，均需包防火带或涂刷防火涂料4次，以避免中间接头处着火时，向两侧延燃。其做法如图5-14所示。

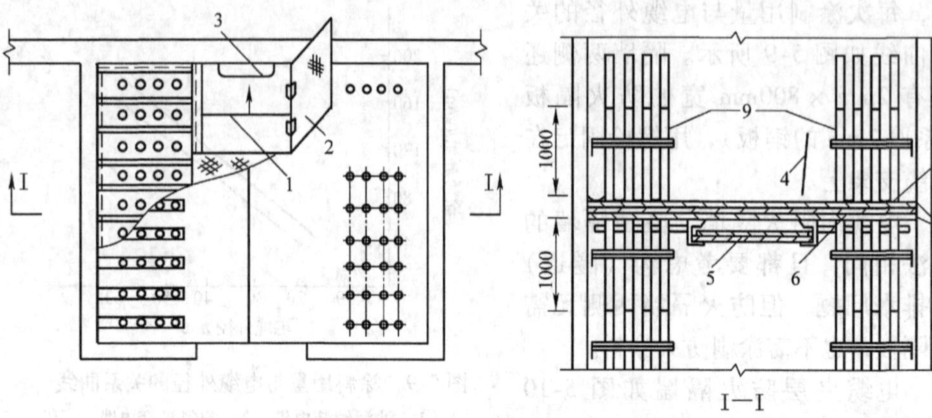

图 5-11　带人孔电缆竖井阻火夹层

1—可移动耐火板　2—带铰链钢板人孔盖　3—爬梯　4—人孔盖　5—可移动耐火板
6—矿棉半硬板　7—耐火隔板　8—泡沫石棉板　9—防火涂料（涂 3 次）

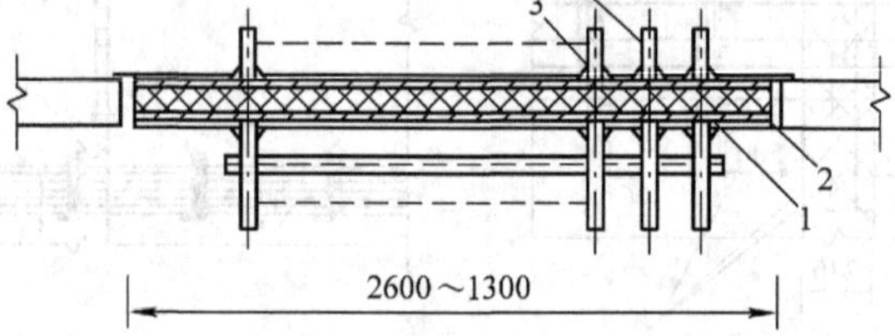

图 5-12　不带人孔电缆竖井阻火夹层竖向剖面图

1—耐火隔板　2—石棉半硬板　3—泡沫石棉块　4—防火涂料

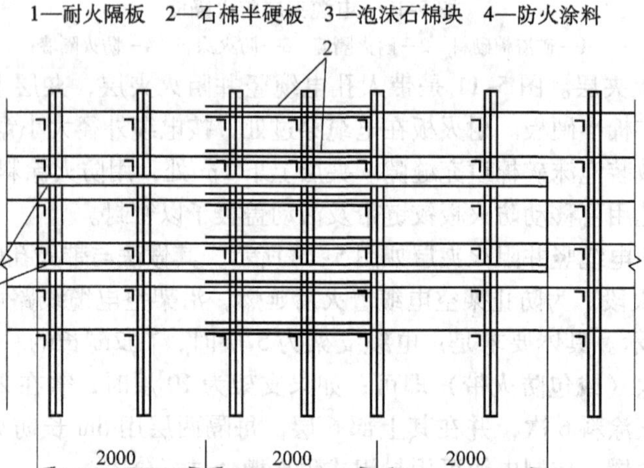

图 5-13　架空电缆阻火段

1—防火隔板　2—防火涂料或包防火带

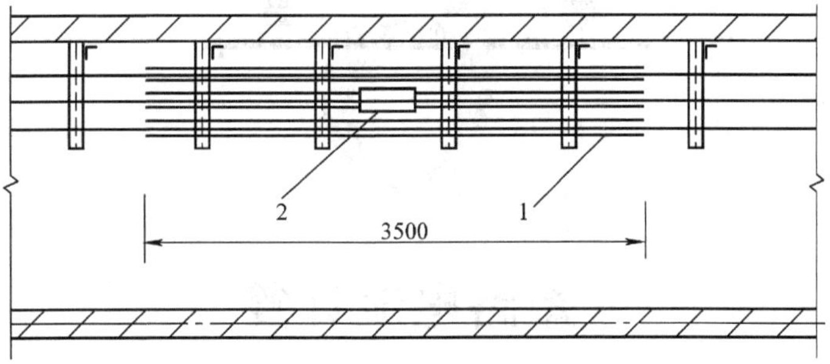

图5-14　中间接头盒防火段

1—防火涂料或包防火带　2—中间接头盒

复　习　题

1. 导线选择的一般原则和要求是什么?
2. 什么叫发热条件选择法?
3. 什么叫允许电压选择法?
4. 电缆线路的防火和阻燃措施有哪些?
5. 架空线路敷设的防火要求有哪些?
6. 导线电缆截面积的选择方法有几种?
7. 电缆的敷设方式有几种?
8. 有一个机械加工车间，供电电压为380V，有三相电动机，7.5kW的3台，4kW的6台，1.5kW的10台，1kW的59台，试分别用“利用系数法”和“二项式法”求其计算负荷。

(取 $b=0.14$，$K_x=0.2$，$c=0.4$，$\cos\varphi=0.5$，$\tan\varphi=1.73$，$x=5$)

9. 北京拟建奥运会某工程3个工号，采用380/220V供电，现场用电设备有：钢筋场128kW ($L=200$m)，搅拌站36kW ($L=150$m)，生活用电15kW ($L=300$m)，$K_x=0.8$，用BX线 ($C=77$) 架空配电，$\cos\varphi=0.8$，允许电压降 $\Delta U=5\%$，试分别用“安全载流量计算经济截面积”和“允许电压降法”计算导线截面积。

第 6 章

短路电流计算

内容提要：本章主要介绍短路电流的计算方法，即标幺值法和有名值法。1000V 以下低压供电系统线路比较简单，且不需要对多点短路电流计算和换算，采用有名值法比较方便；高压系统线路网络较复杂，存在多个电压等级，还存在电抗换算问题，采用标幺值法既清晰又方便。

本章重点：三相短路电流的两种计算方法，并由此计算出短路电流的瞬时值、有效值和短路点的短路容量，并以此作为选择和校验高低压电器元件的依据。

6.1 短路及其危害

短路是引起电力系统严重故障和电气火灾的重要原因之一。为保证电力系统的安全、可靠运行，在电力系统设计和运行分析中，不仅要考虑系统在正常状态的运行情况，还应考虑系统发生故障时的运行情况及故障产生的后果等。所谓短路，是指相与相或相与地（对于中性点接地的系统）之间发生不正常通路的情况。

6.1.1 短路的主要原因

引起短路故障的原因主要有以下两个方面：

（1）电气设备绝缘损坏。造成绝缘破坏的原因可分为两类：一是内因，二是外因。所谓内因，是指电力系统中各元件本身的绝缘水平低，在正常使用中绝缘下降而形成短路。所谓外因，即不是电力系统中元件本身的原因，例如外力破坏（树倒砸线、吊车砸线等）、自然灾害（地震、风灾、雹灾、雷击过电压等）、动物跨接载流部分等造成短路。

（2）运行人员误操作。运行人员违反安全操作规程操作，如带负荷拉隔离开关、带地线合隔离开关等。

6.1.2 短路的危害

短路电流往往会有电弧产生，它不仅能烧坏故障元件本身，也可能烧坏周围设备和伤害周围人员。巨大的短路电流通过导体时，一方面会使导体大量发热，造成导体过热甚至熔化，以及绝缘损坏；另一方面巨大的短路电流还将产生很大的电动力作用于导体，使导体变形或损坏。短路也同时引起系统电压大幅度降低，特别是靠近短路点处的电压降低得更多，从而可能导致部分用户或全部用户的供电遭到破坏。网络电压的降低，使供电设备的正常工作受到损坏，也可能导致工厂的产品报废或设备损坏，如电动机过热受损等。电力系统中出现短路故障时，系统功率分布的突然变化和电压的严重下降，可能破坏各发电厂并联运行的稳定性，使整个系统解列，这时某些发电机可能过负荷，因此必须切除部分用户。短路时电压下降得愈大，持续时间愈长，破坏整个电力系统稳定运行的可能性愈大。

6.1.3 短路的类型

在三相交流系统中，短路的基本类型有三相短路、两相短路、单相接地短路和两相接地短路四种。当发生三相短路时，由于短路的三相阻抗仍然相等，所以三相短路的三相电流和电压仍是对称的，所以三相短路又叫做对称短路。而另外三种短路由于三相对称结构的破坏，网络中的三相电流、电压不再对称，所以又叫做不对称短路。

在这些短路的情况中，单相短路占大多数，约占短路故障数的65%，且短路电流为最大；三相短路只占5%～10%，且短路电流较小，但故障产生的后果严重。就两相短路电流与三相短路电流比较而言，由于工厂和城市建筑的主电源距电厂较远，且经多次变压，阻抗大，所以两相短路电流也不如三相短路电流大。实际上，一切不对称的短路计算都可以应用对称分量法转化为对称短路的计算，因此三相短路计算是其他短路计算的基础。

6.1.4 短路电流计算的目的

短路电流计算的目的，就在于通过计算掌握短路电流的大小和变化规律，选取适当的电气设备，配置合理的继电保护装置，以便在短路发生时使损失降低到最小范围内，保证电力系统正常运行。短路电流计算主要用于解决以下问题：选择和校验各种电器设备，如断路器、互感器、电抗器、母线等；合理配置各种继电保护和自动装置；作为选择和评价电气主接线的依据。

此外，短路电流的计算，对分析电气火灾原因和认定从火灾现场收集到的残留物的电气性质也很有帮助。

6.2 三相短路电流的过渡过程

发生短路故障时，电力系统要从正常的稳定状态，过渡到短路后的稳定状态，一般只需3~5s的时间。在这个暂态过程中，短路电流的变化过程是很复杂的；同时，由无限大电源供电的电路上发生的短路也不同于由发电机单独供电电路上发生的短路。

6.2.1 分析的假设条件

为了便于分析，我们假定三相短路发生在一个由无限大容量电源供电的三相交流电力系统内。所谓无限大容量电源供电，就是由一个容量极大的电力系统供电，当这个系统中某一部分发生短路时，系统等效发电机的供电母线端电压、频率实际维持不变，即端电压振幅是一个恒定不变的正弦波。换句话说，可以认为系统等效发电机的内阻抗为零（即 $X_c=0$）。在这种情况下，不管外部的短路点发生在何处，短路电流有多大，电源内部的压降总等于零。实际上这样的电源是不存在的，所以无限大电源是一种假设，目的是便于分析，并且在实用中作近似计算。一般的工矿企业和建筑物通过总降压变电所从高压电力系统取得电能，其设备安装容量比电力系统的容量（MV·A）小得多，于是可以认为总降压变电所高压侧母线的电压是一个不变的常数，看成由无限大容量的电源供电。

实际上，电力系统的容量和阻抗总有一定的数值，但是供电电网的阻抗比电力系统的阻抗要大得多，在工程计算中如果系统阻抗为短路回路总阻抗的5%~10%，便认为此系统阻抗可不予考虑，于是该系统就按无限大容量电源来处理。也可以根据用户总安装容量小于系统总容量的1/50，变压器在二次侧发生短路，一次侧电压维持不变的假设条件来计算短路电流，不会引起较大的误差。

另外，由于按无限大容量供电的电力系统计算所得的短路电流是电气设备所通过的最大的短路电流，因此在初步估算流过装置的最大短路电流或缺乏必要的系统数据时，都可以认为短路电流所接的电源为无限大容量供电的电力系统。

6.2.2 短路暂态过程分析

图6-1为一简单的三相 RL 电路。短路前电路处于稳态，由于电路三相对称，可只写出其中a相电压和电流的计算式，即

$$u=U_m\sin(\omega t+\alpha) \tag{6-1}$$

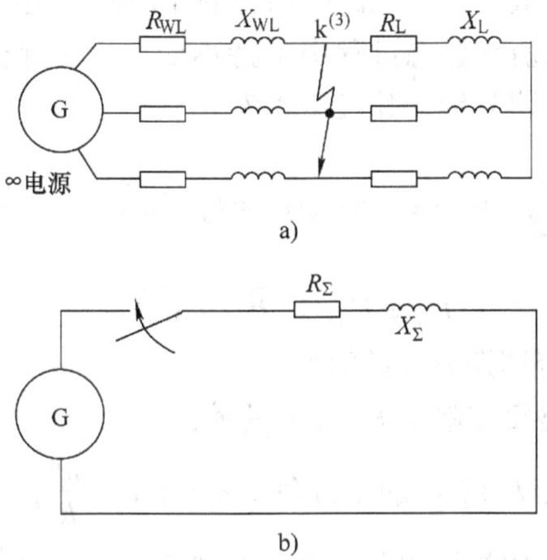

图 6-1　无限大功率电源供电的三相对称电路图
a）三相电路　b）单相等效电路

$$i = I_m \sin(\omega t + \alpha - \varphi_{[0]}) \tag{6-2}$$

式中
$$I_m = \frac{U_m}{\sqrt{(R+R')^2 + \omega^2 (L+L')^2}}$$

$$\varphi_{[0]} = \arctan \frac{\omega (L+L')}{R+R'}$$

当 k 点发生三相短路时，此电路被分成两个独立的电路。左边电路仍与电源连接，而右边的电路则变成没有电源的短路电路。在右边电路中，电流将从短路发生瞬间的初值不断地衰减，直到磁场中所储藏的能量全部变为电阻所消耗的热能为止，电流衰减为零。在左边与电源相连的电路中，每相阻抗由原先的（$R+R'$）$+\mathrm{j}\omega(L+L')$ 减小到 $R+\mathrm{j}\omega L$。由于阻抗减小，其电流必将增大至由阻抗 $R+\mathrm{j}\omega L$ 所决定的新稳态值。短路暂态过程的分析与计算，主要针对这一电路。

假设在 $t=0$ 时发生短路，由于左边电路仍旧是三相对称的，可只取其中一相进行分析，例如 a 相，其微分方程式为

$$L\frac{\mathrm{d}i_a}{\mathrm{d}t} + Ri_a = U_m \sin(\omega t + \alpha) \tag{6-3}$$

式（6-3）是一个一阶常系数非齐次微分方程，其解即为短路时的全电流，它由两部分组成：第一部分是方程式（6-3）的特解，代表短路电流的强制分量；第二部分是方程式（6-3）所对应的齐次方程 $L\frac{\mathrm{d}i_a}{\mathrm{d}t} + Ri_a = 0$ 的通解，代表短路电流

的自由分量。

短路电流的强制分量，是由电源电动势的作用所产生的，与电源电动势具有相同的变化规律，其幅值在暂态过程中保持不变。由于此分量是周期性变化的，故又称为短路电流的周期分量，其表达式为

$$i_p = \frac{U_m}{Z}\sin(\omega t + \alpha - \varphi) = I_{pm}\sin(\omega t + \alpha - \varphi) \tag{6-4}$$

其中 $$I_{pm} = U_m / \sqrt{R^2 + (\omega L)^2}$$

式中 I_{pm}——短路电流周期分量的幅值；

Z——短路回路每相阻抗 $R + j\omega L$ 的模；

φ——每相阻抗 $R + j\omega L$ 的阻抗角，$\varphi = \arctan\dfrac{\omega L}{R}$；

α——电源电压的初始相角，也称合闸角。

短路电流的自由分量与外加电源无关，将随着时间而衰减至零，它是一个依指数规律而衰减的直流电源，通常称为短路电流的非周期分量，其表达式为

$$i_{np} = Ae^{-\frac{t}{T_a}} \tag{6-5}$$

式中 A——积分常数，由初始条件决定，即非周期分量的初值 i_{np0}；

T_a——短路回路的时间常数，它反映自由分量衰减的快慢，$T_a = L/R$。

短路全电流的表达式为

$$i_a = i_p + i_{np} = I_{pm}\sin(\omega t + \alpha - \varphi) + Ae^{-\frac{t}{T_a}} \tag{6-6}$$

在含有电感的电路中，由楞次定律可知，电感中的电流不能突变，短路前瞬间（用下标[0]表示）的电流 $i_{[0]}$ 应与短路后瞬间（用下标 0 表示）的电流 i_0 相等。将 $t=0$ 分别代入式（5-2）和式（5-6），即得

$$I_m\sin(\alpha - \varphi_{[0]}) = I_{pm}\sin(\alpha - \varphi) + A$$

所以

$$A = I_m\sin(\alpha - \varphi_{[0]}) - I_{pm}\sin(\alpha - \varphi)$$

将 A 代入式（5-6），便得

$$i_a = I_{pm}\sin(\omega t + \alpha - \varphi) + [I_m\sin(\alpha - \varphi_{[0]}) - I_{pm}\sin(\alpha - \varphi)]e^{-\frac{t}{T_a}} \tag{6-7}$$

这就是 a 相短路电流的计算式。由于电路三相对称，只要（$\alpha - 120^\circ$）或（$\alpha + 120^\circ$）代替式（6-7）中的 α 就可得 b 或 c 相短路电流的计算式。

图 6-2 表示短路瞬间（$t=0$）a 相电流各分量之间的关系。向量$\dot{U}_{ma}$、$\dot{I}_m$ 和 $\dot{I}_{pm}$在静止时间轴 t 上的投影，依次表示电源电压、短路前电流和短路后周期分

量在 $t=0$ 时的瞬时值。短路前电流 $\dot{I}_{m}$ 在时间轴上的投影为 $i_{[0]}$，即 $I_{m}\sin(\alpha-\varphi_{[0]})$。短路后周期分量 $\dot{I}_{pm}$ 的投影为 i_{p0}，即 $I_{pm}\sin(\alpha-\varphi)$。在大多数情况下，$i_{p0}\neq i_{[0]}$。为了使通过电感 L 的电流瞬时值在短路前后瞬间保持不变（即电感 L 中的磁链保持不变），电路中必须产生一个非周期分量电流，其初值应等于 $i_{[0]}$ 和 i_{p0} 之差。但由于这一电路中并不存在直流电动势，因此非周期分量必然按指数规律逐渐衰减为零。电路的电阻 R 愈大，非周期分量的衰减速度也愈快。从图 6-2 可见，非周期分量初值 i_{np0} 即为向量差（$\dot{I}_{m}-\dot{I}_{pm}$）在时间轴上的投影，其大小取决于短路发生时刻，即与短路瞬间电源电压的初始相角 α（合闸角）有关。当向量差（$\dot{I}_{m}-\dot{I}_{pm}$）与时间轴平行时，i_{pm0} 的值最大，而当它与时间轴垂直时，$i_{np0}=0$，即非周期分量不存在。在此情况下，短路前一瞬间 a 相电流值与 a 相稳态短路电流在 $t=0$ 时的数值刚好相等，即 $i_{np0}=i_{[0]}$。显然，电路从一种稳态直接进入另一种稳态，中间不经历暂态过程。在三相电路中，非周期分量出现最大值或零值的现象，只可能发生在其中一相。对于 b 相和 c 相短路电流各分量间的关系，也可作类似的分析，只是其电流相量应分别滞后 a 相 120°和 240°。

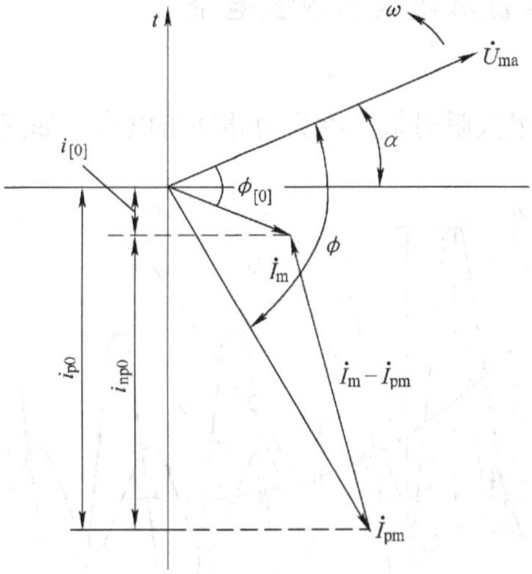

图 6-2　短路瞬间 a 相电流相量图

根据式（6-7），可作出 a 相短路电流波形图，如图 6-3 所示。由于非周期分量电流的存在，短路电流曲线不再与时间轴对称，非周期分量曲线本身就是短路电流曲线的对称轴。利用这一“对称”性质，很容易把非周期分量从短路电流曲线中分离出来，这将给实验分析提供方便。例如，在示波器拍摄出短路电流的

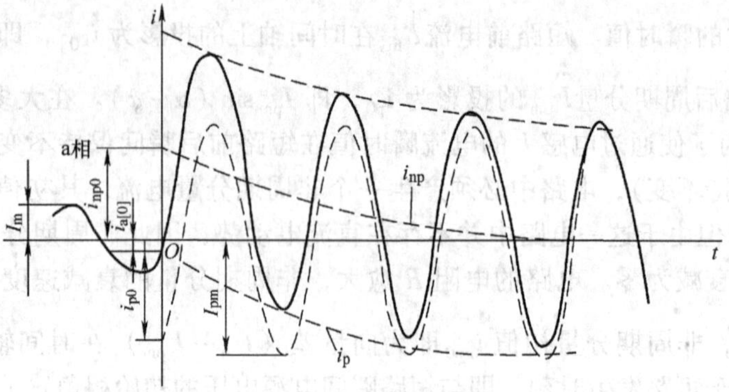

图 6-3　a 相短路电流波形图

波形图后，若需了解非周期分量的大小及变化情况，可对波形图进行适当加工，即将短路电流曲线的两根包络线在垂直方向作等分线，此即为非周期分量曲线，如图 6-3 中的虚线所示。

应当指出，三相短路虽然称为对称短路，但实际上只有短路电流的周期分量才是对称的，而各相短路电流的非周期分量并不相等。

6.2.3　短路冲击电流和最大有效值电流

1. 短路冲击电流

短路电流的可能最大瞬时值，称为短路冲击电流，如图 6-4 中的 i_{sh}。

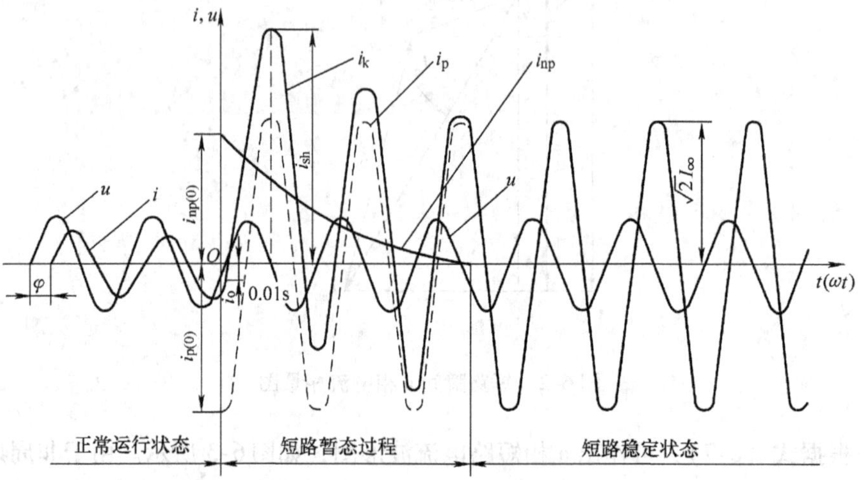

图 6-4　非周期分量最大时短路电流波形图

当电源电压和电路的阻抗恒定时，短路电流周期分量的幅值为定值，而非周期分量则是依指数规律单向衰减的直流，因而非周期分量的初值愈大，短路冲击电流也就愈大。由图6-2及式（6-7）可见，短路电流非周期分量的可能最大值，不但与合闸角α有关，而且和电路原先的情况有关。

在一般电力系统中，短路前后的电流都是滞后的。在短路回路中，通常电感值比电阻值大得多，即$\omega L \geqslant R$，可近似认为$\varphi \approx 90°$。由图6-2可见，短路的最严重情况，是在$I_m=0$（即电路原先为空载），$\dot{I}_{pm}$与时间轴平行，且电压瞬时值刚经过零值（$\alpha=0$）的情况下发生的短路，此时非周期分量值最大。

将$I_m=0$，$\alpha=0$和$\varphi=90°$代入式（6-7），便得

$$i_a=-I_{pm}\cos\omega t+I_{pm}e^{-\frac{t}{T_a}} \tag{6-8}$$

根据式（5-8），可作出图5-4所示的短路电流波形图。由图可见，短路电流的最大瞬时值（即短路冲击电流i_{sh}），将在短路发生后约半个周期出现，当$f=50\text{Hz}$时，此时间约为0.01s。据此可得冲击电流的算式为

$$i_{sh}=I_{pm}+I_{pm}e^{-\frac{0.01}{T_a}}=\left(1+e^{-\frac{0.01}{T_a}}\right)I_{pm}=K_{sh}I_{pm} \tag{6-9}$$

$$K_{sh}=1+e^{-\frac{0.01}{T_a}}$$

式中 K_{sh}——冲击系数，表示冲击电流对周期分量幅值的倍数。

当时间常数T_a的值由零变至无限大时，冲击系数值的变化范围为$1<K_{sh}<2$。

在工程计算中，冲击系数值可作如下考虑。在发电机电压母线短路时，取$K_{sh}=1.9$；在发电厂高压侧母线或发电机出线电抗器后发生短路时，$K_{sh}=1.85$；在其他地点短路时，$K_{sh}=1.8$。

冲击电流主要用于校验电气设备和载流导体在短路时的动稳定性。

2. 最大有效值电流

由于短路电路主要含有非周期分量，所以在短路暂态过程中短路全电流不是正弦波形。在短路暂态过程中，任一时刻t短路全电流的有效值I_t，是指以时刻t为中心的一周期内短路全电流瞬时值的方均根值，即

$$I_t=\sqrt{\frac{1}{T}\int_{t-\frac{T}{2}}^{t+\frac{T}{2}}i_t^2\,dt}=\sqrt{\frac{1}{T}\int_{t-\frac{T}{2}}^{t+\frac{T}{2}}(i_{pt}+i_{npt})^2\,dt} \tag{6-10}$$

式中 i_t——短路全电流的瞬时值；

T——短路全电流的周期。

短路全电流的一般算式很复杂。为了简化I_t的计算，假设在计算所取的一个周期内周期分量的幅值为常数，非周期分量的数值恒定不变且等于该周期中点的瞬时值。在上述假定下，周期T内周期分量的有效值按通常正弦曲线计算，

即 $I_{pt}=I_{pm}/\sqrt{2}$，而周期内非周期分量的有效值等于它在该周期中点的瞬时值，即 $I_{npt}=i_{npt}$。

根据上述假定条件，并将上面 I_{pt} 及 I_{npt} 的关系代入式（6-10），经过积分和代数运算后，可简化为

$$I_t=\sqrt{I_{pt}^2+I_{npt}^2} \tag{6-11}$$

由式（6-11）算出的近似值在实用上已足够准确。短路全电流的最大有效值 I_{sh} 出现在短路后的第一周期内，又称为冲击电流的有效值。

因冲击电流发生在短路后 $t=0.01s$ 时，由图 6-4 和式（6-9）可知冲击电流的有效值为

$$I_{sh}=\sqrt{\left(\frac{I_{pm}}{\sqrt{2}}\right)^2+I_{npt(t=0.01)}^2}=\sqrt{\left(\frac{I_{pm}}{\sqrt{2}}\right)^2+(i_{sh}-I_{pm})^2}=\sqrt{\left(\frac{I_{pm}}{\sqrt{2}}\right)^2+[(K_{sh}-1)\ I_{pm}]^2}$$

$$=\frac{I_{pm}}{\sqrt{2}}\sqrt{1+2(K_{sh}-1)^2}=I_p\sqrt{1+2(K_{sh}-1)^2} \tag{6-12}$$

当冲击系数 $K_{sh}=1.9$ 时，$I_{sh}=1.62I_p$；当 $K_{sh}=1.8$ 时，$I_{sh}=1.51I_p$。

短路电流最大有效值用来校验电气设备的断流能力或耐力强度。

6.3 短路电流计算方法

6.3.1 短路电流计算的基本原则

由欧姆定律知，三相短路电流的周期分量有效值为

$$I_{zq}=\frac{U_p}{\sqrt{3}Z_d} \tag{6-13}$$

式中 U_p——网络的平均电压；

Z_d——由电源到短路点的阻抗。

显然，只要知道平均电压 U_p 和电源到短路点的阻抗 Z_d，就可以求出 I_{zq}。根据短路电流计算目的和短路保护时断路器断流时刻取短路发生后 $t=0.2s$，此时短路电流 i_d 中非周期分量已衰减很多（可认为殆尽），因此 $I_{zq}=I_d$，即等于三相短路电流有效值。

取用平均电压 U_p 是为了简化计算而规定的，这是因为考虑到线路某一区间的电压，由于电压损失，线路始端到线路终端的电压，并不是一个相等的恒定值，从最高到最低有一个允许的最大偏差范围（即 110% U_e）。这里把额定电压 U_e 视为 100%，于是平均电压 U_p 为 $U_p=\frac{1}{2}$（110+100）% U_e = 105% U_e。表 6-1

列出了网络额定电压与平均电压的对照值。

表 6-1 网络额定电压与平均电压的对照值

网络额定电压/kV	0.22	0.38	3	6	10	35	60	110	154	220	330
平均电压/kV	0.23	0.4	3.15	6.3	10.5	37	63	115	162	230	345

从电源短路点到直接连接的发电机、变压器、导线、电缆、电抗器等的阻抗，应包括于总阻抗之中，只有附属于断路器的电流互感器、母线结构和连接导线等的阻抗一般很小，不计入其中。短路阻抗 $Z_d=(R_d+X_d)$ 在考虑简化计算及允许误差的情况下，在高压系统中，$R_d<\frac{1}{3}X_d$ 时，可不计及电阻 R_d；在低压系统中，$X_d<\frac{1}{3}R_d$ 时，可不计及 X_d。作这样的假定后，求得的短路电流的误差不超过15%，在工程计算和选择设备时，这样的误差是允许的。于是，在高压系统中式（6-13）变为

$$I_{zq}=\frac{U_p}{\sqrt{3}X_d} \tag{6-14}$$

显然，对于一定的线路区间，平均电压 U_p 是一定的，因此求 $I_{zq}^{(3)}$ 的关键问题就是求出 X_d 的值。求 X_d 有两种方法，即有名值法和标幺值法。一般地，1000V 以下低压供电系统线路比较简单，且不需要对多点短路电流进行计算和换算，采用有名值法比较方便；高压系统线路网络较复杂，存在多个电压等级，还存在电抗换算问题，采用标幺值法既清晰又方便。

6.3.2 标幺值法

用标幺值计算短路电流的方法称为标幺值法。

1. 标幺值

对任一物理量选定基准后，将其实际值用相对于基准值的值表示，称为物理量的标幺值。即

$$\text{某物理量的标幺值}=\frac{\text{该物理量的实际值}}{\text{该物理量的选定基准值}}$$

基准值是衡量物理量的标准和尺度，因此标幺值是同单位的两个物理量的比值，无量纲，只是一个小数或百分数。

在供电系统中，对表示容量 S、电压 U、电流 I、电抗 X 等字母加下标“*j”后即表示所对应的基准标幺值，如

$$S_{*j}=\frac{S}{S_j}\quad U_{*j}=\frac{U}{U_j}\quad I_{*j}=\frac{I}{I_j}\quad X_{*j}=\frac{X}{X_j}\tag{6-15}$$

对供电系统中 S_j、U_j、I_j 和 X_j 这四个基准物理量，只要选定其中两个，就可按功率方程和欧姆定律方便地求出其他两个物理量。如选定 S_j 和 U_j，则有 $I_j=\frac{S_j}{\sqrt{3}U_j}$，$X_j=\frac{U_j}{\sqrt{3}I_j}=\frac{U_j^2}{S_j}$，于是在基准值 S_j、U_j 下的任一电流、电抗标幺值为

$$I_{*j}=\frac{I}{I_j}=I\frac{\sqrt{3}U_j}{S_j}\tag{6-16}$$

$$X_{*j}=\frac{X}{X_j}=X\frac{1}{X_j}=X\frac{S_j}{U_j^2}\tag{6-17}$$

实际上，无论产品样本，还是由厂家直接提供的标幺值，如发电机、变压器、电动机、电抗器等电气设备给出的标幺值都是以额定值参数为基准值所得到的标幺值，称为额定标幺值，用下标符号“ ∗e”表示，同样有下列关系，只不过选定的基准值为额定值，即

$$S_{*e}=\frac{S}{S_e}\tag{6-18}$$

$$U_{*e}=\frac{U}{U_e}\tag{6-19}$$

$$I_{*e}=\frac{I}{I_e}=I\frac{\sqrt{3}U_e}{S_e}\tag{6-20}$$

$$X_{*e}=\frac{X}{X_e}=X\frac{S_e}{U_e^2}\tag{6-21}$$

基准值是可以任意选取的，如某一电抗 X 所选定的基准值不同，标幺值也就不一样。而在求短路回路总电抗时，不能将回路内所有元件的电抗简单相加，必须换算成同一个基准值下的标幺值。

由基准标幺值向额定标幺值的换算式为

$$X_{*j}=X_{*e}\left(\frac{U_e}{U_j}\right)^2\frac{S_j}{S_e}\tag{6-22}$$

基准值虽可任意选取，但要考虑简化运算的原则，一般 S_j 的值取 10 的整数倍，如 100MV · A、1000MV · A；而基准电压都取发生短路的那一段线路区间的平均电压 U_p，在这个线路区间内 $U_j\approx U_e\approx U_p$，于是式（6-22）就可简化为

$$X_{*j}=X_{*e}\frac{S_j}{S_e}\tag{6-23}$$

用标幺值进行短路计算，短路回路中总电抗标幺值可以直接由各元件的电抗

标幺值相加，使计算简化，这是标幺值的优点之一。

2. 短路回路中各元件阻抗的计算

(1) 线路电抗和电阻的标幺值。根据基准标幺值规定，线路电抗和电阻的标幺值可按下式计算：

$$X_{*L}=X_L\left(\frac{U_j}{U_p}\right)^2\frac{S_j}{U_j^2}=x_0L\frac{S_j}{U_p^2} \tag{6-24}$$

$$R_{*L}=R_L\left(\frac{U_j}{U_p}\right)^2\frac{S_j}{U_j^2}=r_0L\frac{S_j}{U_p^2} \tag{6-25}$$

式中 x_0——线路每千米的电抗值（Ω/km），架空线路一般取0.3～0.5Ω/km，电缆线路一般取0.06～0.12Ω/km；

r_0——线路每千米的电阻值（Ω/km），r_0 或 x_0 的准确值可查阅有关手册；

L——线路长度（km）；

S_j——基准容量（MV·A）；

U_p——该段线路本身的平均额定线电压（kV）。

(2) 变压器电抗的标幺值。变压器的铭牌技术数据中并不提供变压器电抗 X_b 的有名值，而只给出短路电压（阻抗电压）的百分数 $U_d\%$，这个百分数就是变压器的额定标幺值，即 $X_{*be}=\frac{X_b}{X_{be}}=\frac{U_d\%}{100}$。根据式（6-23），变压器电抗的额定标幺值 X_{*be} 可以换算成统一基准容量 S_j 和基准电压 U_j 时的标幺值，即

$$X_{*b}=X_{*be}\frac{S_j}{S_{be}}=\frac{U_d\%}{100}\frac{S_j}{S_{be}} \tag{6-26}$$

(3) 电抗器电抗的标幺值。电抗器是一个限制短路电流用的电抗元件，从计算等效电抗的角度讲，电抗器的电抗标幺值与变压器的电抗标幺值计算方法应是一样的。电抗器的铭牌上也给出了电抗的百分数 $X_k\%$，可看成是电抗器的额定标幺值，即 $X_{*k}=\frac{X_k\%}{100}$。

应该注意的是，电抗器的额定电压与它所安装处线路的平均电压并不是一致的，有时候差别很大（例如额定电压为10kV的电抗器有时装设在平均额定电压为6.3kV的线路上），因此计算时就不能把电抗器的额定电压当做线路的平均额定电压来套用，这样会造成较大计算误差。必须按式（6-22）换算成基准电压与基准容量下的电抗标幺值，即

$$X_{*k}=X_{*ke}\frac{U_{ke}^2}{S_{ke}}\frac{S_j}{U_j^2}=\frac{X_k\%}{100}\frac{U_{ke}^2}{S_{ke}}\frac{S_j}{S_{ke}} \tag{6-27}$$

也可以将式（6-27）变换为下式，即

$$X_{*k}=\frac{X_k\%}{100}\frac{U_{ke}^2}{U_j^2}\frac{\sqrt{3}U_jI_j}{\sqrt{3}U_{ke}I_{ke}}=\frac{X_k\%}{100}\frac{U_{ke}}{U_j}\frac{I_j}{I_{ke}} \tag{6-28}$$

对于式（6-27）和式（6-28），应视参数提供情况而灵活运用。

应指出，在计算供电系统短路电流前应先画出系统接线方式等效线路图，如图6-5所示。当各个元件的电抗标幺值求出后，根据各元件串、并联情况，对网络进行归并和简化，求出总电抗标幺值 $X_{*\Sigma}$。图6-5中每个电抗元件的下方分数的分子表示各元件的序号，分母表示各元件的基准电抗标幺值。

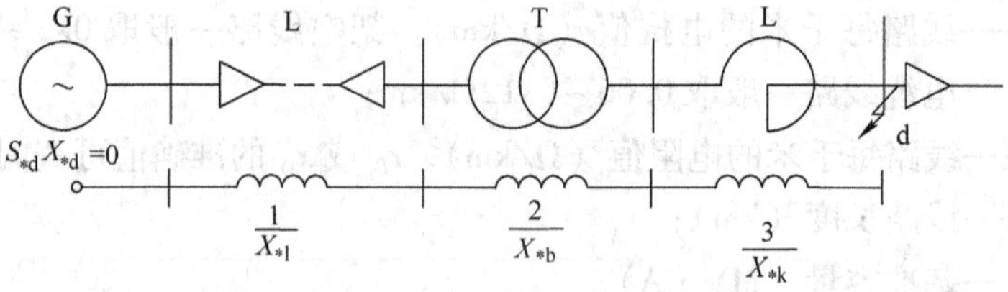

图6-5　具有变压器、电抗器的供电系统接线方式等效电路

可见，从短路点到电源的总电抗标幺值为

$$X_{*\Sigma}=X_{*L}+X_{*b}+X_{*d\Sigma}$$

在有几级变压的供电系统中，把要短路的那一区段的平均电压选定为基准电压后，其他各段基准电压就是各区段的额定平均电压。因此，在应用标幺电抗或标幺电阻计算公式时，公式中的平均电压 U_p，只要取计算所在区段的额定平均电压就可以了，无需再折算。通过这样的对基准电压选取后，就把变压器及其高低压侧线路阻抗的基准标幺值用等效电路联系起来，使计算变得简单。

根据式（6-15）~式（6-17）和三相交流电基本公式可得，三相短路电流标幺值 I_{*d} 与短路回路总电抗标幺值 X_{*d} 成倒数关系，这也是标幺值的优点，即

$$I_{*d}=\frac{1}{X_{*\Sigma}} \tag{6-29}$$

短路电流的有名值为

$$I_d=I_{*d}I_j=\frac{1}{X_{*\Sigma}}\frac{S_j}{\sqrt{3}U_j} \tag{6-30}$$

三相短路容量 S_d 的有名值可由下式来定义，即

$$S_d=\sqrt{3}I_dU_p \tag{6-31}$$

三相短路容量也可用标幺值求得，即

$$S_d=\frac{S_j}{X_{*\Sigma}}\text{或}S_{*d}=\frac{S_d}{S_j}=\frac{1}{X_{*\Sigma}}=I_{*d} \tag{6-32}$$

三相短路容量是选择高压断路器遮断容量的重要数据。三相短路容量标幺值和短路电流标幺值相等，也是采用标幺值计算的优点之一。

【例6-1】 试计算图6-6中短路点以前的总阻抗标幺值 $X_{*\Sigma}$、短路电流 I_d、冲击电流有效值 I_{ch}、冲击电流 i_{ch} 以及短路容量。

解：(1) 根据图6-6a作等效电路，如图6-6b所示。

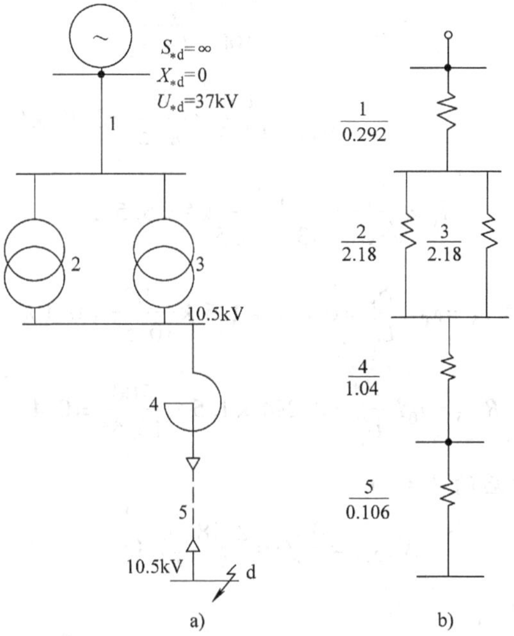

图6-6 短路电流计算图

a) 供电系统 b) 等效电路

1—架空线，$S=120mm^2$，$L=10km$，$x_0=0.4\Omega/km$，$r_0=0.36\Omega/km$

2、3—变压器视在容量3200kV·A $U_d\%=7.0$ 4—电抗器，$U_{ke}=10kV$，

$I_{ke}=0.15kA$，$X_{ke}\%=3$ 5—铝芯电缆，$L=1.5km$，$S=120mm^2$，

$x_0=0.078\Omega/km$，$r_0=0.294\Omega/km$

(2) 确定短路计算点。计算点位置和数量的选择，根据所选择的电气设备和设计整定继电保护装置的需要而定。原则上，供电系统中高低压母线和用电设备的接线处均可选作短路计算点。

(3) 确定基准容量和基准电压。选 $S_j=100MV\cdot A$，$U_j=10.5kV$。

(4) 计算各元件电抗和电阻标幺值，填入图6-6b中。

$$X_{*1}=X_1\frac{S_j}{U_p^2}=x_0L\frac{S_j}{U_p^2}=0.4\times10\times\frac{100}{37^2}=0.292$$

$$R_{*1}=r_0L\frac{S_j}{U_p^2}=0.36\times10\times\frac{100}{37^2}=0.263$$

$$X_{*2}=X_{*b}=2.18,\ X_{*3}=X_{*2}=2.18$$

$$X_{*4}=X_{*k}=\frac{X_k\%}{100}\frac{U_{ke}}{U_j}\frac{I_j}{I_{ke}}$$

$$=\frac{3}{100}\times\frac{10}{10.5}\times\frac{I_j}{0.15}=0.19\times5.5=1.04$$

$$I_j=\frac{S_j}{\sqrt{3}U_j}=\frac{100}{\sqrt{3}\times10.5}\text{kA}=5.5\text{kA}$$

$$X_{*5}=x_0L\frac{S_j}{U_p^2}=0.078\times1.5\times\frac{100}{10.5^2}=0.106$$

$$R_{*5}=r_0L\frac{S_j}{U_p^2}=0.294\times1.5\times\frac{100}{10.5^2}=0.4$$

X_{*2}和X_{*3}并联后的值为

$$X_{*2,3}=\frac{X_{*2}}{2}=\frac{2.18}{2}=1.09$$

于是

$$X_{*\Sigma}=X_{*1}+X_{*2,3}+X_{*4}+X_{*5}$$
$$=0.292+1.09+1.04+0.106=2.528$$
$$R_{*\Sigma}=R_{*1}+R_{*2}=0.263+0.4=0.663$$

此时，$\frac{R_{*\Sigma}}{X_{*\Sigma}}=\frac{0.663}{2.528}=0.262<\frac{1}{3}$，电阻值可忽略不计。那么，d点短路时有

$$I_d=I_{*d}I_j=\frac{1}{X_{*d}}\frac{S_j}{\sqrt{3}U_j}=\frac{1}{2.528}\times\frac{100}{\sqrt{3}\times10.5}\text{kA}=2.18\text{kA}$$

$$i_{ch}=\sqrt{2}I_dK_c=2.55I_d=2.55\times2.18\text{kA}=5.56\text{kA}$$

$$I_{ch}=1.52I_d=1.52\times2.18\text{kA}=3.3\text{kA}$$

$$S_d=\sqrt{3}I_dU_p=\sqrt{3}\times2.18\times10.5\text{MV}\cdot\text{A}=39.56\text{MV}\cdot\text{A}$$

或 $S_d=S_{*d}S_j=I_{*d}S_j=\frac{1}{2.528}\times100\text{MV}\cdot\text{A}=39.56\text{MV}\cdot\text{A}$

6.3.3 有名值法

有名值法是将系统中各元件的实际阻抗都折算到短路点所在等级平均额定电压下的欧姆值，再按实际电路算出总阻抗，最终完成短路计算。有名值法适用于1000V以下低压供电系统的短路电流计算。

1. 1000V以下低压电网短路电流计算的特点

（1）低压供电网络可以看成由无限大容量电源供电。因为低压网络多为车间变电所以下的配电网络，低压电网中降压变压器的容量远小于高压电力系统容量，降压变压器的阻抗和低压短路回路的阻抗远大于电力系统的阻抗，所以在计算降压变压器低压侧短路电流时，一般不计电力系统到降压变压器高压侧的阻抗，可认为降压变压器高压侧的端电压保持不变。

（2）在低压配电回路中，不能忽略电流互感器、母线、开关等以及其所连接的各元件的阻抗。只有当各元件的电阻之和满足$R_{\Sigma} \leqslant \frac{1}{3}X_{\Sigma}$时，才不计入电阻的影响。

（3）在低压网络中的电压只有一级，而且低压配电回路中电气元件的电阻又多以mΩ（毫欧）计，故采用有名值法比较方便。阻抗用mΩ、电压用V、电流用kA、容量用kV·A为单位。

2. 1000V以下低压电网的短路电流计算方法

（1）三相短路电流$I_{d}^{(3)}$的计算。低压网络发生的三相短路，是一种对称性短路，此时的短路电流最大，而与网络的中性点是否接地无关，其短路电流（kA）的周期分量可按下式计算：

$$I_{d}^{(3)} = \frac{U_{p}}{\sqrt{3}Z_{\Sigma}} = \frac{U_{p}}{\sqrt{3}\sqrt{R_{\Sigma}^{2} + X_{\Sigma}^{2}}} \tag{6-33}$$

式中　U_{p}——平均额定线电压（V），对380V网络取$U_{p}=400V$，对220V网络取$U_{p}=230V$；

R_{Σ}、X_{Σ}、Z_{Σ}——短路回路每相的总电阻、总电抗、总阻抗（mΩ）。

（2）两相短路电流$I_{d}^{(2)}$的计算。工程上两相短路电流可以通过计算三相短路电流而求得，按下式计算，即

$$I_{d}^{(2)} = \frac{\sqrt{3}}{2}I_{d}^{(3)} = 0.87I_{d}^{(3)} \tag{6-34}$$

（3）单相短路电流$I_{d}^{(1)}$的计算。低压单相短路电流多用相零回路电流法，其算式如下：

$$I_{d}^{(1)}=\frac{U_{\varphi}}{Z_{xl\Sigma}}=\frac{U_{\varphi}}{\sqrt{R_{xl\Sigma}^{2}+X_{xl\Sigma}^{2}}} \tag{6-35}$$

式中 U_{φ}——低压网络平均额定相电压（V）；

$Z_{xl\Sigma}$——单相短路中各元件的相零总阻抗（mΩ），$Z_{xl\Sigma}=\sqrt{R_{xl\Sigma}^{2}+X_{xl\Sigma}^{2}}$；

$R_{xl\Sigma}$——各元件的相零总阻抗（mΩ），$R_{xl\Sigma}=\frac{1}{3}(R_{1\Sigma}+R_{2\Sigma}+R_{0\Sigma})$；

$X_{xl\Sigma}$——各元件的相零总电抗（mΩ），$X_{xl\Sigma}=\frac{1}{3}(X_{1\Sigma}+X_{2\Sigma}+X_{0\Sigma})$；

下标1、2、0——分别表示相零回路正序、负序、零序电阻（电抗）。

三相短路时，短路点电压为零，系统仍是对称的。在发生单相接地（接零）时，短路点电压不为零，出现系统不对称。不对称电流流经回路阻抗时，产生不对称电压降。应用对称分量法，可以将三相不对称电流分解成三个对称的三相系统，即正序、负序、零序电流系统，各相电流则为三个分量之和。由于各序电流流通的路径不同，其相应的序阻抗也各不相同。

（4）低压网络短路冲击电流 i_{ch} 和冲击电流有效值 I_{ch} 分别为

$$i_{ch}=\sqrt{2}K_{c}I_{d} \tag{6-36}$$

当 $K>1.3$ 时
$$I_{ch}=\sqrt{1+2(K_{c}-1)^{2}}I_{d} \tag{6-37}$$

当 $K\leqslant 1.3$ 时
$$I_{ch}=\sqrt{1+\frac{T_{f}}{0.02}}I_{d} \tag{6-38}$$

式中 K_{c}——冲击系数，可按 X_{Σ}/R_{Σ} 比值从图6-7中查得。

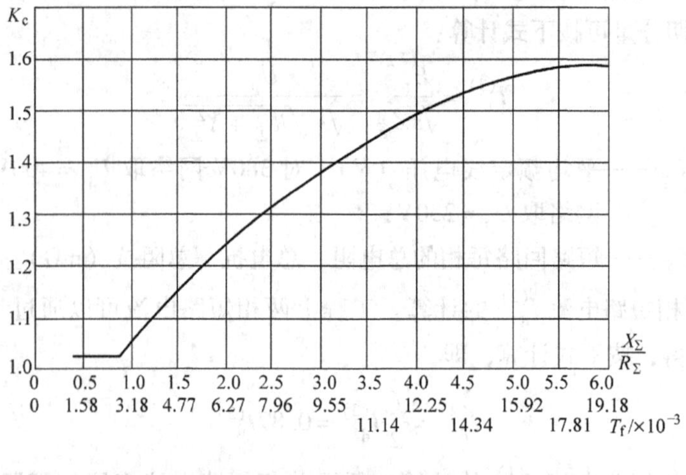

图6-7 $K_{c}=f(X_{\Sigma}/R_{\Sigma})$ 和 $K_{c}=f(T_{f})$ 的关系曲线

$$T_f = \frac{1}{2\pi f}\frac{X_\Sigma}{R_\Sigma} = \frac{1}{314}\frac{X_\Sigma}{R_\Sigma}。$$

3. 低压电网短路回路中各元件的阻抗

（1）变压器的阻抗。变压器每相绕组的电阻和电抗（mΩ）为

$$R_b = \frac{\Delta P_d U_{be}^2}{S_{be}^2} \tag{6-39}$$

$$X_b = \sqrt{\left(\frac{U_d\%}{100}\right)^2 - \left(\frac{\Delta P_d}{S_{be}}\right)^2}\frac{U_{be}^2}{S_{be}} \tag{6-40}$$

式中　ΔP_d——变压器的额定短路损耗（kW）；
$U_d\%$——变压器短路电压的百分数（%）；
S_{be}——变压器的额定容量（kV · A）；
U_{be}——变压器低压侧的额定电压（V）。

（2）母线阻抗。长度在 10～15m 以上的母线阻抗（mΩ）按下式计算，即

$$R_m = \frac{L}{\gamma S} \times 10^3 \tag{6-41}$$

$$X_m = 0.145 L \lg \frac{4D_{cp}}{b} \tag{6-42}$$

式中　L——母线长度，（m）；
γ——电导率［$m/(\Omega \cdot mm^2)$］；
S——母线截面积（mm^2）；
b——母线宽度（mm）；
D_{cp}——母线相间几何间距（mm），与母线排列方式有关。当三相母线水平等间距排列时，$D_{cp} = 1.26D$；三角形排列时，$D_{cp} = \sqrt[3]{D_{ab}D_{ac}D_{cb}}$。

在实际计算中，当母线截面积 $S < 500mm^2$ 时，一般 $X_m = 0.17Lm\Omega$；$S > 500mm^2$ 时，$X_m = 0.13Lm\Omega$。母线阻抗也可由有关表格查得。

（3）其他元件的阻抗。在低压电网的短路回路中，还存在着架空线及电缆的阻抗，刀开关及断路器触头的接触电阻，断路器过电流线圈的阻抗，电流互感器一次绕组的阻抗等，这些均可查表求得。

在低压电网短路阻抗计算中，还常常遇到从变压器到短路点，由几种不同截面积的电缆组成的线路，此时应将它们归算到统一截面积，电缆线路的等效计算长度 L 可按下式近似计算，即

$$L = L_1 + L_2\frac{\rho_2 S_1}{\rho_1 S_2} + L_3\frac{\rho_3 S_1}{\rho_1 S_3} \tag{6-43}$$

式中　L_1、L_2、L_3——不同截面积电缆的长度（m）；
S_1、S_2、S_3——不同电缆的截面积（mm^2）；

ρ_1、ρ_2、ρ_3——不同材料电缆在20℃时的电阻率（$\Omega \cdot mm^2/m$）；其中，铜 $\rho_{Cu}=0.0189\Omega \cdot mm^2/m$，铝 $\rho_{Al}=0.031\Omega \cdot mm^2/m$。

【例6-2】 某车间低压配电系统如图6-8所示，图中变压器为SJ－630－10/0.4，Y/Yyn0－12接线，$U_d\%=4.5$，$\Delta P_d=10W$。试求：

（1）变压器低压侧出线端 d_1 点的三相短路电流 $I_{d_1}^{(3)}$、I_{ch_1}；

（2）电缆头 d_2 点的三相短路电流 $I_{d_2}^{(3)}$、I_{ch_2}；

（3）计算 d_2 点的单相短路电流 $I_{d_2}^{(1)}$。

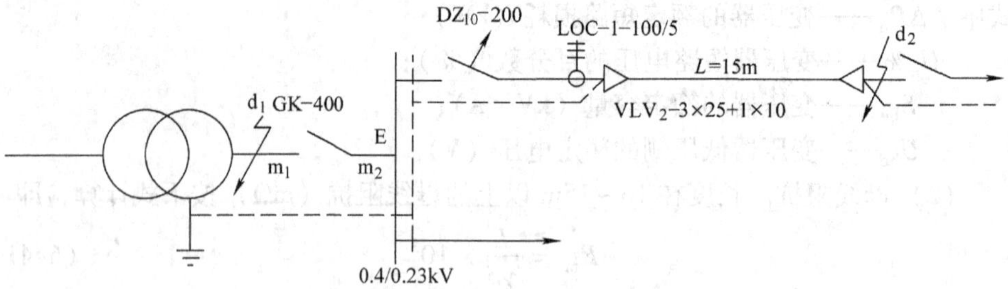

图6-8 某低压配电系统

解：（1）d_1、d_2 点的三相短路电流计算过程如下。

① 车间变电所电源考虑为无限容量。

② 变压器阻抗为：

$$R_b=\Delta P_d\frac{U_{be}^2}{S_{be}^2}=10\times\frac{400^2}{630^2}m\Omega=4.03m\Omega$$

$$X_b=\sqrt{\left(\frac{U_d\%}{100}\right)^2-\left(\frac{\Delta P_d}{S_{be}}\right)^2}\frac{U_{be}^2}{S_{be}}=\sqrt{\left(\frac{4.5}{100}\right)^2-\left(\frac{10}{630}\right)^2}\times\frac{400^2}{630}m\Omega=10.69m\Omega$$

③ 查表得隔离开关GK－400的接触电阻 $R_{GK}=0.2m\Omega$。

④ 查表得 DZ_{10}－200断路器的参数如下：接触电阻 $R_{DZ_1}=0.6m\Omega$；线圈电阻 $R_{DZ_2}=0.36m\Omega$，线圈电抗 $X_{DZ_2}=0.28m\Omega$。

⑤ 查表得母线阻抗。

母线 m_1、m_2、m_3 的型号为TMY80×8，长度均为6m，且为水平排列。$D=250$，于是 $D_{cp}=1.26D=1.26\times250\approx350$；$R_m=0.039m\Omega/m$；$X_m=0.19m\Omega/m$。

⑥ 查表得LQC－1－100/5电流互感器的阻抗：$R_{LQ}=1.7m\Omega/m$；$X_{LQ}=2.7m\Omega/m$。

⑦ 查表得 $VLV_2-3\times25+1\times10$ 电缆的阻抗：$R_{VL}=1.507m\Omega/m$；$X_{VL}=0.082m\Omega/m$。

于是 d_1 点的总阻抗为：

$R_{d_1\Sigma}=R_b=4.03\text{m}\Omega$，$X_{d_1\Sigma}=X_b=10.69\text{m}\Omega$

$Z_{d_1\Sigma}=\sqrt{R_{d_1\Sigma}^2+X_{d_1\Sigma}^2}=\sqrt{4.03^2+10.69^2}\text{m}\Omega=11.42\text{m}\Omega$

d_2 点的总阻抗为

$$R_{d_2\Sigma}=R_b+R_{m1}+R_{GK}+R_{m2}+R_{m3}+R_{DZ_1}+R_{DZ_2}+R_{LQ}+R_{VL}$$
$$=(4.03+0.039\times6+0.2+0.039\times6+0.039\times6+0.6+0.36+1.7+1.507\times15)\ \text{m}\Omega$$
$$=30.197\text{m}\Omega$$

$$X_{d_2\Sigma}=X_b+X_{m1}+X_{m2}+X_{m3}+X_{DZ2}+X_{LQ}+X_{VL}$$
$$=(10.69+0.19\times6+0.19\times6+0.19\times6+0.28+2.7+0.082\times15)\ \text{m}\Omega$$
$$=18.32\text{m}\Omega$$

$Z_{d_2\Sigma}=\sqrt{R_{d_2\Sigma}^2+X_{d_2\Sigma}^2}=\sqrt{30.197^2+18.32^2}\text{m}\Omega=35.32\text{m}\Omega$

⑧ d_1、d_2 点的三相短路电流为：

$$I_{d_1}^{(3)}=\frac{U_p}{\sqrt{3}Z_{d_1}}=\frac{400}{\sqrt{3}\times11.42}\text{kA}=20.22\text{kA}$$

$$I_{d_2}^{(3)}=\frac{400}{\sqrt{3}\times35.32}\text{kA}=6.54\text{kA}$$

根据 $X_{d\Sigma}/R_{d\Sigma}$ 的大小从图 6-7 中查得

$$K_{c_1}=1.32,\ K_{c_2}=1.03$$

故
$$i_{ch_1}=\sqrt{2}K_{c_1}I_{d_1}^{(3)}=\sqrt{2}\times1.32\times20.22\text{kA}=37.7\text{kA}$$

$$i_{ch_2}=\sqrt{2}\times1.03\times6.55\text{kA}=9.54\text{kA}$$

又
$$K_{c_1}>1.3,\ K_{c_2}<1.3$$

故 $I_{ch_1}=\sqrt{1+2\ (K_{c_1}-1)^2}I_{d_1}^{(3)}=\sqrt{1+2\times(1.32-1)^2}\times20.22\text{kA}=22.19\text{kA}$

$$I_{ch_2}=\sqrt{1+\frac{T_f}{0.02\text{s}}}I_{d_2}^{(3)}=\sqrt{1+\frac{0.00193}{0.02}}\times6.54\text{kA}=6.85\text{kA}$$

(2) d_2 点的单相短路电流 $I_{d_2}^{(1)}$ 计算过程如下。

① d_2 点以前各元件的正序电抗和电阻（即相电抗和电阻）已求出，分别为

$X_b=10.69\text{m}\Omega$，$X_{GK}=0$，$X_{DZ_1}=0$，$X_{DZ_2}=0.28\text{m}\Omega$，

$X_m=0.19\text{m}\Omega/\text{m}$，$X_{LQ}=2.7\text{m}\Omega$，$X_{VL}=0.082\text{m}\Omega/\text{m}$

$R_b=4.03\text{m}\Omega$，$R_{GK}=0.2\text{m}\Omega$，$R_{DZ_1}=0.6\text{m}\Omega$，$R_{DZ_2}=0.36\text{m}\Omega$，

$R_m=0.039\text{m}\Omega/\text{m}$，$R_{LQ}=1.7\text{m}\Omega$，$R_{VL}=1.507\text{m}\Omega/\text{m}$

② 各元件的负序电抗和电阻等于正序电抗和电阻，即相电抗和电阻。

③ 各元件的零序电抗 X_0 和零序电阻 R_0 分别如下：

对于变压器，查表得　$X_{0b}=112.5\text{m}\Omega$，$R_{0b}=67\text{m}\Omega$

对于隔离开关，查表得　$R_{0GK}=R_{GK}=0.2\text{m}\Omega$

对于断路器，查表得　$R_{0DZ_1}=R_{DZ_1}=0.6\text{m}\Omega$，$R_{0DZ_2}=R_{DZ_2}=0.039\text{m}\Omega$，

$X_{0DZ_2}=X_{DZ_2}=0.28\text{m}\Omega$

对于母线参数，查表并计算如下：

相母线（80×8）　$X_{0Xm}=0.198\text{m}\Omega/\text{m}$，$R_{0Xm}=R_m=0.039\text{m}\Omega/\text{m}$

零母线（30×4）　$X_{0Lm}=0.258\text{m}\Omega/\text{m}$，$R_{0Lm}=0.185\text{m}\Omega/\text{m}$

母线零序电抗　$X_{0m}=(X_{0Xm}+3X_{0Lm})\times18=(0.198+3\times0.258)\times18\text{m}\Omega=17.5\text{m}\Omega$

母线零序电阻　$R_{0m}=(0.039+3\times0.185)\times18\text{m}\Omega=10.69\text{m}\Omega$

对于电流互感器，查表得　$X_{0Lm}=X_{LQ}=2.7\text{m}\Omega$，$R_{0Lm}=R_{LQ}=1.7\text{m}\Omega$

对于电缆，查表并计算如下：

相线　$X_{0XVL}=0.101\text{m}\Omega/\text{m}$，$R_{0XVL}=R_{VL}=1.507\text{m}\Omega/\text{m}$

零线　$X_{0LVL}=0.137\text{m}\Omega/\text{m}$，$R_{0LVL}=3.695\text{m}\Omega/\text{m}$

电缆零序电抗　$X_{0VL}=(X_{0XVL}+3X_{0LVL})\times15=(0.101+3\times0.137)\times15\text{m}\Omega=7.68\text{m}\Omega$

电缆零序电阻　$R_{0VL}=(R_{0XVL}+3R_{0LVL})\times15=(1.507+3\times3.695)\times15\text{m}\Omega=188.88\text{m}\Omega$

④ d_2 点单相短路时短路回路的相零总阻抗为：

$$X_{xl\Sigma}=\frac{1}{3}(X_{1\Sigma}+X_{2\Sigma}+X_{0\Sigma})=\frac{1}{3}(2X_{1\Sigma}+X_{0\Sigma})$$

$$=\frac{1}{3}\times[(10.69+0.28+0.19\times18+2.7+0.082\times15)\times2+(112.5+0.28+17.5+2.7+7.68)]\text{m}\Omega$$

$$=\frac{1}{3}\times(36.64+140.66)\ \text{m}\Omega=59.10\text{m}\Omega$$

$$R_{xl\Sigma}=\frac{1}{3}(R_{1\Sigma}+R_{2\Sigma}+R_{0\Sigma})=\frac{1}{3}(2R_{1\Sigma}+R_{0\Sigma})$$

$$=\frac{1}{3}\times[(4.03+0.2+0.6+0.36+0.039\times18+1.7+1.507\times15)\times2+(67+0.2+0.6+0.36+10.69+1.7+188.88)]\text{m}\Omega$$

$$=\frac{1}{3}\times(60.394+269.43)\text{m}\Omega=109.94\text{m}\Omega$$

$$Z_{xl\Sigma}=\sqrt{X_{xl\Sigma}^2+R_{xl\Sigma}^2}=\sqrt{59.1^2+109.94^2}\text{m}\Omega=124.82\text{m}\Omega$$

⑤ d_2 点的单相短路电流为：

$$I_d^{(1)}=\frac{U_\varphi}{Z_{xl\Sigma}}=\frac{230}{124.82}\text{kA}=1.84\text{kA}$$

计算所用的有关表格，均可在有关电气设计手册中查得，这里不再一一列出。

6.4　电气设备的选择

电力系统中不同类别电气设备的任务和工作条件不同，因此它们的选择方法也不相同。但是，为了保证电气设备正常工作时的安全可靠性，设备选择的基本要求是相同的，即按正常工作条件选择，按短路条件校验其动稳定和热稳定。对于熔断器、断路器，还要校验其开断电流的能力。

6.4.1　电气设备选择的一般原则

1. 按正常工作条件选择

（1）按使用环境选择设备，如温度和湿度、污染情况、海拔、安装地点等。

（2）按正常工作电压选择设备的额定电压。正常工作条件下，设备的额定电压 U_{eg} 必须不低于设备安装地点的电网额定电压 U_e，即

$$U_{eg} \geqslant U_e \tag{6-44}$$

（3）按正常工作电流选择设备的额定电流。正常工作条件下，设备的额定电流 I_{eg} 必须不低于流过设备的最大长期负荷电流 I_{gmax}，即

$$I_{eg} \geqslant I_{gmax} \tag{6-45}$$

2. 按短路条件校验设备的动稳定和热稳定

断开短路电流的电器（如断路器、熔断器等），要满足一定的断流能力。对可能通过短路电流的电器（如负荷开关、刀开关等），还应按下列公式进行动稳定和热稳定校验：

动稳定校验　$$I_{egmax} \geqslant I_{ch} \text{ 或 } i_{egmax} \geqslant i_{ch} \tag{6-46}$$

热稳定校验：　$$I_t^2 t \geqslant I_\infty^2 t_{jx} \text{ 或 } I_t \geqslant I_\infty \sqrt{\frac{t_{jx}}{t}} \tag{6-47}$$

式中　I_{egmax}、i_{egmax}——设备允许通过最大电流的有效值、峰值；

I_{ch}、i_{ch}——短路冲击电流的有效值、峰值；

I_t——时间 t 内的热稳定电流；

t——与 I_t 对应的时间；

t_{jx}——假想时间；

I_∞——稳态短路电流。

6.4.2　熔断器的选择

熔断器是用于保护短路和过负荷的最简单的电器。但其容量小，保护特性

差，一般仅适用于35kV及以下电压等级小型变压器和电压互感器等的过载及短路保护，在发电厂中主要用于电压互感器的短路保护。

正常情况下熔断器安装在被保护设备或网络的电源端，当发生过电流故障时，熔体熔化，使设备与网络隔离。要使供电线路按照预期的电流和预定的时间切断，必须选择适当额定电流的熔体。不同熔体在一定电流下，其熔断时间是不一样的，熔体熔断时间和通过电流的关系的曲线，叫做熔断器的保护特性曲线。

一般地，制造熔体的材料分两大类，即热惯性较小的和热惯性较大的。前者如铅、锡、锌及其合金，它们熔点低，常用于500V以下的网路中（分为327℃、200℃、420℃）。后者如铜、银，这类熔体的熔点高（1080℃、960℃），与前者相比，在同一额定电流下熔体截面积小，不易氧化，性能较稳定，故多在高压熔断器中使用；这种熔体不考虑电动机起动时的起动电流使熔体熔断的可能，而前者则必须考虑这一点。

1. 型号和种类的选择

熔断器的型式可根据安装地点、使用要求选择。作为电力系统、电力变压器的短路或过载保护，可选用RN1、RN3、RN5、RN6、RW3～RW7、RW9～RW11等系列；作为电压互感器的短路保护（不能作为过载保护），可选用RN2、RN4、RW10、RXW0等系列；作为电力电容器回路的短路或过载保护，可选用BRN1、BRN2、BRW等系列。

2. 额定电压的选择

对于一般的熔断器，其额定电压 U_N 必须大于或等于电网的额定电压 U_{Ns}，即

$$U_N \geqslant U_{Ns}$$

3. 额定电流的选择

额定电流的选择包括熔断器熔管额定电流 I_{Nt} 和熔体额定电流 I_{Ns} 的选择。

（1）熔断器熔管额定电流的选择。为了保证熔断器壳不被损坏，熔断器熔管额定电流应满足

$$I_{Nt} \geqslant I_{Ns}$$

（2）熔断器熔体额定电流的选择。为了防止熔断器在通过变压器励磁涌流及电动机自起动等时因冲击电流而误断，保护变压器或电动机的熔断器熔体额定电流 I_{Ns} 应根据变压器回路最大工作电流 I_{max} 选择，即

$$I_{Ns} = KI_{max}$$

K 为可靠系数，不计电动机自起动时 $K=1.1\sim1.3$，计电动机自起动时 $K=1.5\sim2.0$。

对于保护电力电容器的熔断器，为使当系统电压升高或波形畸变引起回路电流涌流时熔体不熔断，其熔体的额定电流 I_{Ns} 应等于电容器回路的额定电流 I_{Nc} 的

K倍，即

$$I_{Ns}=KI_{Nc}$$

对于具有限流作用的熔断器，保护单台电容器时 $K=1.5\sim2.0$，保护一组电容器时 $K=1.3\sim1.8$。

4. 熔断器开断电流的校验

（1）对于没有限流作用的熔断器，一般在短路电流达到 I_{sh} 之后，其熔体才熔断，所以选择时用冲击电流的有效值 I_{sh} 校验，即

$$I_{Nbr}\geqslant I_{sh}$$

式中　I_{Nbr}——开断电流。

（2）对于有限流作用的熔断器，一般在短路电流未达到 I_{sh} 之前，其熔体已熔断，故可不计及短路电流非周期分量的影响，选择时可用 I'' 校验。

$$I_{Nbr}\geqslant I''$$

式中　I''——熔断器安装点的三相次暂态短路电流有效值。

5. 熔断器选择性校验

为了保证前后两级熔断器之间、熔断器与电源或负荷侧保护装置之间动作的选择性，应按熔断器的安秒特性曲线进行熔体校验。其要求是在线路发生故障时，靠近故障点的熔断器最先熔断并切除故障部分，保证其他部分仍能正常运行。

6.4.3　低压断路器的选择

断路器是一种可以用手动或电动分、合闸，而且在电路过负荷或欠电压时能自动分闸的低压开关电器，可用于非频繁操作的出线开关或电动机的电源开关。

1. 断路器的作用

断路器由于灭弧性能较好，故在正常运行时可接通和切断负荷电流，并具有短路、过负荷和欠电压保护特性，因此是低压配电网络和电力拖动系统中非常重要的一种电器。它集控制和多种保护功能于一身，除了能完成接通和分断电路外，还能对电路或电气设备发生的短路、严重过载及欠电压等进行保护，同时也可以用于不频繁地起动电动机。

2. 断路器的特点

断路器具有操作安全、使用方便、工作可靠、安装简单、动作值可调、分断能力较强、兼有多种保护功能、动作后（如短路故障排除后）不需要更换元件（如熔体）等优点，因此在工业、住宅等方面获得广泛应用。

3. 断路器的分类

（1）按极数分：单极、两极和三极。

（2）按保护形式分：电磁脱扣器式、热脱扣器式、复合脱扣器式（常用）

和无脱扣器式。

（3）按全分断时间分：一般和快速式（先于脱扣机构动作，脱扣时间在0.02s以内）。

（4）按结构型式分：塑壳式、框架式、限流式、直流快速式、灭磁式和漏电保护式。电力拖动与自动控制电路中常用的断路器为塑壳式，如DZ5－20系列。

4. 断路器的结构

断路器由触头装置、灭弧装置、脱扣机构、传动装置和保护装置五部分组成，其工作原理如图6-9所示。

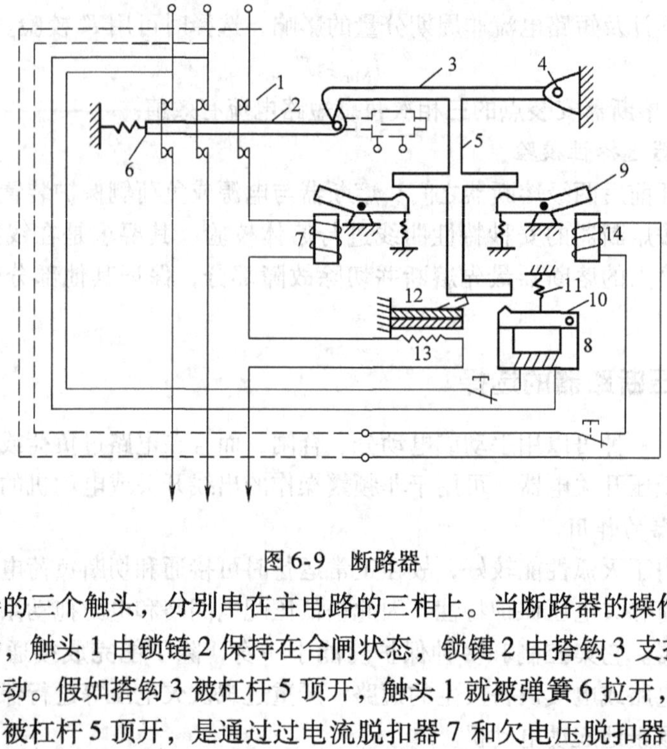

图6-9 断路器

断路器的三个触头，分别串在主电路的三相上。当断路器的操作手柄手动或自动合闸后，触头1由锁链2保持在合闸状态，锁键2由搭钩3支持着，搭钩3可绕轴4转动。假如搭钩3被杠杆5顶开，触头1就被弹簧6拉开，电路切断。

搭钩3被杠杆5顶开，是通过过电流脱扣器7和欠电压脱扣器8来实现的。过电流脱扣器7正常运行时虽然串在电路中，但线圈产生的吸力不能将衔铁9吸合，只有当线路发生短路产生大电流使电磁吸力增加时，才能将9吸合，同时撞击杠杆5，把搭钩3顶开，断开触头1。并联在主电路上的欠电压脱扣器8，电压正常时，线圈产生的吸力将衔铁10吸合，当线路电压降到一定值，吸力减少，衔铁10被弹簧11拉开，撞击杠杆5，将搭钩3顶开，也可使触头1断开。热脱扣器由双金属片12组成，当线路过负荷时，过负荷电流流经加热电阻器13，使12发热弯曲，同样将搭钩3顶开，断开触头1，起到过负荷保护作用。分励脱扣器14可作远距离控制用。

断路器都装有操作手柄，作为正常情况下通、断电路和故障后重新接通电路用。

断路器分为断装型（DZ）和断万型（DW）两大类。

断装型即装置式断路器。其优点是导电部分全部装于胶木盒中，使用安全，操作方便，结构紧凑；缺点是因为装在盒中，电弧游离气体不易排除，连续操作次数有限，一般短时内允许“分断”、“接通、分断”各一次。它无延时机构，辅助接点有限，所以保护性能不如断万型。

断万型即万能式（又称框架式）断路器。它是开启式的，其体积比断装式的大，但保护性能好；可加装延时机构，电磁脱扣器的动作电流也可以用调节螺钉自由调节（断装型只能选择不同的元件）。此外，断万型开关除可手动操作外还可用电动机或电磁铁操作（部分断装式开关如DZl0－250和DZ10－600亦可用电动机操作）。

5. 断路器的选择原则

断路器的选择除满足电器设备选择的一般原则外，要注意断路器有三个额定电流，即断路器的额定电流 I_e、电磁脱扣器的额定电流 I_{ez} 和热脱扣器的额定电流 I_{er}。如果线路计算电流为 I_j，导线安全允许载流量为 I_{ux}，则它们之间应符合下列关系：

$$I_e \geqslant I_{ez} \quad I_{ez} \geqslant I_{er} \quad I_{er} \geqslant I_j \quad I_j \leqslant I_{ux} \tag{6-48}$$

（1）断路器过电流脱扣器的整定。各种过电流脱扣器的整定电流值，必须经过整定计算，然后再考虑各种保护之间的配合后方能决定。

1）瞬时和短延时过电流脱扣器的整定。配电用断路器的瞬时或短延时过电流脱扣器的整定电流 I_{kzd}，按避开电路中出现的尖峰负荷电流来整定，即

$$I_{kzd1} \geqslant K_{z1}[I_{dqmax} + I_{j(n-1)}] \tag{6-49}$$

式中 K_{z1}——瞬时或短延时脱扣器的可靠系数，取1.2；

I_{dqmax}——线路中起动电流最大的一台电动机的起动电流（A）；

$I_{j(n-1)}$——除起动电流最大的一台电动机以外的线路计算电流（A）。

选择性断路器瞬时脱扣器的电流整定值，不仅应躲过被保护电路中的正常尖峰负荷的电流，而且还要满足电路中各级的选择性要求，即大于或等于下一级断路器瞬时动作电流的1.2倍，还需躲过下级开关所保护电路的短路故障电流。

非选择性断路器瞬时脱扣器的电流整定值，只要能躲过电路的尖峰负荷电流即可。

短延时脱扣器为满足保护装置动作选择性的要求，其延时断开动作时间分为0.1s、0.4s、0.6s三种，可按需要整定。

2）长延时过电流脱扣器或热脱扣器的整定。对配电或照明用断路器脱扣器

可按下式条件整定，即

$$I_{kzd2} \geqslant k_{z2} I_j \tag{6-50}$$

式中 k_{z2}——可靠系数，对于长延时过电流脱扣器，考虑开关电流误差和负荷电流计算误差，取1.1，对于热脱扣器，取1.0~1.1（高压汞灯取1.1，其余照明灯时取1即可）；

I_j——负荷计算电流（A）。

（2）断路器的灵敏性校验。为保证断路器的可靠动作，必须按短路电流校验其灵敏性。对中性点接地的三相四线制系统，则按下式校验：

$$\frac{I_{dmin}^{(1)}}{I_{kzd}} \geqslant k_{Lx}^{(1)} \tag{6-51}$$

式中 $I_{dmin}^{(1)}$——被保护线段的最小单相短路电流（A）；

$k_{Lx}^{(1)}$——单相短路电流灵敏系数，对断装型取1.5，对断万型取2，安装于防爆车间时取2。

（3）过电流脱扣器与导体安全允许载流量的配合。为了保证配电线路在过负荷或短路时断路器能够可靠动作，保护电缆或导线不致因过热而烧坏或引起火灾，脱扣器的整定电流与电缆或导线的允许载流量，应有下列配合关系：

$$\frac{I_{kzd}}{I_{ux}} \leqslant 4.5 \tag{6-52}$$

复 习 题

1. 电路短路的主要原因是什么？
2. 电路短路的主要危害是什么？
3. 计算短路电流的目的是什么？
4. 熔断器的选择原则是什么？
5. 断路器的选择原则是什么？
6. 当电力系统容量大于用户供电系统容量多少倍时，则可将此电力系统称为无限大系统。
7. 已知一电力系统出口断路器为SN10－10Ⅱ型（S_{oc}＝500MV·A，S_d＝100MV·A），电源电压为10.5kV，试用有名值法和标幺值法分别计算在5km（X_0＝0.35Ω/km）处的三相短路电流和短路容量。

第 7 章

用电设备的防火

内容提要： 本章主要介绍电动机、照明装置、家用电器、开关装置等几种常用电气设备的火灾危险性和安全防火要求。

本章重点： 电动机防火、照明装置防火、家用电器防火。

7.1 电动机防火

电动机是把电能转换成机械能的设备，它是利用通电线圈在磁场中受力转动的现象制成的。电动机按使用电源不同分为直流电动机和交流电动机，电力系统中的电动机大部分是交流电动机，可以是同步电动机也可以是异步电动机（电动机定子磁场转速与转子旋转转速不保持同步速）。电动机主要由定子与转子组成，当三相电源通入定子的三相对称绕组中时，进而产生电磁转矩，使电动机旋转，其旋转方向跟电流方向和磁场方向有关。

通常电动机的做功部分做旋转运动，这种电动机称为转子电动机；也有作直线运动的，称为直线电动机。电动机能提供的功率范围很大，从毫瓦级到万千瓦级。它的使用和控制非常方便，具有自起动、加速、制动、反转等能力，能满足各种运行要求；电动机的工作效率较高，又没有烟尘、气味，不污染环境，噪声也较小。由于它的一系列优点，所以在工农业生产、交通运输、国防、商业及家用电器、医疗电器设备等各方面广泛应用。由于现实生活中使用最多的是异步电动机，本节主要讨论异步电动机的防火。

交流电动机分为异步电动机和同步电动机。异步电动机在固定电网频率下，其转速随负载大小而改变，即转速与电网频率无严格不变的关系；同步电动机的转速则与电网频率保持严格不变的关系。

异步电动机是各类电动机中应用最广、需要量最大的一种。各国以电为动力的机械中，有 90% 左右为异步电动机，其中小型异步电动机约占 70% 以上。在电力系统的总负荷中，异步电动机的用电量占相当大的比重。在我国，异步电动机的用电量约占总负荷的60%多。

异步电动机的基本特点是，转子绕组不需与其他电源相连，其定子电流直接取自交流电力系统；与其他电动机相比，异步电动机的结构简单，制造、使用、维护方便，运行可靠性高，重量轻，成本低。以三相异步电动机为例，与同功率、同转速的直流电动机相比，前者重量只及后者的二分之一，成本仅为三分之一。异步电动机还容易按不同环境条件的要求，派生出各种系列产品。它还具有接近恒速的负载特性，能满足大多数工农业生产机械拖动的要求。

其局限性是，它的转速与其旋转磁场的同步转速有固定的转差率（见异步电动机），因而调速性能较差，在要求有较宽广的平滑调速范围的使用场合（如传动轧机、卷扬机、大型机床等），不如直流电动机经济、方便。此外，异步电动机运行时，从电力系统吸取无功功率以励磁，这会导致电力系统的功率因数变低，因此在大功率、低转速场合（如拖动球磨机、压缩机等）不如用同步电动机合理。

7.1.1 异步电动机的火灾危险性及其分析

和其他机器一样，电动机起火除电动机自身的原因外，还有线路、开关电器和保护元件等方面的问题。

1. 电动机的危险温度及引发火灾的原因

（1）电动机的允许温升是与所用绝缘材料的绝缘等级相适应的。当环境温度为35℃时，电动机的允许温升可参考表7-1。

表7-1 电动机的允许温升 （单位:℃）

部位	绝缘等级					测量方法
	A	E	B	F	H	
绕组	70	85	95	105	130	电阻法
铁心	70	85	95	105	130	温度计法
集电环	70					温度计法
滚动轴承	60					温度计法
滑动轴承	45					温度计法

（2）异步电动机引发火灾的原因：

1）严重过载。电动机由于超负荷运行导致工作电流超过额定值，造成绕组短路引起火灾。

2）内部短路。由于受潮、绝缘老化、过电压击穿、机械性损伤等原因，电动机绕组及端子处发生相间、匝间或对地短路时，温度急剧升高，甚至打火放电，可引起电动机着火。

3）断相运行。三相电动机断一相运行时，对于恒值负载，电流将增大为正常值的$\sqrt{3}$倍，时间过长，则可能引起电动机着火。若断相的三相电动机在堵转状态下接通电源，由于其堵转转矩为零，电动机不能起动，而这时的电流高达额定电流的6~7倍，很容易引起电动机着火。

4）接触不良。电动机内部及外部连接不良时，轻则过热，重则打火放电，均可引起电动机着火。

5）频繁起动。因为每次起动都将承受堵转电流的冲击，所以频繁起动也可导致电动机温度过高并引起燃烧。

6）机械性堵转。如因安装不好或有异物进入，电动机被别死或卡死，接通电源后6~7倍的电流很容易引起电动机着火。

7）电压波动太大。电压过高将使铁心发热增加；电压过低，对于恒值负载，电流将明显增大，也将使发热增加。二者都可能使电动机产生危险温度，引起燃烧。

8）散热失效或环境温度过高。例如，电动机外风扇或外风扇罩拆卸后未予安装或环境温度超过40℃，都可能导致电动机温度过高并引起燃烧。

9）铁心短路。铁心短路时，铁心涡流损耗大大增加，使铁心过热，也可能导致电动机着火。

2. 单相起动和运行

（1）单相起动。三相异步电动机缺少一相电源时不能起动。无论电动机的定子绕组是星形联结还是三角形联结，均相当于把交流电源的线电压加在电动机的定子绕组上，如图7-1所示。此时，电动机成了单相电动机，由电机学原理知道，只要在空间上不同相位的绕组中接入时间上不同相位的电流，就能产生旋转磁场，因此电源在绕组内部产生一个交变脉动磁场。这个交变脉动磁场可分解为两个转速相同、旋转方向相反的旋转磁场，当转子静止时，这两个旋转磁场在转子中产生两个大小相等、方向相反的转矩，使得合成转矩为零，所以电动机无法旋转。其中，与电动机转向相同的正向旋转磁场对转子的作用和三相异步电动机一样，它对转子的转差率为

$$S_+ = \frac{n_0 - n}{n_0} \tag{7-1}$$

式中 S_+——正向旋转磁场对转子的转差率；

n_0——旋转磁场的转速；

n——转子的转速。

因此，正向转动电磁转矩M_+对电动机来说是拖动转矩，其与S_+之间满足函数关系，即$M_+ = f(S_+)$。相反，反向转动电磁转矩M_-是制动转矩。由反向旋

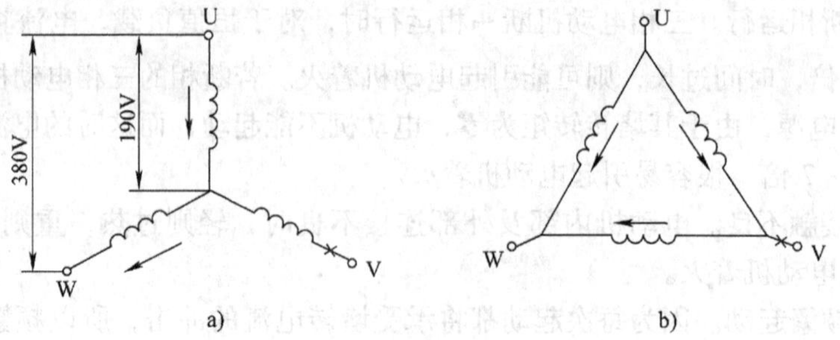

图 7-1　三相异步电动机一相断线

a）星形联结的异步电动机绕组一相断线　b）三角形联结的异步自动机绕组一相断线

转磁场对转子的转差率可得到如下的关系式：

$$
\begin{aligned}
S_{-} &= \frac{-n_0 - n}{-n_0} = \frac{n_0 + n}{n_0} \\
&= \frac{2n_0 - (n_0 - n)}{n_0} \\
&= 2 - S_{+}
\end{aligned} \tag{7-2}
$$

$$M_{-} = f(s_{-})$$

式中　s_{-}——反向旋转磁场对转子的转差率；

M_{-}——反转电磁转矩。

综上，若电动机起动前发生断相，正向旋转磁场对转子的转差率和反向旋转磁场对转子的转差率均为 1，合成转矩为 0，如不采取措施，电动机不能起动。此时，电源电压无反电动势抵消全部消耗在定子绕组上，会在其上产生大电流。电动机也会振动，若不及时施加外力使电动机转动，也不拔掉电源则会使电动机绕组烧毁造成火灾隐患。图 7-2 为转矩 - 转差率曲线。

（2）单相运行。如果三相异步电动机在运行的过程中发生断相（即一相电源线断开），此时电动机仍继续运行，另外两相流过单相电流，这种运行状态称为断相运行或单相运行。

但这时的断相和起动前是不相同的，此时，三相异步电动机变成了单相电动机，如图 7-2 所示。由理论可知，若有 $M = M_{+} + M_{-} > M_{\mathrm{f}}$，电动机则可继续运行，但此时电动机的出力大为降低。此外，由于三相电源变为一相线电压供电，其电流增大很多，电动机会发生振动，而因反相旋转磁场也会产生大量的热，若不采取措施，会造成火灾隐患。

1）电动机单相运行有多种原因，一般分为电源方面和设备本身。

① 电动机上熔断器的熔体压接不良或已被熔断。

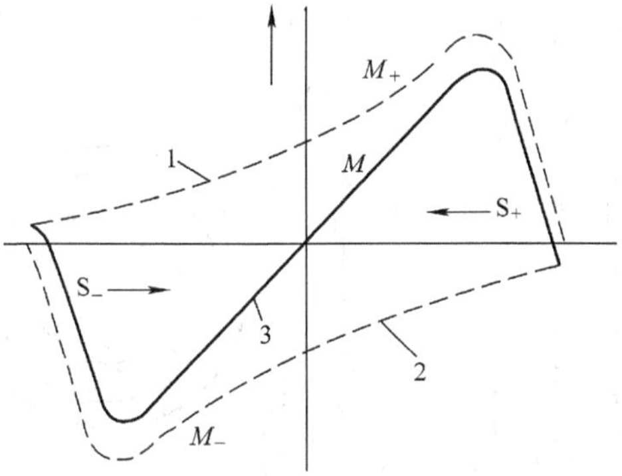

图7-2 普通三相异步电动机单相运行时的转矩—转差率曲线
1—曲线$M_+=f(s_+)$ 2—曲线$M_-=f(s_-)$ 3—合成磁矩曲线$M=M_++M_-$

② 电源本身断相：上一级电源断相，本级电源因熔断器或接触处断路而断相。

③ 控制开关一相虚接。

④ 气候或机械损伤等原因造成一相电源线断线。

⑤ 电动机定子绕组连接时有一相未接牢，图7-1中所示即为此类。

⑥ 电动机起动设备本身损坏造成一相断电。

⑦ 定子绕组内脱焊、断路。

2）电动机在单相运行时，若所驱使的负载不大，且满足$M \geqslant M_f$，则就可以在短期内继续运行，但这样做势必造成很大的危害，即会烧毁电动机，甚至造成火灾。

电动机单相运行时，有些绕组电流会增大为正常时的1.73倍，而此时熔体不会断开（一般熔断器的熔体是按额定电流的2倍选取的），如不及时采取措施，势必会产生隐患。要鉴别火灾是否由电动机单相运行造成的，只需检查绕组烧毁痕迹即可。图7-3是两极异步电动机采用星形联结时，发生单相运行时的线路示意图及绕组烧毁情况。其必然是两份烧毁、一份完好，按照2∶1、2∶1、…顺序排列（此规律也适用于多极电动机）。

若采用三角形联结，单相运行时的烧毁情况则有所不同，如图7-4所示。因两相正常而一相过电流，则烧毁规律变为一份烧毁、两份完好，按1∶2、1∶2、…顺序排列（此规律也适用于多极电动机）。

一般，电动机烧毁可以分为两种情况，即内部升温和外部火灾。如果电动机单相运行或匝间短路时，由于有的绕组的阻抗减小，因此致使电流增大，导线会发热。又由于槽内空间很小，导致空气不流通，造成热量积聚，使槽内线严重损坏；而槽口的绕组外露部分，因有较好的散热条件，则烧毁较轻。如因外部火灾烧毁电动机，则因为槽口绕组部分直接接触火源，故其烧毁情况比较严重；而外

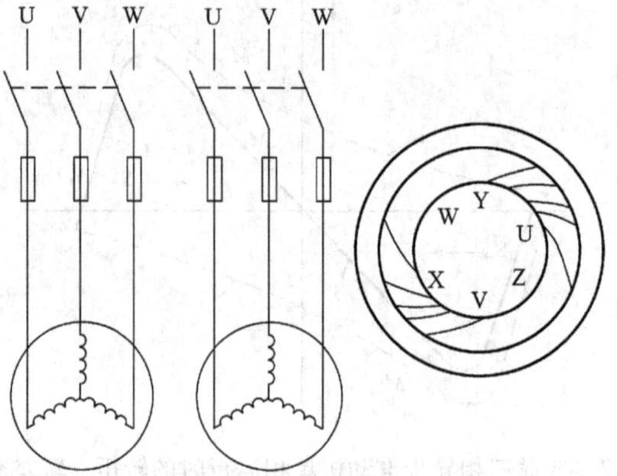

图 7-3　电动机单相运行时绕组烧毁情况（星形联结时）

部火焰又由于电动机的外部结构不易窜入槽内，故烧毁情况比较轻微（可抽出导体加以鉴别）。根据上述两种不同情况的对比分析，可以得出两种截然相反的结论。因此，通过上述特征可以对火灾的判断有重要的指导意义。

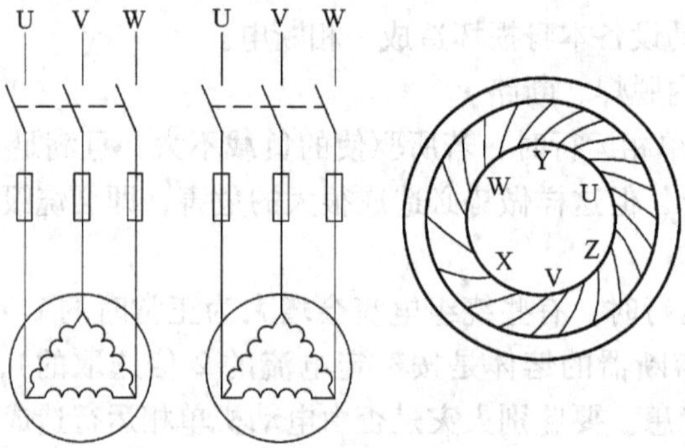

图 7-4　电动机单相运行时绕组烧毁的情况（三角形联结时）

3. 电源电压波动

（1）电源电压升高。电动机旋转磁场的每极磁通量 Φ 是由定子电流所产生的，定子电流除了要产生磁场外，还要提供负载电流分量，只是在不同的运行条件下它们所占定子电流的比例不同。

电动机在空载运行时，无功率输出，定子三相绕组中通过的电流即是空载电流，这时$\dot{I}_1=\dot{I}_0$。空载电流又是由两部分组成的，一部分是产生旋转磁场的主磁通量 Φ，这是$\dot{I}_0$的主要部分，称为空载励磁电流分量。由于它是用于建立磁场的，故又称为无功电流分量。另一部分是用以产生一定的有功功率，去补偿电动机空载运行时的诸如摩擦、通风（风耗）和铁损等，称为$\dot{I}_0$的有功分量，因空载时各种损耗较小，故一般可以忽略不计。这样可以认为$\dot{I}_0$基本上是无功性质的。我们希望$\dot{I}_0$越小越好，否则因功率因数太低，电动机的运转性能会变坏。我们知道，在正常情况下电动机铁心磁场基本处于饱和状态，这时空载电流$\dot{I}_0=(0.2\sim0.5)\ I_{1e}$，数值较大。当电源电压$U_1$增加时，将导致$\dot{I}_0$增加很多，其占$I_{1e}$的比重就会更大，这是相当危险的。

另一方面，当电动机带负载运行时，定子电流包含励磁空载电流$\dot{I}_0$和负载分量电流$\dot{I}_{1f}$两个分量，则有$\dot{I}_1=\dot{I}_0+\dot{I}_{1f}$成立。可见，这两个分量中任何一个增大都会导致定子电流的增加。当电源电压增大时，必然导致定子电流增加，可能超过额定电流使电动机绕组过热。下面介绍一个电源电压升高的特例。

当异步电动机由星形联结错接成△形联结后，定子每相绕组所承受的电压为原电压的$\sqrt{3}$倍，使电动机铁心高度“饱和”，$\dot{I}_0$急剧增加，铁心损耗也大大增加，必将引起铁心过热。起动电流增大为原来的3倍，定子相电流为原来（星形联结时）的$\sqrt{3}$倍，与励磁分量之和要比电动机额定电流I_{1e}大好几倍。如此之大的定子电流将使绕组铜损猛烈增加，导致绕组严重过热。由于铁心和绕组都严重过热，将使电动机被烧毁。

（2）电源电压降低。众所周知，电动机的电磁转矩与电源电压$U^2{}_1$成正比，即$M\propto U^2{}_1$。可见电源电压如有变动，对转矩的影响很大。图7-5可形象地描绘出这种影响。

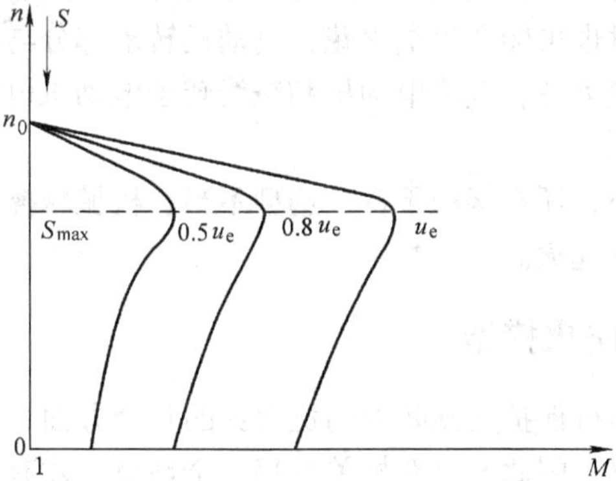

图7-5　不同电源电压U_1时的$M=f(s)$

当电源电压降低时，由于$M\propto U^2{}_1$，所以M急剧下降，特性曲线发生偏移，转速降低（S上升），致使定子电流I_1增加。这时，电动机可能因转矩太小而起动困难。电动机若在轻载运行时，可能影响不大；但在重载下，尤其是满载运行时，U_1 过低将引起负载电流分量增大的数值大于励磁电流分量减少的数值。这使定子电流增大、功率损耗加大，时间太长会烧毁电动机。如果电压降低到使 $M_f > M_{max}$时，则发生闷车，电动机被烧毁。

4. 内部绕组的短路故障

电动机的绕组一般是用漆、纱、丝包的（铜或铝）导线绕制而成的。这些导线任一处的绝缘如果破坏，就会造成相间、匝间或接地短路。如果短路是局部的，会造成起动困难，甚至起动不了。

如果是严重的匝间短路，在短路匝内将产生很大的环流，使绕组很快发热、冒烟并发出焦臭气味。当短路匝数多时，会导致熔丝熔断，这时由于电动机转子承受的电磁转矩不平衡而发生振动，同时发出不正常的嗡嗡声响。如果是相间短路，则会烧毁电动机。

造成上述情况的原因有：电动机长时间或经常处于过载状态，或短时间内重复起动，致使绕组长期过热，使导线的绝缘加速老化，绝缘强度降低，在过电流和过电压的冲击下使最薄弱处被击穿而短路。在电动机绝缘嵌线时由于不小心碰伤绝缘，或不慎将硬质金属异物掉入电动机内，当运转时碰撞而损坏绕组绝缘，都可能发生短路。

如果使用环境温度过高或受腐蚀性气体的侵蚀，绝缘强度会急剧下降。有时电动机绝缘强度下降后在电网内发生瞬时过电压或大气过电压（雷击），可能在某薄弱环节被击穿，也可能同时将几处或整个绕组绝缘击穿而发生短路起火。

5. 电动机的电火花

电动机各电气连接处松脱时可能产生电火花；绝缘击穿时也可能产生电火花；异物造成短路时也可能产生电火花；电动机转动部分与固定部分摩擦或碰撞时可能产生机械碰撞火花；直流电动机和绕线转子电动机电刷后方总会有或小或大的电火花。

除上述原因之外，还有接触不良、选型不当、机械摩擦、铁损过大等其他原因，也会造成电动机起火。

7.1.2 电动机的防火措施

选择、安装和运行保护是预防电动机火灾的几个方面，忽视任一方面都可能引起事故，造成火灾。因此，只有把关好每一个环节，才有可能避免烧毁电动机和由此引起的火灾事故。

1. 电动机运行中的防火要求

（1）长期没有运行的电动机，在起动前应测量绝缘电阻和空载电流。

（2）电动机连续起动次数一般不能太多，在冷状态下连续起动不应超过 3

次，热状态下连续起动不应超过2次。

（3）合闸后，如电动机不转，应立即拉闸，切断电源，检查和排除故障，避免因起动电流过大导致发热过多烧毁电动机。

（4）对运转中的电动机应加强监视，注意声响、温升和电流、电压变化情况，以便及时发现问题，防止事故发生。

电动机的额定电压、电流、温升、转速等都写在铭牌上。长期运行中，一般电流不应超过额定电流，电压不应低于额定电压的5%和超过10%。绕组、铁心、集电环和轴承的温度不应超过允许温升。

（5）电动机停止运行，职工下班时，除切断动力电路的总开关外，必须将每台电动机专用开关拉断，以保证安全。

（6）注意接线端子的接触情况，特别是振动较大的地方，应防止因接触不良而导致发热过多引起燃烧。

（7）对开启型电动机应定期进行吹扫。

2. 正确选择电动机的起动方式

众所周知，电动机起动时起动电流很大，这对绝缘和安全都不利，故应选择正确合适的起动方式。三相异步电动机分为笼型异步电动机和绕线转子异步电动机两大类。由于它们的结构、性能不同，起动方式也不尽相同。

（1）笼型异步电动机起动方式的选择。笼型异步电动机有直接起动与减压起动两种方式。

1）直接起动方式。直接起动即所谓的全压起动，方法简便。起动时将全部电源电压加到定子绕组上，起动电流较大，一般可达电动机额定电流的4~7倍。根据对国产电动机的实际测定结果，某些笼型异步电动机的起动电流甚至达到8~12倍。所以如果频繁起动，这样大的电流易使电动机过热，影响电动机寿命，同时造成电网电压波动或降低，而影响同一电网其他用电设备的工作，故直接起动电动机受到了容量的限制。一般规定，异步电动机的功率低于7.5kW时允许直接起动。如果功率大于7.5kW，而电源总容量（kV·A）较大，能符合下式起动倍数的要求者，也可直接起动：

$$K_1=\frac{I_{1Q}}{I_{1e}}\leqslant\frac{1}{4}\left[3+\frac{\text{电源总容量}}{\text{起动电动机容量}}\right] \tag{7-3}$$

式中 I_{1Q}——起动电流；

I_{1e}——额定电流。

如果不能满足式（7-3）的要求时，则需采用减压起动的方式。

2）减压起动方式。

① 电阻或电抗减压起动。为了减小起动电流对电动机及所接电网的损害，在起动过程中将电阻和电抗与定子绕组串联，起动电流在电阻及电抗上产生压

降，这就降低了定子绕组上的电压降，起动电流从而减小。这种起动方法具有起动平稳、运行可靠、构造简单等优点，并且电阻起动还有起动阶段功率因数较高等优点。但是，由于起动时电压的降低，会使电动机的起动转矩严重下降（电动机的起动转矩和起动电压的二次方成正比），所以这两种起动方法（电阻和电抗）一般用于无载或轻载起动的场合。电抗减压起动一般用于高压电动机，电阻减压起动一般用于低压电动机。

② 自耦补偿起动。这种方式利用自耦变压器降低电动机定子绕组上的电压，以减小起动电流。自耦补偿起动适用于容量较大的低压电动机做减压起动之用，应用广泛。

③ 星—三角起动也是一种减压起动方式，只能用于正常运转时定子绕组为三角形联结的电动机，而且每相绕组引出两个出线端，即三相共引出六个出线端。起动期间绕组为星形联结，转速稳定后由切换装置改换为三角形联结。这样，起动时接成星形联结的定子绕组的电压与电流都只有三角形联结时的$1/\sqrt{3}$。由于三角形联结时绕组内的电流是线路电流的$1/\sqrt{3}$，而星形联结时两者则是相等的，因此接成星形联结起动时的线路电流只有接成三角形联结直接起动时线路电流的$1/\sqrt{3}$。因起动转矩M_Q与起动电压的二次方成正比，它也降低到直接起动时的$1/\sqrt{3}$，因此这种方法只适用于空载或轻载起动。

这种起动方式的优点是体积小，重量轻，造价低，运行也可靠，而且检修方便。其缺点是起动电压降到原来的$1/\sqrt{3}$，不能像自耦补偿起动那样，可按不同的负载选择不同的起动电压。

④ 延边三角形起动是在星—三角形起动方式基础上加以改进的一种新的起动方式。

延边三角形起动方式利用电动机引出的9个出线端（即每相定子绕组多引出一个出线端）的一定接法，就能达到减压起动的目的。在起动时，把电动机定子绕组的一部分接成三角形联结，一部分接成星形联结，如图7-6a所示。当起动结束后，把绕组改接成三角形见图7-6b，电动机就进入正常运转状态。

在采取延边三角形联结时，它把星形和三角形两种接法结合起来了。当端头U_1、V_1、W_1接至电源时，电动机每相绕组（如U_1U_2）所承受的电压就小于三角形联结时的380V，而大于星形联结时的相电压220V。每相绕组电压的大小是随电动机绕组抽头（$U_3V_3W_3$）的位置而改变的。如果接成星形联结部分的绕组（U_1U_3、V_1V_3、W_1W_3）的匝数越多，电动机的相电压就越低。

为了比较延边三角形起动与三角形直接起动时电流的大小，根据电工理论中星形—三角形转换公式，可以将图7-6a中延边三角形联结转换为图7-7中的等效星形联结，其中与三角形$U_1V_1W_1$等效的星形$U_1V_1W_1$的每相参数为$Z_2/3$。

由图 7-7 可粗略估算延边三角形起动时的线电流为

$$I_{Q\triangle}=\frac{U_1/\sqrt{3}}{Z_1+Z_2/3} \tag{7-4}$$

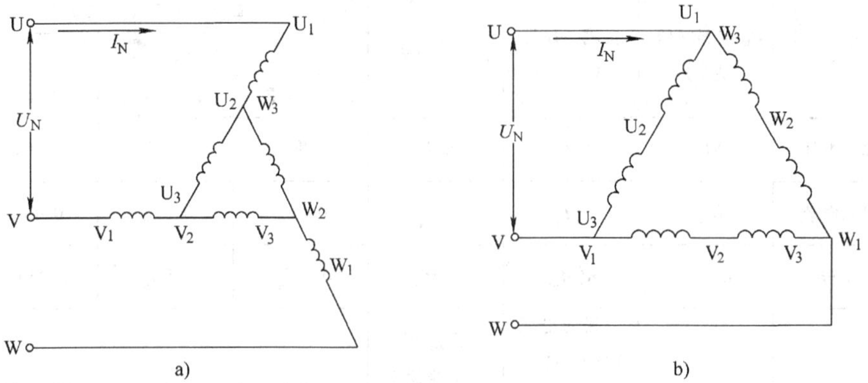

图 7-6　延边三角形与三角形联结

a）延边三角形　b）三角形

三角形直接起动时的电流估算为

$$I'_{Q\triangle}=\frac{\sqrt{3}U_1}{Z_1+Z_2} \tag{7-5}$$

比较这两种情况，它们的起动电流之比为

$$\frac{I_{Q\triangle}}{I'_{Q\triangle}}=\frac{Z_1+Z_2}{3Z_1+Z_2} \tag{7-6}$$

设 $K_c=Z_1/Z_2$ 为星形联结部分的抽头（U_1U_3）与三角形联结部分的抽头（U_3U_2）间阻抗之比，将其代入式（7-6）可得

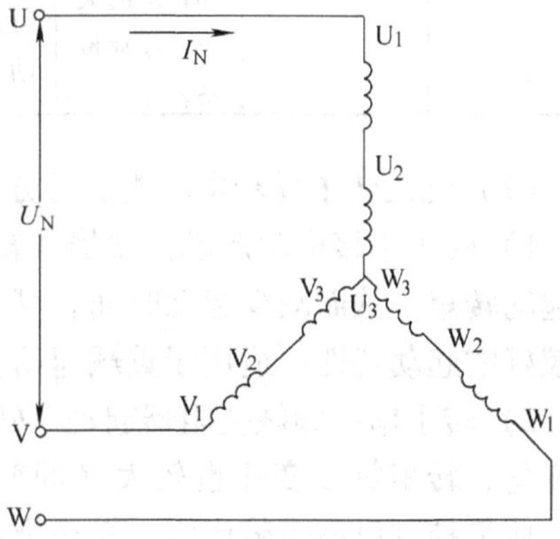

图 7-7　将延边三角形转换为等效的星形

$$\frac{I_{Q\triangle}}{I'_{Q\triangle}}=\frac{K_c+1}{3K_c+1} \tag{7-7}$$

同样可得延边三角形起动时的转矩与三角形直接起动时的转矩之比为

$$\frac{M_{Q\triangle}}{M'_{Q\triangle}}=\frac{K_c+1}{3K_c+1} \tag{7-8}$$

可见，采用延边三角形起动的优点是不用自耦变压器，只要调节定子绕组的抽头比 K_c，就可以得到不同数值的起动电流和起动转矩，以适应不同的使用要求。但其有 9 个接线端子，切换开关比较复杂。

总之，减压起动减小了起动电流，但起动转矩也相应降低，只适用于轻载或空载起动。表7-2列出了各种减压起动方法与直接起动相比较的不同特点，以供参考。

表7-2 电动机减压起动方法的比较

起动方法 / 项目名称	电抗器减压起动	自耦变压器减压起动	星—三角起动	延边三角形减压起动		
				抽头比例 K_c		
				$K_c=1:2$	$K_c=1:1$	$K_c=2:1$
起动电压	KU_e	K_xU_e	$\frac{1}{\sqrt{3}}U_e$	$0.78U_e$	$0.71U_e$	$0.66U_e$
起动电流	KI_{qx}	$K_x^2I_{qx}$	$\frac{1}{3}I_{qx}$	$0.6I_{qx}$	$0.5I_{qx}$	$0.43I_{qx}$
起动转矩	K^2M_{qx}	$K_x^2M_{qx}$	$\frac{1}{3}M_{qx}$	$0.6M_{qx}$	$0.5M_{qx}$	$0.43M_{qx}$
起动方法的优缺点	起动电流较大，起动转矩较小	起动电流较小，起动转矩较大，有抽头可调节起动电流和转矩的大小，起动设备较贵	只适用于定子绕组为三角形联结的电动机，设备简单，可以频繁起动	只适用于定子绕组为三角形联结的电动机，设备简单，可以频繁起动，可以调节抽头比例 K_c，调节起动电流和转矩的大小，以适应不同的要求		

（2）绕线转子异步电动机起动方式的选择。

1）转子串接电阻起动。绕线式转子串接电阻起动，可以减小起动电流和增大起动转矩，从而减少起动时间。可见，绕线转子异步电动机比笼型异步电动机有较好的起动特性，适用于重载起动。

2）转子串接频敏变阻器起动。转子串接电阻起动绕线转子电动机，电阻逐段变化，转矩每段变化也较大（即变化突然不平滑），这样对机械负载冲击较大，所需控制设备也较庞大，操作维护不便。如果采用频敏变阻器代替上述起动电阻，则可克服上述缺点。频敏变阻器的特点是其电阻值随转速上升而自动减小，其电阻值连续变化，因此能使电动机平稳起动。

电动机起动电流大，是一个不安全因素，这就要求我们必须根据电动机的型式、容量、电源情况、电网情况合理地选择其起动方式。不然，起动方式选择得不合理会使运行条件变坏，影响同一电网上其他负荷的正常供电，或使电动机使用寿命缩短，甚至烧坏。必须注意，不仅电动机本身能成为火源，有时起动和控制电器（如刀开关、接触器、断路器、变阻器等）也有可能成为发生火灾的根源。

3. 正确选择电动机的保护方式

（1）短路保护。对于中小容量电动机来说，采用熔断器进行短路保护，既简单又可靠。

（2）失电压保护。利用磁力起动器的线圈在起动电动机的控制回路中起失电压保护作用。断路器、自耦降压补偿器一般也装有失电压脱扣装置，主要用于防止电动机在低压下长期运行及在电源恢复供电后自起动。

（3）过载保护。一般采用热继电器或过电流延时继电器来进行过载保护，这样可以充分利用电动机的短期过载能力。双金属热继电器的发热时间常数小于电动机的发热时间常数，致使动作特性不能很好地与电动机的允许过负荷特性相配合，因此若选择使用不当，就不能有效地保护电动机。选择使用双金属热继电器时，需要注意以下几个基本因素：

1）电动机的型号、容量及结构。通常，双金属热继电器适合于一般工业长期运行、恒定负荷的笼型电动机。绕线转子电动机由于发热特点不同，应采取其他措施保护；大容量电动机转子发热较快，也需另加考虑。

2）电动机的起动电流及起动时间。当电动机起动时间过长，选择热继电器时，应考虑在使保护装置起动过程中不误动作。

（4）断相运行保护。反映断相后电流变化的保护装置有热继电器、欠电流继电器、晶体管断相保护电路、负序电流过滤器。

反映电压变化的保护装置有欠电压继电器、零序电压保护器、断线电压保护器、负序电压过滤器，可视需要加以采用。

断相运行的电路保护方案是较好的，原因是断相故障发生时，至少有一根供电导线里的电流等于零。就是说，电流的变化较电压的变化更剧烈。例如：断相故障发生时，不对称电流达100%，而空载不对称电压只有6%～7%。所以，采用检测谐波电流信号方式的电流保护及电流零序保护，能可靠保护异步电动机断相运行。但其缺点是价格较贵。

反映零序电压的保护，优点是线路比较简单，使用也比较方便。但由于零序电压的大小与电动机的容量及负荷大小有关，此外还要躲过电压波动与电压不平衡引起的零序电压变化而产生的误动作，因此造成零序继电器动作参数的选择比较困难，致使其应用范围受到限制。

以上为中、小型三相异步电动机的保护。高压大容量电机的保护方式有所不同。

4. 正确选择电动机的容量和型式

电动机容量和型式的选择既关系到安全问题又涉及经济问题，如果设计不当，不是造成浪费，就是造成事故、毁坏设备、酿成火灾。

首先，所选电动机电压应与电源电压相符。另外，电动机的使用条件要合乎机械负载的性能要求，这里包括起动时对起动转矩大小的要求、调速要求、自起动要求等各方面拖动技术上的要求。

（1）合理地选择电动机的功率。电动机的功率一般指其输出的机械功率。若功率选得太小. 会造成“小马拉大车”现象，使之长时间过载运行，会加速电动机绝缘老化甚至损坏，导致烧毁电动机。功率选得太大，使出力得不到充分利用而浪费，使电动机功率因数和效率降低，加大电网的无功功率，对电网极为不利，这不仅增加了设备费用，同时运行也不经济。

（2）合理地选择电动机的型式。三相异步电动机的选型关系到电动机在运行中能否安全。如果在易燃易爆场合下选择了一般防护式电动机，当电动机发生故障时产生的高温、火花、电弧将会引燃物质或引爆爆炸性混合物。所以，宜根据安装地点和工作环境选用不同型式的电动机，具体请参考表7-3和表7-4。

表7-3 不同安装场所与电动机型式的选择

电动机的安装场所	电动机的型式
潮湿场所	有耐湿绝缘的防滴型电动机
有粉尘，但为不良导体，无腐蚀和易于吹洗的场所	开启型电动机
有粉尘，且对线圈的冷却不利或能腐蚀绝缘的场所	封闭型电动机
潮湿而又有粉尘的场所，有导电粉尘或易燃粉尘的场所	封闭型电动机
有腐蚀性气体或蒸汽的场所	密封型电动机或用于耐酸绝缘的封闭型电动机
有爆炸性气体和液体的场所	防爆型电动机

表7-4 常用三相异步电动机的型号和用途

序号	产品名称	产品代号	代号汉字意义	用　途
1	三相异步电动机	Y（YS）	异三	水泵、风机、机床等场所
2	电梯用三相异步电动机	YTD/YTTD	异梯电/异梯调电	电梯拖动与调速
3	防爆型三相异步电动机	YB	异爆	容易发生爆炸的领域
4	管道泵用三相异步电动机	YGB	异泵	液压或液压管道泵
5	冶金起重用三相异步电动机	YZ	异重	冶金起重机

注：此表仅为选型示例，更多选型详见GB 4831—1984国家标准。

7.2 照明装置防火

电气照明是利用电能发光的一种光源。随着科学技术的发展和人民生活水平的不断提高，各种电气照明和装饰装置在生产、生活中得到广泛的应用。由于其使用的普遍性和多样性，人们对日常生活中使用较多的白炽灯、荧光灯、高压汞灯和卤钨灯等照明灯具的火灾危险性应有足够的重视。电气照明的火灾危险性发生在照明或装饰灯具工作时，其玻璃灯泡、灯管等表面温度很高。若灯具选用不当，会发生故障产生电火花、电弧或局部高温，这都极可能引起灯具附近的可燃物起火燃烧，酿成火灾。由于照明灯具一般安装在人员生产、居住的场所，装饰灯具一般安装在人员密集的场合，一旦发生火灾，除了造成巨大财产损失外，还会造成重大人员伤亡。

7.2.1 电气照明的分类

1. 按发光原理分类

照明电光源有很多种，若按发光原理的不同可分为热辐射光源和气体发光光源，见表7-5。

表7-5 常见光源的分类

<table>
<tr><th>热辐射光源</th><th colspan="3">钨丝白炽电灯（白炽灯）
卤钨循环白炽灯（卤钨灯）</th></tr>
<tr><td rowspan="9">气体发光光源
（按发光物质分类）</td><td rowspan="4">金属</td><td rowspan="2">汞灯</td><td>低压汞灯（荧光灯）</td></tr>
<tr><td>高压汞灯（荧光高压汞灯）</td></tr>
<tr><td rowspan="2">钠灯</td><td>低压钠灯</td></tr>
<tr><td>高压钠灯</td></tr>
<tr><td rowspan="4">惰性气体</td><td colspan="2">氙灯——管形氙灯、超高压球形氙灯</td></tr>
<tr><td colspan="2">汞氙灯——管形汞氙灯</td></tr>
<tr><td colspan="2">氖灯</td></tr>
<tr><td colspan="2">霓虹灯</td></tr>
<tr><td>金属卤化物灯</td><td colspan="2">钠铊铟灯</td></tr>
</table>

2. 按使用性质分类

除上述分类外，还可按使用性质分类，则分为工作照明、装饰照明和事故照明等。

（1）工作照明：用于人们工作场所或家庭的照明，如台灯。

（2）装饰照明：用于美化周围环境、节日和活动装饰、物体装饰的照明，如霓虹灯。

（3）事故照明：用于工作场所和公共场所发生电源中断时继续工作或人员疏散的照明，如应急灯。

7.2.2 照明灯具引起火灾的原因

（1）白炽灯、荧光高压汞灯、卤钨灯等照明灯具工作时，其灯泡玻璃或灯管的表面有很高的温度，可能引燃周围的易燃、可燃物品。

(2) 供电电压超过灯泡（灯管）额定电压、断丝灯泡搭接使用钨丝长度减小或水滴溅在点燃的灯泡上，都有可能引起灯泡爆碎而着火；从灯泡中掉落的火花往往引起火灾。

(3) 灯座与灯头接触部分或接线头，由于腐蚀或接触不良而会发热和产生火花。

(4) 过负荷或散热不好，会使温度过高，将破坏带有镇流器灯具的线圈的绝缘性，造成匝间短路起火。

(5) 灯具导线年久失修，绝缘老化或受机械损伤，使导线绝缘破坏造成短路，引起导线绝缘层和易燃物起火。

7.2.3 常用照明灯具的火灾危险性

1. 白炽灯

一般来说，白炽灯的表面温度较高，在散热良好的条件下工作时，灯泡的表面温度往往与其功率大小直接相关，参见表 7-6。在散热不良时，灯泡表面温度则要高得多，并且功率越大，升温的速度也越快。

表 7-6 白炽灯表面的温度

灯泡的功率/W	灯泡表面温度/℃
40	55 ~ 65
60	135 ~ 180
75	135 ~ 200
100	170 ~ 220
150	150 ~ 230
200	155 ~ 300

白炽灯距离可燃物越近，则可燃物被点燃需要的时间越短。由实验可知，白炽灯烤燃可燃物的时间和温度的关系如表 7-7 所示。又由于白炽灯易碎，所以其爆碎后的灯丝掉落到可燃物上也会引起火灾。

表 7-7 白炽灯烤燃可燃物的时间和温度

灯泡功率/W	可燃物及放置形式	烤燃时间/min	起火时温度/℃
75	稻草，卧式埋入	3	360 ~ 367
100	稻草，卧式埋入	2	360
100	乱纸，卧式埋入	8	330 ~ 360
100	棉絮，卧式紧贴	13	360 ~ 367

（续）

灯泡功率/W	可燃物及放置形式	烤燃时间/min	起火时温度/℃
200	稻草，卧式紧贴	8	367
200	稻草，卧式埋入	1	360
200	纸张，垂直紧贴	12	330
200	玉米秸，垂直埋入	15	365
200	松木箱，垂直紧贴	57	398
200	棉絮，垂直紧贴	5	367

2. 荧光灯

荧光灯是我们生活生产中最常用的照明工具之一，一般来说荧光灯主要由3部分组成，即灯管、启动器、镇流器。镇流器是由铁心和线圈组成的。由于镇流器在工作过程中会耗电，所以其必然有一定的温度，若散热条件不好，当温度过高会使线圈绝缘强度遭到破坏，形成匝间短路或因接触不良产生火花，造成周围可燃物燃烧起火。

3. 霓虹灯

霓虹灯是一种特殊的低气压冷阴极辉光放电发光的电光源，而不同于其他诸如高压钠灯、金属卤化物灯、汞灯、白炽灯等弧光灯。霓虹灯是靠充入玻璃管内的低压惰性气体，在高压电场下冷阴极辉光放电而发光的。霓虹灯的光色是由充入惰性气体的光谱特性决定的：光管型霓虹灯充入氖气，霓虹灯发红色光；荧光型霓虹灯充入氩气及汞，霓虹灯发蓝色、黄色等光。这两大类霓虹灯都是靠灯管内的工作气体原子受激辐射发光的。

霓虹灯是依靠灯管两端电极头在高压电场下将灯管内的惰性气体击燃来工作的，因此在正确安装使用情况下不会发生火灾事故。霓虹灯管的引燃电压高至1万V以上，需要用专门的霓虹灯变压器升压后取得。在变压器高压输出端的绝缘接线柱上如积有尘埃油污，在潮湿天气就会发生漏电打火，使变压器功耗增大，温度急剧上升而被烧毁；连接变压器与金属电极的导线若绝缘老化或超负荷运行，则容易造成导线短路而发生火灾。霓虹灯灯管两极引线杜美丝连接松动，两接点距离过近会发生接触电阻效应，产生火花放电。正常情况下，电流 I 很小，接点处 R 也极小，生热散热保持平衡，故产生热量 Q 也非常小。一旦杜美丝连接松动，接点处接触电阻 R 上升，松动严重时电阻 R 会使热量 Q 大大增加，甚至放电打火，如与可燃物靠近，时间稍长就会引燃成灾。

4. 卤钨灯

填充气体内含有部分卤族元素或卤化物的充气白炽灯称为卤钨灯。卤钨灯工作时，维持灯管的最低温度为250℃；1000W的卤钨灯石英玻璃管外表面温度则可高达500~800℃，而其内壁温度可达1600℃。因为卤钨灯不仅能在短时间内烤燃接触灯管外壁的可燃物，而且其高温辐射可烤燃一定距离的可燃物。它的火灾危险性是照明灯具中最危险的一种。实际上，它本身就是火源，所以应引起高度重视。

5. 高压汞灯

高压汞灯又称UV灯，是利用高压汞蒸气放电发光的一种气体放电灯。灯管内装有一对电极且抽去空气，充入少量氩气和液态汞。通电后氩气放电将汞加热和气化，汞蒸气受电子激发而放电产生强烈辉光。高压汞灯是由石英放电管、玻璃壳、启动器、镇流器等组成的。工作时，400W的高压汞灯灯泡表面温度为180~250℃，因此它的危害也不容忽视。又由于高压汞灯是镇流器照明装置，所以镇流器线圈匝间短路也会造成事故。

7.2.4 照明装置的防火措施

（1）白炽灯、高压汞灯、卤钨灯与可燃物、可燃结构之间的距离不应小于50cm。

（2）严禁用纸、布或其他可燃物遮挡灯具。

（3）灯泡距地面高度一般不应低于2m，如必须低于此高度时，应采用必要的防护措施。灯具外壳的金属应可靠接地，灯泡需加网罩防护。

（4）灯泡的正下方不应堆放可燃物品。

（5）室外的某些特殊场所的照明灯具应有防溅设施，防止水滴溅射到高温的灯泡表面，使灯泡炸裂。灯泡破碎后，应及时更换或将灯泡的金属头旋出。

（6）霓虹灯的安装必须由专业经营单位进行，变压器必须安放在不燃的基座或铁架上，装在室外的变压器应对绝缘接线柱上的污物定期清扫，重要场所的大型霓虹灯装置要有专人负责启闭电源。

（7）镇流器安装时应注意通风散热，不准将镇流器直接固定在可燃顶棚、吊顶或墙壁上，应用隔热的不燃材料进行隔离。镇流器与灯管的电压与容量必须相同，配套使用。

（8）可燃吊顶内暗装的灯具（全部或大部分在吊顶内）功率不宜过大，并应以白炽灯或荧光灯为主，灯具上方应保持一定的空间，以利散热。

（9）暗装灯具及其发热附件，周围应用不燃材料（石棉板或石棉布）做好防火隔热处理，安装条件不允许时，应将可燃材料刷上防火涂料。

（10）明装吸顶灯具采用木制底台时，应在灯具与底台中间铺垫石棉板或石棉布。附带镇流器的各式荧光吸顶灯，应在灯具与可燃材料之间加垫隔热板，禁止直接安装在可燃吊顶上。

（11）各种特效舞厅灯的电动机，不应直接接触可燃物，中间应铺垫防火隔热材料。

（12）可燃吊顶上所有暗装、明装灯具，舞台暗装彩灯，舞池脚灯的电源导线，均应穿钢管敷设。舞台暗装彩灯、舞池脚灯彩灯的功率均宜在40W以下，最大不应超过40W。彩灯之间的导线应焊接，所有导线不应与可燃材料直接接触。

（13）大型舞厅中在轻钢龙骨上以线吊方式安装的彩灯，导线穿过龙骨处应穿绝缘胶管保护，以免导线绝缘破损造成短路。

以上讨论了灯具本身的防火措施，除此之外，照明装置其他部分也存在一定的火灾危险性，因此一定要重视并做好照明线路、灯座、灯具开关、挂线盒等设备的防火。

7.2.5 照明供电设施的防火措施

照明供电系统包括照明总开关、熔断器、照明线路、灯具开关、挂线盒、灯头线（指挂线盒到灯座的一段导线）、灯座等。如果这些零件和导线的电压等级及容量选择不当，都会因超过负荷、机械损坏等而导致火灾的发生，因此必须符合以下防火要求：

（1）在火灾和爆炸危险场所安装使用的照明用灯开关、灯座、接线盒、插头、按钮以及照明配电箱等，其防火、防爆性能应符合国家标准《爆炸和火灾危险环境电力装置设计规范》的要求。

（2）各种照明灯具安装前，应对灯座、挂线盒、开关等零件进行认真检查，发现松动、损坏的要及时修复或更换。

（3）开关应装在相线上，螺口灯座的螺口必须接在零线上。开关、插座、灯座的外壳均应完好无损，带电部分不得裸露在外。

（4）功率在150W以上的开启式和100W以上其他类型灯具，不准使用塑胶灯座，而必须采用瓷质灯座。

（5）各零件必须符合电压、电流等级要求，不得过电压、过电流使用。

（6）灯头线在顶棚挂线盒内应做保险扣，以防止接线端直接受力拉脱，产生火花。

（7）重量在1kg以上的灯具（吸顶灯除外），应用金属链吊装或用其他金属物支持（如采用铸铁底座和焊接钢管），以防坠落；重量超过3kg时，应固定在预埋的吊钩或螺栓上。轻钢龙骨上安装的灯具，原则上不能加重钢龙骨的荷载，凡灯具重量在3kg以下者，必须在主龙骨上安装；3kg及3kg以上者，必须以铁件作固定。

（8）灯具的灯头线不得有接头；接地或接零的灯具金属外壳，应有接地螺栓与接地网连接。

（9）各式灯具装在易燃结构部位或暗装在木制吊平顶内时，在灯具周围应做好防火隔热处理。

（10）用可燃材料装修墙壁的场所，墙壁上安装的灯具开关、电源插座、电扇开关等应配金属接线盒，导线穿钢管敷设，要求与吊顶内导线敷设相同。

（11）特效舞厅灯安装前应进行检查。各部分接线应牢固；通电试验所有灯泡，确认无接触不良现象；电动机应运转平稳，温升正常，旋转部分无异常响声。

（12）凡重要场所的暗装灯具（包括特制大型吊装灯具），应在全面安装前做出同类型“试装样板”（包括防火隔热处理的全部装置），然后组织有关人员核定后再全面安装。

7.3 家用电器防火

在家庭及类似场所中使用的各种电器称为家用电器，又称民用电器、日用电器。家用电器的分类方法在世界上尚未统一，但按产品的功能、用途分类较常见，大致分为8类。

（1）制冷电器，包括家用冰箱、冷饮机等。

（2）空调电器，包括房间空调器、电扇、换气扇、冷热风器、空气去湿器等。

（3）清洁电器，包括洗衣机、干衣机、电熨斗、吸尘器、地板打蜡机等。

（4）厨房电器，包括电灶、微波炉、电磁灶、电烤箱、电饭锅、洗碟机、电热水器、食物加工机等。

（5）电暖器具，包括电热毯、电热被、电热服、空间加热器。

（6）整容保健电器，包括电动剃须刀、电吹风、整发器、超声波洗面器、电动按摩器、空气负离子发生器等。

（7）声像电器，包括电视机、收音机、录音机、录像机、摄像机、组合音响等。

（8）其他电器，如烟火报警器、电铃等。

7.3.1 空调器

1. 空调器具的火灾危险性

空调给人带来美好的享受，冬暖夏凉。但是，安装或使用空调不当，将会引发火灾事故。日常生活中，由于使用空调不当引起的火灾，在电气火灾中所占的比例日渐增大，分析其中原因，主要是：

（1）安装空调时，未考虑电路、电表的承载能力，“小马拉大车”，严重超负荷。

（2）空调制冷、制热时突然停机或停电，电热丝与风扇电动机同时切断或风扇发生故障，热元件余热聚积，使周围温度上升，引发火灾。

（3）电容器发热、受潮，绝缘性能降低，导致发生击穿故障，再引燃机内垫衬的可燃材料造成起火。

（4）轴流或离心风扇因机械故障被卡住，风扇电动机温度上升，过热导致短路起火。

（5）安装时将空调直接接入没有保险装置的电源电路。

（6）空调油浸电容器质量太差，或者在制造过程中电容介质受过损伤，经长时间工作后被击穿起火。

（7）操作不当。关掉电源后，未开启风扇让其转动，电阻丝仍保留着高温，导致周围可燃构件分解、炭化起火。

2. 防火措施

（1）空调线路应单独敷设，最好采用铜导线，其截面积应不小于$4mm^2$；柜式空调导线的截面积应不小于$6mm^2$。

（2）空调不要直接安装在可燃物上，也不要放置在可燃的地板或地毯上。

（3）安装空调的场所，如果安装有火灾报警器探头，其空调的送风口距火灾报警器探头的水平距离不应小于1.5m，否则其设备将会失控。

（4）每台空调应当有单独的熔断器和电源插座，不要同家用电器等共用一个万能插座。外出时，应当将空调电源切断。

（5）空调不要靠近窗帘、门帘等悬挂物，以免悬挂物卷入电动机而使电动机发热起火。遇有雷雨天气时，最好不要使用空调。

（6）长时间停运的空调，在重新起动前，先要进行一次检查保养。

（7）使用空调的场所或家庭，应当配备两个不小于2kg容量的干粉灭火器。

7.3.2 洗衣器具

1. 洗衣器具的火灾危险性

洗衣器具用于各类纤维织品的洗涤、脱水、烘干和熨烫，主要包括洗衣机、甩干机、干衣机和电烫斗等。洗衣器具火灾危险性较大的就是电烫斗。

电熨斗使用完毕忘记切断电源，或者设置不当，极易引发火灾。经测试，300W、500W、700W的电熨斗，表面温度可分别达到520℃、600℃、620℃。因此，将正在通电使用的电熨斗放置在可燃物体上，只要稍一疏忽或临时有事离开，往往仅几分钟，就能引起火灾。此外，电熨斗的余热也会引起火灾。电熨斗断电后在一定的时间内仍有较高的余热，如调温型电熨斗从210℃降至130℃约需经过30min，普通型电熨斗从600℃降至130℃约需76min（电熨斗的升温和降温曲线见图 7-8)。在这段时间内，电熨斗若碰到可燃物，仍能引发火灾。再者，电熨斗的电源线为插接式，若插头或插口受潮、接触松动，会造成漏电、发热、绝缘材料损坏，引起插件和导线燃烧。

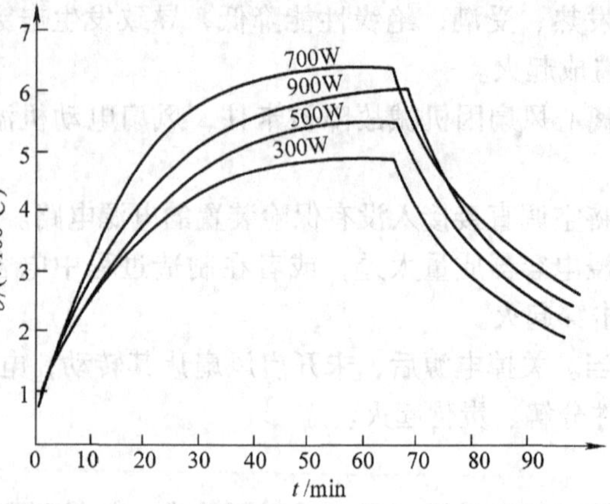

图 7-8　普通型电熨斗的升温曲线和降温曲线

2. 防火措施

(1) 使用电熨斗时操作人员不要轻易离开。

(2) 在熨烫衣物的间歇，要把电熨斗竖立放置或放在专用的电熨斗架上，切不可放在易燃的物品上，也不要把电熨斗放在下面有可燃物质的铁板或砖头上。

(3) 不随意乱放刚断电的电熨斗，应待其完全冷却后再放存起来。

(4) 使用普通型电熨斗时切勿长时间通电，以防电熨斗过热，烫坏衣物，引起燃烧。

(5) 不要使电熨斗的电源插口受潮，并应保证插头与插座接触紧密。

(6) 电熨斗供电线路导线的截面积不能太小，绝对不能与其他家用电器合用一个插座，也不要与其他耗电功率大的家用电器（如电饭锅、洗衣机等）同时使用，以防线路过载引起火灾。

7.3.3　整容器具

整容器具用于生活中清洁整容，主要包括电吹风机、电热梳子、电卷发器和电推子等。整容器具的功率都比较小，因此火灾危险性较小，在使用整容器具时应注意以下几点：

(1) 电源插座以及导线要符合防火安全要求，连接要紧密牢靠。

(2) 谨防敲打、跌碰和拆卸整容器具，以免损坏发热元件以及绝缘装置，造成漏电甚至短路，引起火灾。

(3) 使用整容器具时人员不能离开，更不能将其随意放置在台凳、沙发、床垫等可燃物上。

(4) 使用完毕一定要及时切断电源。

7.3.4　厨房器具

1. 厨房器具的火灾危险性

厨房器具主要用于日常饮食的加工和制作，主要包括电灶、电饭锅、电水壶和电烤炉等，由于都是大功率用电器，因此火灾隐患很大，其火灾危险性是：

(1) 选用的电源线截面积过小，或维修后换成功率较大的元件，造成导线过负荷。

(2) 导线绝缘损坏或用电插头直接插入插座造成短路。

(3) 厨房器具外壳温度较高，直接放在可燃物上或距可燃物品过近容易引起燃烧起火。

2. 防火措施

使用厨房器具要做到：

(1) 对厨房内的燃气燃油管道、法兰接头、阀门必须定期检查，防止泄漏。如发现燃气燃油泄漏，首先应关闭阀门，及时通风，并严禁使用任何明火和开启排风机、照明电源开关。

(2) 厨房灶具旁的墙壁、抽油烟罩等容易污染处应定时清洗。

(3) 厨房内的电器线路应严格按国家技术规范敷设，厨房内使用的电器开关、插座等电器设备，以封闭式为佳，防止水从外面渗入，并应安装在远离煤气、液化气灶具的地方，以免开启时产生火花引起外泄的煤气和液化气燃烧。酒店厨房内运行的各种机械设备不得超负荷用电，并应时刻注意在使用过程中防止电器设备和线路受潮。

(4) 厨房内使用的各种炊具，应选用经国家质量检测部门检验合格的产品。与此同时，这些器具还应严格按规定进行操作，严防事故的发生。

(5) 工作结束后，应及时关闭所有的燃气燃油阀门，切断气源、火源后方可离开。

7.3.5　电视机

电声映像器具中使用最广泛、火灾危险性也最大的是电视机。

1. 电视机的火灾危险性

(1) 关机不彻底。目前电视机都具有可用遥控器实现开、关机的功能。但是，遥控关机又分交流关机和直流关机两种，具有交流关机的电视机，遥控关机后，交流电源被彻底关断，再不能用遥控器开机，这种关机虽然给使用者带来不便，但关机后不会发生火灾。然而目前大部分电视机都是直流关机，关机后不能彻底脱离交流电源，只关断了电视机的主电源，仍然保留了辅助电源，且电源电压出现异常偏高时会造成辅助电源故障起火。

（2）交流供电电压异常。我国农村的供电质量差异很大，特别是农村电网改造前电压调整率大都超过10%，个别地区甚至超过20%，经常造成电视机的损坏和引发火灾。有些电视机用户使用了伪劣的稳压器，常常因为稳压器自身的故障导致供电电压过高或过低，这样可能造成电视机故障引发火灾。

（3）使用环境恶劣。使用环境的温度过高和湿度过大都会对电视机内部元件造成损坏或绝缘能力降低引发故障导致火灾，如看电视时用电视罩遮盖了通风散热孔道使机内温度积累升高。再如北方冬季电视机由低温环境搬入温暖潮湿的室内后，机内挂霜结露，绝缘能力降低，这时如开机可能造成电视机故障引起火灾。有时电源开关本身都会因潮湿发生弧光放电而起火。

（4）雷电导致电视机火灾。农村室外天线架设得过高，有的还加装了比天线更高的避雷针（当然不是正规设计的），这些都有可能变成“引雷器”，导致电视机故障性火灾和直雷击引起火灾。

（5）“带病”使用导致火灾。电视机已到报废年限仍继续使用或已发现故障不及时检修“带病”使用，都将增加电视机火灾的发生率。

2. 防火措施

（1）电视机要放在通风良好的地方，不要放在柜、橱中，如果要放在柜、橱中，其柜、橱上应多开些孔洞（尤其是电视机散热孔的相应部位），以利风散热。

（2）电视机不要靠近火炉、暖气管。连续收看电视时间不宜过长，一般连续收看4~5h后应关机一段时间，高温季节尤其不宜长时间收看。

（3）电源电压要正常，看完电视后，要切断电源。

（4）电视机应放在干燥处，在多雨季节，应注意电视机防潮；若长期不用，要每隔一段时间使用几小时。电视机在使用过程中，要防止液体进入电视机。

（5）室外天线或共用天线要有防雷设施。避雷器要有良好的接地，雷雨天尽量不用室外天线。

（6）电视机冒烟或发出焦味，要立即关机。若是电视机起火，应先拔下电源插头，切断电源，用干粉灭火器灭火；没有灭火器时，可用棉被、棉毯将电视机盖上，隔绝空气，窒息灭火。切记不可用水浇，因为电视机此时温度较高，显像管骤然受冷会发生爆炸。

7.4 电气装置防火

电气装置包括用电设备、保护设备、开关设备、保护线路、供电线路等。在众多组成之中，开关设备是最为常见和广泛应用的控制设备。所谓的开关设备就是接通和切断或隔离电源的装置。开关设备一般可分为高压开关设备和低压开关设备。

在日常生产中，电能的生产、输送、分配都离不开电气开关。电气开关的规格型号、性能参数等选用不当，元件失灵，操作失误，都会导致设备不能有效地投入运行或不能充分发挥效能，也会导致整个系统故障，甚至引起火灾或触电等重大事故。

7.4.1 开关的防火安全措施

1. 开关防火的一般规定

（1）开关应设在开关箱里，开关箱应加盖，内表面钉上白铁皮，以防止开关起火引起开关箱燃烧。金属开关箱应接地。

（2）开关箱应安装在干燥地点。

（3）开关的容量和耐压能力必须适应使用的需要。

（4）潮湿场所应选用拉线开关。

（5）有化学腐蚀、火灾和爆炸危险的房间，应把开关安装在室外或合适的地方，否则应采用相应型式的开关，例如在有爆炸危险的场所采用隔爆型、防爆充油型的防爆开关。

（6）在中性点接地的系统中，单极开关必须接在相线上，否则开关虽断，电气设备仍然带电，一旦相线接地，有发生接地短路引起火灾的危险。

（7）开关箱内不准存放任何物品，应保持清洁，开关周围1.0m之内不应存放可燃物质。

（8）开关损坏时应及时更换。

2. 断路器的防火措施

断路器主要用于分合和保护交直流电气设备、低压供电系统，如果选型不当、操作失误、缺乏维护，会出现机构失灵、接触不良。当发生断相运行或因整定值过大使被保护设备过载或不能动作等现象时，开关会失去保护作用，而导致电气设备的损坏，并且伴随有电气设备烧毁、爆炸等现象，还会引燃可燃物，酿成火灾。此外，断路器一般控制着一定范围内的整个用电系统，因此开关故障造成的损失和灾害一般会很大。为了避免事故的发生，一般要做到：

（1）断路器的型号应根据使用场所，额定电流与负载，脱扣器的额定电流，长、短延时动作电流值大小等参数来选择。

（2）断路器不应安装在易燃、受振、潮湿、高温、多尘的场所，而应装在干燥、明亮，便于维修和施工的地方，并应配备电柜（箱）。安装完毕、启用前要保证电磁铁接触良好。

（3）触点和转动部分是断路器易出故障的部位，在使用1/4 机械寿命时，必须进行添润滑油、清除毛刺灰垢、补焊触点、紧固螺钉等维护工作。

3. 刀开关

刀开关又称隔离开关，它是手控电器中最简单而使用又较广泛的一种低压电器。刀开关在电路中的作用是：隔离电源，以确保电路和设备维修的安全；分断负载，如不频繁地接通和分断容量不大的低压电路或直接起动小容量电动机。刀开关是带有动触头——闸刀、并通过它与底座上的静触头——刀夹座相楔合（或分离）、以接通（或分断）电路的一种开关。其中以熔断体作为动触头的，称为熔断器式刀开关，简称刀熔开关。

如果刀开关一旦发生超载发热、绝缘损坏、断相运行、机构故障等引起短路、电击，或由于刀口接触不良、刀开关与导线连接松弛，都将引起局部升温、电弧等现象，会对电力系统造成损害，甚至会引起火灾。另外，在分合刀开关时，还会出现火花和电弧，也会造成火灾或引起爆炸。

为防火灾事故的发生，刀开关应根据额定电流和额定电压合理选用，一般其额定电流应为线路计算电流的2.5 倍以上。安装时，应选择干燥明亮处，并配备专用配电箱。电源接在静触点上，刀开关按规定安装成正装形式，而且应保证拉、合闸刀的动作方便灵活。使用过程中应定期检查各开关刀口与导线及刀触点处是否接触良好，开关胶盒、瓷底座、手柄等处有无损坏等。要注意，拉开或推合时动作要迅速，以减弱电弧，并且接合紧密。为保证人身安全，操作人员在操作刀开关时不可面对开关，以防电弧伤人。

4. 负荷开关

负荷开关由侧面操作的刀开关和瓷插式熔断器同装于钢板壳制成的铁盘（也有是铸铁壳的）中制成，故俗称铁壳开关。负荷开关装有速断弹簧，能快速切断和接通负荷电流，分断能力一般可达4 倍其本身的额定电流。它还装有机械联锁装置，保证打开盘盖时不能合闸，合闸状态时不能打开盒盖，以保证使用安全。这种开关安全可靠，使用寿命长，又能防止电火花、电弧及高温颗粒飞溅，故其应用范围较广。当然，其使用不当也会引起火灾。为此，要合理选用开关型号。为保证安全，外壳必须接地，不能长期过载使用。如果发现机械联锁装置或外盖损坏或插入式熔断器损坏，应及时修复或更换。

5. 接触器

接触器由主触头、辅助触头、电磁系统、外壳、灭弧装置和支架等组成，在日常生活中比较常见。接触器可快速切断交流与直流主回路，所以适用于远距离、频繁接通和分断电路及大容量控制电路，可以用其实现自动或联锁控制。

在实际使用过程中，接触器触头弹簧压力不能过小，不能使线圈过热，要保证触头良好接触，防止接触电阻过大，尤其要保证灭弧装置正常工作；要定期对设备进行检查，发现故障及时排除，以确保设备正常工作。

6. 控制继电器

在日常自动化生产中，随处都可以看到控制继电器的身影，其最大的特点就是以小电流控制大电流。其分类、用途及动作特点见表7-8。

表7-8 控制继电器的分类、用途及动作特点

名称	动作特点	主要用途
电压继电器	电压达到规定值时动作	电动机失压或欠电压保护以及制动等自动控制系统
电流继电器	通过的电流达到规定值时动作	电动机或供电系统的过载及短路保护，直流电动机磁场控制系统
中间继电器	达到规定值时动作	控制电路中增加回路数量、改变信号参数
时间继电器	自得到动作信号起至触头动作有一定延时	控制交直流电动机的起、制动时间及各种自动控制系统的时间程序
热继电器	过电流通过双金属片制成的热元件时发热弯曲推动微动开关动作	电气设备的过载保护
温度继电器	温度达到规定值时动作	温度控制系统

由于控制继电器在系统中处于重要的地位，所以它的稳定性影响整个系统，一旦误动作或失灵，其后果不堪设想，所以在使用过程中要非常小心。要根据实际情况选取合适规格的继电器，要安装在干燥的环境中，使用期内要定期检查和维修。此外，还应考虑被控对象的延时时间、脱扣电流倍数、触点个数等因素。

7.4.2 电源插座的防火措施

电源插座是日常生活中最常见的设备，用以连接移动式电器设备。插座引起的事故，往往是由于被易燃品堆垛压住或粉尘落入，造成短路发热燃烧。

1. 插销的火灾危险

1）用裸线头代替插头插入插座，会产生火花，甚至会造成短路，容易发生火灾危险。

2）插入或拔出插头时会产生火花，当周围有可燃物时，会引起火灾。

2. 防火措施

1）在使用前应选取与电器容量相符插座。

2）插头附近不能有可燃物品，应用覆盖物盖上插销以免落入粉尘等异物。

3）在有爆炸危险的场所应安装防爆插座。

4）插座应安装在干燥的环境中，以免受潮短路。在潮湿的环境安装插座时，必须采取防潮措施。

5）定期对设备进行检查，插头插座损坏时应及时修理更换。

7.4.3 表箱、表板、配电箱、开关板的防火

（1）应安装在干燥、明亮、不易受损（受振、受潮）、便于抄表、便于操作、便于维修的屋内。

（2）不应安装在室外（在室外应有防止雨雪风沙浸入的措施）、寝室、诊病室、病室、暗室、浴室、厕所、水池和水门的上下侧（如安装在水池、水门左右侧时，其垂直距离不应小于1m）和经常锁门的房间里。

（3）用于仓库的配电箱应安装在库外。

（4）配电箱要保持清洁，有专人管理，箱内外不准放任何杂物，附近不可堆放可燃物品。

（5）在火灾危险场所应用金属制品箱、盒，有可燃粉尘或纤维场所，除金属制品外，箱体和门应有封闭措施。

（6）爆炸危险场所应采用防爆配电箱。

复 习 题

1. 简述电动机的火灾危险性和防火措施。
2. 常用照明灯具有哪几种？其火灾危险性分别是什么？
3. 照明装置应采用哪些防火措施？
4. 简述照明供电设施应符合的防火安全要求。
5. 列举几种常见的家用电器，并分别说明应采取何种防火措施。
6. 开关设备有哪几种？其防火措施分别是什么？
7. 插销的火灾危险性有哪些？怎样防止插销发生火灾？

第 8 章

接地、接零安全与防火

内容提要： 本章介绍了电气设备保护接地、保护接零、漏电保护的基本概念、基本原理和技术措施，以及带电灭火技术及其安全措施。
本章重点： TT系统、IT系统、TN系统的原理及应用；漏电保护装置的原理及应用；带电灭火技术及其安全措施。

8.1 基本概念

接地和接零是电气安全技术中最重要的措施之一，是关系到设备和人身安全的关键。在日常生活和生产中，为了保障人身安全和一些设备的正常工作及电力系统的安全运行，根据不同的情况，所选取的接地和接零的作用也是不一样的，因此接零和接地有多种的形式。对于高压电气设备，都必须采取保护接地、重复接地和保护接零等安全措施；对于由于静电感应有火花放电现象的设备中，应采取防雷接地和防静电接地。因此，正确地选择接地和接零的方式及其安装方法对供电所电气工作者来说是非常重要的工作任务。

8.1.1 接地装置

所谓接地装置，是指人为设置的接地体与接地线的总称，如图 8-1 所示。

通过一个具有很小或几乎为零电阻（阻抗）的导线或其他导体与地连接，称为接地。埋入地中并且与大地直接相接触的金属体或金属体组，称为接地体或接地极。它按设置结构可分为人工接地体与自然接地体两类，按具体形状可分为管形与带形等多种。连接电气设备与接地极之间的金属导线，称为接地线。它同样有自然接地线与人工接地线之分，且通常又可分为接地干线和接地支线。

8.1.2 接触电压与跨步电压

什么是接触电压与跨步电压呢？首先，假定接地体是一个与地面齐平的半径

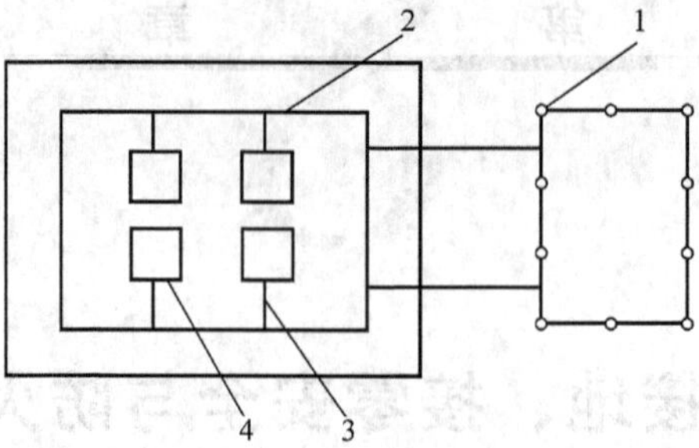

图 8-1 接地装置示意图

1—接地体 2—接地干线 3—接地支线 4—电气设备

为 r 的半圆形球体（见图 8-2），并且接地体周围的土壤电阻率是一恒值 ρ。

当使用设备的带电部分与大地或金属架形成接地短路时，电流 I_d 将通过半球接地体向周围大地呈半球形均匀地流散。此时，在距离球心 x 处的半圆球表面上的电流密度（A/cm^2）为

$$j_x = \frac{I_d}{2\pi x^2} \qquad (8\text{-}1)$$

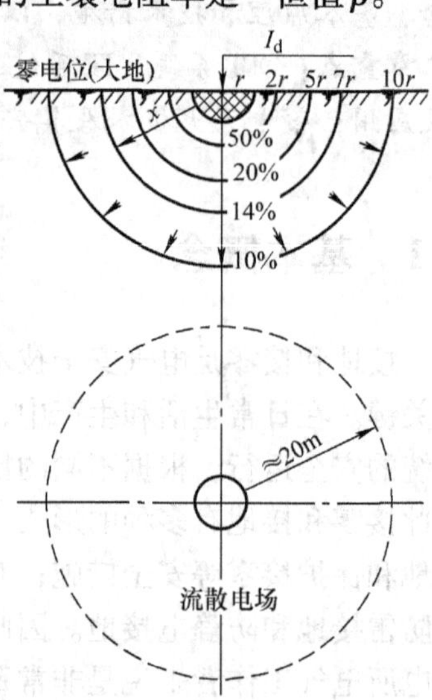

图 8-2 接地极的电位分布

x 处的电场强度为

$$E = -\frac{du}{dx} \quad 或 \quad E = j_x \rho \qquad (8\text{-}2)$$

将式（8-1）、式（8-2）整理并积分，则得 $r \rightarrow x$ 间的电位差为

$$U = \int_r^x \frac{I_d \rho}{2\pi x^2} dx = \frac{I_d \rho}{2\pi}\left(\frac{1}{r} - \frac{1}{x}\right) \qquad (8\text{-}3)$$

$r \rightarrow x$ 等位面之间的电阻为

$$R_{r-x} = \frac{U}{I_d} = \frac{\rho}{2\pi}\left(\frac{1}{r} - \frac{1}{x}\right) \qquad (8\text{-}4)$$

当 $x \rightarrow \infty$ 时，则

$$R_{r-x} = \frac{\rho}{2\pi r} \qquad (8\text{-}5)$$

式（8-5）中的 R_{r-x} 就是半圆球接地体的接地电阻 R_d。那么，任一 x 处的电阻与 R_d 的比值就可用下式表示：

$$\frac{R_{r-x}}{R_d} = \left(1 - \frac{r}{x}\right) \times 100\% \qquad (8\text{-}6)$$

由式（8-6）计算可知，R_d 有一半集中在接地体附近，即距球心为 r 和 $2r$

的两半球面之间。r 和 $10r$ 两半球面之间的电阻则占 R_d 的 90%。其原因是接地体附近电流密度特别大，距接地体越远电流密度越小，电阻也越小。实验证明，在距接地体 2.5m 处或距电源碰地点 20m 远的地方，球面已经很大，电阻已不存在，也不再有什么电压降，即该处的电位趋近于零，通常把电位趋近于零的这个地方，称为电气上的“地”或“大地”。

电气设备的接地部分，如接地外壳、接地线、接地体等，与大地零电位点之间的电位差，称为接地部分的对地电压，用 U_d 表示，它在数值上等于接地电流与接地电阻的乘积，即

$$U_d = I_d R_d \tag{8-7}$$

一般电气设备的外壳都是通过接地线与接地体连接在一起的，使电气设备的外壳保持和大地同为零电位，当电气设备内有一相绝缘破坏时，则有接地电流入地。由于接地体附近存在着对地电位分布，电气设备外壳上也就存在着对地的最高电压 U_d，如图 8-3 所示。

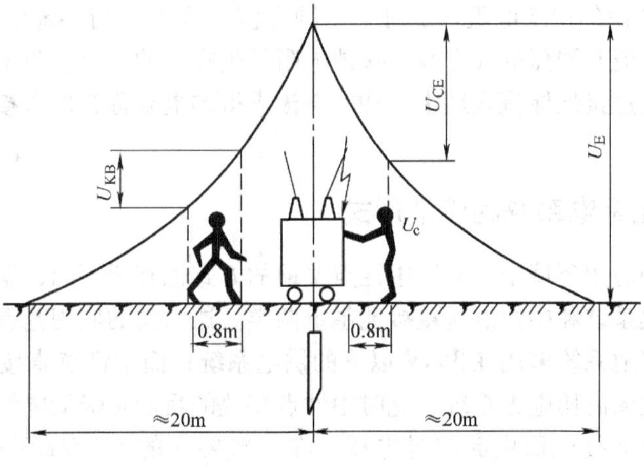

图 8-3 接触电压和跨步电压示意图

1. 接触电压

接触电压是指加于人体某两点之间的电压。如图 8-3 所示，当设备漏电，电流 I_d 自接地体入地时，漏电设备对地电压为 U_d，因对地电压出线呈双曲线形状，至离开接地体 20m 处，对地电压接近零。图 8-3 中，当人触及漏电设备的外壳，其接触电压即其手和脚间的电位差。如果忽略人的双脚下土壤的流散电阻，接触电压与接触电动势相等，则图中人的接触电压为 U_c。接触电压通常按人体离开设备 0.8m 考虑。接触电压在愈靠近接地体处或碰地处愈小，反之愈大。为安全起见，在任何情况下都不允许超过允许接触安全电压（≤50V）。

2. 跨步电压

跨步电压是指人站立在流过电流的大地上，加于人的两脚之间的电压，如图

8-3 中的 U_{KB}。人的跨步一般按 0.8m 考虑，大牲畜的跨步通常按 1.0 ~1.4m 考虑。跨步电压的大小，随着与接地体的距离的变化而变化。当人的一只脚离接地体越近、踏在接地体上时，跨步电压最大；反之，距接地体越远越小。图 8-3 中，人紧靠接地体位置，所以承受的跨步电压最大；离接地体越远，承受的跨步电压就越小。对于垂直埋设的单一接地体；离开接地体 20m 以外，跨步电压接近于零。如果考虑人脚底下的流散电阻，实际的跨步电压应该会降低一些。

8.1.3 流散电阻、接地电阻和冲击电阻

（1）接地电流流入地下以后，是自接地体向四周流散的，这个自接地体向四周流散的电流就叫做流散电流（见图 8-2），流散电流在土壤中遇到的全部电阻叫做流散电阻。

（2）接地体的流散电阻与接地线的电阻之和，叫做接地电阻。接地线的电阻一般很小，可以忽略不计，因此可以认为流散电阻就是接地电阻。

（3）通常说的接地电阻都是对于工频电流而言的，当接地装置通过雷电流时，由于雷电流有强烈的冲击性，接地电阻发生很大的变化。为了与工频接地电阻区别，将通过接地体流入地中的冲击电流求得的电阻称为冲击接地电阻，简称冲击电阻。

8.1.4 低压配电系统的接地形式

在不同的应用环境中，电源中性点接地的方式也有所不同，据此可分为中性点不直接接地系统和中性点直接接地系统两类。这两类的应用范围有所不同，中性点不直接接地系统多用在 35kV 以下的供电系统；而中性点直接接地系统，则多用在高压或超高压电力系统，此时中性点接地的目的是降低电气设备的绝缘水平，抑制因故障接地而引起的过电压。在一般要求的 380/220V 低压配电系统（如工业与民用建筑）中，就多用中性点直接接地系统，而此时中性线接地的目的和上述的用在高压和超高压系统中的目的完全不同，此时是为了防止用电设备因绝缘损坏，而造成人员触电的危险。

按照国际电工委员会（IEC）的规定，低压配电系统常见的接地形式实际有三种，即 TT 系统、IT 系统和 TN 系统。

1. TT 系统

TT 系统如图 8-4 所示，其中电源端有一点直接接地，电气装置的外露可导电部分直接接地，此接地点在电气上独立于电源端的接地点。

2. IT 系统

IT 系统如图 8-5 所示，其中电源端的带电部分不接地或有一点经阻抗接地，电气装置外露可导电部分直接接地。

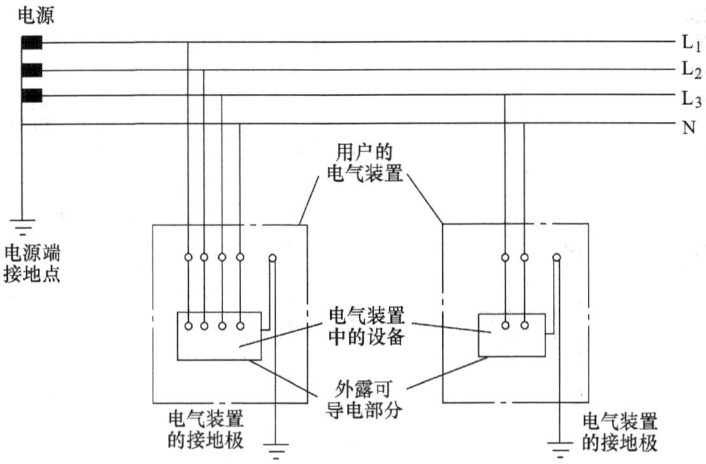

图 8-4　TT 系统

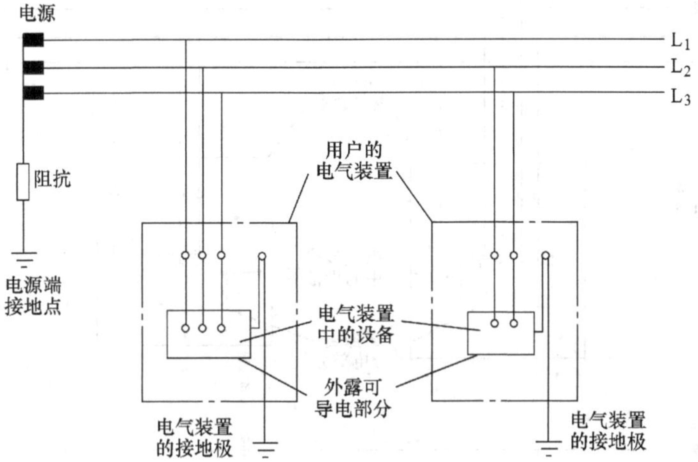

图 8-5　IT 系统

3. TN 系统

TN 系统如图 8-6 所示，其中电源端有一点直接接地，电气装置的外露可导电部分通过保护中性导体或保护导体连接到此接地点。

根据中性导体和保护导体的组合情况，TN 系统的形式有以下三种。

(1) TN－C 系统：整个系统的中性导体和保护导体是合一的，如图 8-6a 所示。

(2) TN－S 系统：整个系统的中性导体和保护导体是分开的，如图 8-6b 所示。

(3) TN－C－S 系统：系统中一部分线路的中性导体和保护导体是合一的，如图 8-6c 所示。

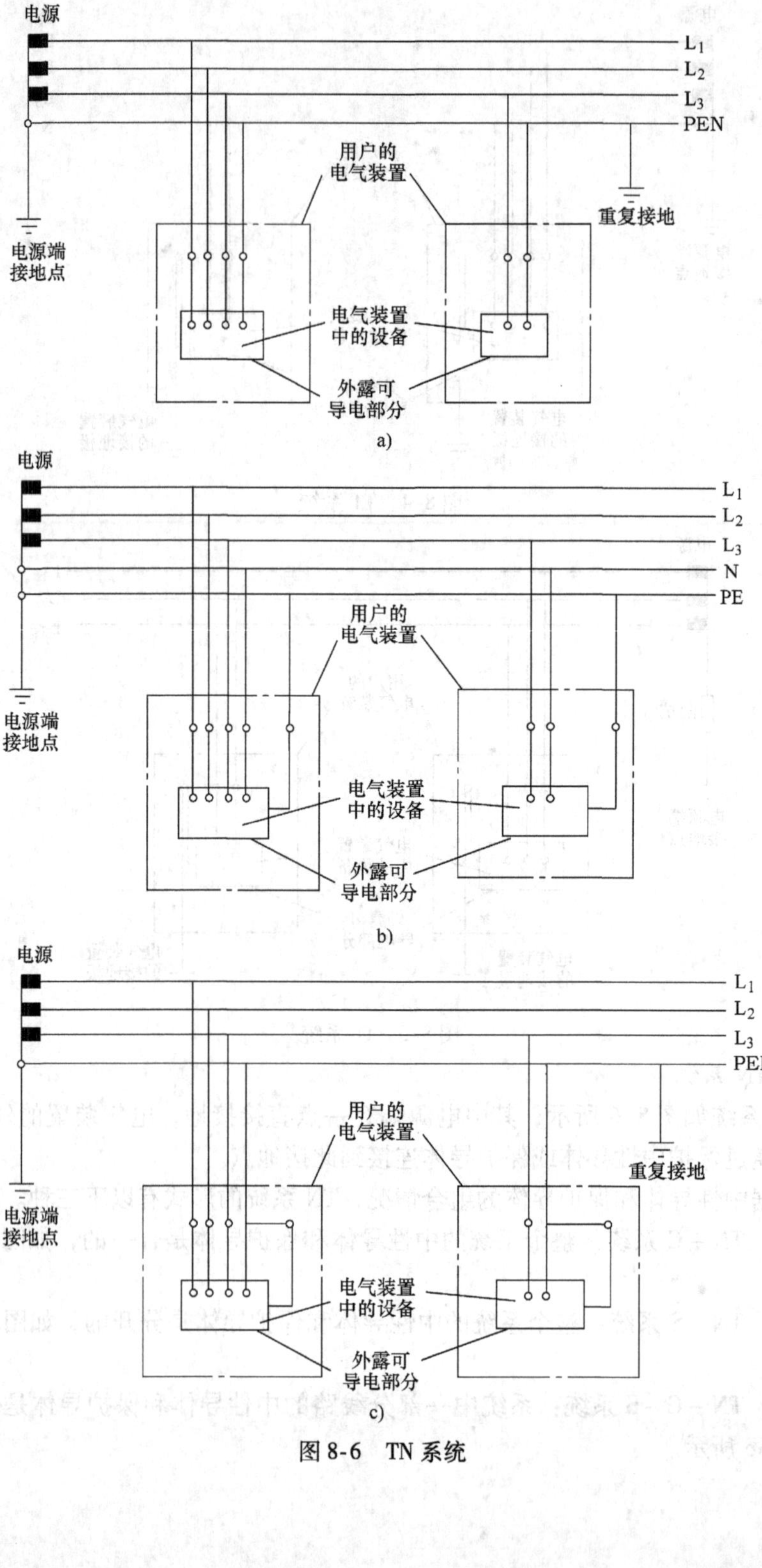
电源
L1
L2
L3
PEN
用户的
电气装置
重复接地
电源端
接地点
电气装置
中的设备
外露可
导电部分
a)
电源
L1
L2
L3
N
PE
用户的
电气装置
电源端
接地点
电气装置
中的设备
外露可
导电部分
b)
电源
L1
L2
L3
PEN
用户的
电气装置
重复接地
电源端
接地点
电气装置
中的设备
外露可
导电部分
c)

图 8-6 TN 系统

8.2　接地系统的安全与火源分析

8.2.1　TT 系统

我国绝大部分地区企业的低压配电网都采用星形联结的、低压中性点直接接地的三相四线配电网，如图 8-7 所示。这不仅是为了这种配电网能提供一组线电压和一组相电压，便于动力和照明由同一台变压器供电，而且还在于这种配电网具有较好的过电压防护性能、一相故障接地时单相电击的危险性较小、故障接地点比较容易检测等优点。低压中性点的接地常叫做工作接地，中性点引出的导线叫做中性线，由于中性线是通过工作接地与零电位大地连在一起的，因而中性线也叫做零线。这种配电网的额定供电电压为 0.23/0.4kV（相电压为 0.23kV，线电压为 0.4kV），额定用电电压为 220/380V（相电压为 220V，线电压为 380V）。220V 用于照明设备和单相设备，380V 用于动力设备。

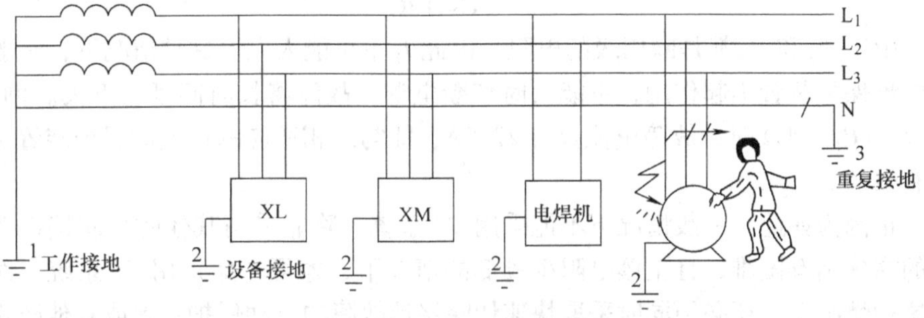

图 8-7　TT 系统接地原理图

接地的配电网发生单相电击时，人体承受的电压接近相电压。也就是说，在接地的配电网中，如果电气设备没有采取任何防止间接接触电击的措施，则漏电时触及该设备的人所承受的接触电压可能接近相电压，其危险性大于不接地的配电网中单相电击的危险性。图 8-7 所示为设备外壳采取接地措施的情况。这种做法类似不接地配电网中的保护接地，但由于电源中性点是直接接地的，而与 IT 系统有本质区别。这种配电防护系统称为 TT 系统。第一个字母 T 表示电源是直接接地的。如有一相漏电，则故障电流主要经接地电阻 R_e 和工作接地电阻 R_N 构成回路。漏电设备上的对地电压和中性线的对地电压分别为

$$U_E=\frac{R_E R_r}{R_N R_E+R_N R_r+R_E R_r}U \tag{8-8}$$

$$U_N=\frac{R_N R_E+R_N R_r}{R_N R_E+R_N R_r+R_E R_r}U \tag{8-9}$$

式中 U——配电网的相电压；

R_r——人体电阻。

一般情况下，$R_N << R_r$，$R_E << R_r$，式（8-8）和式（8-9）可化简为

$$U_E \approx \frac{R_E}{R_N + R_E} U \tag{8-10}$$

$$U_E \approx \frac{R_N}{R_N + R_E} U \tag{8-11}$$

显然，$U_E + U_N = U$，且 $U_E / U_N = R_E / R_N$。与没有接地相比较，漏电设备上的对地电压有所降低，但零线上却产生了对地电压。而且，由于 R_E 和 R_N 同在一个数量级，二者都可能远远超过安全电压，人触及漏电设备或触及中性线都可能受到致命的电击。

另一方面，由于故障电流主要经 R_E 和 R_N 构成回路，如不计带电体与外壳之间的过渡电阻，其大小为

$$I_E \approx \frac{U}{R_N + R_E} \tag{8-12}$$

由于 R_E 和 R_N 都是欧姆级的电阻，因此 I_E 不可能太大。这种情况下，一般的过电流保护装置不起作用，不能及时切断电源，故障将长时间延续下去。例如，当 $R_E = R_N = 4\Omega$ 时，故障电流只有 27.5A，能与之相适应的过电流保护装置是十分有限的。

正因为如此，一般情况下不能采用 TT 系统，除非采用其他防止间接接触电击的措施确有困难，且土壤电阻率较低的情况下，才可考虑采用 TT 系统。而且在这种情况下，还必须同时采取快速切除接地故障的自动保护装置或其他防止电击的措施，并保证中性线没有电击危险。

8.2.2 IT 系统

如果电气设备没有接地，且电气设备的一相绝缘损坏，则此时外壳就会带电（见图 8-8）。一般情况下，电路对地存在着绝缘电阻和分布电容，绝缘电阻和分布电容的并联状态就构成了线路对地的总阻抗。如果电气设备没有接地，当人接触到漏电的设备外壳时，电流就会流过人体，使人体触电。相反，如果设备接地，则接地电流也会同时流过人体和接地装置，且流经人体和接地装置电流的大小，与电阻成反比关系，即

$$\frac{I_r}{I_d'} = \frac{R_d}{R_r} \tag{8-13}$$

式中 I_r、R_r——沿着人体流过的电流和人体电阻；

I_d'、R_d——沿接地体流过的电流和电阻。

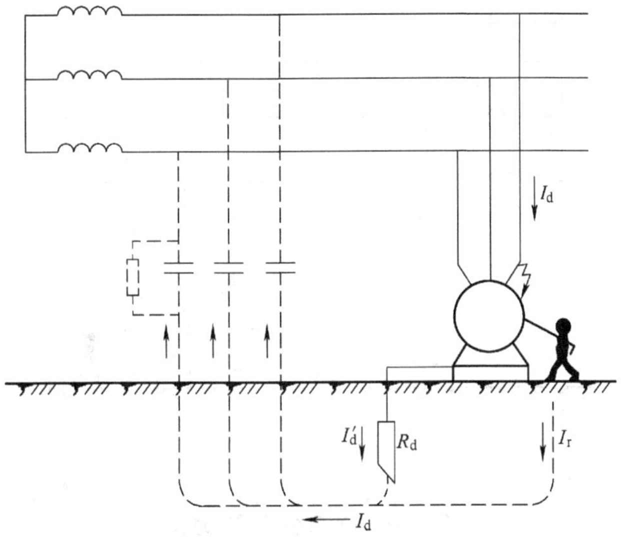

图 8-8　IT 系统接地原理图

当 $R_d << R_r$ 时，则可将通过人体的电流限制到安全值以内，甚至减到零，从而使人体避免遭受触电的危险。

关于总的接地电流 I_d 的大小：在 1000V 以上的系统中，由于容抗 $X_c << R$，绝缘电阻可以忽略，此时主要是电容电流对人体的危害；而在 1000V 以下的系统中，当电源容量较小（1000kV · A 以下）时，线路不太长，此时主要是流经绝缘体的漏电流。在电源容量较大的情况下，线路比较长导线的对地电容电流和绝缘漏电流就不能忽略。

8.2.3　TN 系统

在 TN 系统中，电气设备在采取保护接零的同时，必须与熔断器或断路器等保护配合应用，才能起到保护作用。

TN 系统接零的原理如图 8-9 所示。

当设备的某一相与金属外壳相碰，形成该相对中性线的单相短路时，短路电流 $I_d = I_{dL}$，它将通过设备外壳和中性线形成的闭合回路。由于外壳、中性线和相线的合成电阻很小，短路电流将很大，往往都大于三倍的熔丝（片）额定电流，从而使保护设备迅速动作，使故障设备从线路中切除，即使在故障瞬间人体触及故障设备外壳，通过人体的电流也是很小的，从而达到对人身和设备的保护作用。

1. TN－C 系统

TN－C 系统是我国广泛采用的系统，在这个系统中，由于中性线与保护线是合一的，为了防止触电事故，必须将电气设备外壳与 PEN 线作良好的电气连

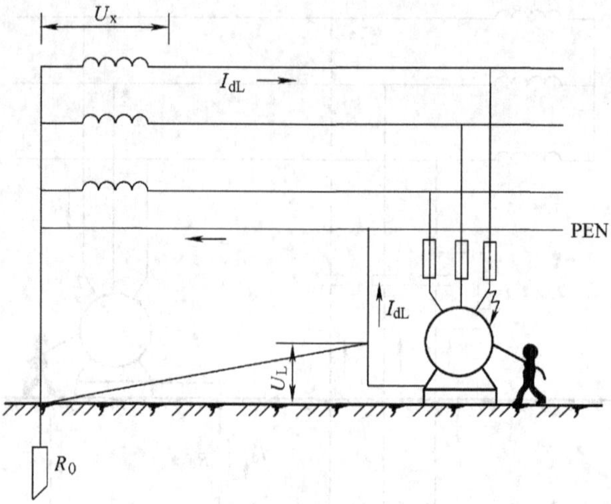

图 8-9 TN 系统接零原理图

接。如果电气设备外壳既不与 PEN 线连接，又不与大地作良好的电气连接时，则是不安全的。

如图 8-10 所示，当电气设备绝缘损坏使外壳带电时，漏电流很小，不足以使熔断器熔丝熔断，设备外壳也将长期存在电压，当人体触及该外壳时，就会有电流（A）流过人体，其值为

$$I_r = \frac{U_x}{R_r + R_0} \tag{8-14}$$

式中 U_x——相电压，220V；

R_r——人体电阻，一般为 800 ~ 1000Ω；

R_0——工作接地电阻，一般为 4Ω。

若取 $R_r = 1000\Omega$，则 $R_0 << R_r$，可忽略，那么

$$I_r = \frac{220}{1000}\text{A} = 0.22\text{A}$$

很明显，0.22A 已经超过了人体的安全电流值。

TN - C 系统如图 8-6a 所示，常常接有大量三相和单相负载，当单相负载过多，使三相负载运行中出现不平衡时，PEN 线中就会有不平衡电流 I_0 流过，并在 PEN 线上形成电压降，其值为

$$U_N = (R_N + jx_N)I_N$$

式中 R_N、x_N——PEN 线上的电阻和电抗。

该电压实际就是加在电气设备外壳上的电压，有时可达到 10 ~ 40V。这个电压在正常运行情况下存在时，不但会使人感到麻电，而且还可能对附近的金属构

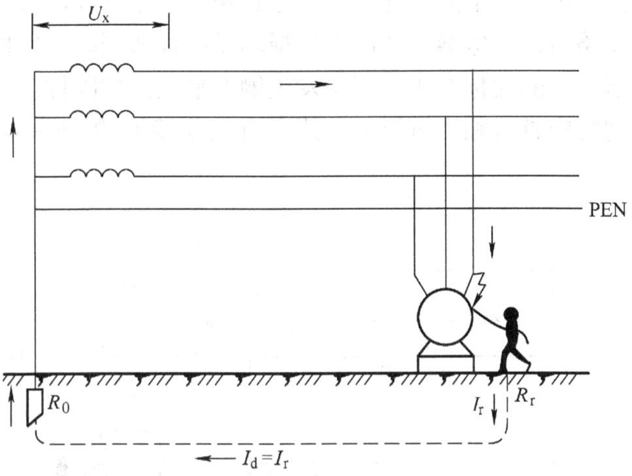

图8-10 无重复接地的TN－C系统

件放电，形成火花，特别在易燃易爆环境是很危险的。

此系统只接地、不接PEN线的情况，与TT系统的分析是一样的。

2. TN－S系统

TN－S系统的中性线与保护线是分开的，如图8-6b所示。正常运行时，保护（PE）线上没有工作电流流过，即使有也只能是电气设备的泄露电流和线路分布电容电流流过，其值也只有毫安级。这就使电气设备外壳与变压器中性点基本上处于同电位状态，而且对地电压均为零。

中性线流过电流时形成的电压降，并没有加到电气设备的外壳上，故无论从防触电或防火角度看都是安全的。

3. TN－C－S系统

TN－C－S系统如图8-6c所示，多用在民用建筑中，其优缺点或利害关系与TN－C、TN－S系统相同。

8.2.4 重复接地

电气设备外壳与中性线连接虽然可以使漏电设备从线路中迅速切除，但并不能避免漏电设备对地危险电压的存在，并且当中性线断线的时候外壳还存在着承受接近相电压的对地电压，继电保护的动作时间也不是达到了最低程度。为了降低漏电设备外壳的对地电压，减少中性线断线时的触电危险，缩短碰线或接地短路持续的时间，通常要采用重复接地。

所谓的重复接地就是除中性点必须良好接地外，还要将中性线重复接地，即将中性线的一处或多处通过接地体与大地再次连接。中性线重复接地能够缩短故障持续时间，降低中性线上的压降损耗，减轻相线、中性线反接的危险性。在保护中性线发生断路后，当电器设备的绝缘损坏或相线碰壳时，中性线重复接地还能降低故障电器设备的对地电压，减小发生触电事故的危险性。因此，中性线重复接地在供电网络中具有相当重要的作用。有重复接地的 TN－C 系统如图 8-11 所示。

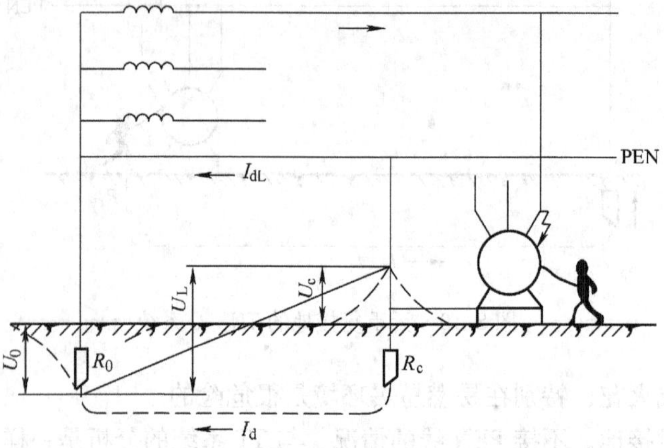

图 8-11　有重复接地的 TN－C 系统

图 8-9 所示的是一个无重复接地的 TN 系统。当接零电气设备发生单相短路时，从短路起，到保护装置动作完毕，切断电源的短时间内，其对地电压（即短路电流）在 PEN 线上产生的电压降为

$$U_d = U_L = I_{dL}Z_L = \frac{U_x}{Z_x + Z_L}Z_L \tag{8-15}$$

式中　I_{dL}——单相短路电流；

Z_x——相线阻抗；

Z_L——PEN 线阻抗；

U_L——PEN 线电压降。

由此看出，PEN 线阻抗越大，设备对地电压越高（通常这个电压远高于安全电压），如果用增加 PEN 线截面积、降低电阻的办法来换取设备的安全电压是很不经济的。一般规定 PEN 线的导电能力不应低于相线导电能力的 1/2，依此原则，可取 $Z_x=0.5Z_L$，代入式（8-15）则有

$$U_d = U_L = \frac{U_x}{0.5Z_L + Z_L}Z_L = \frac{U_x}{1.5} = \frac{220}{1.5}\text{V} \approx 146.7\text{V} \tag{8-16}$$

可见，单纯接零的措施，仍有触电危险。

在采用图 8-11 中重复接地的措施时，短路电流大部分通过 PEN 线，只有小部分电流通过重复接地电阻 R_c和工作接地电阻 R_0，此时接地电流在 R_0上的电压降，就是设备的对地电压，即

$$U_d = U_L = I_d R_e = \frac{U_L}{R_c + R_0} R_c \tag{8-17}$$

U_d只占 PEN 线电压降的一部分是显而易见的。若取 $R_c = 10\Omega$，$R_0 = 4\Omega$，则有

$$U_d = \frac{146.7}{10 + 4} \times 10\text{V} \approx 104.8\text{V} \tag{8-18}$$

实际上，由于 R_c、R_0与 PEN 线是并联的，U_d比 104.8V 还要低一些，但这个电压对人的危险仍然存在，可与纯接零相比，重复接地的安全性却提高了，如果能使重复接地电阻 R_c 降低，则安全性更高，所以在线路中多处重复接地可以降低总的重复接地电阻值。

采用重复接地，还可以减轻由于 PEN 线断线带来的危险性，如图 8-12 所示。

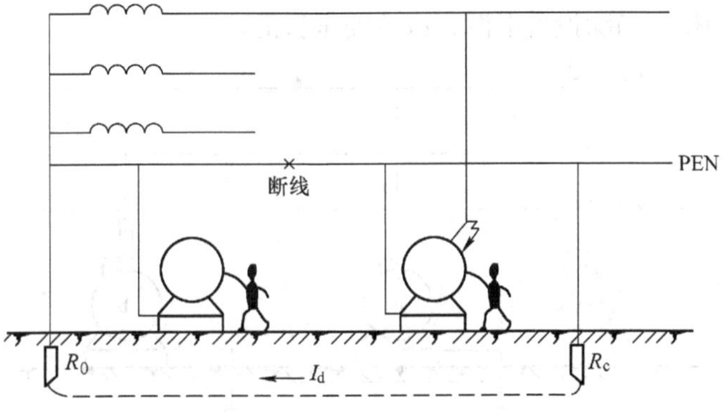

图 8-12　有重复接地的 PEN 线断线

接在 PEN 线断线处后面的电气设备外壳上存在的对地电压为

$$U_d = U_c = \frac{U_x}{U_0 + U_c} R_c \tag{8-19}$$

在断线前面设备外壳上的对地电压为

$$U_d = U_0 = \frac{U_x}{U_0 + U_c} R_0 \tag{8-20}$$

当 $R_c = R_0$时，$U_d = U_c = U_0 = 0.5U_x$，即断线前后电气设备外壳上的对地电压均为 $U_x/2$。实际上 $R_c > R_0$，故 $U_c > U_0$，即 $U_d = U_c > 0.5U_x$，与无重复接地时发生断线后人体承受的近似相电压相比，危险性是减轻了，但仍不是安全电

压。一般 $R_c=10\Omega$，在 1000V 以下的 TN 系统中，它只能起到平衡电位的作用，而不能完全排除危险。因此，要提高对 PEN 线的施工质量，加强维护，防止断线。

重复接地可以从 PEN 线上直接接地，也可以从设备外壳上接地。户外架空线宜在线路终端接地，分支线宜在超过 200m 的分支处接地，高压与低压线路宜在同杆敷设段的两端接地。以金属外皮作中性线的低压电缆，也要重复接地。车间内宜采用环形重复接地，中性线与接地装置至少有两点连接。

8.2.5 采用 IT 系统或 TN 系统时应注意的问题

（1）在 IT 系统中，将设备外壳接地。若用同一台变压器供电的两台电气设备同时发生碰壳接地时，由图 8-13 可看出，无论 R_{d1} 和 R_{d2} 怎样变化，两台设备外壳都要承受大于 $\frac{\sqrt{3}}{2}U_x$ 的电压，该电压对人是不安全的，而且容易对周围金属构件（如电线管）发生火花放电，引起火灾。解决办法是，采用金属导线将两个接地体直接连接起来的共同接地方式，使两相分别接地变成相间短路，促使保护装置迅速动作，切除设备电源，以达安全目的。

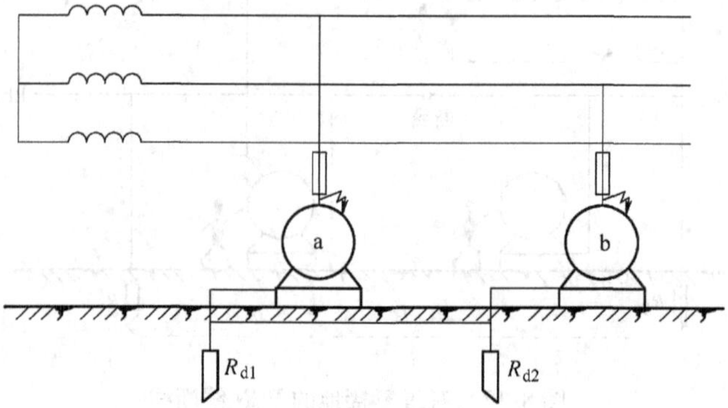

图 8-13 双碰壳时共同接地

再一个问题是，这种系统单相电流比较小，三相电压的对称性并不被破坏，单相短路持续时间可达 2h，在此时间内由短路电流形成的间歇电弧，以及由间歇电弧产生的过电压使绝缘的击穿，都将产生点火源，从而扩大事故，形成火灾。

（2）在 TN 系统中，不能采用有的设备接地、有的设备接零的不合理接地方式。由同一台发电机、同一台变压器、同一段母线供电的线路也不应采用两种接地方式。不合理的接地方式如图 8-14 所示。

如果采用保护接地措施的 D 设备发生碰壳接地，I_d 很小，保护装置不能及

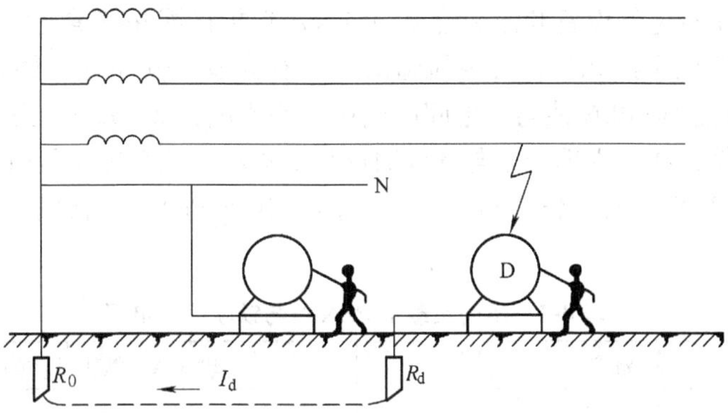

图 8-14　不合理的接地方式

时动作，设备外壳和接地线上，就会长期存在危险电压。该电压不但危及人身安全，而且在车间还会向金属构件放电，形成火花。另外，凡是与中性线连接的设备，其外壳电压也都升高，从而使故障范围扩大。

（3）TN－C 系统中的中性线是兼做保护线的，在线路上接有很多三相对称负荷和单相负荷，这些负荷很容易造成系统三相负荷的不平衡。正常时，PEN 线中除有不平衡电流通过外，还有漏电流和电容电流，因此 PEN 线上有电压降，为 10～40V。该电压就是与 PEN 线连接的各设备的对地电压。它虽对人不会造成危险，但在有易燃易爆物的地方，产生火花放电却是危险的。尤其在 PEN 线断线的情况下，会构成潜在的电点火源。

例如：某油库车站，靠装卸台停有一列载有五节汽油、两节机油的列车。当工作人员连接好管道，将 1 号泵房鹤管与油槽车罐口相碰时，突然发出长达 10cm 的强烈火花，幸好油槽车内装的是机油，未酿成事故。该强烈火花，是由于 PEN 线断线造成的，如图 8-15 所示。

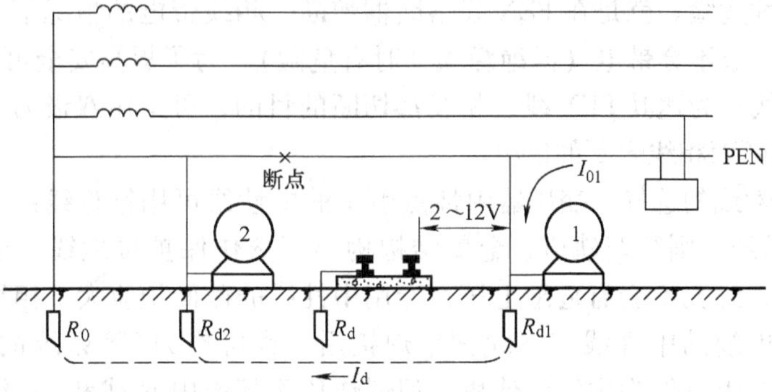

图 8-15　油库区供电与接地示意图

油库区所有电气设备和输油管道均应采用保护接零并有重复接地。

由于铁轨也是接地的，可视轨道对地电位为零。输油管（鹤管）与铁轨油槽车之间电压就是PEN线与大地间的电压，经实测为2~12V。当用金属导线将输油管与铁轨连接，立即产生与卸油时同样的火花。这个电压是由于三相负荷不平衡，引起PEN线电位偏移造成的。不同负载下PEN线与铁轨之间的电压见表8-1。

表8-1 不同负载下PEN线与铁轨间的电压

负载情况	PEN线与铁轨间的电压/V
全相运行	5.2
B相断开	6.2
C相断开	11

正常时PEN线电阻远小于接地电阻，三相不平衡电流绝大部分通过PEN线回到变压器，通过接地装置的分流近于零。当PEN线断线时，不平衡电流被迫经接地装置和大地回到变压器。不平衡电流I_{o1}就在1号泵房电机的接地电阻R_{d1}上产生电压降$I_{o1}R_{d1}$，该电压就是鹤管与铁轨间形成异常火花的电压。

（4）允许切断中性线的有关范围。严格来讲，PEN线断开会使接零设备上呈现危险的对地电压，所以在PEN线上装设开关和熔断器是不允许的，如在380/220V系统中的PEN线和具有接零要求的单相设备上，就不允许装开关和熔断器。如果装设断路器，只有当过电流脱扣器动作后能同时切断相线时，才允许在PEN线上装设过电流脱扣器。

而对于分布很广的单相线路，如果用电环境正常，没有保护接零要求（如宿舍、办公楼、商店和仓库等），就可以在PEN线和相线上同时装设开关和熔断器，由于相线和PEN线容易互相接错，而使相线处于无保护状态，当都接上后就减少了这种危险。就是在PEN线熔断器熔断、相线带电的情况下，由于设备外壳不接零，故不会带电（但绝缘损坏时有危险）。为了提高安全可靠性，PEN线用绝缘导线；为达其PEN线、相线都切断的目的，可采用双极刀开关，以避免PEN线切断而相线未断的情况。

（5）中性线的选择。变压器中性点引出的中性线可用钢母线；车间内若为TN－C－S系统，则行车轨道、金属结构构架可选作保护接地线，设备外壳都与它相连接，外壳不会有危险电压；专用中性线的截面积应大于相线截面积的一半；四芯电缆的中性线与电缆钢铠焊接后，也可作为TN系统的N（PEN）线；金属钢管也可作为中性线使用，但爆炸危险环境中N线和PE线必须分开敷设。

8.3　接地电阻的计算

8.3.1　土壤电阻率

决定接地电阻的主要因素是土壤电阻。土壤电阻的大小一般以土壤电阻率来表示。土壤电阻率是以每边长1m的正立方体的土壤的电阻来表示的。土壤电阻率根据土壤性质、含水量、温度、化学成分、物理性质等情况而有所变化，因此在设计时要根据地质情况，并考虑到季节影响，选取其中最大值作为设计依据。各种土壤性质的季节系数见表8-2。影响土壤电阻率的主要因素有下列几个：

表8-2　各种土壤性质的季节系数

土壤性质	深度/m	ψ_1	ψ_2	ψ_3
黏土	0.5~0.8	3	2	1.5
黏土	0.8~3	2	1.5	1.4
陶土	0~2	2.4	1.36	1.2
砂砾盖以陶土	0~2	1.8	1.2	1.1
园地	0~3	—	1.32	1.2
黄沙	0~2	2.4	1.56	1.2
杂以黄沙的砂砾	0~2	1.5	1.3	1.2
泥炭	0~2	1.4	1.1	1.0
石灰石	0~2	2.5	1.51	1.2

注：在测量前数天下过较长时间的雨时使用ψ_1；在测量时土壤具有中等含水量时使用ψ_2；测量时，可能为全年最高电阻，即土壤干燥或测量前降雨不大时使用ψ_3。

1. 土壤性质

土壤性质对土壤电阻率影响最大，不同性质的土壤，其电阻率可以相差几千到几万倍。不同性质的土壤和水的电阻率见表8-3。

表8-3　土壤和水的电阻率参考值　　（单位：Ω·m）

类别	名　称	电阻率近似值	电阻率变化范围		
			较湿时（一般地区，多雨区）	较干时（少雨区，沙漠区）	地下水含碱盐时
土	陶黏土	10	5~20	10~100	3~30
	泥炭、泥炭岩、沼泽地	20	10~30	50~300	3~30
	捣碎的木炭	40	—	—	—
	黑土、田园土、陶土	50			

（续）

类别	名　　称	电阻率近似值	电阻率变化范围		
			较湿时（一般地区，多雨区）	较干时（少雨区，沙漠区）	地下水含碱盐时
土	白垩土				
	黏土	60	30 ~ 100	50 ~ 300	10 ~ 30
	砂质黏土	100	30 ~ 300	80 ~ 1000	10 ~ 30
	黄土	200	100 ~ 200	250	30
	含砂黏土、砂土	300	100 ~ 1000	>1000	30 ~ 100
	河滩中的沙	—	300	—	—
	煤	—	350	—	—
	多石土壤	400	—	—	—
	土层红色风化黏土、下层红色页岩	500（30%湿度）	—	—	—
	表层土夹石、下层砾石	600（15%湿度）	—	—	—
砂	砂、砂砾	1000	250 ~ 1000	1000 ~ 2500	—
	砂层深度 >10cm、地下水较深的草原	1000	—	—	—
	地面黏土深度 <1.5m、底层多岩石				
岩	砾石、碎石	5000	—	—	—
	多岩山地	5000	—	—	—
	花岗岩	200000	—	—	—
混凝土	在水中	40 ~ 55	—	—	—
	在湿土中	100 ~ 200	—	—	—
	在干土中	500 ~ 1300	—	—	—
	在干燥的大气中	12000 ~ 18000	—	—	—
矿	金属矿石	0.1 ~ 1	—	—	—
水	海水	1 ~ 5	—	—	—
	湖水、池水	30	—	—	—
	泥土、泥炭中的水	15 ~ 20	—	—	—
	泉水	40 ~ 50	—	—	—
	地下水	20 ~ 70	—	—	—
	溪水	50 ~ 100	—	—	—
	河水	30 ~ 280	—	—	—
	污秽的水	300	—	—	—
	蒸馏水	1000000	—	—	—

2. 含水量

含水量对电阻率也有很大的影响。绝对干燥的土壤电阻率可以认为接近无穷大。含水量增加到 15% 左右时，电阻率改变很小；当含水量超过 75% 时，土壤电阻率反而增加。含水量对土壤电阻率的影响，不仅随土壤种类不同而有所不同，而且与所含的水质也有关系。例如在电阻率较低的土壤中，加上比较纯洁的水，反而增大电阻率。因此在采用加水改良土壤时，也要注意这一点。

3. 温度

当土壤温度在 0℃及以下时，由于其中水分结冰，土壤冻结，电阻率突然增大，因此一般都将接地体放在冰冻层以下，以避免产生很高的流散电阻。温度自 0℃继续上升时，由于其中溶解盐的作用，电阻率逐渐减小。温度到达 100℃时，由于土壤中水分蒸发，电阻率又增大。

4. 化学成分

当土壤中含有盐、酸、碱成分时，电阻率会显著下降。一般即利用这种特性来改变土壤电阻率。

由于影响土壤电阻率的因素很多，因此在设计时最好选用实测的数值。因为测量时的具体情况不同，土壤电阻率也有所改变。为了能使测量所得的值反映最不利情况时的土壤电阻率，必须将所测得的土壤电阻率根据测量时的具体情况，乘以表 8-3 中的换算系数 ψ，则得到设计时所采用的土壤电阻率 ρ，即 $\rho = \psi\rho_0$。

8.3.2 自然接地体

在一定区域内，土壤电阻率为固定值。自然接地体埋在地下，纵横交错，除易燃液体、易燃气体或易爆管道外，大多数电气设备都与它相连接，如一些金属工艺管道、金属水管和电缆外皮等。使用自然接地体的优点是经济、安全，且可等化电位。但是，有些管道由于使用了法兰垫圈，而起到绝缘作用，故必须用跨接导线将法兰或管接头跨接起来。

自然接地体的接地电阻，一般可用简化的表格进行计算，见表 8-4、表 8-5 和表 8-6。

表 8-4 直埋铠装电缆金属外皮的接地电阻

电缆长度/m	20	50	100	150
接地电阻/Ω	22	9	4.5	3

注：1. 土壤电阻率 $\rho = 100\Omega \cdot m$，深埋 0.7m。

2. 当 n 根截面积相近电缆埋在同一壕沟内时，若单根电缆接地电阻为 R_0，则总接地电阻 R 为

$$R = \frac{R_0}{\sqrt{n}} \tag{8-21}$$

表 8-5　直埋金属水管的接地电阻　（单位：Ω）

长度/m		20	50	100	150
接地电阻	公称口径为 25 ~ 50mm 时	7.5	3.6	2	1.4
	公称口径为 70 ~ 100mm 时	7.0	3.4	1.9	1.4

注：土壤电阻率 $\rho=100\Omega\cdot m$，深埋 0.7m。

表 8-6　当 $\rho\neq100\Omega\cdot m$ 时对表 8-4、表 8-5 的修正系数

土壤电阻率 $\rho/\Omega\cdot m$	30	50	60	80	100	120	150	200	250	300	400	500
修正系数	0.54	0.7	0.75	0.89	1	1.12	1.25	1.47	1.65	1.8	2.1	2.35

8.3.3　基础接地体

利用建、构筑物基础的金属结构作为接地体，就称为基础接地体。近年来国内外利用钢筋混凝土基础作为自然接地体，已经取得了比较成功的经验。地面以下的混凝土由于毛细管作用，经常保持潮湿状态，与当地中等的低电阻率土壤一样，是良好的导电体。由于接地体是包在混凝土中的，可使金属结构免受腐蚀损坏。在土壤导电性差的区域，这层外包混凝土除有助于降低接地电阻外，还可使钢材免受腐蚀损坏。例如铜与钢在潮湿混凝土中即使相互接触，钢构件也不会发生破坏性的腐蚀。

基础支墩中的钢筋一般有四组或更多的垂直构件，用水平的隔圈方环等距离固定，垂直构件与基础支墩底座内的大型水平构件相连。据国外有关资料报道，利用基座中的钢筋作为接地体，工频接地电阻可达 1Ω。这在工程实践中是能满足要求的，不必计算。利用垂直构件作接地线，还有很好的分流效果，经试验流过钢筋柱的最大冲击电流为总电流的 2.36%。

要注意的是，当利用钢筋混凝土构件和基础内钢筋作为接地装置时，构件或基础内钢筋的接点应焊接，各构件或基础之间必须连接成电气通路，进出钢筋混凝土构件的导体与其内部的钢筋体的第一个连接点必须焊接。

建筑物中的上下水管、采暖通风管、电线管和电缆外皮，都难免和建筑物的钢筋碰接，因此建筑物的防雷系统、保护接地系统和工作接地系统也就难以分开，而是连接在一起的。所以，高层建筑的接地系统应满足如下要求：

（1）凡是进入高层建筑的电源线，宜采用两端外皮接地的电缆，最好将电缆直埋。

（2）沿建筑物纵向布置的电线或电缆，宜敷设在有屏蔽的竖井中。竖井可用 3 ~ 4mm 的铁板或钢筋混凝土板制作。竖井钢筋接头应紧密连接，确保竖井纵向电阻最小，这是决定竖井屏蔽效果好坏的关键。

（3）同层敷设的电线宜穿管，且将两端接地。电缆外皮两端也应接地。

（4）建筑物内的电力设备、电器用具和照明灯具等，宜采用接零保护。

（5）伸缩缝处的断开钢筋宜用软导线连接起来，以提高分流、均压效果。

8.3.4　人工接地体

在接地电阻达不到要求或没有自然接地体时，应增敷人工接地体进行补救。人工接地体又可分为钢材制品和铜板制品。自然界的各项因素（如气候等）对接地流散电阻都有一定的影响，为了消除气候的影响，接地体的顶端要和地面保持一定的距离（一般为 0.7m 以上）。其流散电阻可按公式计算。

1. 垂直接地极的接地电阻

垂直接地极的接地电阻可利用下式计算（见图 8-16），当 $d \ll 1$ 时，有

$$R_V = \frac{\rho}{2\pi l}\left(\ln\frac{8l}{d} - 1\right) \tag{8-22}$$

式中　R_V ——垂直接地极的接地电阻（Ω）；

ρ ——土壤电阻率（Ω · m）；

l ——垂直接地极的长度（m）；

d ——接地极用圆钢时，圆钢的直径（m）。

当用不同型式的钢材时，其等效直径 d 的取值（见图 8-17）：钢管，$d = d_1$；扁钢，$d = 0.5b$；等边角钢，$d = 0.84b$；不等边角钢，$d = 0.71\sqrt[4]{b_1 b_2 (b_1^2 + b_2^2)}$。

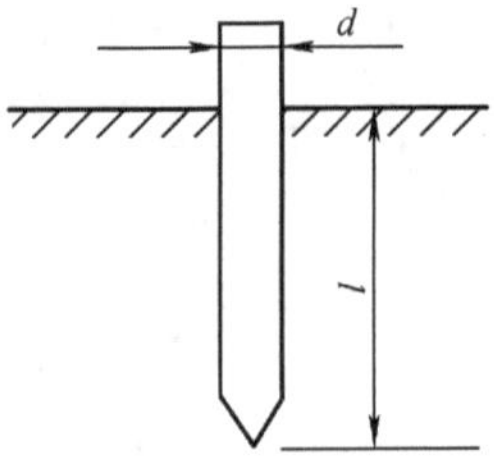

图 8-16　垂直接地极的示意图

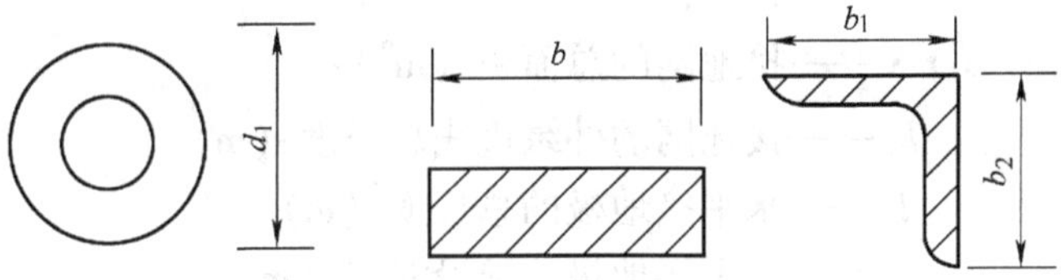

图 8-17　几种型式钢材的计算用尺寸

2. 水平接地体的接地电阻

水平接地体的接地电阻可利用下式计算：

$$R_h = \frac{\rho}{2\pi l}\left(\ln\frac{l^2}{hd} + A\right) \tag{8-23}$$

式中　R_h ——水平接地极的接地电阻（Ω）；

l ——水平接地极的总长度（m）；

h ——水平接地极的埋设深度（m）；

d ——水平接地极的直径或等效直径（m）；

A ——水平接地极的形状系数，可采用表 8-7 所列数值。

表 8-7　水平接地极的形状系数 A 的取值

水平接地极的形状		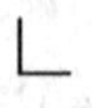				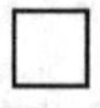				
形状系数 A	-0.6	-0.18	0	0.48	0.89	1	2.19	3.03	4.71	5.65

3. 复合接地体的接地电阻

复合接地体的接地电阻可利用下式计算：

$$\left.\begin{aligned} R_n &= a_1 R_e \\ a_1 &= \left(3\ln\frac{l_0}{\sqrt{S}} - 0.2\right)\frac{\sqrt{S}}{l_0} \\ R_e &= 0.213\frac{\rho}{\sqrt{S}}(1+B) + \frac{\rho}{2\pi l}\left(\ln\frac{S}{9hd} - 5B\right) \\ B &= \frac{1}{1+4.6\dfrac{h}{\sqrt{S}}} \end{aligned}\right\} \tag{8-24}$$

式中　R_n ——任意形状边缘闭合连接接地网的接地电阻（Ω）；

R_e ——等值（即等面积、等水平接地极总长度）方形接地网的接地电阻（Ω）；

S ——接地网的总面积（m^2）；

l_0 ——接地网的外缘边线总长度（m）；

l ——水平接地极的总长度（m）；

h ——水平接地极的埋设深度（m）；

d ——水平接地极的直径或等效直径（m）。

4. 人工接地体的冲击接地电阻

雷电流的幅值大，会使地中的电流密度增大，因而提高地中的电场强度，在接地体表面附近尤为显著。地电场强度超过土壤击穿场强时会发生局部火花放电，使土壤电导增大。试验表明，当土壤电阻率为 500Ω·m、预放电时间为 3～5μs 时，土壤的击穿场强为 6～12kV/cm。因此，同一接地装置在幅值很高的雷电冲击电流作用下，其接地电阻要小于工频电流下的数值，它们之间的比值在 1～2.3 之间。因此，每根放射形接地体的最大长度与土壤电阻率之间有如下关系：当土壤电阻率 $\rho \leqslant 100\Omega\cdot m$、$500\Omega\cdot m$、$1000\Omega\cdot m$、$2000\Omega\cdot m$ 时，其相应的最大长度为 20m、40m、60m、80m。

8.4　接地装置的安全措施

8.4.1　接地故障

与一般短路相比，接地故障在发生火灾时具有更大的危险性和复杂性。一般短路起火主要是短路电流作用在线路上产生高温引起火灾，而接地故障则有以下三个原因引起火灾：

（1）由接地故障电流引起火灾。接地故障电流通路内有设备外壳和接地回路的多个连接端子等，TT 系统还以大地为通路。大地的接地电阻大，PE（PEN）线连接端子的电阻值也较大，主要还有电弧的高阻抗限制了故障电流，所以接地故障电流比一般短路电流小，常不能使过电流保护装置及时切断故障，且故障点多不熔焊而出现电弧和电火花。0.5A 电流的电弧和电火花的局部高温即可烤燃可燃物质。

（2）由 PE（PEN）线端子连接不紧密引起火灾。设备接地的 PE 线平时不通过负荷电流，只在发生接地故障时才通过故障电流。如果因受振动和腐蚀等影响，导致连接松动和接触电阻增大等现象，平时是不易察觉的。一旦发生接地故障，故障电流需通过 PE 线返回电源时，PE 线的大接触电阻限制了故障电流，使保护装置不能及时动作，连接端子因接触电阻大而产生的高温或电弧和电火花却能导致火灾的发生。

（3）由故障电压引起火灾。TN 系统中电气设备金属外壳通过 PE（PEN）线连接在同一个接地极上。当未装漏电保护装置的电气设备发生接地故障时，出现危险的对地电压，通过 PE（PEN）线传导至其他装有漏电保护装置的电气设备上，但因为线路内未出现剩余电流，所以保护装置不能动作。但这四处传导的故障电压是危险的起火源，会通过对地的电火花和电弧而导致火灾。另外，TN－C 和 TN－C－S 系统中 PEN 线完好时，负荷侧中性点电位接近电源中性点电位和地电位。如果 PEN 线折断，负荷侧各相电压将按照各相负荷的阻抗分配。如果三相负载严重不平衡或电动机断相运行时，负荷侧中性点电位将发生漂移，与 PEN 线相连接的电气设备内的外露导电部分的对地电压随之升高，当达到一定的危险值时，可能引起电气火灾或电击伤人。

8.4.2　降低接地电阻的措施

为了降低接地电阻，使之满足防雷保护设计的要求，可以采取以下措施。

1. *更换土壤*

在接地体周围，用电阻率较低的土壤（如黏土和黑土等）替代原先此处电阻率较高的土壤。这种更换土壤的施工一般是在接地体上部三分之一处及其周围1m范围内进行。

2. 延长接地体的长度

延长水平接地体，增加其与土壤的接触面积，可以降低接地电阻，如图8-18所示。但考虑到接地体分布参数效应的影响，增加接地体长度应限制在其有效范围之内，而不能超出这一范围。否则，超出这一有效范围后，接地体的长度再增加，不仅达不到减小接地电阻的目的，反而会增加工程费用。

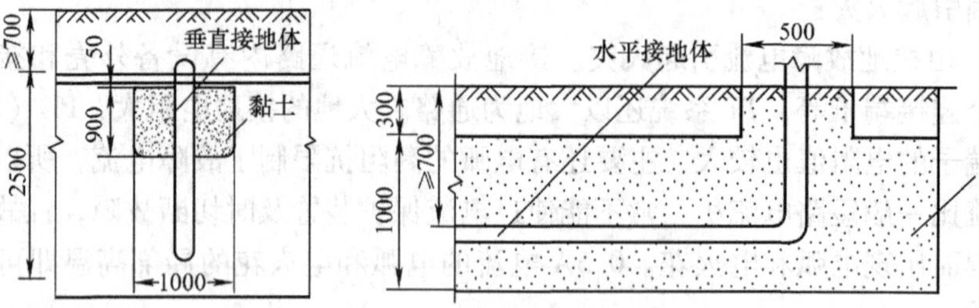

图 8-18 延长接地体长度

3. 深埋法

在不能用增大接地网水平尺寸的方法来降低流散电阻的情况下，如果周围土壤电阻率不均匀，可在土壤电阻率较低的地方深埋接地体以减小接地电阻。深埋接地体具有流散电阻稳定、受地面施工影响小、地面跨步电动势低、便于土壤化学处理等优点。

4. 对土壤进行化学处理

对于临时使用的接地体，当接地体所在地点的土壤电阻率高（$\rho > 5 \times 10^4$ $\Omega \cdot m$）时，可对接地体周围的土壤进行化学处理，如在接地体周围的土壤中掺入炉渣、煤粉、氮肥渣、电石渣、石灰、木炭或食盐等，将这类化学物与土壤混合后填入坑内夯实，如图 8-19 所示。由于这种方法所使用的化学物大多具有腐蚀性，且易于流失，因此在永久性的工程中不宜使用，只能作为在不得已情况下的临时措施。

5. 长效降阻剂

使用长效降阻剂是一种比较新的方法。长效降阻剂由几种物质配制而成，具有较为可靠和稳定的降阻性能。

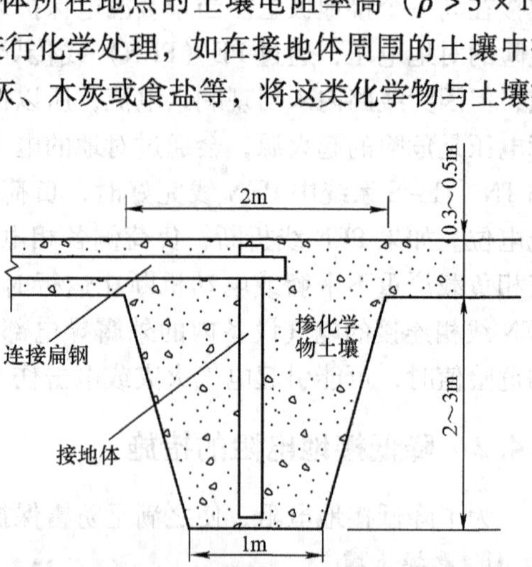

图 8-19 化学处理降低电阻法

它通常由三部分组成，即接地体自身电阻、接地体与土壤之间的接触电阻和电流从接地体泄散入地。长效降阻剂采用非电解质的碳素粉末作导电材料，其导电性不受酸、碱、高低温、干湿度所限。因碳素导电物不溶于水，与金属也不会发生化学反应，浆液与土壤是有限渗混，凝固后不因地下水位下降、天气干旱、雨水季节而流失，克服了化学降阻剂和液体降阻剂普遍存在的电阻率随其含水率减少而增大及降阻剂受地下水侵蚀易流失的缺点。因此，长效降阻剂性能更稳定、更长效。

6. 增加接地极根数

当原来每组接地极为一根且不能满足接地电阻要求时，可用增加每组接地极的根数来解决，但每组根数不宜超过 5 根，每根接地极顶端用接地线与接地极焊接，如图 8-20 所示。

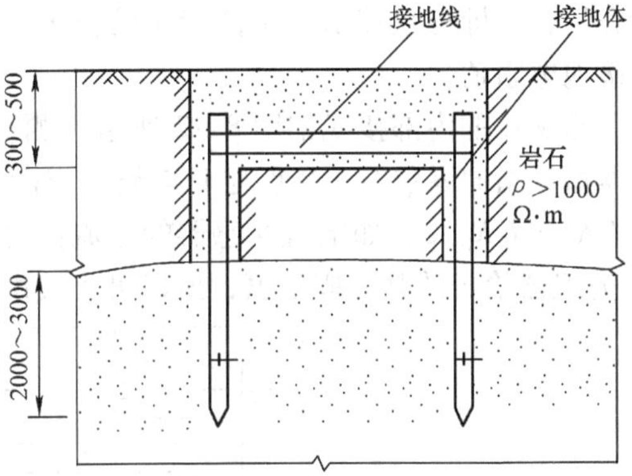

图 8-20　增加接地极根数

8.4.3　接地电阻的测量

接地电阻的数值等于接地装置对地电压与通过接地体流入地中电流的比值。因此，用万用表或直流电桥测量接地电阻都是错误的，对不同的对象应用不同的方法测量接地电阻，并且所用电源应是交流电源。接地电阻可用电流表—电压表法或接地电阻测量仪法测量，本书仅介绍接地电阻测量仪法，如图 8-21 所示。

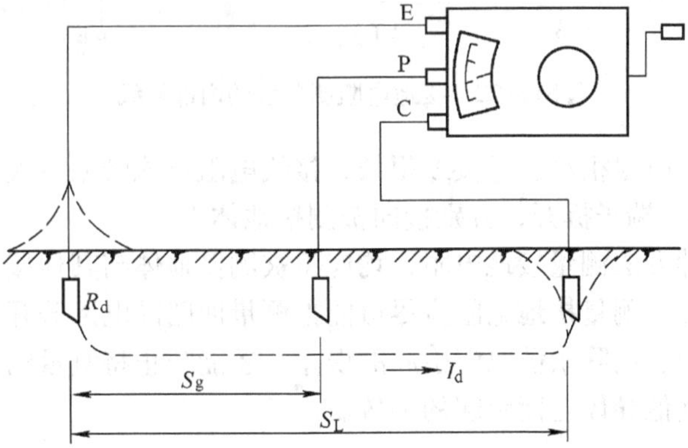

图 8-21　接地电阻测量仪的外部接线

接地电阻测量仪本身能产生交变的接地电流，不需外加电源，电流极和电压极也是配套的，使用简单，携带方便，而且抗干扰性能较好，因此应用十分广泛。这种测量仪的本体由手摇发电机（或电子交流电源）和电位差计式测量机构组成，其主要附件是3条测量电线和两支辅助测量电极。测量仪有E、P、C三个接线端子或C_2、P_2、P_1、C_1四个接线端子。测量时，在离被测接地体一定的距离向地下打入电流极和电压极。其外部接线如图8-21所示，E端或C_2、P_2端并接后接于被测接地体，P端或P_1端接于电压极，C端或C_1端接于电流极。选好倍频，以120r/min左右的转速转动摇把时，即可产生110～115Hz的交流电流，沿被测接地体和电流极构成回路；同时调节电位器旋钮，使仪表指针保持在中心位置，即可直接由电位器旋钮的位置（刻度盘读数）结合所选倍频读出被测接地电阻值。

测量仪的内部接线如图8-22所示。测量过程中，当电位计取得平衡，即检流器指针指向零位时，B点与P点或E点间电位相等，即$U_{E-P}=U_{E-B}$。由此得到$I_1R_E=I_2R_{0-B}$。如电流互感器的电流比为$K_1=I_1/I_2$，则$R_E=R_{0-B}/K_1$。因为K_1为仪器给定的某一固定值，所以可直接由R_{0-B}按比例给出R_E。

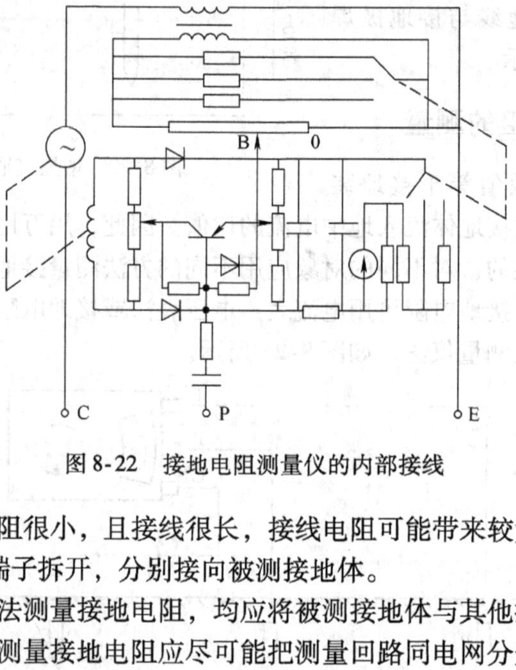

图8-22　接地电阻测量仪的内部接线

如被测接地电阻很小，且接线很长，接线电阻可能带来较大的误差时，应将仪器上的C_2、P_2端子拆开，分别接向被测接地体。

不论用哪种方法测量接地电阻，均应将被测接地体与其他接地体分开，以保证测量的正确性。测量接地电阻应尽可能把测量回路同电网分开，以有利于测量的安全，也有利于消除杂散电流引起的误差，还能防止将测量电压反馈到与被测接地体连接的其他导体上而引起的事故。

8.5 漏电保护器及其防火功能

电气设备漏电时，将产生异常的电流和电压信号。漏电保护装置就是通过检测机构取得这两种异常信号，经过转换和放大，促使执行机构动作，最后借助开关装置迅速切断电源。检测电流信号的就是电流型漏电保护装置，检测电压信号的就是电压型漏电保护装置。前者反映漏电或触电时产生的剩余电流；后者反映漏电设备金属外壳上的对地故障电压。由于电压性漏电保护装置目前应用极少，下面只讨论电流型漏电保护装置。

电流型漏电保护装置都采用零序电流互感器作为取得触电或漏电信号的检测元件。因为零序电流是三相不对称电路中的一个分量，只要出现三相不对称的情况，就会有零序电流产生。在三相系统中，单相接地电流、漏电电流都可能形成零序电流。

电流型漏电保护装置种类很多，有纯电磁式结构的，有带电子放大环节的。后者有的采用分立元件，有的采用集成元件。

8.5.1　电磁式漏电保护装置

电磁脱扣型漏电保护装置如图 8-23 所示。这种保护装置以极化电磁铁 YA 作为中间机构，这种电磁铁由于有永久磁铁而具有极性。在正常情况下，永久磁铁的吸力克服弹簧的拉力使衔铁保持在闭合位置。图中，三相电源线穿过环形的零序电流互感器 TA 构成互感器的一次侧，与极化电磁铁连接的线圈构成互感器的二次侧。设备正常运行时，互感器一次侧的三相电流在其铁心中产生的磁场相互抵消，互感器二次侧不产生感应电动势，电磁铁不动作。设备发生漏电时，出现零序电流，互感器二次侧产生感应电动势，电磁铁线圈中有电流流过，并产生交变磁通。这个磁通与永久磁铁的磁通叠加，产生去磁作用，使吸力减小，衔铁被反作用弹簧拉开，脱扣机构 Y 动作，并通过开关设备断开电源。

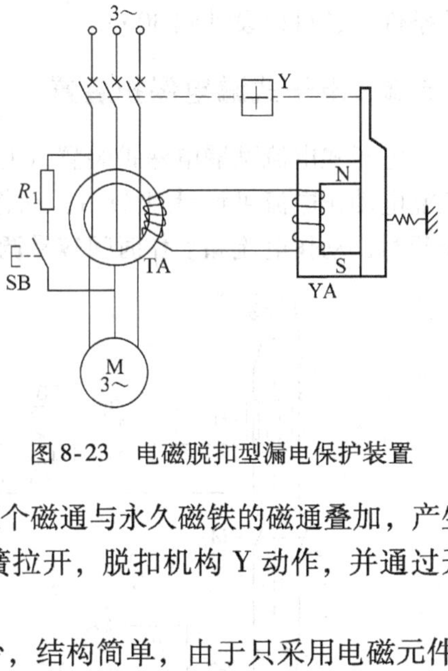

图 8-23　电磁脱扣型漏电保护装置

电磁脱扣型漏电保护装置使用元件较少，结构简单，由于只采用电磁元件，这种保护装置承受过电流或过电压冲击的能力较强。当主电路断相时，这种保护装置仍能发挥保护作用。另一方面，如果不采用极化电磁铁而采用普通电磁铁，这种保护装置的灵敏度将大大降低；极化电磁铁加工精度较高，装配工艺较复杂；极化电磁铁的衔铁所受永久磁铁的吸力和反作用弹簧的拉力都很小，而且接近平衡，比较容易受灰尘、潮气等因素的作用而降低保护装置的可靠性。因此，极化电磁铁宜采用密封式结构。为防止周围磁场的影响，对极化电磁铁应采取屏蔽措施；为防止剧烈振动造成误动作，在有剧烈振动的地方，安装时要采取防振措施。

电磁式漏电保护装置也可以不采用机械脱扣的方式，而采用电磁脱扣的方式进行工作。这时，极化磁铁的衔铁应带动电气接点，并通过中间继电器控制电源开关，其工作原理如图 8-24 所示。零序电流互感器 TA 的二次侧接向继电器的线圈。继电器的常开触点串联在中间继电器 KA_2 的线圈电路中。中间继电器的常闭触点串联在开关设备的脱扣线圈 YA 的电路中。设备漏电时，继电器动作，并通过中间继电器和开关设备断开电源。

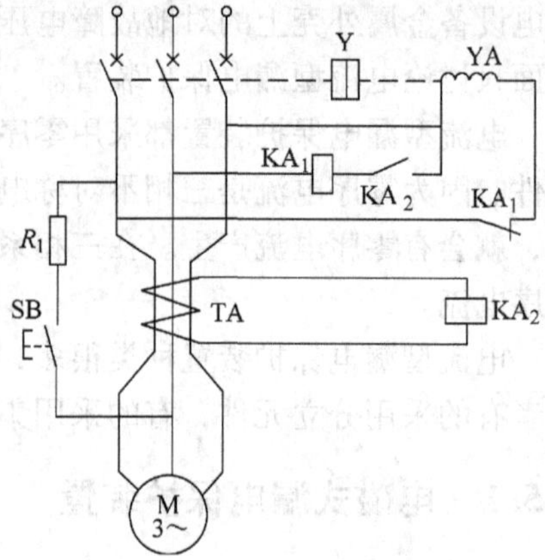

图 8-24 灵敏继电器型漏电保护装置的工作原理

纯电磁式漏电保护装置的动作电流在选用性能良好的材料、采用先进工艺方法的条件下，可以设计到 30mA。

8.5.2 电子式漏电保护装置

电子式电流型漏电保护装置（见图 8-25）的主要优点是灵敏度很高，其额定漏电动作电流可设计到 6mA；动作电流整定误差小，动作准确；容易取得动作延时，动作电流和动作时间容易调节，便于实现分级保护；利用电子器件的机

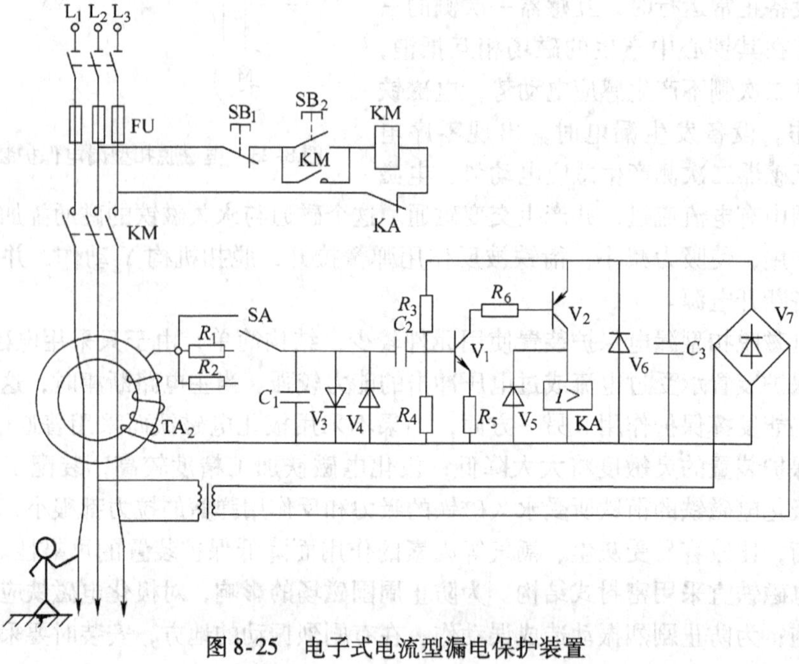

图 8-25 电子式电流型漏电保护装置

动性，容易设计出多功能的保护装置；工艺制作比较简单。其不足之处是应用元件较多，可靠性较低；电子元件承受冲击能力较弱，抗过电流和过电压的能力较差；当主电路断相时，电子式漏电保护装置可能失去电源而丧失保护性能。为改善断相保护功能，可以采用三相整流的电子式漏电保护装置或其他专门型式的漏电保护装置。

剩余电流断路器是将零序电流互感器、放大器和脱扣器开关组装在一个绝缘外壳中的漏电保护装置，它同时具备检测、判断和分断电路的功能。

漏电保护插座是将剩余电流断路器和插座组合在一起的漏电保护装置，特别适用于移动式、携带式用电设备和家用电器保护。

DZL18—20 型剩余电流断路器是一种家用小型剩余电流断路器，属于日用电气装置类产品，主要用于家庭住房、办公室等处的安全保护。它由漏电电流互感器、漏电脱扣器、主开关和专用集成电子电路几个主要部分组成。

（1）漏电电流互感器。漏电电流互感器（也称零序电流互感器）为漏电信号检测元件，选用坡莫合金软磁材料制作，因此互感器尺寸可以设计得很小，二次绕组的匝数较多（500 匝）。

（2）漏电脱扣器。漏电脱扣器采用拍合式结构，其零件简单、加工方便、成本低廉。这是因为电子电路能输出较大的推动功率信号的缘故。

（3）主开关。DZL18—20 型剩余电流断路器的额定电流为 20A，主要装设在供电线路末端，对通断能力要求不高的场所。

（4）专用集成电子电路。DZL18—20 型剩余电流断路器采用专用中规模集成电路装配而成，其电路原理图如图 8-26 所示，性能参数和动作时间见表 8-8 和表 8-9。电路中除 DL02 型专用集成电路外，其他外围元器件有：

R_1、VD_1、C_1——降压电阻、整流二极管和滤波电容，为电子电路提供工作电压；

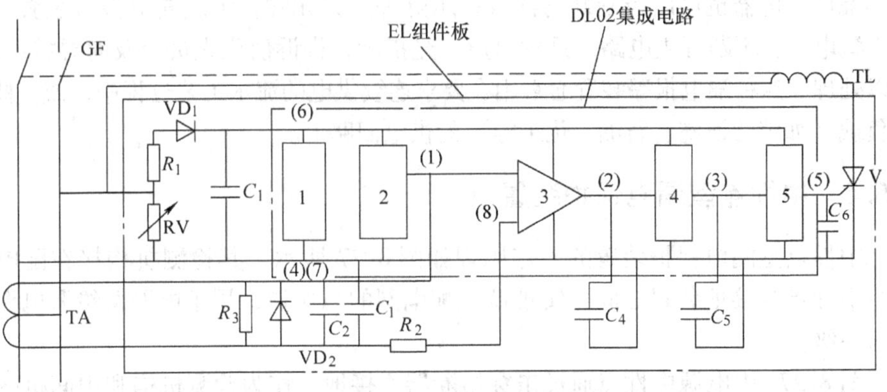

图 8-26　DZL18—20 型剩余电流断路器的电路原理图

C_6——抗干扰电容，用于吸收专用集成电路输出端的一些干扰信号，保证工作稳定可靠；

RV——压敏电阻，用于吸收线路上的瞬时过电压；

V——晶闸管，用作脱扣器线圈的功率推动器件。

表 8-8　DZL18—20 型剩余电流断路器的性能参数

额定电压/V	额定电流/A	频率/Hz	极数	过电流脱扣额定电流/A	额定漏电动作电流/mA	额定漏电不动作电流/mA
220	20	50	2	10、16、20	10、15、30	6、7.5、15

表 8-9　DZL18—20 型剩余电流断路器的动作时间

漏电动作电流	$I_{\Delta n}$	$2I_{\Delta n}$	0.25A
最大分断时间/s	≤0.2	≤0.1	≤0.04

8.5.3　漏电继电器

漏电继电器是指具备漏电检测功能和判断功能，而不具备开闭主电路能力的漏电保护装置。它是由零序电路互感器、脱扣器和输出信号的辅助触点构成的。该三部分组装在一个绝缘外壳中的产品叫做组装式漏电继电器。将零序电流互感器和其余两部分分别安装在两个绝缘外壳中的产品叫做分装式漏电继电器。

漏电继电器通常与带有分励脱扣器的断路器或交流接触器组成分装式的剩余电流断路器。漏电继电器检测到漏电信号后，辅助接头动作，断开断路器分励脱扣器电磁线圈或交流接触器吸引线圈的供电回路，使断路器或交流接触器动作，切断主电路，从而达到漏电保护的目的。这种由漏电继电器组成的分装式剩余电流断路器，一般容量较大，动作电流也较大，适宜作为低压电网的总保护或主干线保护。

漏电继电器也可以控制蜂鸣器或指示灯等声光元件，组成漏电报警装置。当发生漏电时，不断开主电路，只发出声、光指示，告诉值班人员应及时寻找原因，加以处理。这种漏电报警装置通常用在要求连续供电的流水工艺过程中，或一些重要负载（如消防设施、石油、化工等）的供电回路上。

8.5.4　中性点型漏电保护装置

中性点型漏电保护装置的工作原理如图 8-27 所示。其检测机构接在配电变压器中性点与接地装置之间，实现低压配电网的总保护，用于电网两级漏电保护的第一级。

图 8-27a 中电源中性点通过击穿熔断器 4 接地，作为检测机构和中间机构的高阻抗线圈，并联在击穿熔断器的两端。系统正常运行时，零序电流可以忽略不

计，高阻抗线圈 3 产生的电磁力很小，脱扣装置不动作。当有人单相触电或一、两相接地或一、两相对地绝缘能力降低到一定程度时，有零序电流通过高阻抗线圈，产生足够的电磁力使脱扣装置脱扣，线路开关 1 切断电源，起到安全保护作用。图 8-27b 中电源中性点通过零序电流互感器一次绕组接地，二次绕组并联高灵敏电磁线圈或放大器，其工作原理与图 8-27a 相似。

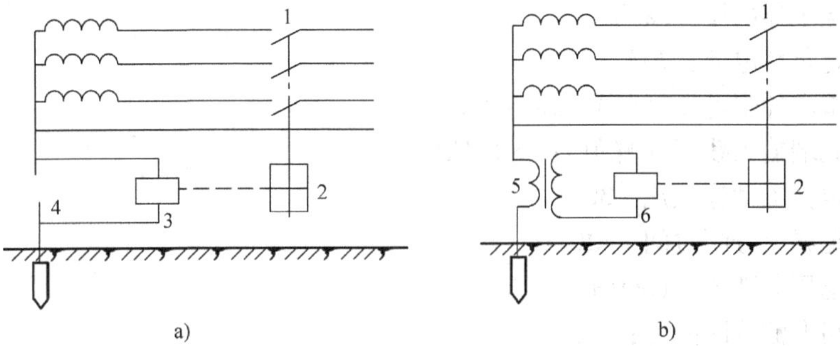

图 8-27　中性点型漏电保护装置的工作原理
1—线路开关　2—脱扣装置　3—高阻抗线圈　4—击穿熔断器
5—电流互感器　6—高灵敏电磁线圈或放大器

中性点型漏电保护装置对配电网中发生的间接接触电击和直接接触电击都有安全防护作用，但误动作和拒动作的问题比较突出。特别是高阻抗型保护装置，误动作和拒动作问题很难解决，而且过电压防护问题也难以彻底解决。

为了提高漏电保护装置的灵敏度和动作可靠性，可采用直流检测线圈代替交流检测线圈。这时应当加上整流元件把零序电流变成直流，检测线圈的连接可以根据具体情况做相应的改变。对于中性点接地电网，为了不破坏电网的运行方式，应采用低阻抗型保护装置。

8.5.5　BLLI—20 型防雷漏电保护器

1. 功能与特点

BLLI—20 型防雷漏电保护装置是根据国家有关标准研制的新型保护装置，是对家用电器和人身安全进行保护的重要装置。与其他同类产品比较，该产品具有功能多、耗电少、技术先进、工作可靠等优点。其主要保护功能如下：

（1）感应雷击保护。该产品采用了专门研制的微型陶瓷避雷管，设计了三级防雷保护电路。陶瓷避雷管体积小、重量轻，具有优越的防雷性能，能有效地保护用电设备免遭感应雷电袭击和其他浪涌过电压的破坏。

（2）漏电保护。家用电器或室内配电线路，由于绝缘老化或其他原因而产生漏电时，能可靠切断电源，避免引起电气火灾及电能的浪费。

（3）触电保护。当电器绝缘损坏或其他原因而发生人、畜以外触电时，能在0.1s内迅速切断电源，使人、畜免遭伤亡。

（4）过电压保护。由于输电线路误接、暴风雪吹袭或其他人为因素而引起电源发生工频过电压时，能立即断开电源，避免用电设备损坏。

2. 主要技术参数

额定工作电压：220V

额定负载电流：20A

耐雷电冲击电压（4/300μs）：8kV

负载端输出残压（峰值）：>1.4kV

额定漏电动作电流：30mA

额定漏电分断时间：≤0.1s

过电压分断值：（300±20）V

短路电流分断能力：500A

3. 正常工作条件

（1）正常使用环境温度为-5~40℃。

（2）安装地点海拔不超过2000m。

（3）安装地点无易燃、易爆、腐蚀气体及其他导电尘埃，不会受雨雪侵袭，无过强的电磁干扰。

（4）空气相对湿度在40℃时不超过50%；在最湿月平均最低温度不超过25℃时，允许月平均最大相对湿度不超过90%。

8.6 带电灭火的方法与安全措施

带电灭火是指采用不导电的灭火剂或水在带电设备着火或火场临近存在带电设备的环境中进行扑救火灾的工作。电气火灾着火后电气装置可能仍带电，且因电气绝缘损坏或带电线路断落发生接地短路，在一定范围内存在着危险的接触电压和跨步电压。在灭火剂和烟熏火烤的作用下，使原来不导电的物质可能导电，使扑救人员受到接触电压或跨步电压而触电。为了阻止带电延燃和火灾扩大，应该优先切断电源，而后进行一般性火灾扑救。有时因为情况紧急，为了争取灭火时机、防止火灾蔓延扩大、减少财产损失，必须在带电的情况下进行扑救；有时因为生产需要，或遇其他原因无法切断电源时，也需要带电灭火。

当采取了带电灭火的各种安全措施后，对电气设备或其他带电设备的火灾扑救方法就和扑救断电后的电气设备的方法相同。

带电灭火可以使用各种灭火器，也可使用水进行。

8.6.1　用灭火器带电灭火

对于起初的电器火灾和一些带电设备的小面积燃烧，如发电机、发动机的线圈和电气线路的初级燃烧，到场扑救时应优先考虑用灭火器灭火。因为灭火器使用方便，机动灵活，安全系数大。

带电灭火时常用二氧化碳、1211 和干粉灭火剂，因为这些灭火剂都是不导电的。也就是说，用灭火器带电灭火时，不用采取什么安全措施，但需要注意灭火器和消防员对带电体的距离。在用灭火器灭火时，灭火器的本体、喷嘴及人体各部分与高压带电体的距离，见表 8-10。对于低压带电体，还要防止与带电体接触。

表 8-10　带电作业的最小距离

电压/kV	10	35	60	110	220
距离/m	0.4	0.6	0.7	1.0	1.8

8.6.2　用水带电灭火

水是一种常用而又廉价的灭火剂，它冷却效果好，灭火效率高。但是用水进行带电灭火时，在许多情况下，有一定的漏泄电流通过水柱入地；而且在有些条件下，漏泄电流还比较大，这对扑救人员是不安全的。为了保证扑救人员的安全，就要基本上保证没有漏泄电流通过人体入地，或漏泄电流不超过 1mA，使人感觉不到有电，为此可以采取导和堵的办法。导指的是，在水枪喷嘴上安装接地线或穿戴均压服，漏泄电流可以顺利地通过接地线而不通过人体入地，因此可保证扑救人员的安全。堵指的是加强人体绝缘强度。扑救人员穿戴绝缘手套和绝缘胶鞋，就可以堵住漏泄电流，使漏泄电流不能通过人体入地。另一种方法就是设法提高水柱电阻值，使通过水柱的漏泄电流基本上接近于零，为此可以增加水枪喷嘴至带电体之间的距离，或采取增加水柱长度的方法。

1. 带电灭火时的简易安全措施

（1）在金属水枪的喷嘴上安装接地线。接地线可用截面积为 2.5 ~ 6mm^2、长为 20 ~ 30m 的软铜线；接地棒可用 1m 左右的铁管或铁棍。进行扑救时，水枪手可将接地线的一端与接地棒连接，将另一端固定接在水枪喷嘴上（但不能使用塑料水枪和塑料喷嘴）。接地棒应打入地下。如果与其他接地装置，如避雷器引下线、自来水管道、暖气管道、电线杆拉线等连接，则必须接触良好。连接好接地线后，根据电压高低选好距离，然后出水施救。

在不适于使用接地棒的地方，可以用粗铜线编成 0.6m × 0.6m 左右的网络作为接地板，扑救人员在接地板上站好后，才能出水施救。水枪手在转移水枪阵地时，应先停止射水，之后才能离开网络接地板。

（2）穿戴绝缘手套和绝缘靴。如果只穿戴绝缘手套和绝缘靴，而不采用金属水枪喷嘴上安装接地线的方法，在用水带电灭火时，应尽可能地扩大水枪喷嘴至带电体之间的距离，而且要采取措施防止水滴流进手套和胶靴而使绝缘强度降低。

2. 水枪喷嘴直径和水压

众所周知，水枪喷嘴直径不同，它所喷出的水柱的截面积也是不同的（一般成正比），进而导致水柱电阻的变化。若灭火对象电压一定，漏泄电流大小又遵从欧姆定律，则对于固定型号的水枪（即喷嘴直径一定），当漏泄电流又不超过1mA时，则每对应一个喷嘴直径，就有一个最小水柱安全距离，如图8-28所示。

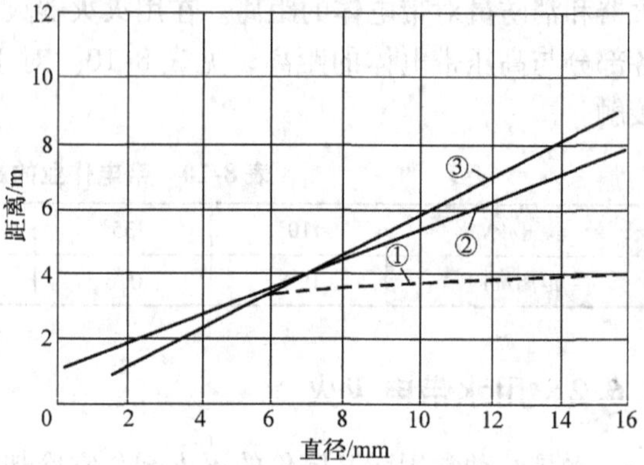

图8-28 喷嘴直径与安全距离的关系
①—按操作过电压提出 ②—喷嘴不接地，且泄漏电流小于1mA时 ③—喷嘴接地，且泄漏电流小于1mA时

从直流水枪射出的充实水柱，在水泵压力增大时，且喷嘴一定的情况下，水柱更密实，因而电流更易通过，此时漏泄电流会随水泵压力的增大而增大。而若水流是呈雾状向外喷出时，水的雾化程度会随水泵压力的增大而越大，水雾中的气泡也会增多，导致电阻增大，漏泄电流减小。

3. 雾状水射流的安全性

水射流发生装置将水加压至数百个大气压以上，再通过具有细小孔径的喷射装置转换为高速的微细“水射流”，目前常用的是直流水柱，在增压过程中由于漏泄电流也会增大，所以会对人造成危险。按照细水雾灭火系统细水雾喷头计算公式，雾状射流的平均雾粒直径为

$$d = 0.45\frac{1}{V_0^2} \tag{8-25}$$

式中 V_0——射流速度（m/s）。

通过实践可以知道，各种雾状水柱都可以安全地对电气设备进行灭火，因此应尽量避免使用充实水柱。110kV电绝缘性能实验见表8-11。

4. 喷嘴与带电体的安全距离

水柱漏泄电流与电压在一定条件下成正比关系，见表8-12。

在灭火时，喷嘴与带电体之间的距离，可取表8-13之值。

表 8-11 110kV 电绝缘性能实验

序号	水枪型号	水枪至高压线的距离/m	喷射压力/(kgf/cm^2)①	枪口漏泄电流/μA		备注
				喷射前	喷射后	
1	QXG20	5	25	60	95	作雾化喷射
2	QXG20	3	23	100	200	
3	QWb50	4.5	7	40	60	
4	QWb65	7	7	未测	55	
5	QXG20	4.4	23	105	115	作直流喷射

① 1kgf = 9.807N。

表 8-12 不同电压下通过水柱的漏泄电流

电压/kV	水柱漏泄电流/mA	备 注
12	0.0045	水电阻率为 1270Ω · cm
20	0.012	距离为 3.048m
40	0.030	水柱喷嘴直径为 6.25mm
70	0.045	
125	0.065	水压为 7.5$kgf/cm^2$①

① 1kgf = 9.807N。

表 8-13 喷嘴与带电体之间的安全距离 （单位：m）

喷嘴直径/mm	4~6		9~12		13~18	
喷嘴接地方式	接地	不接地	接地	不接地	接地	不接地
35~60kV 时	2	3	4	5	6	8
110kV 时	3	4	5	6	7	9
220kV 时	4	5	6	7	8	10

8.6.3 用不导电的灭火剂灭火

1. 二氧化碳灭火剂

二氧化碳灭火剂具有降温和隔绝空气的作用，是一种最常用的灭火剂之一。二氧化碳灭火剂已经被人类使用了一百多年，仍然没被人们抛弃，因为其价格低廉，容易制备，并且二氧化碳灭火器也很容易使用。

二氧化碳是一种高密度的气体，密度约为空气的 1.5 倍，液态的二氧化碳会很容易气化，一般 1kg 的液态二氧化碳可产生约 0.5m^3 的气体。灭火时，液化的二氧化碳气体可以包围在燃烧物的周围以隔绝空气，使物体周围的氧气浓度降低，从而使火焰熄灭。另外，二氧化碳从喷出时，会由液体迅速气化成气体，这一过程又是吸热的，从而起到冷却的作用。但使用时应注意：二氧化碳是窒息性的气体，使用时人应站在上风侧；同时手应握住灭火器手柄，防止干冰接触人体造成冻伤。

2. 干粉灭火剂

干粉灭火剂是由灭火基料和适量润滑剂、少量防潮剂（如硅胶）混合后共同研磨制成的细小颗粒，不导电。干粉灭火剂跟燃烧物接触时受热而产生溴离子，它跟燃烧物产生的氢自由基化合，使燃烧的链反应迅速中止，把火扑灭。干粉灭火剂适用于扑灭可燃气体、液体、油类等忌水物质（如电石）及除旋转电机以外的其他电气设备的初起火灾，它的灭火效率高于二氧化碳4倍多。干粉灭火器有人工投掷和压缩气体喷射两种。

3. 四氯化碳灭火剂

当四氯化碳落到火区时，会迅速吸热气化，由于其蒸气密度约为空气的5.5倍，四氯化碳就密集在火源四处包围着正在燃烧的物质，起到了隔绝空气的作用。四氯化碳受热到250℃以上时，能与水蒸气等物质作用产生剧毒气体，使用时应戴防毒面具；如与赤热的金属（尤其是铁）相遇时则生成的光气更多，与电石、乙炔气相遇也会发生化学变化，放出光气。四氯化碳灭火剂适于扑灭大面积可燃液体、油类和电气设备火灾，但不能用于扑灭电力、乙炔气体和部分金属的火灾，因为四氯化碳与这些物质作用时，能产生剧毒气体，危及人身安全。

4. 二氟——氯一溴甲烷（1211）灭火剂

二氟——氯一溴甲烷灭火剂即1211灭火剂，其液态为筒装，有手提式和固定喷嘴式两种。1211灭火剂是一种低沸点的液化气体，具有灭火效率高、毒性低、腐蚀性小、久储不变质、灭火后不留痕迹、不污染被保护物、绝缘性能好等优点。1211灭火器主要适用于扑救可燃液体、气体及带电设备的火灾；扑救贵重的物资、珍贵文物、图书档案等火灾；扑救飞机、车辆、油库等场所固体物质的表面初起火灾。其灭火作用和干粉灭火剂相似，都有阻止燃烧连锁反应并有一定的冷却和窒息效果。

现在，1211灭火器还常与火灾探测器和报警装置组成固定灭火系统，对部分火灾进行自动灭火。

8.6.4 带电灭火的技术安全措施

在掌握上述知识的情况下，具体实施带电灭火时，还应采用下列技术措施。

（1）扑救人员及所使用的消防器材与带电部分应保持足够的距离，见表8-14。

（2）高压电气设备或线路发生接地时，在室内，扑救人员不得进入距故障点4m以内；在室外，扑救人员不得接近距故障点8m以内。进入上述范围时，必须穿绝缘鞋；接触设备外壳和构架时，应戴绝缘手套。

表8-14　带电作业时接地体对带电体的最小距离

电压/kV	10	35	66	110	151	220	330
距离/cm	40	60	70	100	140	180	240

(3) 扑救架空线路火灾时，人体与带电体导线之间的仰角不应大于45°，并应站在线路外侧，以防导线断落后触及人体。灭火角度示意图如图8-29所示。

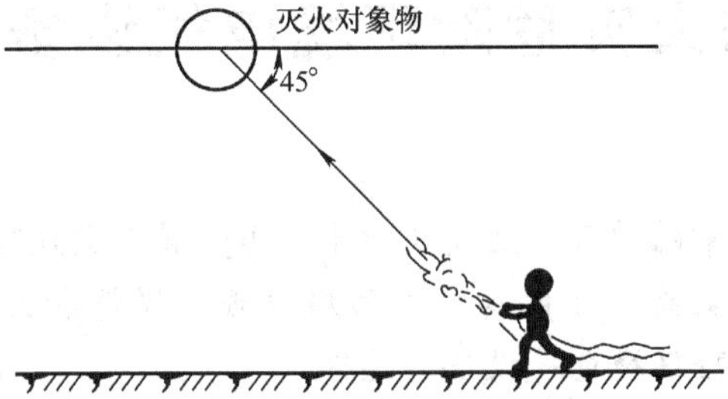

图8-29　灭火角度示意图

(4) 使用水枪时，扑救人员应穿绝缘鞋、戴绝缘手套，并应将水枪金属喷嘴接地，接地线可采用截面积为2.5 ~ 6mm^2、长为20 ~ 30m的编织软铜导线，接地极采用暂时打入地下的1m长左右的角钢、钢管或铁棒。接地线和接地极之间应连接可靠，有条件时带电灭火应穿均压服。

(5) 当充油电气设备油箱破裂喷油时，应将油设法放进贮油坑，要防止燃油流入电缆沟，使火势扩大。

复 习 题

1. 什么是接地？什么是接地装置？接地极的分类有哪些？
2. 什么是跨步电压和接触电压？
3. 低压配电系统的接地形式有哪几种？分别简述其原理。
4. 采用IT系统或TN系统应注意哪些问题？
5. 某变电所装有1000kV·A、10/0.38kV变压器。高压侧线路为中性点不接地系统，单相接地电容电流为40A；低压侧为中性点接地系统。该地区土壤为黏土，在夏季雨后实测土壤电阻率为40Ω·m。求接地体数目。
6. 降低接地电阻的措施有哪些？
7. 接地电阻测量仪法的原理是什么？
8. 简述漏电保护装置的类型及其原理。
9. 用灭火器进行带电灭火应如何操作？不导电灭火剂有哪几种？其适用范围分别是什么？
10. 实施带电灭火时，应采取哪些技术安全措施？

第 9 章

爆炸和火灾危险环境电气设备的选择

内容提要： 通过本章的学习，主要使学生对爆炸和火灾危险环境电气设备的选择有一个了解，主要内容包括电气防爆原理、爆炸和火灾危险区域的划分、爆炸和火灾危险环境电气设备的选择。

本章重点： 1. 爆炸和火灾危险区域的划分。

2. 爆炸和火灾危险环境电气设备的选择。

9.1 概述

电气火灾与爆炸发生的原因是多种多样的，例如过载、短路、接触不良、电弧火花、漏电、雷电或静电等，都能引起电气火灾与爆炸；同时，还需要考虑人为因素，比如思想麻痹、疏忽大意、不遵守有关防火法规、违反操作规程等。但总的来说，除设备缺陷、安装不当等设计和施工方面的原因外，电气设备运行过程中，引发电气火灾与爆炸的直接原因是电火花或电弧以及危险温度。

9.1.1 危险温度

危险温度是因电气设备过热所引起的，而电气设备过热主要是由电流产生的热量所造成的。首先，电流通过导体要消耗一定的电能，其大小为

$$\Delta W = I^2 Rt \tag{9-1}$$

式中 ΔW ——在导体上消耗的电能（W）；

I ——流过导体的电流（A）；

R ——导体的电阻（Ω）；

t ——通电时间（s）。

这部分电能使导体发热，温度升高。其次，对于发动机、变压器等利用电磁感应进行工作的电气设备，由于使用了铁心，交变电流的交变磁场在铁心中产生磁滞损耗和涡流损耗，使铁心发热，温度升高。

电气设备运行时总是要发热的。但是，正确设计、正确施工、正确运行的电气设备稳定运行时，即发热与散热平衡时，其最高温度和最高温升都不会超过某一允许范围。例如，裸导线和塑料绝缘线的最高温度一般不得超过 70℃；橡皮绝缘线的最高温度一般不得超过 65℃；变压器的上层油温不得超过 85℃；电力电容器外壳温度不得超过 65℃；电动机定子绕组的最高温度对应于所采用的 A 级、E 级或 B 级绝缘材料分别为 95℃、105℃或 110℃；定子铁心分别为 100℃、115℃或 120℃等。这就是说，电气设备正常的发热是允许的，但当电气设备的正常运行遭到破坏时，发热量增加，温度升高，在一定条件下会引起火灾。

引起电气设备过度发热的不正常运行主要包括以下几种情况。

1. 过载

所谓过载，是指电气设备或导线的功率和电流超过了其额定值。过载会造成电气设备过热，造成过载的原因有以下几个方面：

（1）设计、安装时选型不合理，使电气设备的额定容量小于实际负载容量。

（2）设备或导线随意装接，增加负荷，造成超载运行。

（3）检修、维护不及时，使设备或导线长期处于带病运行状态。

电气设备或导线的绝缘材料，大都是可燃材料。属于有机绝缘材料的有油、纸、麻、丝和棉的纺织品、树脂、沥青、漆、塑料、橡胶等。只有少数属于无机绝缘材料，例如陶瓷、石棉和云母等是不易燃材料。过载使导体中的电能转变成热能，当导体和绝缘物局部过热，达到一定温度时，就会引起火灾。实际生活中不乏这样的惨痛教训：电线电缆上面的木装板被过载电流引燃，酿成商店、剧院和其他场所的巨大火灾。

2. 短路

发生短路时，线路中的电流增加为正常时的几倍乃至几十倍，而产生的热量又与电流的二次方成正比，使得温度急剧上升，超过允许范围。

短路是电气设备最严重的一种故障状态，产生短路的主要原因有：

（1）电气设备的选用和安装与使用环境不符，致使其绝缘体在高温、潮湿、酸碱环境条件下受到破坏。

（2）电气设备使用时间过长，超过使用寿命，绝缘老化发脆。

（3）使用维护不当，长期带病运行，扩大了故障范围。

（4）过电压使绝缘击穿。

（5）错误操作或把电源投向故障线路。

短路时，在短路点或导线连接松弛的电气接头处，会产生电弧或火花。电弧温度很高，可达 6000℃以上，不但可引燃它本身的绝缘材料，还可将它附近的可燃材料、蒸气和粉尘引燃。电弧还可能是由于接地装置不良或电气设备与接地装置间距过小，过电压时使空气击穿引起的。切断或接通大电流电路时，或大截面熔断器爆断时，也能产生电弧。

3. 接触不良

引起电气设备接触不良的原因是多方面的，有安装原因、环境原因等。

在安装过程中，会遇到有电气连接的地方，如线路与线路、线路与设备端子、插头与插座等的连接，在相互接触部位，都有接触电阻存在。相互接触部位，如果是机械压接，无论压得再牢固，金属表面也不是百分之百接触，使得接触部位电阻比导体其他部位大。另外，在金属导体的表面都有一定程度的氧化膜存在，由于氧化膜的电阻率远大于导体的电阻率，使得接触处接触电阻更大。当工作电流通过时，会在接触电阻上产生较大的热量，使连接处温度升高，高温又会使氧化进一步加剧，使接触电阻进一步加大，形成恶性循环，产生很高的温度而引发火灾。

在实际生产中，由于环境因素引起的接触不良情况也很多。在粉尘浓度大的环境中，电器元件上易堆积灰尘，若开关元件触点之间接触面上积灰，引起接触电阻增大发热，元件外部积灰影响散热，使温度升高引发火灾。

在机械振动大的环境中，接点的紧固螺栓因振动而松动甚至脱落，也会引起接触不良，更严重的是，曾发生过脱落的螺栓搭接在两相母排之间造成短路引发火灾。另外，三相电动机振动过大，也会使进入电动机接线盒部位的接头端子松动、脱落，造成短路引发火灾。

接触不良主要发生在导线连接处，如：

（1）电气接头表面污损，接触电阻增加。

（2）电气接头长期运行，产生导电不良的氧化膜，未及时清除。

（3）电气接头因振动或由于热的作用，使连接处发生松动。

（4）铜铝连接处，因有约 1.69V 电位差的存在，潮湿时会发生电解作用，使铝腐蚀，造成接触不良。

接触不良会造成局部过热，形成潜在引燃源。

4. 铁心过热

对于电动机、变压器、接触器等带有铁心的电气设备，如果铁心短路（片间绝缘破坏）或线圈电压过高，或通电后铁心不能吸合，由于涡流损耗和磁滞损耗增加，都将造成铁心过热并产生危险温度。

5. 散热不良

各种电气设备在设计和安装时都要考虑一定的散热或通风措施，电气设备温升与热量散失条件之间存在因果关系。环境温度过高，或使用方式不当，以及散热设施工作条件遭到破坏，如散热油管堵塞、电动机通风道堵塞等，使散热条件恶化，可能导致电气设备和线路过热而引发火灾。

6. 机械故障

对于带有电动机的设备，如果转动部分被卡死或轴承损坏，造成堵转或负载转矩过大，都会导致电动机过热。电磁铁卡死，衔铁吸合不上，线圈中的大电流持续不减小，也会因过热使绝缘破坏，引起电源短路造成火灾。

7. 漏电

漏电电流一般不大，不能促使线路熔丝动作。如漏电电流沿线路比较均匀地分布，则发热量分散，火灾危险性不大；但当漏电电流集中在某一点时，可能引起比较严重的局部发热，造成火灾。漏电电流经常流经金属螺钉或钉子，使其发热而引起木制构件起火。

8. 电压太高或太低

如果电压太高，除使铁心发热增加外，对于恒阻抗设备，还会使电流增大而发热。电压过低，除可能造成电动机堵转、电磁铁衔铁吸合不上，使线圈电流大大增加而发热外，对于恒功率设备，还会导致电流增加而发热。

9. 摩擦

发电机和电动机等旋转型电气设备，轴承出现润滑不良、干枯产生干磨发热，或虽润滑正常但出现高速旋转，都会导致过热，从而可能引起火灾。

10. 电热器具和照明灯具

电热器具是将电能转换成热能的用电设备。常用的电热器具有电炉、电烘箱、电熨斗、电烙铁、电热杯、电褥子等。

电热器具及照明灯具，在正常通电的状态下，就相当于一个火源或高温热源。当其安装、使用不当或长期通电无人监护管理时，就可能使附近的可燃物受高温而起火。

电炉电阻丝的工作温度高达 800℃，可引燃与之接触的或接近的可燃物。电炉连续工作时间过长，将会因温度过高烧毁绝缘材料，引燃起火；电烤箱内物品烘烤时间太长，温度过高可能引起火灾；电熨斗、电烙铁的工作温度高达 500 ~ 600℃，能直接引燃可燃物；电褥子通电时间过长，将使电热元件受损，如电热丝发生短路，也会因过热而引起火灾。

2000 年 11 月 11 日，奥地利萨尔茨堡州基茨斯坦霍恩山，一列满载旅客的高山地铁列车在隧道内运行中发生火灾，死亡 155 人，受伤 18 人，由于通信指挥信号失控，正当这列上行线列车燃烧时，一列下行线列车驶来，在此相撞造成车毁人亡。事后调查认定火灾是由于列车上的电暖空调过热，使保护装置失灵引起的。

电烤箱内物品烘烤时间太长、温度过高可能引起火灾。使用红外线加热装置时，如果误将红外光束照射到可燃物上，可能引起燃烧。

灯泡和灯具工作温度较高，如安装使用不当，均可能引起火灾。灯泡表面温度随着灯泡大小不同和生产厂家不同而差别很大，如一个40W灯泡的表面温度为50～63℃；60W灯泡的表面温度为137～180℃；一个200W灯泡的表面温度为154～296℃，紧贴纸张时，十几分钟即可将纸张点燃。某一礼堂的壁灯，装60W灯泡，外有玻璃罩，由于错误地将窗帘覆盖其上，结果烤燃起火。

当供电电压超过灯泡额定电压，或大功率灯泡的玻璃壳发热不均匀，或水溅到灯泡上时，都可能引起灯泡爆炸，炽热的钨丝落到可燃物上，将引起可燃物燃烧。

灯座内接触不良，使接触电阻增大，温度上升过高，可引燃可燃物。荧光灯镇流器运行时间过长或质量不高，将使发热增加，温度上升，如超过镇流器所用绝缘材料的引燃温度，也可引燃成灾。

9.1.2 爆炸和火灾危险环境的基本概念

首先，我们先了解爆炸性混合物的概念。在大气条件下，气体、蒸气、薄雾、粉尘或纤维状的易燃物质与空气混合，点燃后燃烧能在整个范围内传播的混合物称为爆炸性混合物。能形成上述爆炸性混合物的物质称为易爆物质。凡有爆炸性混合物出现或可能有爆炸性混合物出现，且出现的量足以要求对电气设备和电气线路的结构、安装、运行采取防爆措施的环境称为易爆环境。爆炸性混合物主要包括以下几种。

（1）气体爆炸性混合物：可燃气体与空气形成的爆炸性混合物。

（2）蒸气爆炸性混合物：易燃液蒸气与空气的混合物。

（3）爆炸性气体混合物：可燃气体、易燃液体或可燃液体的蒸气与空气混合形成的混合物。

（4）爆炸性粉尘混合物：悬浮状可燃粉尘或可燃纤维与空气混合形成的爆炸性混合物。

对于火灾危险环境，世界上现在还没有一个统一的定义，但是一般认为它是指生产、使用、贮存或输送火灾危险物质的过程中，能引起火灾危险的区域。这些危险物质包括：

（1）能燃烧但不会形成爆炸性混合物的悬浮状或堆积状的可燃粉尘或可燃纤维，如铝粉、焦炭粉、煤粉等。

（2）闪点高于环境温度的可燃液体，在物料操作温度高于可燃液体闪点的情况下，虽不能泄漏但不至于形成爆炸性混合物，如柴油、润滑油、变压器油等。

（3）固体状可燃物质，如煤、焦炭、木材等。

综上所述，我们一定要做好预防工作，防止危险物质在运输和使用过程中发生事故，避免造成财产损失和人员伤亡。

9.1.3　燃爆条件及防爆基本措施

1. 易燃易爆物质的燃爆条件

要发生燃爆，必须同时满足以下三个条件：

（1）在电气设备周围存在一定数量的易燃易爆物质。

（2）这些易燃易爆物质与空气接触，浓度达到爆炸极限，并具有与电气设备的危险因素相接触的可能性。

（3）电气设备的热量或产生的火花等的温度要达到爆炸物质的燃点。

例如，瓦斯爆炸有一定的浓度范围，我们把在空气中瓦斯遇火后能引起爆炸的浓度范围称为瓦斯爆炸界限。瓦斯爆炸界限为5%～16%。当瓦斯浓度低于5%时，遇火不爆炸，但能在火焰外围形成燃烧层；当瓦斯浓度为9.5%时，其爆炸威力最大（氧和瓦斯完全反应）；瓦斯浓度在16%以上时，失去其爆炸性，但在空气中遇火仍会燃烧。

瓦斯爆炸界限并不是固定不变的，它还受温度、压力以及煤尘、其他可燃性气体、惰性气体的混入等因素的影响。

2. 防爆基本措施

为了防止易燃易爆物质的燃烧和爆炸，要采取以下措施：

（1）可以切断上述三个条件中的至少任何一个。

（2）防止形成燃爆的介质。可以用通风的办法来降低燃爆物质的浓度，使它不达到爆炸极限；可以将爆炸危险区和非爆炸危险区实行分隔，也可采用限制可燃物的使用量和存放量的措施，使其达不到燃烧、爆炸的危险限度。

（3）安装防火防爆安全装置，例如阻火器、防爆片、防爆窗、阻火闸门以及安全阀等，以防止发生火灾和爆炸。

（4）消除或控制电气设备产生火花、电弧和高温的可能性，使其与易燃易爆物隔离，并在低于引燃温度下运行。

（5）定期清除沉积粉尘，给物料增湿，防止沉积和悬浮。

（6）防止产生着火源，使火灾、爆炸不具备发生的条件。这方面应严格控制以下8种着火源，即冲击摩擦、明火、高温表面、自燃发热、绝热压缩、电火花、静电火花、光热射线等。

9.1.4　电气设备的防爆途径

电气设备在使用过程中难免会产生火花和高温，这就给爆炸带来了巨大的隐患。因此，在生产生活过程中，我们要尽量做好防护措施。

（1）采用隔爆外壳。当火焰从间隙逸出时，也能受到足够的冷却，不足以引燃壳外的爆炸性混合物，把爆炸限制在壳内，这就是隔爆作用。

（2）采用本质安全电路，使设备在正常工作或规定的故障状态下所产生的电火花和热效应均不能点燃规定的爆炸性混合物。本质安全电路的要求包括：电动机、低压电器外壳的防护等级为IP20，即能防止固体异物进入壳内；能防止手指触及壳内带电或运动部件。

（3）采用超前切断电源。超前切断电源装置，即指在电缆或电气设备发生故障时，能在电火花（或高温）点燃爆炸性混合物前将电源切断的保护装置。在设备可能出现故障之前，即自行把电源切除，使热源不至于与爆炸性混合物接触，从而达到防爆目的。

（4）隔离法，即使设备可能产生的危险因素与爆炸混合物不接触，以此来防爆。

（5）限制正常工作的温度。通过加大导线截面积、降低使用容量、改善散热条件的方法把电气设备正常或故障时的运行温度控制在引燃温度以内。

要根据实际的情况和目的来正确采用以上措施，将安全隐患降到最低。

9.1.5 防爆电气设备的类型与标志

所谓防爆电气产品，就是按照特定标准要求设计、制造而不会引起周围爆炸性可燃混合物爆炸的特种设备。防爆电气设备的类型很多，产品按适用的危险混合物类型可分为可燃性气体防爆型和可燃性粉尘防爆型等类型，其中气体防爆型按防爆形式分有隔爆型、增安型、本质安全型、正压型等。

（1）隔爆型（标志d）：是一种具有隔爆外壳的电气设备，其外壳能承受内部爆炸性气体混合物的爆炸压力，并阻止内部的爆炸向外壳周围爆炸性混合物传播。

隔爆型电气设备的外壳用钢板、铸钢、铝合金、灰铸铁等材料制成。

隔爆型电气设备可经隔爆型接线盒接线，也可直接接线。连接处应有防止拉力损坏接线端子的设施，还应有密封措施，连接装置的结合面应有足够的长度。

隔爆型电气设备的紧固螺栓和螺母须有防松装置，不透螺孔须留有1.5倍防松垫圈厚度的裕量；紧固螺栓不得穿透外壳，周围和底部余厚不得小于3mm；螺纹啮合不得小于6扣。啮合长度的要求是：容积为$100cm^3$及其以下者不得小于5mm，容积为$100cm^3$以上者不得小于8mm。

正常运行时产生火花或电弧的电气设备须设有联锁装置，保证电源接通时不能打开壳、盖，而壳、盖打开时不能接通电源。

隔爆型适用于爆炸危险场所的任何地点，多用于强电技术，如电机、变压器、开关等。

（2）增安型（标志e）：在正常运行条件下不会产生电弧、火花或可能点燃爆炸性混合物的高温，在设备结构上，采取措施提高安全程度，以避免在正常和认可的过载条件下出现这些现象的电气设备。多用于笼型电机等。

（3）本质安全型（标志 ia、ib）：首先，本质安全电路是指在规定的试验条件下，正常工作或规定的故障状态下产生的电火花和热效应均不能点燃规定的爆炸性混合物的电路。而本质安全型电气设备是指全部电路为本质安全电路的电气设备。本质安全型电气设备及其关联设备，按本质安全电路的使用场所和安全程度分为 ia 和 ib 两个等级：

1）ia 等级设备在正常工作、一个故障和两个故障时均不能点燃爆炸性气体混合物。

2）ib 等级设备在正常工作和一个故障时不能点燃爆炸性气体混合物。

正常工作和故障状态是用安全系数来衡量的。安全系数是电路最小引爆电流（或电压）与其电路的电流（或电压）的比值，用 K 表示。正常工作时 $K=2.0$，一个故障时 $K=1.5$，两个故障时 $K=1.0$。

（4）正压型（标志 p）：具有保持内部保护气体的压力高于周围爆炸性环境的压力、阻止外部混合物进入的外壳的电气设备可以保持新鲜空气或惰性气体的压力高于周围爆炸性环境的压力，阻止外部混合物进入外壳。

（5）充油型（标志 o）：其电气设备的外壳须能有效地阻止外部灰尘或潮气的侵入，并须能排出从油中释放出来的气体或蒸气。如高压油断路器即属此类。

（6）充砂型（标志 q）：外壳内充填砂粒材料，使之在规定的使用条件下，壳内产生的电弧、传播的火焰、外壳壁或砂粒材料表面的过热，均不能点燃周围爆炸性混合物的电气设备。

（7）无火花型（标志 n）：正常运行条件下，不会点燃周围爆炸性混合物，且一般不会发生有点燃作用的故障。

（8）特殊型（标志 s）：指结构上不属于上述任何一类，而采取其他特殊防爆措施的电气设备。如填充石英砂型的设备即属此类。

9.2　电气防爆原理

无论在故障状态下还是正常状态下，各种电源和控制开关产生的电火花或电弧，均将大大超过易燃易爆物质的引燃温度，因此要切实采取这些设备的防火防爆措施。

9.2.1　隔爆原理

隔爆原理一般是，将电气设备的带电部件放在特制的外壳内，该外壳具有将壳内电气部件产生的火花和电弧与壳外爆炸性混合物隔离开的作用，并能承受进入壳内的爆炸性混合物被壳内电气设备的火花、电弧引爆时所产生的爆炸压力，而外壳不被破坏；同时能防止壳内爆炸生成物发生爆炸时向壳外传爆，不会引起壳外爆炸性混合物燃烧和爆炸。这种特殊的外壳叫隔爆外壳。隔爆外壳应具有耐爆性和隔爆性两种性能。

1. 耐爆性

耐爆性是指外壳强度，是指壳内的爆炸性气体混合物爆炸时，在最大爆炸压力的作用下，外壳不会破裂，也不会发生永久变形，因而爆炸时产生的火焰和高温气体不会直接点燃壳外的爆炸性混合物。

（1）爆炸性混合物的爆炸压力与温度。爆炸产生后，反应生成物及其残余物会在反应生成热的作用下迅速膨胀，产生机械运动，形成冲击波（即爆炸压力）。不同的爆炸性混合物，具有不同的爆炸压力值。例如甲烷，当其浓度为9.5%时，在常温常压下，以密闭容器在绝热状态下试验，最高温度可达2650℃，一般在2100～2200℃之间。由于高温产生高压，在一定容积下，根据查理定律，理论爆炸压力为

$$P = P_0 \frac{T_K + T}{T_K + T_0} \tag{9-2}$$

式中 P——爆炸后最初瞬间压力（大气压，单位为 atm，1atm = 101.3kP，后同）；

P_0——爆炸前压力，一般为 1atm；

T_K——热力学温度与摄氏温度的标差，为 273℃；

T_0——爆炸前气体的温度，常温为 15～17℃；

T——爆炸后的温度，按 2100～2200℃计算。

按式（9-2）算出爆炸压力的理论值为 8.3～8.5atm。然而，由于爆炸性生成物的自由扩散，造成瞬间的热损失，爆炸后的温度大致在 1850℃左右。因此，实际爆炸压力约为 7.4atm。当散热面积不同时，爆炸压力也会不同，会随散热面积的变化而变化。因此，圆球形的爆炸压力最大，长方形最小。

另外，间隙与爆炸压力的关系是，爆炸压力随间隙的增大而降低。因为间隙越大，漏气面积越大，导致爆炸压力减小。在间隙相同时，爆炸压力随容积的增大而增大。

爆炸压力与容积之间也有关系：在 0.5～64L 的不同容积内试验，其爆炸压力相差不到 0.1atm。但容积小于 0.5L 时，爆炸压力显著降低；小到 0.01L 时，其爆炸压力为 4atm 以下。

（2）外壳内绝缘油及有机物分解产生的压力。绝缘油及有机物在强烈电弧作用下，会分解产生大量的气体，因此外壳会受到较大的压力。其压力可按下式计算：

$$P = \frac{CA_g t_g}{V_0} + P_0 \tag{9-3}$$

式中 P——外壳终压力（atm）；

A_g——弧光短路容量（kW）；

t_g——弧光持续时间（s）；

V_0——外壳净容积（L）；

C——常数［L/(kW·s)］，如绝缘油为0.06，有机塑料为0.05；

P_0——外壳内初压力（atm）。

根据实验得知，这种过压要比瓦斯爆炸压力还大，如K21—22塑料在电弧持续1s时所产生的压力可达11atm。在高压油断路器箱内进行切断三相短路试验，当切断线路电压为6kV，短路电流为9.6kA时，虽然法兰盘具有0.1～0.15mm的间隙，而箱内压力仍达20atm。由式（9-3）可看出，有机绝缘物分解产生的压力，与短路电弧的持续时间成直线关系。

另外，有机物分解产生的氢、乙炔等具有爆炸性。如氢气在浓度为32.5%时，爆炸压力最大，其值比甲烷爆炸压力还高。

（3）多空腔的过压现象。从式（9-2）可知，当初压力为1atm时，爆炸压力约为8atm；若起始压力为2atm，则爆炸后压力将是16atm。即可得爆炸压力与初压成正比。这种情况可能发生在多空腔的外壳内。如图9-1所示，有两个连通空腔，当A腔内瓦斯被点燃爆炸后，压力波首先通过连通孔，使B腔内未点燃的甲烷受到压缩而压力升高，可达3～4个atm。随后，火焰传播过来，引起B腔内甲烷爆炸，因此产生3～4倍的过压，有时甚至可达40个atm，这是极其危险的。在细而长的管道中过压现象更为严重。

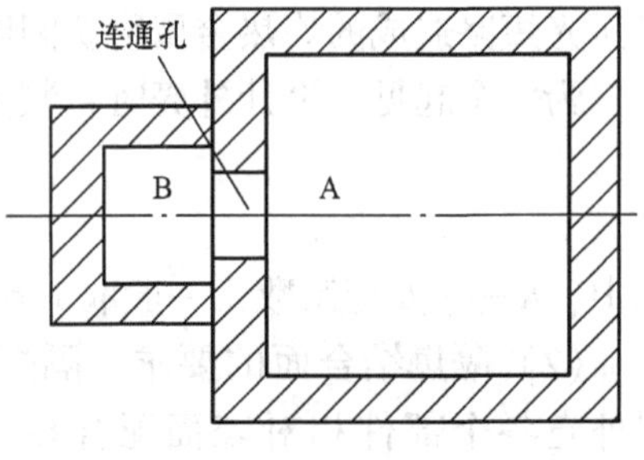

图9-1 多空腔示意图

根据实验，过压的大小与A、B两腔的净容积之比和连通孔断面大小有关。为避免产生过压现象，在设计隔爆外壳时，应尽量缩小二腔容积之差，一般应小于4:1，连通孔断面积应大于750mm^2。

（4）隔爆外壳的机械强度。隔爆外壳应采用钢板等强度和韧性较高的材料制成，以承受足够大的压力。若考虑1.5倍的安全系数，应采用能承受8atm的设备外壳，若使用钢板，其最小厚度应为3～4mm，使用铸铁应为6mm。在实际使用时，为切实保证外壳机械强度的可靠性，出厂或检修后，还应按有关试验标准进行水压试验。

2. 隔爆性

隔爆性是指壳体内部规定的爆炸性气体混合物爆炸时，不点燃壳体周围同一爆炸性气体混合物的性能。它是由外壳装配结合面宽度、间隙和表面粗糙度来实现的。结合面可以是法兰对口式，也可以是子口转盖式。

(1) 最大试验安全间隙。最大试验安全间隙是指在标准规定试验条件下，壳内所有浓度的被试气体或蒸气与空气的混合物点燃后，通过25mm长的接合面均不能点燃壳外爆炸性气体混合物的外壳空腔两部分之间的最大间隙。间隙值的大小与结合面宽度及爆炸性混合物的种类等因素有关，它可以通过试验来确定。

国家规定的试验是在常温常压（20℃，10^5Pa）条件下进行的。将一个具有规定容积、规定隔爆接合面长度 L 和可调间隙 g 的标准外壳置于试验箱内，并在标准外壳与试验箱内同时充入已知的相同浓度的爆炸性气体混合物（以下简称混合物），然后点燃标准外壳内部的混合物，通过箱体上的观察窗观测标准外壳外部的混合物是否被点燃爆炸。通过调整标准外壳的间隙和改变混合物的浓度，找出在任何浓度下都不发生传爆现象的最大间隙，该间隙就是所需要测定的最大试验安全间隙（MESG）。

火焰通过间隙传出时温度降到点燃温度以下，便不致发生传爆，这主要是由间隙间的散热作用实现的。一般情况是相同条件下，结合面间隙愈小，壳内因爆炸喷出的爆炸生成物温度愈低，也就愈不易引燃爆炸性混合物。法兰盘宽度愈大，所喷出的生成物温度也愈低，这是由于生成物通过路程长、热损大的缘故。法兰盘宽度增大时，安全间隙也相应增大。若壳内发生弧光短路等特殊情况，由于弧光短路造成的灼热金属物从间隙喷出，会造成传爆。

为安全起见，设计外壳时，装配间隙 d 应小于安全间隙 d_0，其关系如下：

$$d = \frac{d_0}{K} \tag{9-4}$$

式中　K——安全系数，一般取1.6~2.5。

(2) 隔爆结合面的要求。隔爆结合面是指隔爆外壳各个部件相对表面配合在一起的接合面。相对表面由于隔爆外壳的不同而不同，如圆筒形结合面等，因此对结合面的间隙宽度和粗糙度的要求也不一样。隔爆结合面应保持光洁、完整，需有防锈措施，如电镀、磷化、涂防锈油等。以法兰结合的法兰盘其强度要求比外壳更高，厚度应更大。图9-2为子口转盖式设备的隔爆结合面。

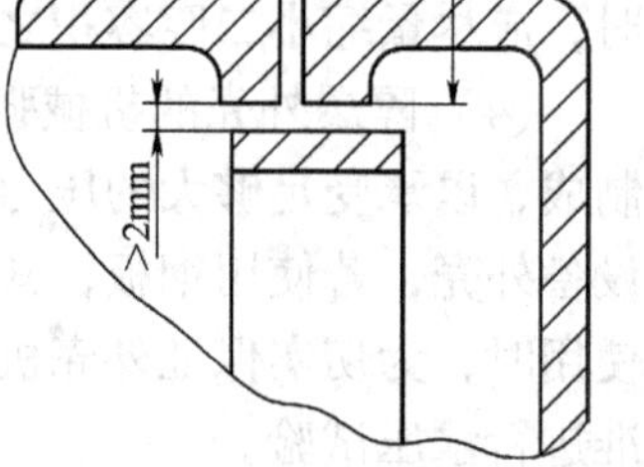

图9-2　子口转盖式设备隔爆结合面

3. 隔爆外壳的材料

为了满足爆炸时产生的高温高压等条件，通常隔爆外壳应采用以钢和高级铸铁为主，但某些条件下也可用铝合金或高强塑料制作。

由于铝合金重量轻，因此有些电气设备的外壳采用铝合金制成，如电缆插销、照明设备等。但铝活泼、亲氧能力强，氧化时放出热量多，当铝粉末与其他金属混合及铝分子燃烧时，放出高而集中的热量。铝合金在反应时易产生高温的铝合金颗粒，因此铝合金外壳只有在通路电压不高（低于127V）、短路故障切断时间短（小于0.2s）且绝缘材料采用耐弧材料的情况下才能使用，即使这样，其含镁量也不能太大。

在有些场合也会使用塑料外壳，塑料外壳绝缘性能好，重量轻，不会在撞击时产生火花，但机械强度和耐热性较差，因此一般采用环氧树脂玻璃纤维塑料。但其也易老化，散热性能也差。

9.2.2　本质安全电路原理

1. *安全火花原理*

安全火花原理是本质安全电路的基本原理。本质安全电路通过合理地选择电气参数，使系统产生的电火花变得相当小，不能点燃周围的爆炸性混合物。如当甲烷的浓度达到最易点燃的8.3%～8.5%时，即使遇到很小能量的电火花（如0.5J），也能发生爆炸。而本质安全电路则能把火花能量降低到安全值。由于它是利用系统或电路电气参数达到防爆要求的，故是一种非常可靠的防爆手段。

电火花有电阻性、电容性和电感性三种。

电感电路是由电阻和电感组成的。当其闭合时不产生或产生很小的火花；但当电路断开时，则会发生火花放电，其火花放电波形如图9-3所示。

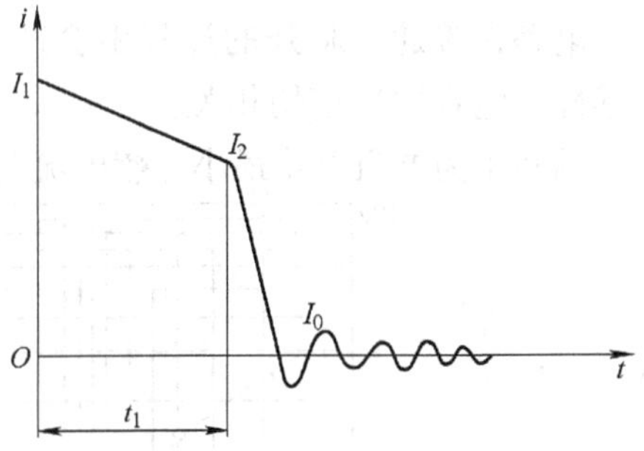

图9-3　断路火花的波形

图9-3中的I_1～I_2段，是初始弧光放电阶段，经过时间t_1，然后进入辉光放电阶段I_2～I_0段，然后经衰减振荡过程而结束。辉光放电阶段，温度较低，在电极上分布面大，故不能点燃爆炸性混合物。而弧光放电阶段则温度较高，能量也集中在电极尖端一个很小的范围内，极容易点燃爆炸性混合物。

根据弧光放电波形图，可计算出弧光放电的火花能量，即

$$W = \int_0^{t_1} ui\mathrm{d}t \tag{9-5}$$

式中　u——放电电压，$u = U - L\frac{\mathrm{d}i}{\mathrm{d}t} - iR$；

i——放电电流，$i = I_1 + \frac{\mathrm{d}i}{\mathrm{d}t}t$。

将式（9-5）积分并化简后得

$$W = \frac{1}{2}L(I_1^2 - I_2^2) + \frac{1}{6}(I_1 + I_2)(U + 2I_1R)t_1 \tag{9-6}$$

式中 L——电路的电感量；

U——电源电压；

R——回路的电阻；

t_1——弧光放电持续时间。

由式（9-6）可以看出，弧光放电火花的能量是由两部分组成的，即磁场能量和电源能量。

除上述因素影响以外，电火花对爆炸性混合物的点燃，还与电源频率、电路断开速度、接点形状和材质等因素有关。不过，有些因素在特定的本质安全电路中可以忽略，如对于简单电感电路，安全火花能量的大小，主要取决于电流和电压；对于简单电容电路，火花能量主要取决于电压和电容。为限制火花能量可以采用以下方法：

（1）适当增大电路的电阻。

（2）合理选择电气元件，降低供电电压。

（3）采取消能措施。如可以在电感元件两端并联电阻、电容、电容－电阻或半导体二极管的方法，以减少电感供给断点的火花能量。

2. 电路火花放电的特性

电路在接通、断开的过程中会产生火花放电，这与电路的性质（电阻性、电感性、电容性）密切相关。

图9-4为电阻电路最小点燃电流与电压的关系曲线。

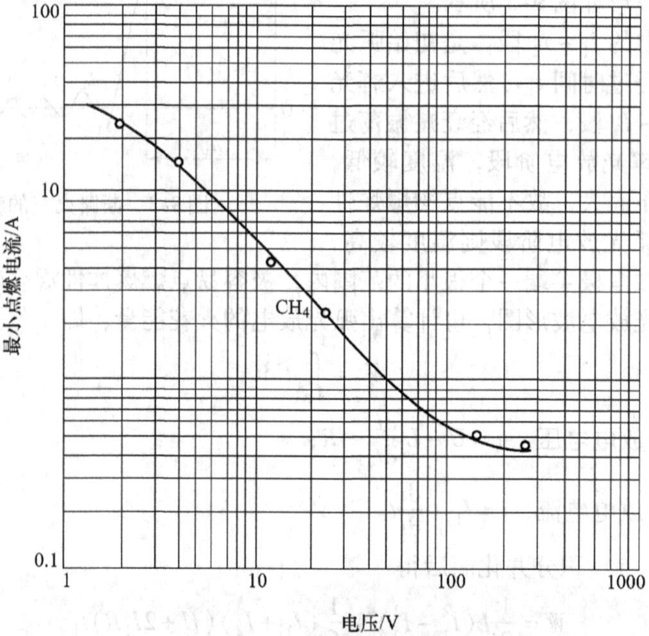

图9-4　电阻电路最小点燃电流与电压的关系曲线

当电感 $L \leqslant 0.1\text{mH}$ 时，电路可以认为是电阻电路。当有电阻分路，特别是有整流器分路时，就更应视为电阻电路。电阻电路通断时，火花主要来自电源，磁场能量相对很小，当最小点燃能量 W_R 一定时，最小点燃电流 I 与电源电压 U 成反比，其表达式为

$$W_R = UI \tag{9-7}$$

图 9-5 是电感电路最小点燃电流与电感的关系曲线。

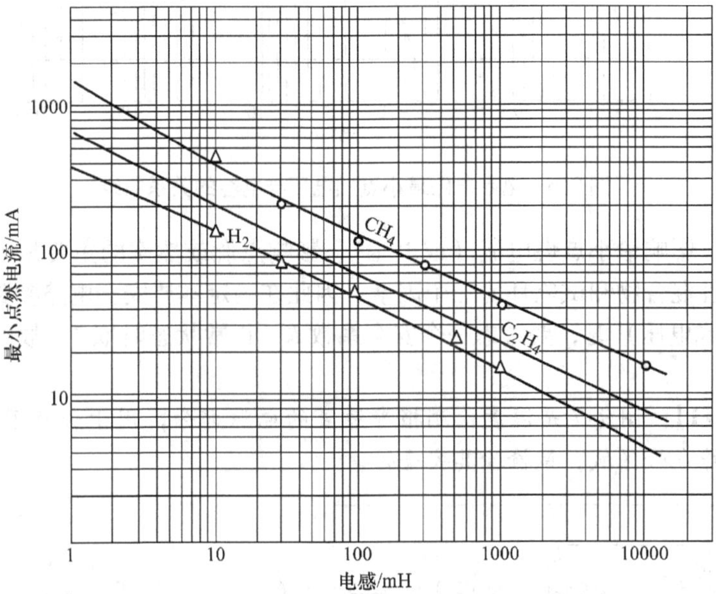

图 9-5　电感电路最小点燃电流与电感的关系曲线

当 $L \geqslant 1\text{mH}$ 时，电路即可视为电感电路，与电阻电路不同，其最小点燃能量主要来自电感元件的磁场能量，磁场能量 $W_2 = \frac{1}{2}LI_0^2$，而此时，电源能量可以忽略。因此，当点燃爆炸性混合物的最小能量一定时，电感值愈大，最小点燃电流就愈小。因此，电感电路断路火花危险性不容忽视。

图 9-6 为电容电路最小点燃电压与电容的关系曲线。

从图 9-6 中可看出，电容愈大，最小点燃电压就愈低，从电容储能 $W_c = \frac{1}{2}CU^2$ 也可得出结论，在爆炸性混合物点燃能量一定时，电容愈大，最小点燃电压就愈低。

电容电路闭合时，电源和电容储能元件同时向间隙放电，而且放电迅速，能量集中，点燃能力强，因此危险性很大。

值得注意的是，曲线上查得的最小点燃电流（或电压），仍然存在一定的点

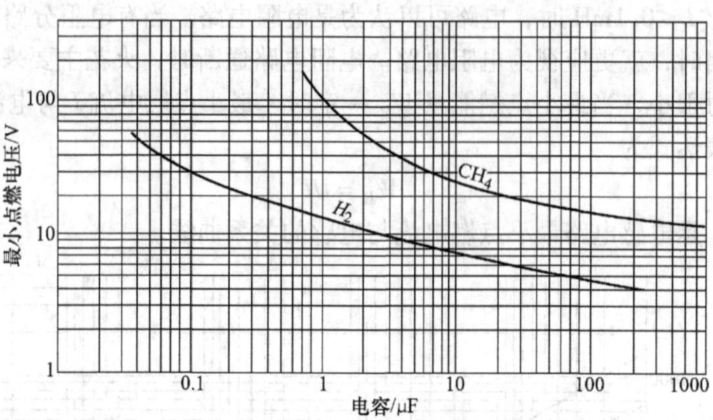

图 9-6 电容电路最小点燃电压与电容的关系曲线

燃或然率。影响最小点燃电流（或电压）、影响点燃或然率的主要是火花试验装置、爆炸性混合物和试验环境三个因素。因此在确定本质安全电路参数，即安全电流 I_a（或电压）时，要考虑一个安全系数 K，正常状态时取 2，故障状态时取 1.5。

【例 9-1】 图 9-7 是温度检测报警装置的电源部分，用于含有甲烷（CH_4）的气体爆炸危险区域，试检验其安全性。

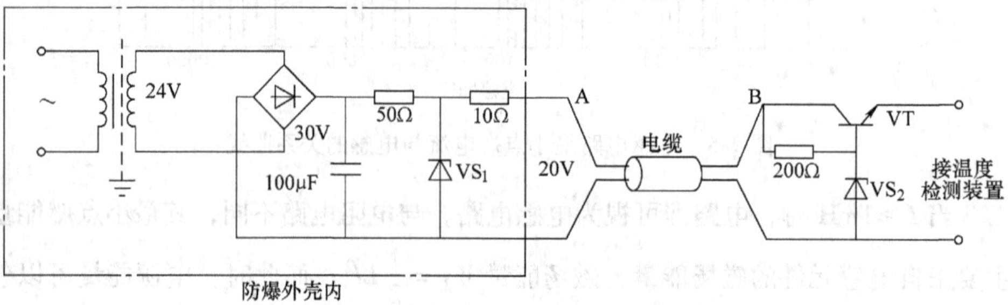

图 9-7 温度检测报警装置的电源部分

已知条件：交流电源 24V，二次侧经桥式整流、电容滤波后，经稳压输出 20V 直流。用两芯电缆引至温度检测电路，经串联稳压电路以 9V 电压供电，其最大负荷电流为 100mA。连接电缆参数为，电感 5μH/m，电阻 0.2Ω/m，电缆长度 50～200m，电容 100μF/m。

解：该电路可能发生的最严重故障有两种情况，一是 A 点短路，二是 B 点断路。

(1) 电路 A 点短路。其短路电流应小于安全电流。由图可知，A 点前电路为电阻性负载，电压为 20V。由图 9-4 中曲线查得最小点燃电流为 3A，安全系

数取1.5，故障时允许的安全电流为2A，在电路A点短路时，所通过的短路电流为

$$I_K = 30/(50+10)\,\text{A} = 0.5\text{A}$$

因为短路电流比故障时安全电流小很多，并且电缆的分布电容较小，对故障点的放电可不予考虑，所以该电路是安全的。

（2）电路B点发生断路故障。按电缆的最大使用长度是200m计算，电缆的电感为

$$L = 5 \times 200\mu\text{H} = 1000\mu\text{H}$$

由图9-5中曲线查得最小点燃电流为1.3A，除以安全系数1.5后，为870mA，该电路正常工作时最大工作电流为100mA，断线时电路里所流过的电流可能达到100mA，小于最小点燃电流，因此该电路是安全的。

3. 本质安全电路的安全措施

（1）电源限流。为了保证电源电路的安全，必须对电源采取限流措施，当电源端发生短路时，短路电流不应超过它的安全电流值。在现实生产中，电池和蓄电池多采用串接电阻的方法进行限流，电阻值按电池空载电压和安全电流值计算。然而对于交流整流电源，应当采用隔离变压器，变压器二次绕组采用高电阻电阻丝绕制，以达到限流作用。

（2）电感元件的消能。本质安全电路中的继电器、变压器和扼流线圈都是电感元件，需要对电感元件进行消磁，方法为设计时在电感元件两端并接半导体二极管、电容或电阻，使断电时其磁场能量不能馈送或少馈送到断路点上去。最常用的是半导体二极管并联分路，如图9-8所示。这个方法既能提高安全性能，又能提高输出功率。

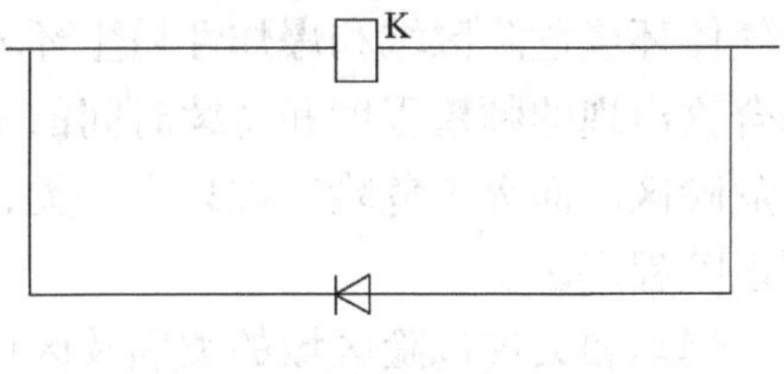

图9-8　半导体整流器并联分路

（3）安全栅。电气系统的安全电路之间，需要设置保护元件的能量限制器——安全栅，安全栅主要是由限流元件（如金属膜电阻、非线性组件等）、限压元件（如二极管、稳压二极管等）和特殊保护元件（如快速熔断器等）组成的可靠性组件。安全栅可以将本质安全电路的电压或电流限在一定范围内，以防止非本质安全电路的能量窜入本质安全电路中。图9-9就是一个稳压二极管安全栅。安全栅是由熔断器FU，稳压管VS_1、VS_2以及电阻R_1和R_2组成的。其中的熔断器是限流熔断器，具有一定的内阻。

系统正常运行时，安全栅1、2端向3、4端传递信号，传递的信号不应过大削弱或失真，幅值应低于VS_1、VS_2的电压。当传递交流信号时，两稳压二极管要对头串接。

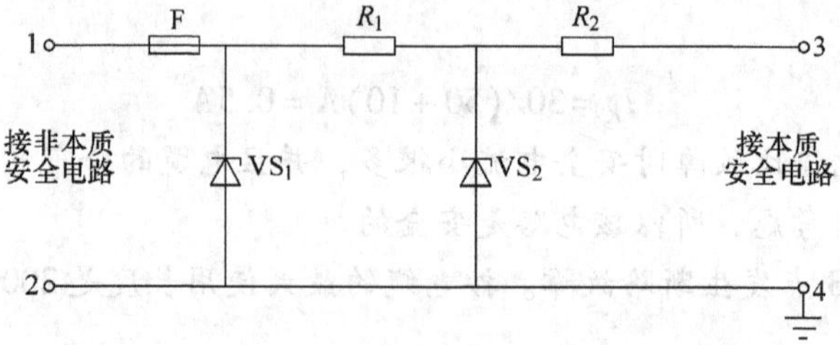

图9-9 稳压二极管安全栅

出现故障时，从非本质安全电路出来的较高电压，就是通过 VS_1、VS_2、R_1、R_2 的限幅限流作用，被限制在本质安全电路规定范围内的。当有意外高压偶然加到安全栅1、2端时，熔断器FU在 VS_1 未损坏前就被熔断，从而防止了意外高压窜入本质安全电路，可以保证电路主元件的安全。

9.3 爆炸和火灾危险区域的划分

9.3.1 爆炸和火灾危险区域的类别及区域等级

我国借鉴国际电工委员会（IEC）的标准，结合我国的实际情况，制定了爆炸和火灾危险区域类别及其分区方法。依据爆炸性环境和易燃易爆物质在生产、贮存、输送和使用过程中出现的不同物理和化学现象，把爆炸危险区域分为爆炸性气体环境危险区域和爆炸性粉尘环境危险区域两类。根据爆炸性环境、爆炸性混合物出现的频繁程度和持续时间的不同，又将爆炸危险区域分成五个不同级别的危险区。而火灾危险区域只有一类，但根据其危险程度的差别将其分成三个不同危险程度区。

爆炸和火灾危险区域的类别及区域等级见表9-1。表中提到的“区”可以是爆炸危险场所的全部，也可以是其一部分。在一个区域内，如果爆炸性混合物可能出现的破坏超过了电气设备的结构、安装和使用所能承受的最大极限程度，这个区就必须当做爆炸性危险区域来对待，必须对其进行防火防爆设计。

表9-1 爆炸和火灾危险区域的类别及区域等级

按爆炸性混合物出现的频繁程度和持续时间划分		
爆炸性气体环境危险区域	0区	连续出现或长期出现爆炸性气体混合物的环境
	1区	在正常运行时，可能出现爆炸性气体混合物的环境
	2区	在正常运行时，不可能出现爆炸性气体混合物的环境，即使出现也仅是短时存在的爆炸性气体混合物的环境

（续）

按爆炸性混合物出现的频繁程度和持续时间划分		
爆炸性粉尘环境危险区域	10区	连续出现或长期出现爆炸性粉尘的环境
	11区	有时会将积留下的粉尘扬起而偶然出现爆炸性粉尘混合物的环境
按火灾事故发生的可能性和后果、危险程度及物质状态划分		
火灾危险区域	21区	具有闪点高于环境温度的可燃液体，在数量和配置上能引起火灾危险的环境
	22区	具有悬浮状、堆积状爆炸性或可燃性粉尘，虽不可能形成爆炸性混合物，但在数量和配置上能引起火灾危险的环境
	23区	具有固体状可燃物质，在数量和配置上能引起火灾危险的环境

表9-1中提到的“正常运行”是指设备正常起动、运转、操作和停止的一种工作状态或过程，也包括产品从设备中取出和对设备开闭盖子、投料、除杂质以及安全阀、排污阀等的正常操作。不正常情况是指因容器、管路装置的破损故障和错误操作等，引起爆炸性混合物的泄漏和积聚，以致有可能产生爆炸危险的状态。

另外，在工程设计、防火审图和消防工作检查时，对危险区域等级的划分，还必须考虑设备运行的实际环境，应该视爆炸性混合物的产生条件、时间、物理性质及其释放频繁程度等情况，从而来划分区域等级。

判断一个爆炸危险区域有无爆炸性混合物产生，应充分考虑到区域空间的大小、物料的品种与数量、设备运行的实际情况、气体浓度测量的准确性，以及物理性质和运行经验等条件。

对火灾危险区域，首先应看其可燃物的数量和配置情况，然后才能确定是否有引起火灾的可能，切忌只要有可燃物质就划为火灾危险区域的错误做法，这样既不经济也不安全。

9.3.2 爆炸危险区域范围的确定

正常情况下，爆炸危险浓度可能形成的区域范围，叫做爆炸危险区域范围。为了对爆炸造成的破坏进行有效的预防，必须在爆炸区域范围内安装相应的防爆电气设备，而在爆炸危险区域范围外，应该安装非防爆型的电气设备。然而，并不能以这个区域的范围来判断能不能使用明火火源。电气设备与其他着火源有一定的区别的。在爆炸危险区域范围内动用明火是不安全的，所以必须按动火制度执行在爆炸危险区域及其附近动用明火及其他火源。

危险区域的范围大小受下列因素的影响：

(1) 爆炸物的释放量。释放量大，其范围也增大。

（2）爆炸物的释放速度。当释放量恒定不变，释放速度增高到引起湍流的速度时，将其释放的易燃物质在空气中的浓度进一步稀释，其范围将缩小。

（3）混合物的浓度。易燃物质浓度增加，爆炸危险区域的范围可能扩大。

（4）爆炸下限。爆炸下限越低，爆炸危险区域的范围将越大。

（5）闪点。如果闪点高于易燃液体的最高温度，就不会形成爆炸性混合物。闪点越低，爆炸危险区域的范围将扩大。

（6）密度。气体或蒸气密度大，爆炸危险区域的水平范围将增大。

（7）液体温度。若温度在闪点以上，所加工液体的温度上升，爆炸危险区域的范围扩大。

（8）厂房的通风量。通风量增加，爆炸危险区域的范围将缩小。

（9）厂房通风障碍。如有阻碍通风的障碍，则危险范围扩大；如阻碍爆炸性混合物扩散，则危险范围可能缩小。

1. 爆炸性气体环境危险区域的范围

爆炸性气体环境危险区域的范围，应根据释放源的级别和位置、易燃易爆物质的性质、通风条件、障碍物及生产条件、运行经验等经技术经济比较后综合确定。

（1）非开敞建筑物。非开敞建筑物中，由于通风状况的影响，使通风情况跟室内物体的堆放成了主要考虑因素，可以根据通风情况、释放源的位置、爆炸性气体释放源的大小和扩散范围酌情将室内空间划分为若干个区域并确定其级别。如在厂房门、窗外规定空间范围内，由于通风良好，则可划低一级，如图

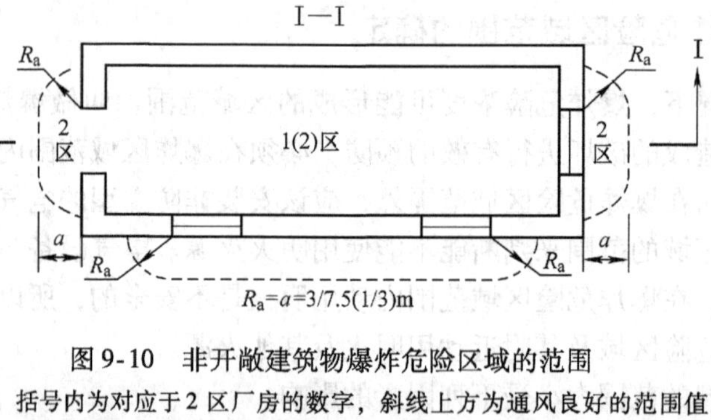

图 9-10 非开敞建筑物爆炸危险区域的范围

说明：括号内为对应于 2 区厂房的数字，斜线上方为通风良好的范围值，斜线下方为通风障碍时的范围值。

9-10 所示。但当室内具有比空气重的气体或蒸气，或者有比空气轻的气体或蒸气时，也可以不按室为单位划分。因为比空气重时，在低于释放源的地方，可能造成爆炸性气体或蒸气积聚的凹坑或死角；比空气轻时，也可能在高于释放源的地方及顶部，形成死角。

（2）开敞或局部开敞建筑物。对开敞或局部开敞的建筑物和构筑物区域范围的划分：

1）对于易燃液体、闪点低于或等于场所环境温度的可燃液体注送站，其开敞面外缘向外水平延伸 15m 以内、向上垂直延伸 3m 以内的空间应划为危险区域，如图 9-11 所示。

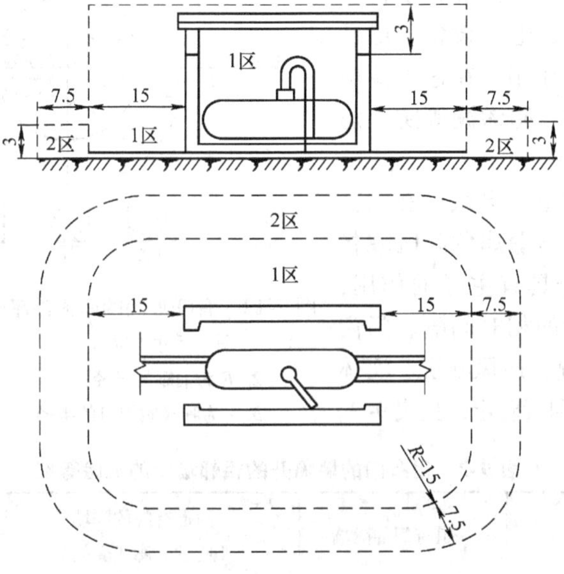

图 9-11　开敞的注送站爆炸危险区域范围

注：1. 图中尺寸单位为 m；

2. R 为划定区域范围半径。

2）对于可燃气体、易燃液体、闪点低于或等于场所环境温度的可燃液体的封闭工艺装置，开敞面外缘 3m（垂直或水平）以内的空间应划为 2 区。

（3）露天装置。装有可燃气体、易燃液体和闪点低于或等于场所环境温度的可燃液体的封闭工艺装置，把离设备外壳 3m（垂直和水平）以内的空间划为危险区域。当设置有呼吸阀、放空阀时，一般是以阀口以外 3m（垂直和水平）以内的空间作为危险区域，如图 9-12 所示。

装有易燃液体、闪点低于或等于场所环境温度的可燃液体储罐，把罐体外壳以外的水平或垂直距离 3m 以内的空间划为危险区域。当设有防护堤时，应包括护堤高度以内的空间。若为注送站，则以注送口外水平 15m、垂直 7.5m 以内的空间作为危险区域。

(4) 使用明火设备的附近区域。一些明火使用设备附近，如燃油、燃气锅炉房的燃烧室或表面温度已超过该区域爆炸性混合物的自燃温度的炽热部件（如高压蒸气管道等），应该采用非防爆电气设备对其进行隔离。因为在这些区域内已有明火或超过爆炸性混合物自燃温度的高温物体，电气设备防爆已起不到它应有的作用，在这种情况下必须采用密闭、防渗漏等防火防爆措施。

(5) 与爆炸危险区域相邻的区域。具体环境对与爆炸危险区域相邻的区域的划分具有主导的作用，应根据它们之间的相对间隔、门窗开设方向和位置、通风状况、实体墙的燃烧性能等因素确定，见表 9-2。

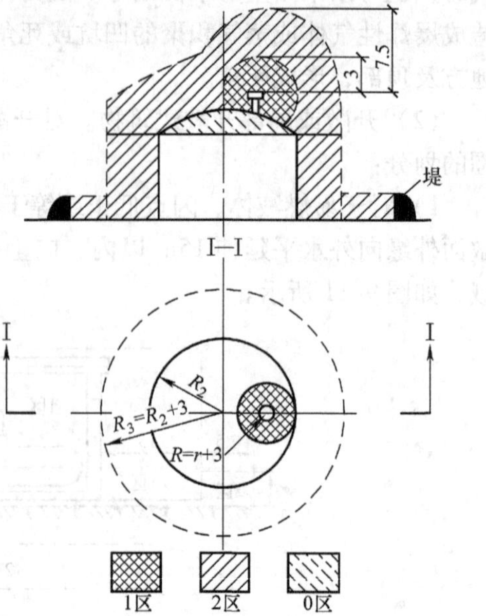

图 9-12 有呼吸阀的露天油罐爆炸危险区域范围

注：1. 图中尺寸单位为 m；

2. R 为油罐的半径；

3. r 为呼吸阀阀口的半径。

表 9-2 用有门的墙隔开的相邻场所的危险等级

危险区域等级		一道有门的隔墙	两道有门的隔墙（通过走廊或套间）	备 注
气体或蒸气	0 区		1 区	两道隔墙门之间的净距离不应小于 2m
	1 区	2 区	非危险场所	
	2 区	非危险场所		
粉尘或纤维	10 区		11 区	
	11 区	非危险场所	非危险场所	

(6) 根据释放源来划分区域。在电气工程中，通常把在爆炸危险区域内，可能释放出形成爆炸性混合物的物质所在的位置称为释放源。而爆炸危险区域范围就是以释放源为中心划定的一个规定空间区域。

图 9-13 就是一个以释放源为中心划分爆炸危险区域范围的举例。

2. 非爆炸危险区域的划分

凡是符合下列条件之一者都可以划分为非爆炸危险区域：

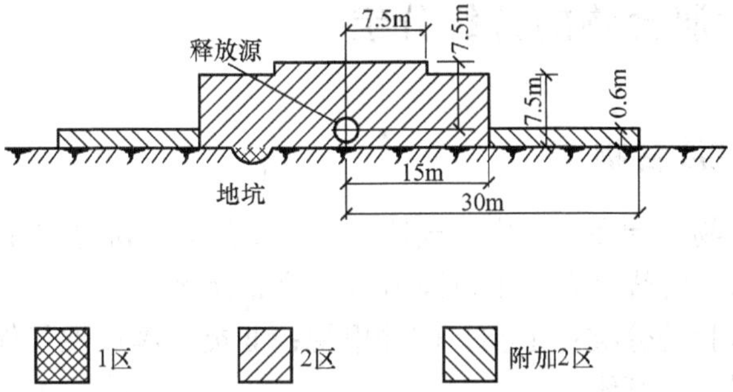

图 9-13　爆炸性气体重于空气和通风良好的生产区（释放源接近地坪）

（1）根本没有释放源，而且不可能有易燃物质侵入的区域。

（2）易燃物质的量不大，可能出现的最大体积分数不超过爆炸下限 10% 的区域。

（3）易燃物质可能出现的最大体积分数超过 10%，但是易燃物年出现小时不超过图 9-14 限定范围的区域。

（4）工业生产过程中使用明火的设备附近，或者使用表面温度超过该区域易燃物质引燃温度的炽热部件的设备附近。

（5）在生产装置外露天或敞开安装的输送爆炸危险物质的架空管道地带。

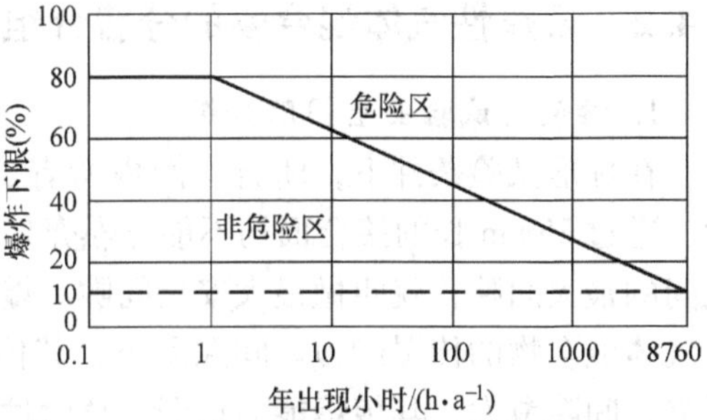

图 9-14　易燃物质环境危险区域的范围

3. 爆炸性粉尘环境危险区域范围的划分

爆炸性粉尘环境危险区域受具体环境的影响比较大，应根据具体环境的粉尘量、释放率、浓度和物理特性，以及同类企业相似厂房的运行经验确定。在建筑物内部宜以室为单位，但当室内空间很大，而爆炸性粉尘量很少的时候，也可不以室为单位，只要以释放源为中心，按规定距离划分范围等级就可以，但建筑外墙和顶部距 2 区不得小于 3m。

符合下面两种情况就可以划分为非爆炸危险区域：

（1）虽在爆炸危险环境中但有送风系统，并且通向粉尘爆炸危险环境的风道设有防止爆炸性粉尘爆炸危险粉尘侵入的安全装置，如单向流通风道或设有能阻火的安全装置。

（2）环境中使用爆炸危险物质的量不大，且排风系统良好。

9.4 爆炸性混合物的分级分组

9.4.1 爆炸性混合物

爆炸性混合物是指在空气中，气体、蒸气、薄雾、粉尘式纤维等易燃物与空气混合并点燃后，燃烧将在整个范围内传播的混合物。

爆炸性混合物的分类：Ⅰ类，矿井甲烷；Ⅱ类，爆炸性气体、蒸气、薄雾；Ⅲ类，爆炸性粉尘、纤维。

爆炸性混合物具有极大的危险性，这是由爆炸性混合物的爆炸极限、传爆能力、引燃温度和最小点燃电流决定的。为了配置最合适的电气设备，以达到安全生产的目的，于是对各种爆炸性混合物按最大试验安全间隙（MESG）和最小点燃电流（MIC）分级，按引燃温度分组。

9.4.2 爆炸性气体混合物的分级分组

1. 按最大试验安全间隙分级

在标准试验条件下，闭合空间内所有试验气体或蒸气与空气的混合物点燃后，通过25mm长的接合面均不能点燃壳外爆炸性气体混合物的外壳空腔两部分之间的最大间隙，就叫做最大安全间隙。爆炸气体的安全间隙的大小反映了爆炸性气体混合物的传爆能力。间隙愈小，其传爆能力就愈强，爆炸的危险性愈大；反之，间隙愈大，其传爆能力愈弱，危险性也愈小。爆炸性气体混合物按最大试验安全间隙的大小分为ⅡA、ⅡB、ⅡC三级。

2. 按最小点燃电流分级

在温度为20～40℃、1atm、电压为24V、电感为95mH的试验条件下采用IEC标准火花发生器对空心电感组成的直流电路进行3000次火花试验，能够点燃最易点燃混合物的最小电流就称为最小点燃电流。

最易点燃的混合物是在常温常压下，需要最小引燃能量的混合物。

例如，甲烷最易点燃的混合物浓度为8.3%±0.3%，最小引燃能量为0.28mJ；氢气浓度为21%±2%时，最小引燃能量为0.019mJ。

爆炸性气体混合物按照最小点燃电流的大小分为ⅡA、ⅡB、ⅡC三级。最小点燃电流愈小，危险性就愈大。

3. 按引燃温度分组

不需要用明火即能引燃的最低温度，称为爆炸性混合物的引燃温度。引燃温度越低的物质，越容易引燃。爆炸性气体混合物按引燃温度的高低，分为T1、T2、T3、T4、T5、T6六组。

气体、蒸气爆炸危险环境电气设备最高表面温度见表9-3，常见物质的引燃温度见表9-4。

表9-3　气体、蒸气爆炸危险环境电气设备最高表面温度

级　别	T1	T2	T3	T4	T5	T6
最高表面温度/℃	450	300	200	135	100	85

表9-4　常见物质的引燃温度

名　称	温度/℃	名　称	温度/℃	名　称	温度/℃
丙酮	535	乙烯	435	黄磷	60
一氧化碳	605	苯	560	纸张	130
甲烷	537	氯苯	637	棉花	150
乙烷	515	乙苯	397	布匹	200
甲醇	455	甲苯	535	焦炭	700
乙醇	422	二甲苯	528	煤	400
硫	260	萘	515	赛璐珞	140
木炭	350	蒽	470	木材	250

爆炸性气体混合物的分类、分级、分组举例见表9-5。

表9-5　爆炸性气体混合物的分类、分级、分组举例

类和级	最大试验安全间隙 MESG /mm	最小点燃电流比 MICR	引燃温度（℃）与组别					
			T1	T2	T3	T4	T5	T6
			$T>450$	$450\geqslant T>300$	$300\geqslant T>200$	$200\geqslant T>135$	$135\geqslant T>100$	$100\geqslant T>85$
Ⅰ	MESG = 1.14	MICR = 1.0	甲烷					
ⅡA	0.9 < MESG < 1.14	0.8 < MESG < 1.0	乙烷、丙烷、丙酮、苯乙烯、氯乙烯、氨苯、甲苯、苯、氨、甲醇、一氧化碳、乙酸乙酯、乙酸、丙烯腈	丁烷、乙醇丙烯、丁醇、乙酸乙酯、乙酸戊酯、乙酸酐	戊烷、己烷、庚烷、癸烷、辛烷、汽油、硫化氢、环己烷	乙醚、乙醛		亚硫酸乙酯
ⅡB	0.5 < MESG < 0.9	0.45 < MESG < 0.8	二甲醚、民用煤气、环丙烷	环氧乙烷、环氧丙烷、丁二烯、乙烯	异戊烯			
ⅡC	MESG ≤ 0.5	MESG ≤ 0.45	水煤气、氢、焦炉煤气	乙炔			二硫化碳	硝酸乙酯

注：最小点燃电流比为各种气体和蒸气按照它们最小点燃电流值与实验室的甲烷最小电流值之比。

4. 最小引燃能量

爆炸性混合物危险性的衡量因素，除最小点燃电流外，还有最小引燃能量。最小引燃能量是指在规定的试验条件下，能使爆炸性混合物燃爆所需最小电火花的能量。如果引燃源的能量低于这个临界值，一般就不会着火。

一些可燃气体、蒸气与空气的爆炸性混合物的最小引燃能量见表9-6。一些粉尘与空气的爆炸性混合物的最小引燃能量见表9-7。

表9-6 可燃气体、蒸气与空气的爆炸性混合物的最小引燃能量

名 称	化 学 式	体积分数（%）	最小引燃能量/mJ
乙炔	$HC \equiv CH$	7.73	0.02
乙烯	$CH_2=CH_2$	6.52	0.096
丙烯	$CH_3CH=CH_2$	4.44	0.282
二异丁烯	$(CH_3)_3CCH_2C(CH_3)=CH_2$	1.71	0.96
甲烷	CH_4	9.50	0.33
丙烷	$CH_3CH_2CH_3$	4.02	0.31
戊烷	$CH_3(CH_2)_3CH_3$	2.55	0.49
乙腈	CH_3CH	7.02	6.00
乙胺	$C_2H_5NH_2$	5.28	2.40
乙醚	$C_2H_5OC_2H_5$	3.37	0.49
乙醛	CH_3CHO	7.72	0.376
丙烯醛	$CH_2=CHCHO$	5.64	0.13
甲醇	CH_3OH	12.24	0.215
丙酮	CH_3COCH_3	4.97	1.15
乙酸乙酯	$CH_3CO_2C_2H_5$	4.02	1.42
乙烯基醋酸	$CH_2=CHCH_2COOH$	4.44	0.70
苯	C_6H_6	2.71	0.55
甲苯	$C_6H_5CH_3$	2.27	2.50
二硫化碳	CS_2	6.52	0.015
氨	NH_3	21.8	680
氢	H_2	29.6	0.02
硫化氢	H_2S	12.2	0.077

爆炸性混合物的最小引燃能量受混合物性质、引燃源特征、压力、浓度、温度等因素的影响，而纯氧中的最小引燃能量小于空气中的引燃能量。当压力减小时最小引燃能量就会明显增大。例如，当压力分别为国标0.98MPa，0.78MPa、

表 9-7　粉尘与空气爆炸性混合物的最小引燃能量　（单位：mJ）

名　称	层　积　状	悬浮状	名　称	层　积　状	悬浮状
铝	1.6	10	聚乙烯	—	30
铁	7	20	聚苯乙烯	—	15
镁	0.24	20	酣醒树脂	40	10
钛	0.008	10	醋酸纤维	—	11
锆	0.0004	5	沥青	4～6	20～25
锰铁合金	8	80	大米	—	40
硅	2.4	80	小麦	—	50
硫	1.6	15	大豆	40	50
硬脂酸铝	40	10	砂糖	—	30
阿司匹林	160	25	硬木	—	20

0.59MPa 和 0.39MPa 时，乙炔分解爆炸的最小引燃能量分别为 3mJ、6mJ、12mJ 和 2mJ。然而，爆炸性混合物在某一浓度下的最小引燃能量取得最小值，但当离开这一浓度，它的最小引燃能量都将变大。

9.4.3　爆炸性粉尘混合物的分级、分组

在工业生产中，把爆炸性粉尘混合物级组根据粉尘特性（导电或非导电）和引燃温度的高低分为ⅢA、ⅢB 两级和 T11、T12、T13 三组。

爆炸性粉尘混合物的分级、分组举例见表 9-8。

表 9-8　爆炸性粉尘混合物的分级、分组举例

级别和种类		引燃温度（℃）及组别		
		T11	T12	T13
		$T>270$	$200<T\leqslant 270$	$140<T\leqslant 200$
ⅢA	非导电性可燃纤维	木棉纤维、烟草纤维、纸纤维、亚硫酸盐纤维、人造毛短纤维、亚麻	木质纤维	—
ⅢA	非导电性爆炸性粉尘	小麦、玉米、砂糖、橡胶、染料、苯酚树脂、聚乙烯	可可、米糖	—
ⅢB	导电性爆炸性粉尘	镁、铝、铝青铜、锌、铁、焦炭、炭黑	铝（含油）、铁、煤	—
ⅢB	火炸药粉尘	—	黑火药、TNT	硝化棉、吸收药、黑索金、特屈儿、泰安

注：在确定粉尘、纤维的引燃温度时，应在悬浮状态和沉积状态的引燃温度中选用较低的数值。

9.5 在爆炸和火灾等危险环境中电气设备的选择

生产环境恶劣的生产过程要选择合适的电器，特别是爆炸和火灾危险环境电气设备选用的好坏，直接影响着工矿企业的安全生产。

9.5.1 电气设备选择的一般要求

(1) 尽量地把在正常运行时有可能发生火花的设备，布置在危险性较小或非爆炸性环境中。火灾危险环境中的表面温度较高的设备，应远离可燃物。

(2) 在用其他安全设备就可以达到生产要求的时候，应尽量减少防爆电气设备的使用量。火灾危险环境下不宜使用电热器具，非用不可时应用非燃烧材料，并要进行必要的隔离。

(3) 防爆电气设备应有防爆合格证。

(4) 少用携带式电气设备。

(5) 可在建筑上采取措施（如采用隔墙法）把爆炸性环境限制在一定范围内。

9.5.2 电气设备的防爆标志及防护等级

1. 防爆性能标志

电气设备的防爆类型标志有 d、e、ia 和 ib、p、o、q、n、s 八种型式。防爆电气设备分为两类、三级。

(1) Ⅰ类：煤矿井电气设备。矿井下甲烷是最主要的一种危险性气体，没有等级。

(2) Ⅱ类：工厂电气设备。爆炸性气体混合物有 155 种，种类繁多，产品制造时，按 MESG（MIC）分为 A、B、C 三级。

现代工厂由于生产程度的复杂化，电气设备防爆要求日益增高。为满足安全生产的需要，根据防爆电气设备级别防爆的各种原则，应制造出具有各种对应防爆性能的电气设备。如在矿井中，正常情况下爆炸性混合物比较单一，主要就是沼气，电气设备的制造就应满足矿井的特殊工作条件，能防潮、防过载等。当矿井还有其他可燃性气体或蒸气时，电气设备需按Ⅰ类和Ⅱ类的相应规定制造。

一般电气设备的防爆标志写在铭牌右上方，使用清晰的永久性凸纹标志“E_x”，小型电气设备及仪器、仪表可采用标志牌铆或焊在外壳上，也可采用凹纹标志。在铭牌上按顺序标明防爆型式、类别、级别、温度组别等，这就构成了性能标志。

防爆性能标志的表示方法如图 9-15 所示。

电气设备防爆的一些规则如下。

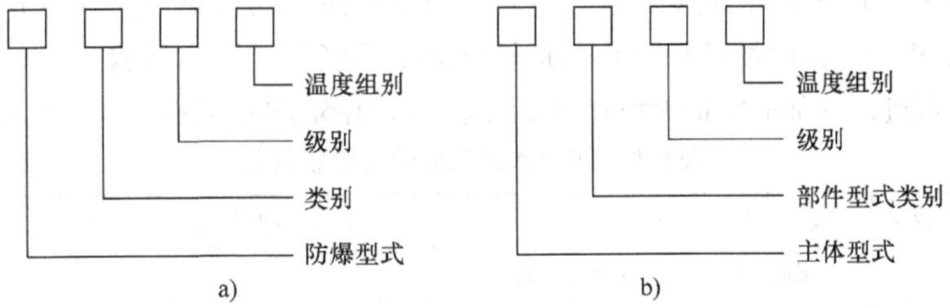

图 9-15　防爆性能标志的表示方法
a）单一型　b）复合型

（1）Ⅰ类隔爆型：dⅠ，适用于煤矿井下环境。

（2）Ⅱ类隔爆型 B 级 T3 组：dⅡBT5，适用于工厂有ⅡA、ⅡB 级，TI、T2、T3 组爆性混合物的环境。

Ⅱ类本质安全型 ia 等级 A 级 T5 组：iaⅡAT5，适用于工厂安全程度为 ia 的有 T1 ~ T5 组爆炸性混合物的环境。

（3）规定采用一种以上的复合型式时，应先标出主体防爆型式，后标出其他防爆型式。如Ⅱ类主体增安型并具有正压部件 T4 组为 epⅡT4。

（4）对只允许在一种爆炸性气体或蒸气环境中使用的电气设备，其标志可用该气体或蒸气的化学分子式或名称表示，此时可不必注明级别与温度组别。如Ⅱ类用于氨气环境的隔爆型为 dⅡ（NH_3）或 dⅡ氨。

（5）对于Ⅱ类电气设备的标志，可标温度组别，也可标最高表面温度，或二者都标出。如最高表面温度为 125℃ 的工厂用增安型为 eⅡT4、eⅡ（125℃）或 eⅡ（125℃）T4。

（6）使用于矿井中（除沼气环境外），正常情况下还有Ⅱ类 B 级 T3 组可燃气体的隔爆型电气设备——dⅠ/ⅡBT3，适于矿井下具有 T1 ~ T3 爆炸性混合物的环境。

2. 防护等级代号

在一些恶劣环境下，其实用的电气设备还应满足一些特殊的要求。如为防止溅水、落物以及潮湿的空气对防爆电气设备的危害和腐蚀，确保其良好的防爆性能，其外壳在制造上应符合一定的防护等级要求，并标明防护等级代号。其代号如图 9-16 所示。

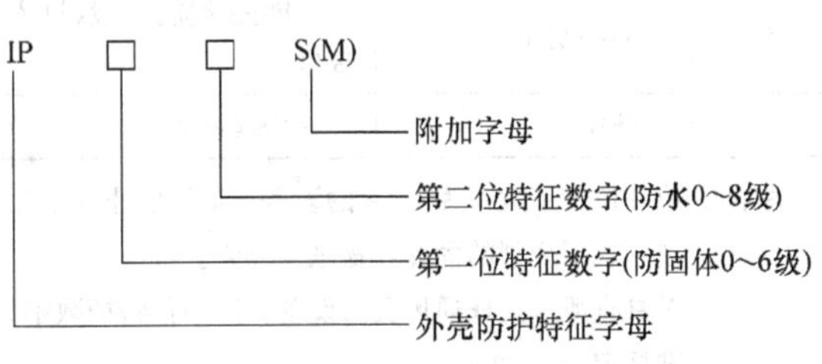

图 9-16　防护等级代号

此代号表明外壳能防止大于 1mm 的固体进入内部，并且防溅。附加字母 S 表示设备在静止状态下经过了防水试验。若在运转状态下经过了防水试验则用字母 M 表示。若无 S 或 M，则表示设备在静止和运转状态下都经过了防水试验。

防止水进入内部的防护等级和防止固体进入内部的防护等级见表 9-9 和表 9-10。

表 9-9　防止水进入内部的防护等级

第二位特征数字	简短说明	防护等级含义
0	无防护	没有专门防护
1	防滴	滴水无有害影响
2	15°防滴	当外壳从正常位置倾斜在 15°以内时，垂直滴水无有害影响
3	防淋水	与垂直方向成 60°范围以内的淋水无有害影响
4	防溅水	任何方向溅水无有害影响
5	防喷水	任何方向喷水无有害影响
6	防猛烈海浪	猛烈海浪或强烈喷水时，进入外壳水量不致使到有害程度
7	防浸水影响	浸入规定压力的水中经规定时间后，进入外壳水量不致使达到有害程度
8	防潜水影响	能按制造厂规定的条件长期潜水

注：表中数字 8，通常指水密型，但对某些类型设备也可以允许水进入，但不应达到有害程度。

表 9-10　防止固体进入内部的防护等级

第一位特征数字	简短说明	防护等级含义
0	无防护	没有专门防护
1	防大于 50mm 的固体异物	能防止直径大于 50mm 的固体异物进入壳内；能防止人体的某一大面积部分（手）偶然或意外地触及壳内带电部分或运动部件；不能防止有意识的接近
2	防大于 12mm 的固体异物	能防止直径大于 12mm、长度不大于 80mm 的固体异物进入壳内；能防止手指触用壳内带电部分或运动部件
3	防大于 2.5mm 的固体异物	能防止直径大于 2.5mm 的固体异物进入壳内；能防止厚度（直径）大于 2.5mm 的工具、金属线等触及壳内带电部分或运动部件
4	防大于 1mm 的固体异物	能防止直径大于 1mm 的固体进入壳内；能防止厚度（直径）大于 1mm 的工具、金属线等触及壳内带电部分或运动部件
5	防护灰尘	不能完全防止尘埃进入，但进入量不能达到妨碍设备正常运转的程度
6	防密	无尘埃进入

注：1. 第一位特征数字为 1 ~4 的设备，应能防止三个互相垂直的尺寸都超过第 3 栏相应数字、形状规则或不规则的固体异物进入外壳。

2. 对具有泄水孔或通风孔的设备，第一位特征数字为 3 或 4 时，其具体要求由有关专业的相应标准规定。

3. 对具有泄水孔的设备第一位数字为 5 时，其具体要求由有关专业的相应标准规定。

例如：增安型电动机的接线盒，防护等级为 IP54，表示 5 级防尘 4 级防水。

另外有规定，当设备仅需要用一个特征数字表示防护等级时，则被省略的数字必须用字母 X 代替，例如 IPX5 表示 5 级防水，IP2X 表示 2 级防尘。

9.5.3　爆炸性环境电气设备的选择

需要使用防爆设备的地方，应该根据爆炸危险区域类别及危险区域等级和爆炸危险区域内爆炸性混合物的级别、温度组别以及危险物质的其他性质作为依据，选择合适的防爆设备。

1. 爆炸性气体环境电气设备的选择

（1）防爆设备的选用原则

1）一般的气体环境都是爆炸性气体跟空气的混合物，必须按爆炸性混合物的级、组选用与之相对应级别和温度组别的防爆电气设备。而且当区域内存在两种或两种以上不同级爆炸性混合物时，应按照最大安全系数的原则按危险程度较高的级别和组别选用相适应的防爆设备。

对于非爆炸危险区域，当装有爆炸性物质的容器置于该区域时，在异常情况下也可能发生危险，因此必须考虑意外发生危险的可能性。

2）环境因素是选用设备应该考虑的另外一个重要因素。应该根据环境的温度、湿度、海拔、光照度、风沙、水质、散落物、腐蚀物、污染物等客观因素选用满足条件的电气设备。防爆设备所要达到的要求，就是所选择的电气设备在上述特定条件下运行不能降低其防爆性能。

3）防爆设备要便于维修和管理。选用的设备应具有以下优点：结构简单，管理方便，便于维修，备件易存。

4）注重生产效益。在考虑电气设备的可靠性、寿命和运行耗能、维修周期等的同时，对经济方面也要作全面的考虑，应该选择最合适、最经济的防爆电气设备。

（2）防爆电气设备的选型。防爆电气设备选型的基本前提是安全可靠、使用方便、经济合理。但正确理解和识别防爆性能标志的含义也是防爆电气设备选型的基本要求。防爆电气设备外壳上都铸有明显的防爆性能标志，它用不同的字母标明了不同类型的级别和温度组别，这就标明了它的使用范围。如 dⅡAT2，适用于有乙烷、丙烷、环已酮、氯乙烯、乙苯、乙醇等危险物质存在的场所；cdⅡCT6是一种复合型防爆标志，适于有硝酸乙酯物质存在的场所。

爆炸性气体环境防爆电气设备的选型见表 9-11。

2. 爆炸性粉尘环境电气设备的选择

（1）爆炸性粉尘环境电气设备的选用原则

1）参考爆炸性气体环境的选用原则。

表9-11 爆炸性气体环境防爆电气设备的选型

爆炸危险区域	适用的防护等级	
	电气设备类型	符 号
0区	1. 本质安全型（ia级）	ia
	2. 其他特别为0区设计的电气设备（特殊型）	s
1区	1. 适用于0区的防护类型	
	2. 隔爆型	a
	3. 增安型	e
	4. 本质安全型（ib级）	ib
	5. 充油型	o
	6. 正压型	p
	7. 充砂型	q
	8. 其他特别为1区设计的电气设备（特殊型）	s
2区	1. 适用于0区或1区的防护类型	n
	2. 无火花型	
10区	1. 适用于2区的各种防护类型	
	2. 尘密型	
11区	1. 适用于10区的各种防护类型	
	2. IP54（用于电动机）、IP65（电器仪表）	

2）粉尘环境危险区域内尽量少装插座和局部照明灯具。当必须使用时，插座最好布置在粉尘不易积聚的地点。局部照明灯具宜布置在一旦发生事故时气流不易冲击的位置。

3）符合表面温度的要求，电气设备的最高允许表面温度应符合表9-12的规定。

表9-12 电气设备的最高允许表面温度

引燃温度组别	无过负荷的设备/℃	有过负荷的设备/℃
T11	215	195
T12	160	145
T13	120	110

（2）爆炸性粉尘环境电气设备的选型。爆炸性粉尘环境电气设备的选型，要求除可燃性非导电粉尘和可燃纤维的11区环境采用防尘结构（标志为DP）的粉尘防爆电气设备外，爆炸性粉尘环境10区及其他爆炸性粉尘环境11区均采用尘密结构（标志为DT）的粉尘防爆电气设备，并按照粉尘的不同引燃温度选

择不同引燃温度组别的电气设备。

9.5.4　火灾危险区域电气设备的选择

1. 火灾危险区域电气设备的选用原则

（1）符合周围环境条件的要求。

（2）设备正常运行发热量大的、出现有火花和外壳表面温度较高的电气设备，安放时应尽量远离可燃物质，必要的时候还应采取一定的隔离措施。

（3）选用设备不宜是电热器具类，不得不使用时，应将其安装在非燃材料底板上。

2. 火灾危险区域电气设备的选型

火灾危险区域应根据区域等级和使用条件按表9-13选择相应类型的电气设备。

表9-13　电气设备防护结构的选型

电气设备	防护结构	火灾危险区域		
		21区	22区	23区
电动机	固定安装	IP44①	IP54	IP21②
	移动式、携带式	IP54	IP54	IP54
电器和仪表	固定安装	充油型IP56、IP65、IP44③	IP65	IP22
	移动式、携带式	IP56、IP65	IP65	IP44
照明灯具	固定安装	防护	防尘	开启
	移动式、携带式④	防尘	防尘	防护
配电装置		防尘	防尘	防护
接线盒		防尘	防尘	防护

① 在火灾危险区域21区内固定安装的正常运行时有集电环等火花部件的电动机，不宜采用IP44型。

② 23区内固定安装的正常运行时有集电环等火灾部件的电动机，不应采用IP21型，而应采用IP44型。

③ 21区内固定安装的正常运行时有火花部件的电器和仪表，不宜采用IP44型。

④ 移动式和携带式照明灯具的玻璃罩，应有金属网保护。

9.6　电气防爆、防火设计和安装的其他问题

9.6.1　与爆炸危险区域毗连的变、配电所的防爆

一般情况下变、配电所都布置在爆炸危险区域范围以外的区域，但有时受地域条件的限制可能会与爆炸危险区域毗连，这时就要求考虑变、配电所产生火花、电弧和危险温度的电气设备与爆炸危险区域的互相影响。另外，变、配电所

的布置和爆炸危险区域的具体位置不同对危险性具有决定性，如若将变、配电所布置在爆炸危险区域的正上方或正下方，爆炸性混合物侵入的可能性就大，发生爆炸还有可能会引起连锁反应，使事故后果更加严重。当两者必须毗连时应尽量将变、配电所靠近楼梯间和外墙布置，以防爆炸性混合物侵入，而且会有利于管理人员的疏散。变、配电所的门、窗和爆炸危险区域的门、窗、洞口的布置，也应尽量加大相互之间的距离，以减小爆炸性混合物侵入的可能性，减小事故发生时的影响。一般情况下爆炸危险区域的正上方或正下方都不应设置变、配电所。

变、配电所与爆炸危险区域的建、构筑物有可能共用墙体，安装时要根据危险区域等级，确定共用的墙面数。共用隔墙和楼板应是实体和非燃烧体，且应抹灰。而且在 1 区、10 区不应有管子穿过；其他区域有管子和沟道穿过时，穿墙孔洞应用非燃烧材料严密堵塞。

变、配电所和控制室为正压室时，变、配电所也可布置在 1 区、2 区内，但要求室内的地面要高出室外地面 0.6m 左右。

9.6.2 电气线路的防爆

（1）电气线路的敷设要求。敷设电气线路的一般选择危险性较小的环境或远离存放易燃、易爆物释放源的地方，或沿建、构筑物的墙外。

（2）电气线路导线材料的要求。一般采用铜芯绝缘导线或电缆，爆炸危险环境的配线，很少采用铝制的。铝线机械强度差，容易折断，而且需要进行过渡连接，必须加大接线盒，同时在连接技术上也难以控制，连接质量不易保证。况且铝线在被 90A 以上的电弧烧熔传爆时，其传爆间隙已接近规定的允许安全间隙，电流再大时就很不安全，所以一般情况都尽量不用铝线。

敷设线路时铜芯导线或电缆的截面积也是有规定的，在 1 区为 $2.5mm^2$ 以上，2 区为 $1.5mm^2$ 以上。另外，铝芯导线和电缆在用作照明电路时还是可以选择的，在 2 区电力线路可选用 $4mm^2$ 及以上的多股铝芯导线及 $2.5mm^2$ 以上的单股铝芯导线用于照明线路。

（3）电气线路的敷设与配线防爆。电气线路有时应该在高处敷设或埋入地下，特别是在爆炸危险环境当气体、蒸气比空气重的环境中。线路架空敷时应采用电缆桥架，电缆沟敷设时沟内应充砂，并设置有效的排水措施；但当气体、蒸气比空气轻时，电气线路最好在较低处敷设或采用电缆沟敷设。敷设电气线路的沟道，钢管或电缆在穿过不同区域之间墙或楼板处的孔洞时，应用非燃性材料严密堵塞，以防爆炸性混合物气体或蒸气沿沟道、电缆管道滑动。另外，接线时应注意将爆炸性混合物或火焰切断，防止传播到管子的其他部分，所以引向电气设备接线端子的导线，在穿出钢管时应与接线箱保持 45cm 的距离。

（4）电气线路的连接。原则上电气线路之间不允许直接连接，当必须实行连接时，应采用压接、熔焊或钎焊的方法，确保线路接触良好，防止连接点局部过热。线路与电气设备的连接，应采用与线径适当的过渡接头，特别是铜铝线路连接时更应如此。

（5）导线的允许载流量。每种导线都会有一个最大允许载流量，绝缘电线和电缆的允许载流量应该大于熔断器熔体 1.25 倍额定电流和断路器长延时过电流脱扣器 1.25 倍整定电流。引向电压为 1000V 以下笼型异步电动机的支线，长时间运行所允许的载流量，不应小于电动机 1.25 倍额定电流。

9.6.3　接地

有时电路接地还有可能产生危险状况，为了防止电气设备带电部件发生接地产生电火花或危险温度而形成引爆源，所以对《电力设备接地设计技术规程》中规定在一般情况下可以不接地的部分，在爆炸危险区域内仍应接地。相应的具体规定如下：

（1）地面接触处导电性能不好时，交流额定电压为 380V 以下和直流额定电压为 440V 以下的电气设备正常运行时，不带电的金属外壳在爆炸性危险区域应该接地。

（2）干燥环境中，交流额定电压为 127V 以下、直流电压为 110V 以下的电气设备正常时不带电的金属外壳，在爆炸性危险区域应该接地。

（3）安装在已接地的金属结构上的电气设备，在爆炸性危险区域应该接地。

（4）敷设铠装电缆的金属构架在爆炸性危险区域应该接地。

在一些地方还需要设置专门的接地线，如在爆炸危险环境内，1 区、10 区内以及 2 区内除照明灯具可以不接地或共用接地线外，其他的所有电气设备，都要采用专门接地线。当专用接地线与相线敷设在同一保护管内时，接地线应具有与相线相等的绝缘。在这种情况下，爆炸危险环境的金属管线、电缆的金属包皮等，只能作为辅助接地线。

另外，2 区、11 区内的照明灯具，可利用有可靠连接的金属管线系统作为接地线，但不得利用输送爆炸危险物质的管道。

接地线接地效果也是工业生产中应该考虑的，为了提高接地的可靠性，接地干线宜在爆炸危险区域不同方向且不少于两处与接地体相连。

为了保证自动切断故障线段能够正常工作，在 1 区、2 区和 10 区内，具有中性点直接接地的电压为 1000V 以下的线路上，接地线的截面应使单相接地的最小短路电流不小于该段线路的熔断器熔体的 5 倍额定电流，或断路器瞬时或短时过电流脱扣器的 1.5 倍整定电流。当满足上述条件有困难时，每个回路可以用装有单相接地的保护装置来代替。

（5）在爆炸危险区域，当采用不接地系统供电时，必须装配能发出信号的绝缘监视器监控设备的运行情况，从而预防危险状况的发生。

（6）单相设备的工作中性线应与保护中性线分开。相线和工作中性线均装设短路保护装置，并装设双极刀开关操作相线和工作中性线。

（7）防雷和防静电接地的防爆要求在本书其他章节已经详细说明过。

9.6.4 爆炸危险区域的判断和确定

对于爆炸危险区域范围的确定，至今还没有一个大家都能接受的权威标准。根据经验习惯大多以室为单位划分场所，而IEC及各主要工业国则都以释放源为基础划分范围，并且作出危险区域分级图。以释放源为基础的标准可清楚地标明区域危险等级，具有一定的优势。其判断和确定方法如下。

1. 调查危险物品

列出该环境存放的危险物品，并予以详细调查和记录，根据危险性物体的性质可以做出判断。危险物品若是混合物时，性质明确者，可直接标出，性质不明确者，应弄清混合物中含有的最危险物质的性能，从而判断该混合物是否具有爆炸危险性。

（1）危险物品的特征。危险物品的特征主要考察危险物品的闪点、燃点、自燃点、爆炸极限、最小引爆电流或最小引燃能量以及爆炸等级。

（2）使用状态。调查危险物品实际使用时的温度和压力等，记录危险物品使用状态下所表现出的最危险参数与其铭牌标定性能参数不同的地方。

2. 调查释放源

释放爆炸性混合物的位置就是释放源。释放源按释放出爆炸危险物质可能性的大小分为以下四个等级：

（1）连续级释放源。长期释放或短时频繁释放的释放源称为连续级释放源，如固定顶盖储罐中的易燃液体表面的易燃气体或蒸气的自由排气孔和其他开口，与空气直接接触的易燃液体表面等。

（2）第一级释放源。正常运行时周期性释放或偶尔释放的释放源称为第一级释放源，如泵、压缩机和阀门的密封处，取样点等。

（3）第二级释放源。在正常运行下不释放或偶尔短暂释放的释放源称为第二级释放源，如法兰、连接件和管道接头等，能向空间释放易燃物质的安全阀、排气孔和其他开口处等。

（4）多级释放源。释放源同时包含上面几种情况的称为多级释放源。

在调查释放源时，应该列出所有可能有危险物料泄漏释放源的部位，并按下列各项进行调查和记录。

（1）释放源名称：认为可能会成为释放源的地方，应明确标出是哪种装置、哪种容器以及哪一部位。

（2）释放源的位置：设置几个假设基准点，把释放源的位置用基准点以立体的形式显示出来。

（3）释放源的设定状态：对预想的可能会成为释放源的那种状态，应进行调查和记录并作为释放源的设定状态。

（4）释放源周围的通风状况：研究由释放源泄漏或释出爆炸性气体的扩散状况，并判断周围通风是否良好。

（5）释放源的爆炸危险等级：释放源的爆炸危险等级的确定是一个假设过程，根据设定的假设状态，研究释放源产生的频度，暂时确定危险场所等级。另外，还要研究释放源泄漏或释出的危险物品的特性、数量及扩散情况，暂时确定以释放源为中心的危险区域范围。对因压力过大使危险物料喷出或大量释出的情况，应慎重研究其影响并确定其范围。

（6）危险物品容器内部：不燃性气体的容器内部或易燃性液体的容器内部的液面上部，成为安装电气设备的地点时，应暂定为 0 级区域。

3. 绘制爆炸危险区域划分图

（1）按照调查的结果，将判断的危险区域中存在的一切释放源，绘制成危险区域分布图（包括平面图和立面图），如图 9-17、图 9-18 所示。示例图符号

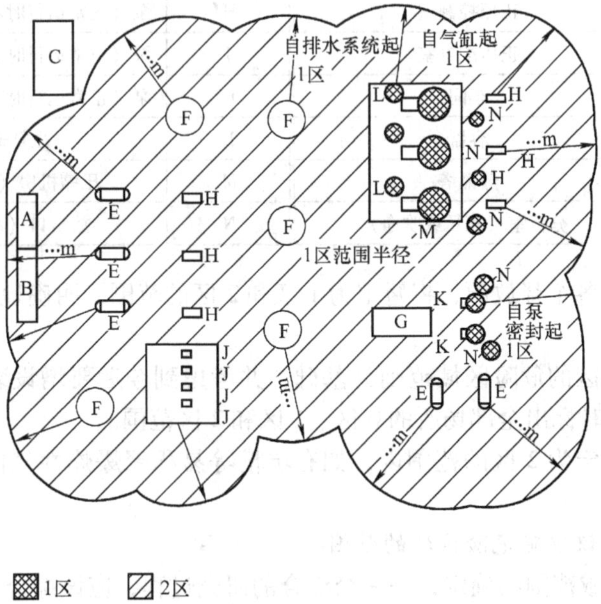

图 9-17　爆炸危险区域划分平面示例图

注：1. 所有的尺寸都是从释放源算起的。

2. 某些情况下，用最简便的地理界限确定区域划分的实际分界线，可能会更实用一些。

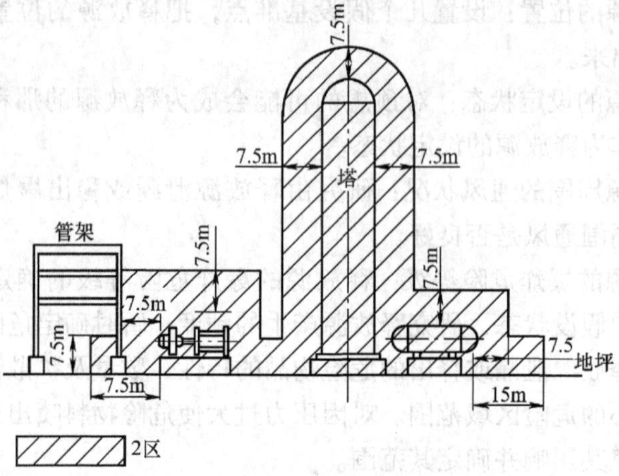

图 9-18　爆炸危险区域划分立面示例图

说明见表 9-14。

表 9-14　示例图符号说明

符　号	说　　明	符　号	说　　明
A	正压控制室	H	泵（正常运行时不可能释放的密封）
B	正压配电室	J	泵（正常运行时有可能释放的密封）
C	车间	K	泵（正常运行时有可能释放的密封）
E	容器	L	往复式压缩机
F	蒸馏塔	M	压缩机房（开敞式建筑）
G	分析室（正压或吹净）	N	放空口（高处或低处）

（2）对于各个释放源，将暂定为 1 区和 2 区的范围，明确地标示在图 9-17、图 9-18 上。

（3）以 2 区的危险区域范围为基础，并考虑到今后要增设装置和更换装置的情况，应暂时标出全部场所的 0 区、1 区和 2 区范围。

（4）在暂定为 2 区的范围内，如有坑槽等易积聚爆炸性气体的地方，应定为 1 区。

4. 通过会议确定危险区域的范围

危险性区域范围的确定，是一个综合的研究过程，应该综合考虑各方面的因素，进行专门和综合研究，共同商定，最后才能确定出危险场所的区域范围。

复　习　题

1. 引起电气设备过度发热的不正常运行主要包括哪几种情况？

2. 易燃易爆物质的燃爆条件有哪些？
3. 简述本质安全电路的原理。
4. 危险区域的范围大小受哪些因素的影响？
5. 爆炸性气体混合物有哪些分级、分组方法？
6. 电气设备选择的一般要求有哪些？
7. 应如何选择爆炸性环境的电气设备？

第 10 章

建筑物防雷

内容提要： 雷电是自然界的一种放电现象，它能产生强烈闪光、霹雳等。雷电的破坏作用极大，不仅能击毙人畜、劈裂树木房屋、击毁电气设备及各种工农业设施，还能引发火灾和爆炸事故。因此，研究雷电产生的规律并采取恰当的防护措施，对防止火灾和爆炸事故具有十分重要的意义。

内容提要： 建筑物直击雷的防护装置和避雷针保护范围的计算。

10.1 雷电的起因、种类及危害

10.1.1 雷电的起因

雷电是雷云之间或雷云对地面放电的一种自然现象。在雷雨季节里，地面上的水分受热变成水蒸气，并随热空气上升，在空中与冷空气相遇，使上升气流中的水蒸气凝成水滴或冰晶，形成积云。云中的水滴受强烈气流的摩擦产生电荷，而且微小的水滴带负电，小水滴容易被气流带走形成带负电的云；较大的水滴留下来形成带正电的云。这种带电的云层称为雷云。雷云是产生雷电的基本因素，而雷云的形成必须具有下列三个条件：

（1）空气中有足够的水蒸气。

（2）有使潮湿的空气能够上升并凝结为水珠的气象或地形条件。

（3）具有使气流强烈持久地上升的条件。

雷云放电波形如图 10-1 所示。

10.1.2 雷电的种类

雷电的种类可分为直击雷、感应雷（雷电感应）、雷电波侵入和球雷四种。

1. 直击雷

雷云与大地之间通过建筑物、电气设备或树木等放电称为直击雷，强大的雷

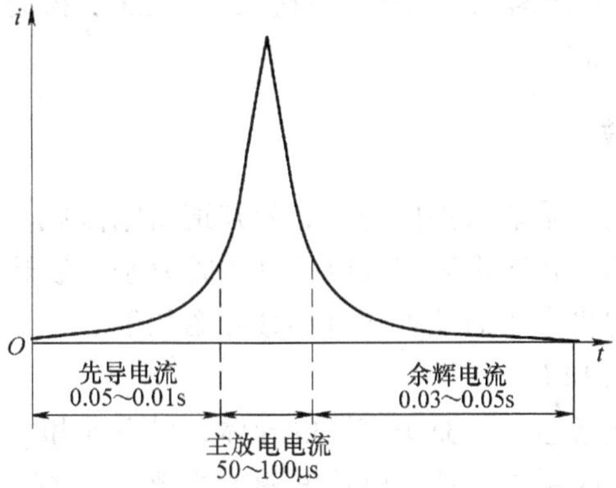

图10-1 雷云放电波形

电流通过被击物时产生大量的热量，而在短时间内又不易散发出来。所以，凡雷电流流过的物体，金属被融化，树木被烧焦，建筑物被炸裂。尤其是雷电流流过易燃易爆体时，会引起火灾或爆炸，造成建筑物倒塌、设备毁坏及人身伤害等重大事故。直击雷的破坏最为严重。

2. 感应雷

感应雷是由于雷电流强大的电场和磁场变化产生的静电感应和电磁感应造成的。它能造成金属部件之间产生火花放电，引起建筑物内的爆炸危险物品爆炸或易燃物品燃烧。

（1）静电感应。当雷云出现在导体的上空时，由于感应作用，使导体上产生与雷云相反的电荷。雷云放电时，在导体上感应的电荷得不到释放，会使导体与地之间形成很高的电位差，这些现象叫做静电感应。

（2）电磁感应。由于雷电流幅值和陡度的迅速变化，在它周围的空间里，会产生强大的变化的磁场。处于这一电磁场中的导体会感应产生强大的电动势，这种情况称为电磁感应。

3. 雷电波侵入

由于雷电对架空线路或金属导体的作用，所产生的雷电波就可能沿着这些导体侵入屋内危及人身安全或损坏设备。据调查统计，供电系统中由于雷电波侵入而造成的事故，在整个雷害事故中占50%～70%，因此对雷电波侵入的防护应予足够的重视。

4. 球雷

关于球雷的研究，现在还没有完整的理论。一般认为它是一个炽热的等离子体、温度极高并发出紫色或红色的发光球体，直径在10～20cm或以上。球雷通常沿地面滚动或在空中飘行，它能经烟囱、门、窗和其他缝隙进入建筑物内部，或无声消失，或发生剧烈爆炸，造成人身伤亡或使建筑物遭受严重破坏，有时甚至引起爆炸或火灾事故。

10.1.3 雷电参数

为了对大气过电压采取保护措施，必须知道雷电参数。但雷电活动是由大自然气象变化所形成的，各次雷云与放电条件千差万别，故其参数只能是多次观测所得的统计数据。现将常用的几种雷电参数介绍如下。

1. 雷电通道的波阻抗

主放电时的雷电通道，是充满离子的导体，可看成和普通导线一样，对电流呈现一定的阻抗，此时雷电压波与电流波幅值之比（u_m/I_m）称为雷电流通道的波阻抗 Z_o。在防雷设计时，$Z_o=300\Omega$。

2. 雷电流幅值

雷电流具有冲击特性。雷电流幅值即雷电冲击电流的最大值，亦即放电时雷电流的最大值。雷电流幅值可高达数十千安至数百千安。根据我国各地测得的统计数据绘测出的雷电流概率曲线，如图 10-2 所示。

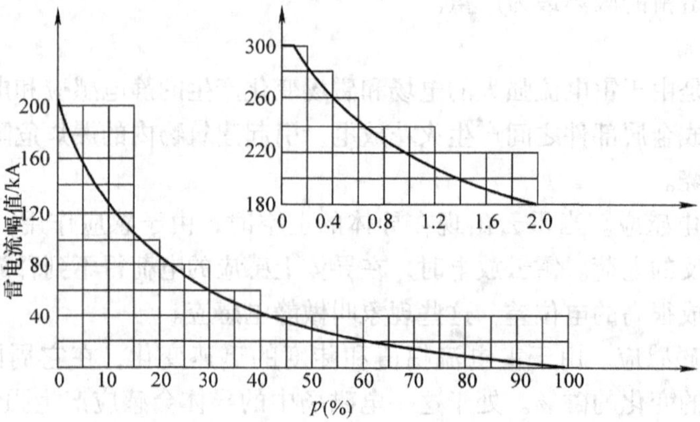

图 10-2 我国的雷电流概率曲线

图 10-2 中所示的概率曲线也可用下式表示：

$$\log p=-\frac{I}{108}$$

式中 p——雷电流幅值概率（%）；

I——雷电流幅值（kA）。

对于 100kA 的雷电流幅值，可用计算或在图中查得，其概率为 11.9%。即每 100 次雷击中，大约有 12 次雷击的雷电流达到 100kA。我国西北地区、内蒙古、西藏、东北边境地区的雷电活动较弱。雷电流幅值的概率可用下式表示：

$$\log p = -\frac{I}{54}$$

3. 雷电流的波形与陡度

雷电流是一种冲击波，雷电流 I 随时间 t 上升的速率，称为雷电流陡度。

雷电流的幅值和陡度随各次放电条件而异，一般幅值大的陡度也大。幅值和最大陡度都出现在波头部分，故防雷设计只考虑波头部分。实测得到的雷电波头近似半个余弦曲线，如图 10-3 所示。

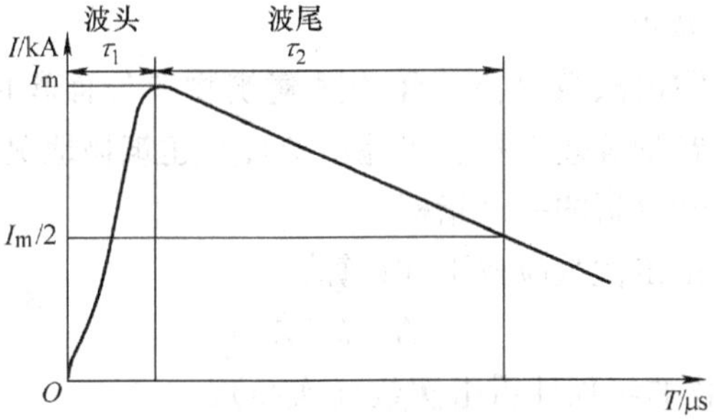

图 10-3 雷电流波形

4. 雷暴日

为了统计不同地区雷电活动的频繁程度，经常采用年平均雷暴日（d/a）来衡量。雷暴日值越大，代表该地区雷电活动越频繁。我国地域辽阔，各地气候特征及雷雨期的长短不同，所以雷电活动频繁程度在不同的地区是不一样的。雷暴日的多少和纬度有关。北回归线（北纬 23.5°）以南一般在 80 ~ 133d/a；北回归线到长江流域一带为 40 ~ 80d/a；长江以北大部分地区和东北地区多在 20 ~ 40d/a 之间；西北地区最弱，大多在 10d/a 左右甚至更少。我国规定平均雷暴日不超过 15d/a 的地区叫少雷区，超过 40d/a 的地区叫多雷区。

5. 雷电冲击过电压

雷电时的冲击过电压很高，直击雷的过电压可用下式表达：

$$\mu = iR + L\frac{\mathrm{d}i}{\mathrm{d}t}$$

式中 μ——直击雷冲击过电压（kV）；

i——雷电流（kA）；

R——防雷装置的冲击接地电阻（Ω）；

$\frac{\mathrm{d}i}{\mathrm{d}t}$——雷电流陡度（kA/μs）；

L——雷电流通路的电感（μH）。

由此可见，直击雷冲击过电压由两部分组成，前一部分决定于雷电流的大小，后一部分决定于雷电流陡度。应当注意，直击雷冲击过电压除决定于雷电流的特征外，还决定于雷电流通道的波阻抗。

6. 雷击电磁脉冲

雷击电磁脉冲是与雷电放电相联系的电磁辐射，所产生的电场和磁场能够耦合到电气或电子系统中，从而产生干扰性的浪涌电流或浪涌电压。其绝大多数是通过连接导体产生的干扰，如雷电流或部分雷电流、被雷击中的装置的电位升高以及电磁辐射干扰。

7. 年预计雷击次数

建筑物年预计雷击次数是指一年内某建筑物单位面积内遭受雷电袭击的次数，具体数值与建筑物等效面积、当地雷暴日及建筑物地况有关。年预计雷击次数是建筑防雷必要性分析的一个指标。

建筑物年预计雷击次数应按下式计算：

$$N = kN_gA_e$$

式中 N——建筑物的年预计雷击次数（次/a）；

k——校正系数，在一般情况下取1，在下列情况下取相应数值：位于河边、湖边、山坡下或山地中土壤电阻率较小处、地下水露头处、土山顶部、山谷风口等处的建筑物，以及特别潮湿的建筑物取1.5；金属屋面没有接地的砖木结构建筑物取1.7；位于山顶上或旷野的孤立建筑物取2；

N_g——建筑物所处地区雷击大地的年平均密度［次/(km^2·a)］；

A_e——与建筑物截收相同雷击次数的等效面积（km^2）。

雷击大地的年平均密度，首先应按当地气象台、站的资料确定；若无此资料，可按下式计算：

$$N_g = 0.1T_d$$

式中 T_d——年平均雷暴日（d/a），根据当地气象台、站的资料确定。

与建筑物截收相同雷击次数的等效面积应为其实际面积向外扩大后的面积，其计算方法应符合下列规定。

（1）当建筑物的高度小于100m时，其每边的扩大宽度和等效面积应按下列公式计算（见图10-4）：

$$D = \sqrt{H(200-H)}$$

$$A_e = [LW + 2(L+W)\sqrt{H(200-H)} + \pi H(200-H)] \times 10^{-6} \qquad (10\text{-}1)$$

式中 D——建筑物每边的扩大宽度（m）；

L、W、H——建筑物的长、宽、高（m）。

（2）当建筑物的高度小于100m，同时其周边在2D范围内有等高或比它低的其他建筑物，这些建筑物不在所考虑建筑物以滚球半径 $h_r=100\text{m}$ 的保护范围内时，按公式（10-1）算出的 A_e 可减去（$D/2$）×（这些建筑物与所考虑建筑物边长平行以 m 计的长度总和）$\times10^{-6}$。

当四周在 $2D$ 范围内都有等高或比它低的其他建筑物时，其等效面积（km^2）可按下式计算：

$$A_e=\left[LW+(L+W)\sqrt{H(200-H)}+\frac{\pi H(200-H)}{4}\right]\times10^{-6} \tag{10-2}$$

（3）当建筑物的高度小于 100m，同时其周边在 $2D$ 范围内有比它高的其他建筑物时，按公式（10-1）算出的等效面积可减去 D×（这些建筑物与所考虑建筑物边长平行以 m 计的长度总和）$\times10^{-6}$。

当四周在 $2D$ 范围内都有比它高的其他建筑物时，其等效面积（km^2）可按下式计算：

$$A_e=LW\times10^{-6} \tag{10-3}$$

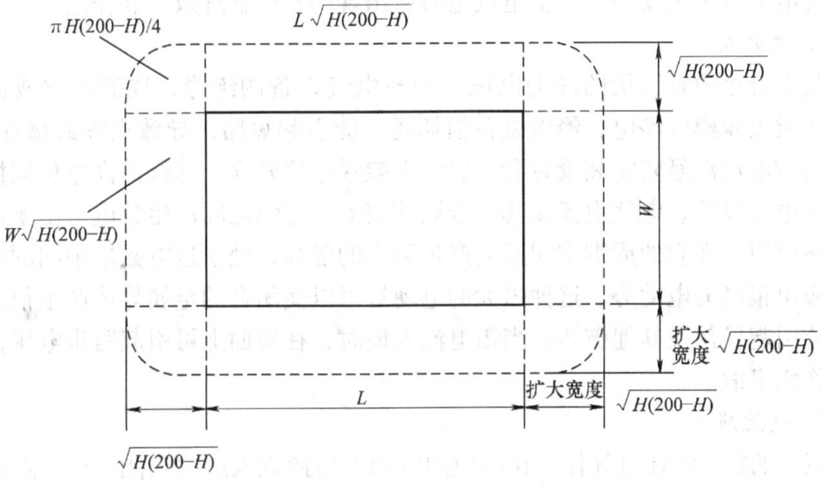

图 10-4　建筑物的等效面积

注：建筑物平面面积扩大后的等效面积即周边虚线所包围的面积。

（4）当建筑物的高度等于或大于 100m 时，其每边的扩大宽度应按等于建筑物的高度计算，建筑物的等效面积（km^2）应按下式计算：

$$A_e=[LW+2H(L+W)+\pi H^2]\times10^{-6} \tag{10-4}$$

（5）当建筑物的高度等于或大于 100m，同时其周边在 $2H$ 范围内有等高或比它低的其他建筑物，这些建筑物不在所考虑建筑物以滚球半径等于建筑物高（m）的保护范围内时，按公式（10-4）算出的等效面积（km^2）可减去（$H/2$）×（这些建筑物与所考虑建筑物边长平行以 m 计的长度总和）$\times10^{-6}$。

当四周在 $2H$ 范围内都有等高或比它低的其他建筑物时，其等效面积（km^2）可按下式计算：

$$A_e = \left[LW + H(L+W) + \frac{\pi H^2}{4} \right] \times 10^{-6} \tag{10-5}$$

（6）当建筑物的高等于或大于 100m，同时其周边在 $2H$ 范围内有比它高的其他建筑物时，按公式（10-4）算出的等效面积可减去 $H\times$（这些建筑物与所考虑建筑物边长平行以 m 计的长度总和）$\times 10^{-6}$。

当四周在 $2H$ 范围内都有比它高的其他建筑物时，其等效面积（km^2）可按式（10-3）计算。

（7）当建筑物各部位的高度不同时，应沿建筑物周边逐点算出最大扩大宽度，其等效面积应按每点最大扩大宽度外端的连接线所包围的面积计算。

10.1.4 雷电的危害

雷电的危害主要表现在雷电放电时所出现的各种物理效应和作用。

1. 电效应

数十万至数百万伏的冲击电压可击毁电气设备的绝缘，烧断电线或劈裂电杆，造成大规模的停电；绝缘设备损坏还可能引起短路，导致火灾或爆炸事故；巨大的雷电流流经防雷装置时会造成防雷装置电位升高，这样的高电位同样可以作用在电气线路、电气设备或其他金属管道上，它们之间产生放电。由于雷电流的电磁效应，在它的周围空间里会产生强大的磁场，处于这电磁场中间的导体就会感应出很高的电动势。这种强大的电动势可以使闭合的金属导体产生很大的感应电流引起发热及其他破坏。当雷电流入地时，在地面上可引起跨步电压，造成人身伤亡事故。

2. 热效应

巨大的雷电流通过导体，在极短的时间内转换成大量的热能。雷击点的发热量为 500 ~2000J，可造成易爆物品燃烧或金属熔化、飞溅而引起火灾或爆炸事故。

3. 机械效应

当被击物遭受巨大的雷电流通过时，由于雷电流作用产生的温度很高，一般在 6000 ~20000℃，甚至高达数万摄氏度，被击物缝隙中的气体剧烈膨胀，缝隙中的水分也急剧蒸发为大量气体，因而在被击物体内部出现强大的机械压力，致使被击物体遭受严重破坏或发生爆炸。

4. 雷电对人的危害

雷击电流迅速通过人体，可立即使呼吸中枢麻痹、心室纤颤或心跳骤停，致使脑组织及一些主要器官受到严重损害，出现休克或忽然死亡；雷击时产生的电火花，还可使人遭到不同程度的烧伤。

10.2　建筑物防雷的分类

根据建筑物的重要性、使用性质、发生雷击事故的可能性及后果不同，防雷要求也不同，据此可将建筑物分为三类。

1. 第一类防雷建筑物

第一类防雷建筑物是指具有爆炸危险的建筑物，且爆炸后会导致巨大的破坏和人身伤亡，具体规定如下：

（1）凡制造、使用或贮存炸药、火药、起爆药等大量爆炸物质的建筑物，因电火花而引起爆炸，会造成很大的破坏及人身伤亡。

（2）具有0区或10区爆炸危险环境的建筑物。

（3）具有1区爆炸危险环境的建筑物，因电火花而引起爆炸，会造成巨大的破坏和人身伤亡。

2. 第二类防雷建筑物

遇下列情况之一时，划为第二类防雷建筑物：

（1）作为国家重点文物保护的建筑物。

（2）国家级的会堂、办公楼建筑物、大型展览和博览建筑物、大型火车站、国宾馆、大型城市的重要给水泵房等特别重要的建筑物。

（3）国家级计算中心、国际通信枢纽等对国民经济有重要意义且装有大量电子设备的建筑物。

（4）制造、使用或贮存爆炸物质的建筑物且电火花不易引起爆炸或不致造成巨大的破坏和人身伤亡者。

（5）具有1区爆炸危险环境的建筑物，且电火花不易引起爆炸或不致造成巨大的破坏和人身伤亡者。

（6）具有2区或11区爆炸危险环境的建筑物。

（7）工业企业内有爆炸危险的露天钢制封闭气罐。

（8）预计雷击次数大于0.06次/a的部、省级办公建筑物及其他重要或人员密集建筑物。

（9）预计雷击次数大于0.3次/a的住宅、办公楼等一般性建筑物。

3. 第三类防雷建筑物

遇下列情况之一时，应划为第三类防雷建筑物：

（1）省级重点文物保护的建筑物及省级档案馆。

（2）预计雷击次数大于或等于0.012次/a，且小于或等于0.06次/a的省、部级办公建筑物及其他重要或人员密集建筑物。

（3）预计雷击次数大于或等于0.06次/a，且小于或等于0.3次/a的住宅、办公型民用建筑物。

（4）预计雷击次数大于或等于0.06次/a的一般工业建筑物。

（5）根据雷击后对工业产生的影响及后果，并结合当地的气象、地形、周围环境等因素，确定需要防雷的21区、22区、23区火灾危险环境。

（6）在年平均雷暴日大于15d/a的地区，高度在15m及以上的烟囱、水塔等孤立建筑物；在年平均雷暴日小于或等于15d/a的地区，高度在20m及以上的烟囱、水塔等孤立建筑物。

10.3 建筑物直击雷的防护装置

建筑物的直击雷防护装置一般由接闪器、引下线和接地装置三部分组成。避雷针是最常见的接闪器，由于它高出被保护物，又和大地直接相连，当雷云接近时，它的顶部与雷云之间的电场强度最大，因而可将雷云的电荷吸引到避雷针本身，并经引下线和接地装置将雷电流安全地泄放到大地中去，使被保护物免受直接雷击。

10.3.1 接闪器

接闪器就是专门直接接受雷击的金属导体。接闪的金属杆，称为避雷针；接闪的金属线，称为避雷线；接闪的金属带，称为避雷带；接闪的金属网，称为避雷网。

1. 避雷针

从18世纪中叶雷电科学家发明避雷针以来，它一直是建筑物防避直击雷的重要手段，尽管陆续出现了形态各异的新型避雷针，但是基本原理都没有改变。大量模拟试验和实际使用统计资料表明，避雷针的外表形状与避雷效果并无明显关系。外表形状的变化，往往是适应某些艺术造型的需要，并使售价大幅度提高。

正确设计或选择避雷针是保证防避直击雷效果的重要条件，根据各国的实践经验，凡设计正确、合理安装了避雷装置的建筑物，都很少发生直击雷害事故。

（1）独立避雷针。独立避雷针的结构如图10-5所示，由A、B、C、D、E五段组成，每段各6m，通过结合板和螺栓连接。

（2）非独立避雷针。非独立避雷针的高度比独立避雷针要小得多，具体数值由设计人员依实际保护范围决定。

避雷针针尖部分宜采用圆钢或焊接钢管制成，其直径不应小于表10-1所列数值。独立避雷针各段材料见表10-2。

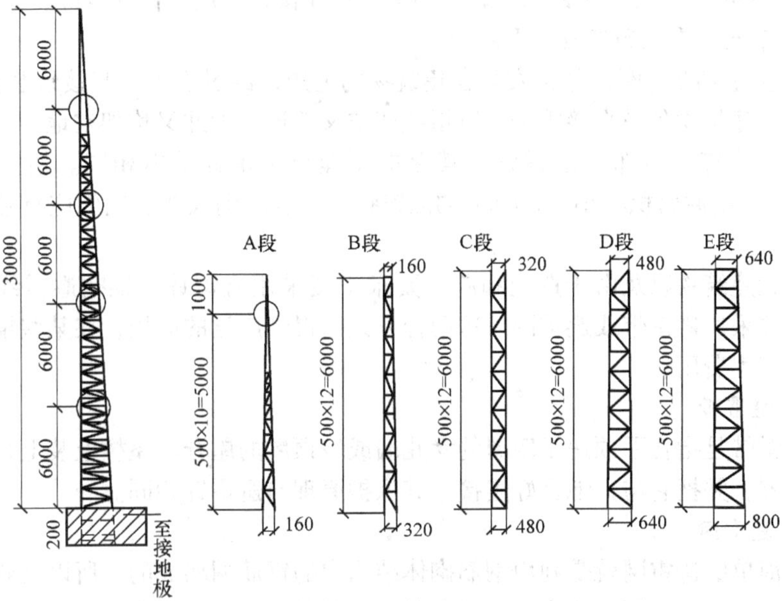

图10-5　独立避雷针的结构

表10-1　针长对应的材料的直径　（单位：mm）

	针长1m以下	针长1～2m	烟囱顶上的针
圆钢直径	12	16	20
钢管直径	20	25	40

表10-2　独立避雷针各段材料对照表　（单位：mm）

段别 / 材料	A段	B段	C段	D段	E段
主材	ϕ16圆钢	ϕ19圆钢	ϕ22圆钢	ϕ25圆钢	ϕ25圆钢
横材	ϕ12圆钢	ϕ16圆钢	ϕ16圆钢	ϕ19圆钢	ϕ19圆钢
斜材	ϕ12圆钢	ϕ16圆钢	ϕ16圆钢	ϕ19圆钢	ϕ19圆钢
接合板厚度	8钢板	12钢板	12钢板	12钢板	12钢板

非独立避雷针一般安装于建筑物的屋顶，由于其安装位置较高，设计安装时应注意以下两点：

1）砖木结构的房屋，可把避雷针敷设在山墙顶部或屋脊上，用抱箍或者对锁螺钉固定于梁上，固定部分的长度为针高的三分之一。也可以将避雷针嵌于砖墙或水泥中，为了结构的坚固，插在砖墙中的部分为针高的三分之一，插在水泥中的部分为针高的四分之一到五分之一。

2）平顶屋上的避雷针应安装底座与屋顶连接，并用螺栓固定好。

2. 架空避雷线和架空避雷网

架空避雷线（网）架空安装在建筑物的上边，经过引下线与接地装置连接，用以保护建筑物免受直接雷击。避雷线架空又接地，因此又称架空地线。避雷线可以看做是连续分布的避雷针，其保护原理与避雷针基本相同。架空避雷线（网）应采用截面积不小于50mm^2的热镀锌钢绞线或铜绞线。它们应有独立的接地装置。

高大建筑物以及由于造型和施工要求不便采用避雷针、架空避雷线的建筑物，往往采用避雷带或避雷网。这两种方式已得到广泛的应用，在某些情况下可以节省工程费用。

3. 避雷带

避雷带是指在平顶房子四周的女儿墙或坡顶屋的屋脊、屋檐上装上金属带作为接闪器，并把它与大地良好连接。其保护原理与避雷针相同。

4. 避雷网

最简单的避雷网就是利用钢筋砌体结构中的钢筋网构成的，所以又叫做暗装避雷网，它的保护原理是古典电学中的法拉第笼。鸟儿站在架空的裸电线上时，无论电压多高都不会被电击。当人与大地隔离时，可以带电修理高压电线，这说明人与带电体等电位时，是不会有触电危险的。所以，当把导体放入金属笼内，再将金属笼接以高电位，则笼内的人或物就可以避免被雷击。

避雷带（网）引下线的材料和最小截面积见表10-3。

表10-3 避雷带（网）引下线的材料和最小截面积

材料	结构	最小截面积/mm^2	备注⑩
铜，镀锡铜①	单根扁铜	50⑧	厚度2mm
	单根圆铜⑦	50	直径8mm
	铜绞线	50	每股线直径1.7mm
	单根圆铜③④	176	直径15mm
铝	单根扁铝	70	厚度3mm
	单根圆铝	50	直径8mm
	铝绞线	50	每股线直径1.7mm
铝合金	单根扁形导体	50	厚度2.5mm
	单根圆形导体	50	直径8mm
	绞线	50	每股线直径1.7mm
	单根圆形导体③	176	直径15mm
	外表面镀铜的单根圆形导体	50	直径8mm，径向镀铜厚度至少70μm，铜纯度99.9%

（续）

材料	结构	最小截面积/mm²	备注⑩
热浸镀锌钢②	单根扁钢	50	厚度2.5mm
	单根圆钢⑨	50	直径8mm
	绞线	50	每股线直径1.7mm
	单根圆钢③④	176	直径15mm
不锈钢⑤	单根扁钢⑥	50	厚度2mm
	单根圆钢⑥	50	直径8mm
	绞线	70	每股线直径1.7mm
	单根圆钢③④	176	直径15mm
外表面镀铜的钢	单根圆钢（直径8mm）	50	镀铜厚度至70μm，铜纯度99.9%
	单根扁钢（厚2.5mm）		

① 热浸或电镀锡的锡层最小厚度为1μm。

② 镀锌层宜光滑连贯、无焊剂斑点，圆钢镀锌层至少22.7g/m²，扁钢32.4g/m²。

③ 仅应用于接闪杆。当应用于机械应力没达到临界值之处，可采用直径10mm、最长1m的接闪杆，并增加固定。

④ 仅应用于入地之处。

⑤ 不锈钢中，铬的质量分数等于或大于16%，镍的等于或大于8%，碳的等于或小于0.08%。

⑥ 对埋于混凝土中以及与可燃材料直接接触的不锈钢，其最小尺寸宜增大至直径10mm、最小截面积78mm²（单根圆钢）和最小厚度3mm、最小截面积75mm²（单根扁钢）。

⑦ 在机械强度没有重要要求之处，50mm²（直径8mm）可减为28mm²（直径6mm），并应考虑减小固定支架间的间距。

⑧ 当温升和机械受力是重点考虑之处，这些尺寸可加大至60mm²（单根扁形导体）和78mm²（单根圆形导体）。

⑨ 避免在单位能量10MJ/Ω下熔化的最小截面积是铜16mm²、铝25mm²、钢50mm²、不锈钢50mm²。

⑩ 截面积允许误差为-3%。

10.3.2 引下线

引下线是用来传导和散发雷电流的。采用避雷带和避雷网保护时，每座房屋至少有两根引下线（投影面积小于50mm²的建筑物可只用一段）。避雷引下线应尽量对称均匀分布。引下线间距不应大于18m，当大于18m时，应在中间加一根引下线。

引下线的材料、结构及最小截面积见表10-3。

专设引下线一般沿建筑物外墙明敷，但应装在人不易碰到的隐蔽地点。为防止接触电压的危害，距地面2m以内的引下线，应有良好的保护物覆盖，避免与人接触。对于有混凝土柱的建筑物，可利用柱内的钢筋作为引下线，其钢筋直径不应小于10mm，其间距按设计要求设置。采用多根引下线时，为了便于检查避雷设施连接导线的导电情况和接地体的散流电阻，应在每根引下线上距地面0.3~1.8m装设断接卡。利用建筑物的柱筋作避雷引下线，更可靠、免维护、易分流，既经济又不破坏建筑物的美观；但要注意与接闪器及接地装置应有可靠的电气连接，以保证通过雷电流的安全。

10.3.3 接地装置

接地装置是指接地线和接地体，是防雷装置的重要组成部分。接地装置向大地均匀泄放雷电流，使防雷装置对地电压不至于过高。

人工接地体一般分两种埋设方式，一种是垂直埋设，即人工垂直接地体；另外一种是水平埋设，即人工水平接地体。

接地装置宜采用扁钢、圆钢、角钢、钢管等。人工垂直接地体宜采用角钢、钢管或圆钢；人工水平接地体宜采用扁钢或圆钢。接地装置所用材料的最小尺寸见表10-4。

表10-4 接地装置所用材料的最小尺寸

材料	结构	最小尺寸			备注[⑦]
		垂直接地体直径/mm	水平接地体/mm^2	接地板	
铜，镀锡铜	铜绞线	—	50	—	每股直径1.7mm
	单根圆铜	15	50	—	—
	单根扁铜	—	50	—	厚度2mm
	铜管	20	—	—	壁厚2mm
	整块铜板	—	—	500mm×500mm	厚度2mm
	网格铜板	—	—	600mm×600mm	各网格边截面25mm×2mm，网格网边总长度不少于4.8m
热镀锌钢[①]	圆钢[②]	14	78	—	—
	钢管[②]	20	—	—	壁厚2mm
	扁钢	—	90	—	厚度3mm
	钢板	—	—	500mm×500mm	厚度3mm
	网格钢板	—	—	600mm×600mm	各网格边截面30mm×3mm，网格网边总长度不少于4.8m
	型钢[③]		—	—	—
裸钢[④]	钢绞线	—	70	—	每股直径1.7mm
	圆钢	—	78	—	—
	扁钢	—	75	—	厚度3mm

（续）

材料	结构	最小尺寸			备　注⑦
		垂直接地体直径/mm	水平接地体/mm^2	接地板	
外表面镀铜的钢⑤	圆钢	14	50	—	镀铜厚度至少250μm，铜纯度99.9%
	扁钢	—	90（厚3mm）	—	
不锈钢⑥	圆形导体	15	78	—	—
	扁形导体		100		厚度2mm

① 镀锌层应光滑连贯、无焊剂斑点，镀锌层对圆钢至少22.7g/m^2、对扁钢至少32.4g/m^2。

② 热镀锌之前螺纹应先加工好。

③ 不同截面的型钢，其截面积不小于290mm^2，最小厚度为3mm，例如可采用50mm×50mm×3mm的角钢。

④ 当完全埋在混凝土中时才允许采用。

⑤ 外表面镀铜的钢，铜应与钢结合良好。

⑥ 不锈钢中，铬的质量分数等于或大于16%，镍的等于或大于5%，钼的等于或大于2%，碳的等于或小于0.08%。

⑦ 截面积允许误差为-3%。

接地线应与水平接地体的截面积相同。

在腐蚀性强的土壤中，应采取镀锌等防蚀措施或加大截面积。

人工钢质垂直接地体的长度一般宜为2.5mm。其间距以及人工水平接地体的间距均宜为5m，当受地方限制时可适当减小。埋设深度不应小于0.7m，北方地区应敷设在当地冻土层以下，其距墙或基础不宜小于3m。接地体宜远离由于烧窑、烟道等高温影响使土壤电阻率升高的地方。

人工水平接地体多为放射性布置，也可成排布置或环形布置。

10.4 避雷针保护范围的计算

避雷针的保护范围是根据雷电理论、模拟实验和雷击事故统计等三种研究结果进行分析规定出来的。世界各国关于避雷针保护范围的计算方法不尽相同，主要有折线法、曲线法、直线法、滚球法等。其中，滚球法是国际电工委员会推荐的接闪器保护范围计算方法，我国的防雷设计规范也推荐使用这种方法。

所谓“滚球法”，是指以某一长度h_r为半径的球体，在装有接闪器的建筑物上滚过，滚球被装在建筑物上的接闪器撑起，球体只能够触及接闪器，或只能触及接闪器和地面。这时球体滚过的弧线与建筑物之间的范围，便是该接闪器的避雷范围。

设计时，按表 10-5 规定的滚球半径，采用滚球法计算避雷针的保护范围。

表 10-5 接闪器的布置

建筑物防雷类别	避雷网网格尺寸	滚球半径 h_r/m
第一类防雷建筑物	不大于 5m×5m 或 6m×4m	30
第二类防雷建筑物	不大于 10m×10m 或 12m×8m	45
第三类防雷建筑物	不大于 20m×20m 或 24m×16m	60

10.4.1 单支避雷针保护范围的计算

单支避雷针的保护范围按下列步骤计算。

（1）当避雷针的高度 $h \leqslant h_r$ 时（见图 10-6）：

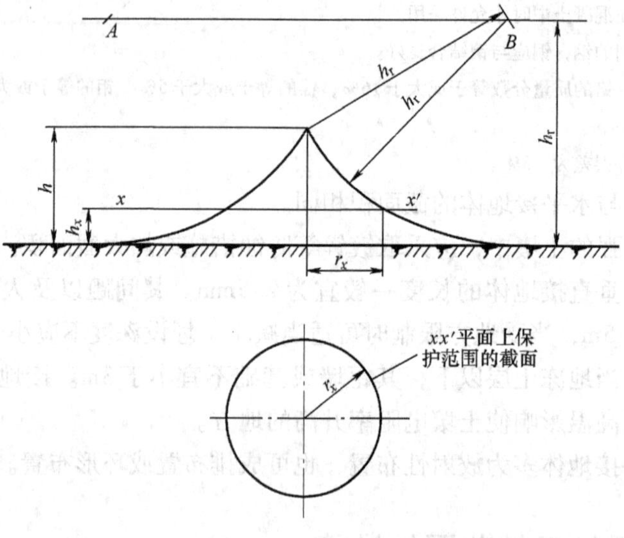

图 10-6 单支避雷针的保护范围

1）距地面高度 h_r 处作平行于地面的平行线。

2）以针尖为圆心、h_r 为半径作弧线交平行线于 A、B 两点。

3）分别以 A、B 为圆心，h_r 为半径作弧形，该弧形与针尖相交并与地面相切。从此弧线起到地面的空间就是避雷针的保护范围。显然，此保护范围是一个对称的锥体（见图 10-7）。

4）计算避雷针在高度 h_x 的 xx' 平面上的保护半径 r_x。

画出 r_x 与 h_r、h_x、h 之间的关系图（见图 10-8）。

由图 10-8 可得，在地面上的保护半径 r_x 可按下列计算式来确定，即

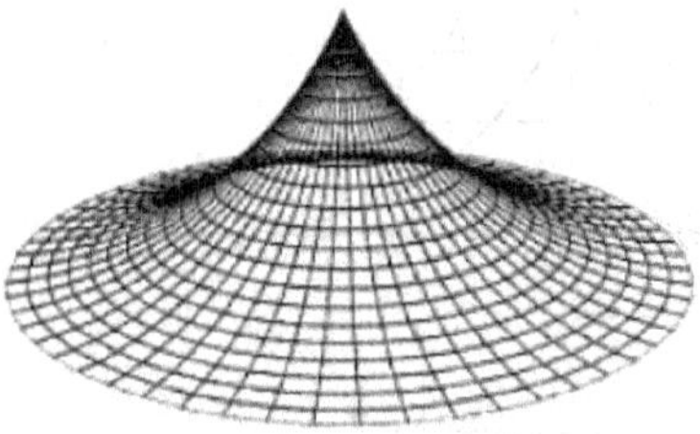

图 10-7　避雷针保护范围的立体图

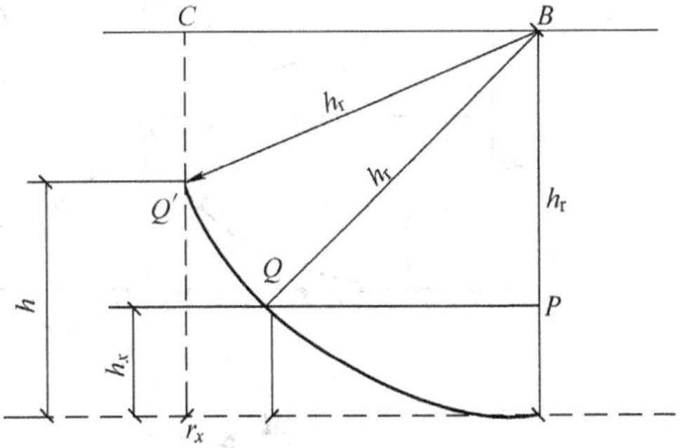

图 10-8　单支避雷针的 r_x、h_r、h_x、h 的关系图

$$r_x = \sqrt{h(2h_r - h)} - \sqrt{h_x(2h_r - h_x)}$$

$$r_0 = \sqrt{h(2h_r - h)}$$

式中　r_x——避雷针在高度 h_x 的 xx'平面上的保护半径（m）；

r_0——避雷针在地面上的保护半径（m）；

h_r——滚球半径（m）；

h_x——被保护物的高度（m）；

h——避雷针的高度（m）。

（2）当 $h > h_r$ 时，可在避雷针上取高度为 h_r 的一点代替单支避雷针针尖作为圆心，其余计算按（1）项计算。

10.4.2　双支等高避雷针保护范围的计算

双支等高避雷针的保护范围，在避雷针高度 h 小于或等于 h_r 的情况下，当两支避雷针的距离 $D \geqslant 2\sqrt{h(2h_r - h)}$ 时，应按单支避雷针的方法确定；$D \leqslant 2\sqrt{h(2h_r - h)}$ 时，应按下列方法确定（见图 10-9）。

（1）$AEBC$ 外侧的保护范围，按照单支避雷针的方法确定。

（2）C、E 点位于两针间的垂直平分线上。在地面每侧的最小保护宽度 b_0 按下式计算：

$$b_0 = CO = EO = \sqrt{h(2h_r - h) - \left(\frac{D}{2}\right)^2}$$

在 AOB 轴线上，距中心任一距离 x 处，其在保护范围上边线上的保护高度 h_x 按下式确定：

$$h_x = h_r - \sqrt{(h_r - h)^2 + \left(\frac{D}{2}\right)^2 - x^2}$$

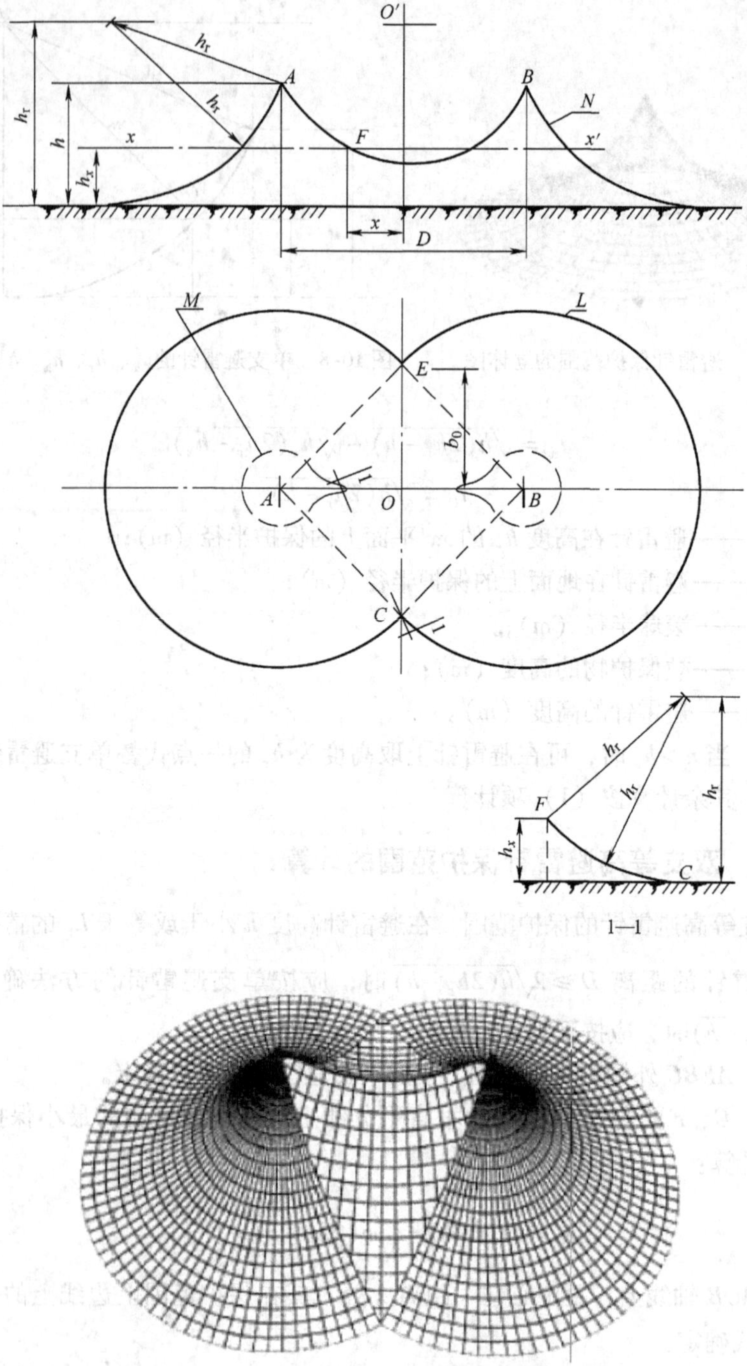

图 10-9 双支等高避雷针的保护范围及立体图

该保护范围上边线是以中心线距地面 h_r 的一点 O'为圆心，以$\sqrt{(h_r-h)^2+\left(\frac{D}{2}\right)^2}$为半径所作的圆弧 AB。

（3）两针间 $AEBC$ 内的保护范围，ACO 部分的保护范围按以下方法确定：在任一保护高度 h_x 与 C 点所处的垂直平面上，以 h_x 作为假想避雷针，按单支避雷针的方法逐点确定（见图10-9的1—1剖面图）

确定 ACO、AEO、BEO 部分的保护范围的方法与 ACO 部分的相同。

（4）确定 xx'平面上保护范围截面的方法：以单支避雷针保护半径 r_x 为半径，A、B 为圆心作弧线与四边形 $AEBC$ 相交；以单支避雷针的（r_0-r_x）为半径，以 E、C 为圆心作弧线与上述弧线相接（见图10-9中的粗虚线）。

10.4.3 双支不等高避雷针保护范围的计算

双支不等高避雷针的保护范围，在 $h_1 \leqslant h_r$ 和 $h_2 \leqslant h_r$ 的情况下，当 $D \geqslant \sqrt{h_1(2h_r-h_1)}+\sqrt{h_2(2h_r-h_2)}$时，应各按单支避雷针所规定的方法确定；当 $D<\sqrt{h_1(2h_r-h_1)}+\sqrt{h_2(2h_r-h_2)}$时，应按下列方法确定（见图10-10）。

（1）$AEBC$ 外侧的保护范围，按照单支避雷针的方法确定。

（2）CE 或 HO'线的位置按下式计算：

$$D_1=\frac{2h_r(h_1-h_2)+h_2^2-h_1^2+D^2}{2D}$$

（3）在地面上每侧的最小保护宽度 b_0 应按下式计算：

$$b_0=CO=EO=\sqrt{h_1(2h_r-h_1)-D_1^2}$$

在 AOB 轴线上，A、B 间保护范围上边线按下式确定：

$$h_x=h_r-\sqrt{(h_r-h_1)^2+D_1^2-x_1^2}$$

式中 x_1——CE 或 HO'的距离；

h_x——x_1 点与地面的距离。

该保护范围上边线是以 HO' 线上距地面 h_r 的一点 O' 为圆心，以$\sqrt{(h_r-h_1)^2+D_1^2}$为半径所作的圆弧 AB。

（4）两针间 $AEBC$ 内的保护范围，ACO 和 AEO 是对称的，BCO 和 BEO 是对称的。ACO 部分的保护范围按以下方法确定：在 h_x 和 C 点所处的垂直平面上，以 h_x 作为假想避雷针，按单支避雷针的方法确定。确定 AEO、BCO、BEO 部分的保护范围的方法与 ACO 部分的相同。

（5）确定 xx'平面上保护范围截面积的方法与双支等高避雷针相同。

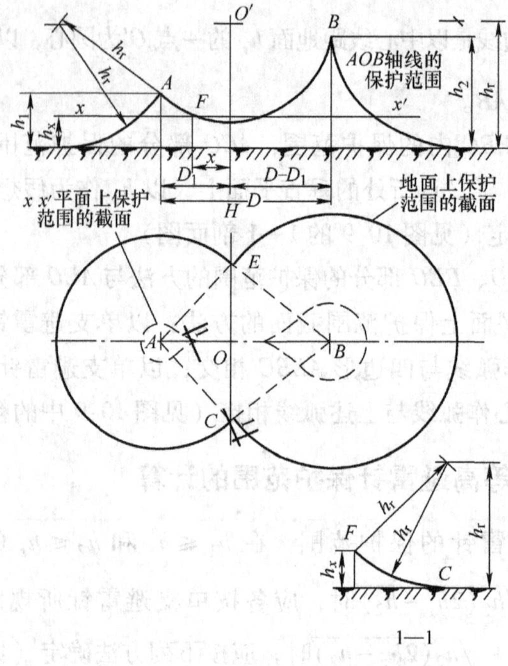

图 10-10　双支不等高避雷针的保护范围

10.4.4　四支等高避雷针保护范围的计算

矩形布置的四支等高避雷针的保护范围，可以各按双支等高避雷针的方法两两计算，然后再把每两支的范围叠加起来即可确定。

在避雷针高度 $h \leqslant h_r$（滚球半径）情况下，当 $D_2 \geqslant \sqrt{h(2h_r-h)}$时，应各按双支等高避雷针的方法确定；当 $D_3 < \sqrt{h(2h_r-h)}$时，应根据下列方法确定（见图 10-11）。

（1）四支避雷针的外侧各按双支避雷针的方法确定。

（2）B、E 避雷针连线上的保护范围（见图 10-11），外侧部分按单支避雷针的方法确定，两针间的保护范围按以下方法确定：分别以 B 和 E 两针针尖为圆心、h_r 为半径作弧相交于 O 点，再以 O 点为圆心、h_r 为半径作弧，与针尖相连的这段圆弧即为针间保护范围。保护最低点的高度 h_0 按下式计算：

$$h_0 = \sqrt{h_r - \left(\frac{D_3}{2}\right)^2 + h - h_r}$$

（3）图 10-11 中 2—2 剖面的保护范围的确定。以 P 点的垂直线上的 O 点（距地面的高度为 $h_r + h_0$）为圆心，以 h_r 为半径作圆弧，与 B、C 和 A、E 双支避雷针所作出在该剖面的外侧保护范围延长圆弧相交于 F、H 点。F 点的位置及高度可按下列关系式确定：

$$(h_r - h_x) = h_r^2 - (b_0 + x)^2$$

$$(h_r + h_0 - h_x)^2 = h_r^2 - \left(\frac{D_1}{2} - x\right)^2$$

（4）确定图10-11中3—3剖面保护范围的方法与2—2剖面相同。

（5）确定四支等高避雷针中间在 h_0 和 h 之间于 h_y 高度的 yy' 平面上保护截面的方法：以 P 点为圆心、以 $\sqrt{2h_r(h_y - h_0) - (h_y - h_0)^2}$ 为半径作圆或圆弧，与各双支避雷针在外侧所作的保护范围截面组成该保护范围截面（见图10-11中虚线）。

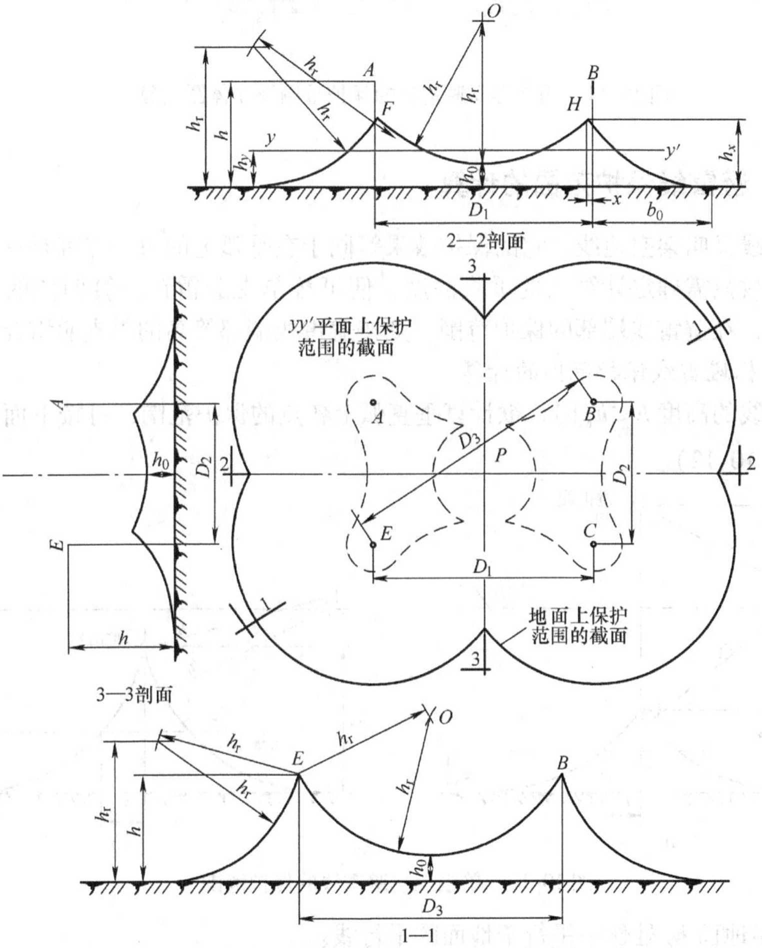

图10-11 四支等高避雷针的保护范围及立体图

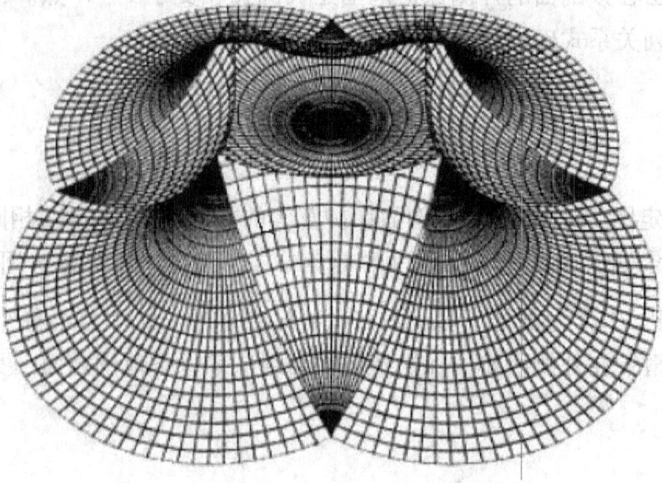

图 10-11　四支等高避雷针的保护范围及立体图（续）

10.4.5　避雷线保护范围的计算

避雷线又叫架空地线，它的保护效果等同于在垂弧上的每一点都是一根等高避雷针，故只需确定计算点的垂直高度，便可按单支避雷针计算两侧的保护范围。同样，在避雷线端部的保护范围，则按避雷线端部等高的单支避雷针计算。

1. 单根避雷线保护范围的计算

避雷线的高度 $h \leqslant h_r$ 时，欲计算垂直弧上各点的保护范围，可按下面方法确定（见图 10-12）。

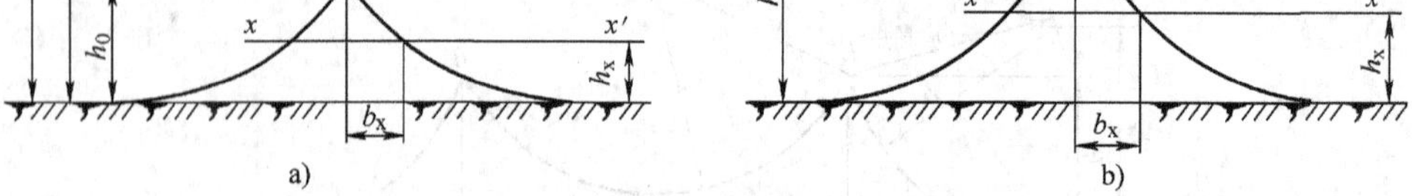

图 10-12　单根架空避雷线的保护范围

1）距地面 h_r 处作一平行于地面的平行线。

2）以避雷线垂弧上欲计算点为圆心、h_r 为半径，作弧线交平行线于 A、B

两点。

3）以 A、B 为圆心，h_r 为半径作弧线，两弧线相交或相切，并与地面相切，从该两弧线起到地面止的整个空间就是保护范围。

4）避雷线在 h_x 高度的 xx'平面上的保护宽度（半径）b_x 为

$$b_x = \sqrt{h(2h_r - h)} - \sqrt{h_x(2h_r - h_x)}$$

式中 h——避雷线的高度（m）；

h_r——滚球半径（m）；

h_x——被保护物的高度（m）；

5）避雷线两端的保护范围按单支避雷针的方法确定。当 $h_r < h < 2h_r$ 时保护范围最高点的高度 h_0 如图 10-13 所示。

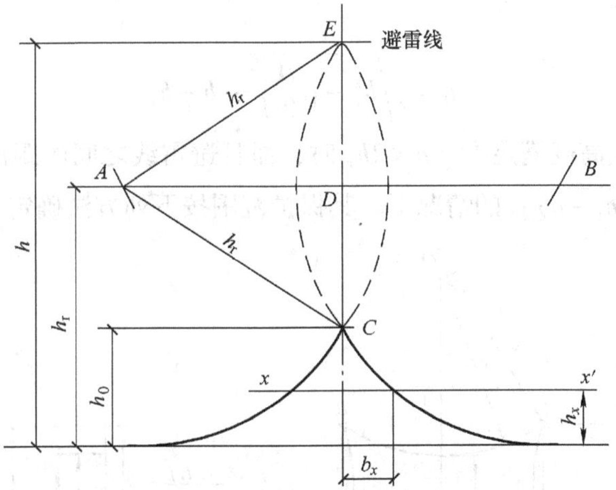

图 10-13 当 $h_r < h < 2h_r$ 时单根避雷线的保护范围

2. 两根等高避雷线保护范围的计算

（1）避雷线高度 $h \leqslant h_r$ 的情况下，其保护范围按下列方法确定。

1）当两根避雷线之间的距离 $D \geqslant \sqrt{h(2h_r - h)}$时，各按单根避雷线计算方法确定保护范围。

2）当 $D < \sqrt{h(2h_r - h)}$时，保护范围按下列方法确定（见图 10-14）。

① 两根避雷线外侧的保护范围，各按单根避雷线方法确定。

② 两根避雷线之间的保护范围由以下方法确定：以 A、B 两避雷线为圆心、h_r 为半径作圆弧交于 O 点，再以 O 点为圆心、h_r 为半径作圆弧交于 A、B 两点，则弧线 AB 与地面之间的空间为保护范围。

③ 两避雷线之间保护范围最低点的高度 h_0 按下列式子计算：

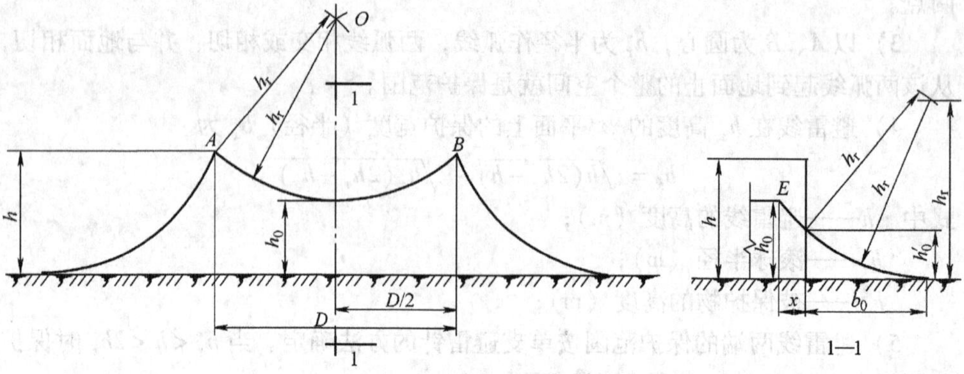

图 10-14　两根等高避雷线在 $h \leqslant h_r$ 时的保护范围

$$h_0 = \sqrt{h_r^2 - \left(\frac{D}{2}\right)^2} + h - h_r$$

（2）避雷线高度满足 $h_r < h < 2h_r$ 时，而且避雷线之间的距离 $D < 2h_r$，且大于 $2[h_r - \sqrt{h(2h_r - h)}]$ 的情况下，其保护范围按下列方法确定（见图 10-15）。

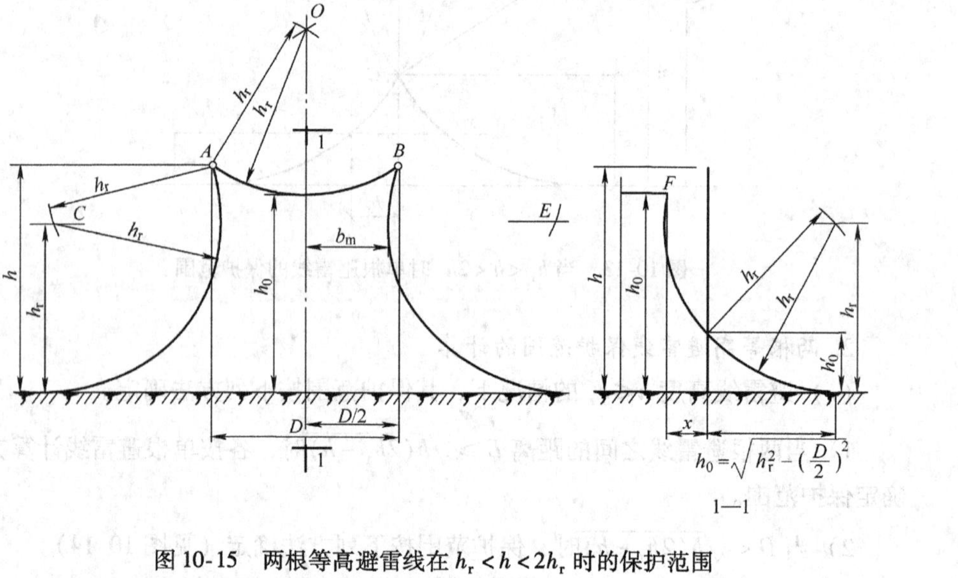

图 10-15　两根等高避雷线在 $h_r < h < 2h_r$ 时的保护范围

1）距地面 h_r 处作一与地面平行的线。

2）以避雷线 A、B 为圆心，h_r 为半径作弧线相交于 O 点并与平行线相交或相切于 C、E 点。

3）以 O 点为圆心、h_r 为半径作弧线交于 A、B 两点。

4）以 C、E 为圆心，h_r 为半径作弧线交于 A、B 并与地面相切。

5）两避雷线之间保护范围最低点的高度 h_0 按下式计算：

$$h_0=\sqrt{h_r^2-\left(\frac{D}{2}\right)^2}+h-h_r$$

6）最小保护宽度 b_m 位于 h_r 高处，其值按下式计算：

$$b_m=\sqrt{h(2h_r-h)}+\frac{D}{2}-h_r$$

7）避雷线两端的保护范围按双支高度 h_r 的避雷针确定，但在中线上 h_0 线的内移位置按下列方法确定：以双支高度 h_r 的避雷针所确定的中点保护范围最低点的高度 $h_0'=\left(h_r-\frac{D}{2}\right)$作为假想避雷针，将其保护范围的延长弧线与 h_0 线交于 F 点。内移位置的距离 x 可按下式计算：

$$x=\sqrt{h_0(2h_r-h_0)}-\sqrt{h_r^2-\left(\frac{D}{2}\right)^2}$$

在实际的防雷设计中要根据具体的情况来决定选用哪种设计方案。

10.5 建筑物的防雷措施

10.5.1 建筑物防雷的总要求

（1）各类防雷建筑物应设防直击雷的外部防雷装置，并应采取防闪电电涌侵入的措施。

（2）第一类防雷建筑物和第二类防雷建筑物中的（4）、（5）、（6）建筑物，应采取防雷电感应的措施。

（3）各类防雷建筑物应设内部防雷装置。

1）在建筑物的地下室或地面层处，以下物体应与防雷装置做防雷等电位连接：建筑物金属体，金属装置，建筑物内系统，进出建筑物的金属管线。

2）除1）的措施外，尚应考虑外部防雷装置与建筑物金属体、金属装置、建筑物内系统之间的间隔距离。

（4）不属于第一、二、三类防雷建筑物，可不装设防直击雷装置，但应采取防止雷电波沿低压架空线侵入的措施。

10.5.2 第一类防雷建筑物防护直击雷的措施

（1）应装设独立避雷针或架空避雷线（网），使被保护的建筑物及风帽、放风管突出屋面的物体处于接闪器的保护范围内。架空避雷网的网格尺寸不应大于

5m×5m 或 6m×4m。

（2）排放爆炸危险气体、蒸气或粉尘的放散管、呼吸阀、排风管等的管口外的以下空间应处于接闪器的保护范围以内：当有管帽时，管口处于接闪器保护范围内的空间应满足表 10-6 的规定；当无管帽时，应为管口上方半径为 5m 的半球体。接闪器与雷闪的接闪点应设在上述空间之外。

表 10-6 有管帽的管口处处于接闪器的保护范围的空间

装置内的压力与周围空气压力的压力差/kPa	排放物对比于空气	管帽以上的垂直高度/m	距管口处的水平距离/m
<5	重于空气	1	2
5~25	重于空气	2.5	5
≤25	轻于空气	2.5	5
>25	重或轻于空气	5	5

注：相对密度小于或等于 0.75 的爆炸性气体规定为轻于空气的气体；相对密度大于 0.75 的爆炸性气体规定为重于空气的气体。

（3）独立避雷针的杆塔、架空避雷线的端部和架空避雷网的各支柱处，应至少设一根引下线。对用金属制成或有焊接、绑扎连接钢筋的杆塔、支柱，宜利用其作为引下线。

（4）独立避雷针和架空避雷线（网）的支柱及其接地装置至被保护物及其有联系的管道、电缆等被保护物之间的距离，如图 10-16 所示，图中 S_{a1} ~ S_{a2} 和 S_{e1} 应符合下列表达式的要求，但不能小于 3m。

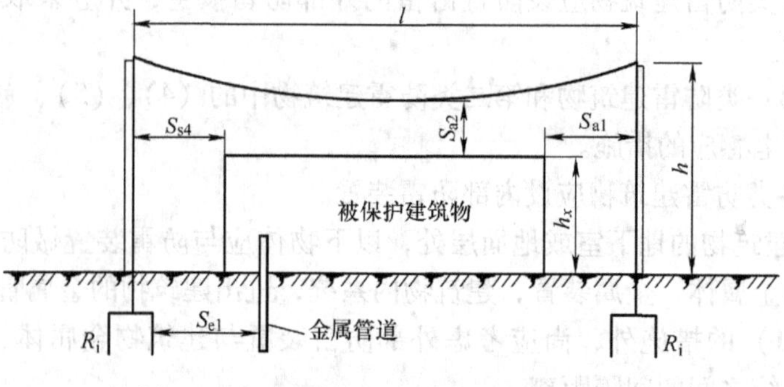

图 10-16 防雷装置至被保护物的间隔距离

1）地上部分：

当 $h_x < 5R_i$ 时，$S_{a1} \geqslant 0.4(R_i + 0.1h_x)$。

当 $h_x \geqslant 5R_i$ 时，$S_{a1} \geqslant 0.1(R_i + h_x)$。

2）地下部分：$S_{e1} \geqslant 0.4R_i$。

式中 S_{a1}——地面以上引下线与被保护物之间的距离（m）；

S_{e1}——地面以下引下线接地极与被保护物接地极之间的距离（m）；

R_i——独立避雷针或架空避雷线（网）支柱处于接地装置的冲击接地电阻（Ω）；

h_x——被保护物或计算点的高度（m）。

（5）架空避雷线至屋面和各种突出屋面的风帽、放散管等物体之间的距离，应符合下列表达式的要求，但不应小于3m。

当$\left(h+\frac{l}{2}\right)<5R_i$时，则

$$S_{a2}\geqslant 0.2R+0.03\left(h+\frac{l}{2}\right)$$

当$\left(h+\frac{l}{2}\right)\geqslant 5R_i$时，则

$$S_{a2}\geqslant 0.05R_i+0.06\left(h+\frac{l}{2}\right)$$

式中 S_{a2}——避雷线（网）至被保护物的空气中距离（m）；

h——避雷线（网）的支柱高度（m）；

l——避雷线的水平长度（m）。

（6）架空避雷网至屋面和各种突出屋面的风帽、放风管等物体之间的距离，应符合下列表达式的要求，但不小于3m。

当（$h+l_1$）$<5R_i$时，则

$$S_{a2}\geqslant \frac{1}{n}\left[0.4R_i+0.06(h+l_1)\right]$$

当（$h+l_1$）$\geqslant 5R_i$时，则

$$S_{a2}\geqslant \frac{1}{n}\left[0.1R+0.12(h+l_1)\right]$$

式中 l_1——从避雷网中间最低点沿导体至最近支柱的距离（m）；

n——从避雷网中间最低点沿导体至最近支柱并具有同一距离l_1的个数。

（7）独立避雷针、架空避雷线（网）应有独立的接地装置，每一引下线的冲击接地电阻不宜大于10Ω。在土壤电阻率较高的地区，可适当增大冲击接地电阻。但在3000Ωm以下的地区，冲击接地电阻不应大于30Ω。

（8）当建筑物太高或其他原因难以装设独立避雷针、架空避雷线（网）时，可将避雷针或网格不大于5m×5m或6m×4m的避雷网或由其混合组成的接闪器直接装在建筑物上，避雷网应沿屋角、屋脊、屋檐或檐角等易受雷击部位敷设。具体设计要求和安装要求可参阅相应规范。

（9）当树木高于建筑物且不在接闪器保护范围之内时，树木与建筑物之间的净距不应小于5m。

10.5.3 第二类防雷建筑物防护直击雷的措施

（1）宜采用安装在建筑物的避雷针、避雷网（带）或由其混合组成的接闪器。避雷网应沿屋角、屋脊、屋檐或檐角等易受雷击部位敷设，并应在整个屋面组成不大于10m×10m或12m×8m的网格。当建筑物高度超过45m时，首先应沿屋顶周边敷设接闪带，接闪带应设在外墙外表面或屋檐边垂直线上或其外。接闪器之间应互相连接。

（2）突出屋面排放爆炸危险气体、蒸气或粉尘的放散管、呼吸阀、排气管等，应按第一类防雷建筑物相同要求处理。

（3）排风管以及煤气放散管等金属物体，可以不装接闪器，但应和屋面避雷装置相连。在屋面接闪器和保护范围之外的非金属管、阀应装接闪器，并和屋面避雷装置相连。

（4）引下线不应少于两根，并沿建筑物四周均匀对称布置，其间距不应大于18m。每根引下线的冲击接地电阻不应大于10Ω。

（5）可以利用建筑物的钢筋混凝土屋面、梁、柱内的钢筋作为引下线，部分建筑物可利用其作为接闪器；混凝土中作为防雷装置的钢筋或圆钢，其直径不应小于10mm；构件内的钢筋应采用绑扎或焊接连接，之间必须连接电气通路。

（6）高度超过45m的钢筋砌体结构、钢结构建筑物，应有防侧击和等电位保护措施：将45m及以上外墙上的栏杆、门窗等较大的金属物与防雷装置连接；竖直敷设的金属管道及金属物的顶端和底端与防雷装置连接。

（7）对于非金属贮油罐，可采用独立避雷针或在非金属贮油罐上安装接闪器来防止雷电直击，同时还应有防雷电感应措施。建于地下半地下的非金属贮油罐，为提高安全程度，应在地面上排风管、呼吸阀处安装避雷针保护。

10.5.4 第三类防雷建筑物的防雷措施

（1）第三类防雷建筑物的防雷措施，宜采用装设在建筑物上的避雷网（带）或避雷针及混合组成的接闪器。避雷网（带）应按规定沿屋角、屋檐或檐角等易受雷击部位敷设，并在整个屋面组成不大于20m×20m或24m×16m的网格。平顶屋面的建筑物，当其宽度不大于20m时，可仅沿周边敷设一圈避雷带。

（2）每根引下线的冲击接地电阻不宜大于30Ω，但对预计雷击次数大于或等于0.012次/a，且小于或等于0.06次/a的部、省级办公建筑物及其他重要或人员密集的公共建筑物，则不宜大于10Ω，其接地装置宜与埋地金属管道相连。其防雷接地装置可以与电气设备接地装置、埋地金属管道共用并相连，当两者不共用、不相连时，两者间在地中的距离不应小于2m。

（3）利用混凝土中的钢筋作为避雷装置时，应符合国标中有关条款的要求。

（4）突出屋面的物体保护方式，按前面第二类防雷建筑物的要求处理。

（5）非金属烟囱（如砖、钢筋混凝土）宜在其上安装避雷针或避雷环保护。当其无法采用单支或双支避雷针保护时，应在烟囱口装设环形避雷带，并应对称布置三支高出烟囱口0.5m以上的避雷针。

（6）专设引下线不应少于两根，并应沿建筑物四周和内庭院四周均匀对称布置，其间距沿周长计算不宜大于25m。当建筑物的跨度较大，无法在跨距中间设引下线时，应在跨距两端设引下线并减小其他引下线的间距，宜使专设引下线的平均间距不大于25m。

（7）应采用相应的防止雷电流经引下线和接地体产生的高电压反击措施，还应采取防止雷电波侵入的措施。

复 习 题

1. 请用雨滴分裂理论解释雷电的形成过程。

2. 雷电有哪些危害？

3. 广州市有一个位于珠江畔的疗养院，建筑物群长200m，宽、高各20m，该疗养院年预计雷击次数是多少？（广州市平均雷暴天数为87.6天/年。）

4. 一套完整的防雷装置应该由哪几部分组成？各有何基本要求？

5. 建筑物雷电防护可分为几类？分别说明，并举两种有代表性的建筑物。

6. 请说明各类防雷建筑物的滚球半径、网格尺寸是多少，引下线的间距有何要求。

7. 请说明建筑物避雷带（网）宜优先采用何种材料，材料的尺寸有什么要求。

8. 有一个贮存硝化棉的仓库，长21m，宽7.5m，高4m。要求设独立避雷针保护，请设计绘制该仓库的h_x高度的保护范围（注：要求独立避雷针离仓库不小于3m，比例为1:300）。

第 11 章

静电危害及其防护

内容提要： 本章通过与静电学有关的电学知识介绍，阐述固体、粉体等物质在生产加工、贮运中静电的产生、积聚和消散的物理过程，论述了静电的危害及其防护措施。

内容提要： 1. 静电的危害。
2. 静电产生、积聚及消散过程。
3. 防止静电的具体措施。

随着石化企业及其他工业领域规模和范围的不断扩大，有案可查的静电事故不断发生，仅一个静电火花，就可能使大型储油罐、炼油装置、油轮或油车毁于一旦。

据有关资料介绍，火灾爆炸事故约有10%属于静电事故。例如，某油库一个$2000m^3$的金属固定顶立式油罐，采用称重仪计量，将塑料管缆安装在油罐量油孔内，由于风速达4m/s，使塑料管缆带静电，与相邻的金属管产生火花放电，将汽油点燃产生爆炸，整个油罐被破坏，造成大面积火灾。1988年某油库收油时，由于静电放电引爆罐内油气，造成1人死亡、7人受伤、整个罐区被毁坏的大事故。

为减少或杜绝静电事故的发生，许多国家在进行调查统计、科学研究和试验分析的基础上制定出相应的防静电规范和指导性文件。2007年美国国家防火协会制定了《静电学的推荐实施规程》；1978年日本产业安全研究所制定了《静电安全指南》指导性文件；原联邦德国在化学职业工会的倡导下，制定了《静电规范》和《防爆安全准则》；澳大利亚于1970年制定了《静电规范》；国际油罐和中转油库安全小组出版了《国际油罐和中转油库安全指南》，均可作为防静电规范和参考准则。

11.1 静电的特点和危害

11.1.1 静电的特点

1. 静电的电荷少而电压高

生产工艺过程中局部范围内产生的静电的电荷一般都只是微库级的，即电荷很小，但是这样小的静电荷，在一定的条件下会形成很高的静电电压。高静电电压容易产生火花，可能引起火灾或爆炸事故。

平板电容器是由两块极板中间隔以绝缘材料组成的。电容器充电时，一个极板带正电荷，另一个极板带负电荷。而两块材料紧密接触和分离后，也是一边带正电荷，另一边带负电荷，与电容器具有类似的性质。依据电学知识，电容器的电容 C、电容器极板上的电荷 Q、电容器极板之间的电压 U 之间保持如下关系：

$$C = Q/U \tag{11-1}$$

式中　C——电容（F）；

Q——电荷（C）；

U——电压（V）。

如果紧密接触的两种材料分离前后，其上电荷没有消散，即电荷 Q 保持不变，则电容 C 和电压 U 保持反比关系。随着两种材料空间位置发生变化，电容 C 也发生变化，电压 U 发生相应的变化。电容越大，电压越低；电容越小，电压越高。在产生静电的实际场所，电容的变化往往是很大的，这就有可能出现极高的电压。

以两种平面接触的材料为例，这两种材料构成平板电容器的两个极板，其间电容为

$$C = \varepsilon S/d \tag{11-2}$$

式中　ε——平板间介质的介电常数（F/m）；

S——平板面积（m^2）；

d——平板间距离（m）。

两种材料紧密接触时，其间距离 d_1 极小，只有 25×10^{-8}cm；假定分离以后，其间距离增大至 $d_2 = 1$cm，则前后电容之比为

$$\frac{C_1}{C_2} = \frac{d_2}{d_1} = \frac{1}{25 \times 10^{-8}} = 4 \times 10^6$$

即电容减小为原来的 $1/(4 \times 10^6)$，而电压则增高为原来的 400 万倍。如果这两种材料的接触电位差为 0.01V，分离 1cm 后两者之间的电位差骤升 40kV。当然，两种材料分离时，其上正、负电荷多少有些回流而中和，电压比上面计算的要小一些。但是，其间电压仍可能有几千伏，还是相当高的。

当人体与大地绝缘时，由于衣服之间、衣服与人体之间、衣服与其他装置或器具之间、鞋与地面之间的接触－分离，人体可带上静电。在不同条件下，人体静电可能达数千至上万伏。此外，人体由静电感应也可能带上静电。

粉体静电也可能达到数千至上万伏。飞机飞行时，静电电压可能高达数万至数十万伏。油料注入罐内时，罐内油的电位可高达数千至数万伏。蒸气和气体的静电比固体、粉体和液体的静电要弱一些，但也可能达到万伏以上。

静电电压虽然很高，但因其电荷很小，所以能量也很小，静电能量一般不超过数焦。

2. 静电放电

静电放电是静电荷消失的主要途径之一，一般是电位较高、能量较小、处于常温常压条件下的气体击穿。电极材料可以是导体或绝缘体，电场多数是不均匀的。如图 11-1 所示，静电放电形式主要有以下三种形式。

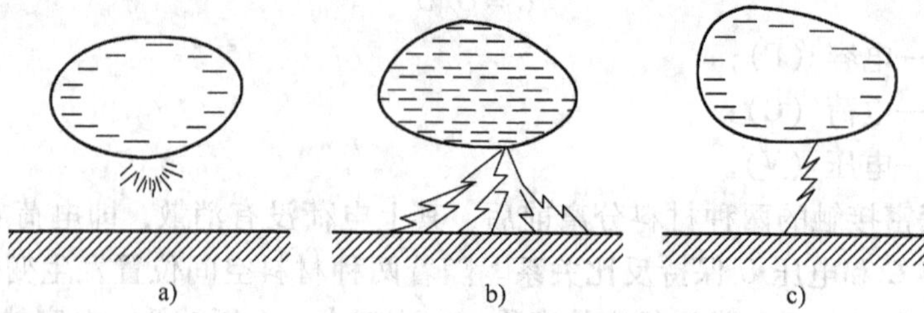

图 11-1 静电放电形式

a）电晕放电 b）刷形放电 c）火花放电

（1）电晕放电：指气体介质在不均匀电场中的局部自持放电，是最常见的一种气体放电形式。在曲率半径很小的尖端电极附近，由于局部电场强度超过气体的电离场强，使气体发生电离和激励，因而出现电晕放电。发生电晕时在电极周围可以看到光亮，并伴有咝咝声。电晕放电可以是相对稳定的放电形式，也可以是不均匀电场间隙击穿过程中的早期发展阶段。

（2）刷形放电：指发生于带电荷量大的绝缘体与导体之间空气介质中的一种放电形式。该放电形式放电通道不集中，呈分枝状。刷形放电是火花放电的一种。其一端具有放电集中点，另一端放电通道不集中，呈分枝状，有“啪”的较强破坏声。带电荷量大的非导体与数厘米以上的较平滑的接地导体之间易产生刷形放电。由于绝缘体束缚电荷的能力很强，其上电荷很难移动，于是表面上容易出现刷状放电通道。刷形放电的火花能量比较分散，但对于引燃能量较低的爆炸性混合物，也有引燃的危险性。刷形放电能量密度比电晕放电大，易于成为造成危害的原因。

（3）火花放电：指当高压电源的功率不太大时，高电压电极间的气体被击穿，出现闪光和爆裂声的气体放电现象。在通常气压下，当对电极间加高电压时，若电源供给的功率不太大，就会出现火花放电，火花放电时，碰撞电离并不发生在电极间的整个区域内，只是沿着狭窄曲折的发光通道进行，并伴随爆裂声。由于放电能量集中，其引燃危险性大。

除上述几种放电外，对于静电，也可能发生沿绝缘固体表面进行的放电，即沿面放电；对于空间电荷，还可能发生云状放电。

静电放电也会受电场均匀程度、电极极性和材料、电压作用时间、气体状态等因素的影响。

静电放电的另一种形式是尖端放电。导体尖端的电荷特别密集，尖端附近的电场特别强时，就会发生尖端放电。它属于一种电晕放电，其原理是物体尖锐处曲率大，电力线密集，因而电势梯度大，致使其附近部分气体被击穿而发生放电。如果物体尖端在暗处或放电特别强烈，这时往往可以看到它周围有浅蓝色的光晕。导体表面有电荷堆积时，电荷密度与导体表面的形状有关。在凹的部位电荷密度接近零，在平缓的部位小，在尖的部位最大。当电荷密度达到一定的量值后，电荷产生的电场会很大，以至于把空气击穿（电离），空气中与导体带电荷相反的离子会与导体的电荷中和，出现放电火花，并能听到放电声。

3. 绝缘体上的静电消散

由于绝缘体的特殊电子排列结构，其对电荷的束缚力很强，若让电荷自行消散，则需要很长的一个过程。一般，物体上静电的消散有两种途径：一是与空气中的自由电子或离子互相中和；二是绝缘体直接或间接地和大地或其他物体相连接进行漏电，或与异性电荷中和。

4. 静电屏蔽

静电屏蔽一般对有空腔导体来说，如果其在静电场中达到平衡状态，则其空腔内电场强度为零，如图 11-2a 所示。而如果空腔内有电荷，且其外表面接地，则其外表面的电荷将流入大地，因此导体外部场强为零，如图 11-2b 所示。静电屏蔽在实际中有很多用处，如室内高压设备罩上接地的金属罩或较密的金属网罩，电子管用金属管壳等。

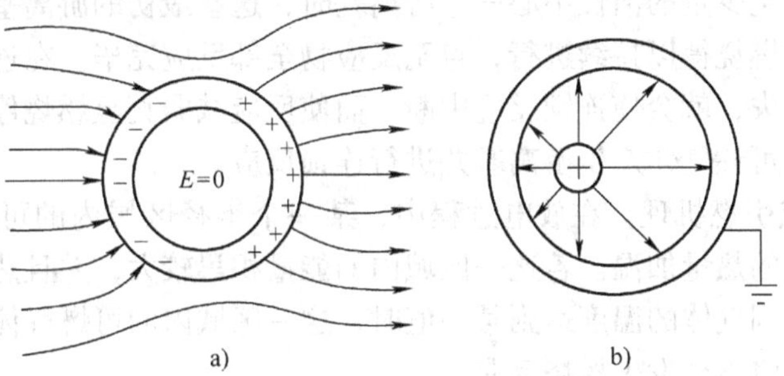

图 11-2 静电屏蔽

11.1.2 静电的危害

静电主要有以下几方面的危害：在生产中，静电力作用或高压击穿作用使产品质量下降，甚至造成生产故障；高压静电对人体机能的危害；静电放电过程常常伴有热能的放出，而热能可使各种易燃易爆物品达到各自的燃点，进而发生火灾或爆炸事故；静电放电过程中会产生电磁场，它会对各种无线传输和通信设备产生影响，甚至会对各种精密仪器造成损害。下面我们主要讲讲静电火灾和爆炸事故。

1. 静电火灾和爆炸事故的概念

一般情况下，发生火灾或爆炸要有三个不可缺少的条件，即可燃物、助燃剂、引燃源。静电火灾和爆炸也是如此，必须有可燃物和助燃剂的存在。而引燃源就是指静电荷由于摩擦等原因产生高电平，将周围的空气介质击穿，形成火花放电。火花放电可以将电能转换为热能，这就是发生事故的火源。

显然，火花放电所释放的热能必须大于或等于可燃物的着火点。否则，即使具备三个条件，由于能量不足，也不可能发生火灾或爆炸。

2. 静电火灾引燃机理

静电放电作为引燃源，怎样使可燃物区域内不大体积内的可燃气体经升温首先被点燃，而后又逐渐导致燃烧的蔓延扩散，应依据物体燃烧的连锁反应理论和热点引燃理论加以解释。

（1）连锁反应机理。连锁反应理论认为物质的燃烧经历以下过程：可燃物质或助燃物质先吸收能量而离解成为游离基，与其他分子相互作用形成一系列连锁反应，将燃烧热释放出来。最初的游离基（或称活性中心、作用中心等）是在某种能源的作用下生成的，产生游离基的能源可以是受热分解或受光线、氧化、还原，催化和射线照射等。游离基由于比普通分子平均动能具有更多的活比能，所以其活动能力非常强，在一般条件下是不稳定的，容易与其他物质分子进行反应而生成新的游离基，或者自行结合成稳定的分子。因此，利用某种能源设法使反应物产生少量的活性中心——游离基时，这些最初的游离基即可引起连锁反应，因而使燃烧得以持续进行，直至反应物全部反应完毕。在连锁反应中，如果作用中心消失，就会使连锁反应中断，而使反应减弱直至燃烧停止。因而，静电放电可加速可燃气体产生游离基并进行连锁反应。

（2）热点引燃机理。在放电过程中，某一个半径区域内的可燃气体将被火花放电所释放的热量加温。若这一区域内的能量积累较大，并且热量并没有传导和辐射出去，则气体的温度达到某一值时，这一区域内的可燃气体将被点燃；反之，可燃气体将不会发生燃烧反应。

如果放电中止时，可燃性气体所产生的局部热量又会补充反应过程中的热损耗而维持燃烧能继续进行，则燃烧才能继续发展和蔓延。

3. 静电火灾发生的条件

通过进行各种火灾模拟实验以及国内外大量静电火灾和爆炸事故的分析，得出了发生静电火灾和爆炸事故所必需的条件：

（1）在区域内能够积累静电。

（2）区域内必须有可燃物存在。

（3）当静电累积起足够高的静电电位后，必将周围的空气介质击穿而产生放电，构成放电的条件。

（4）区域内积累的能量应能达到可燃物的着火点。

因此，只有同时具备以上四个条件时，静电放电才能成为火源，才能产生静电火灾。同样，当我们想要防止静电火灾或爆炸时，只需破坏上述四个条件中的任何一个即可。

11.1.3　静电危害的危险界限

1. 静电危害的能量界限

静电放电能够成为引火源，非常重要的依据是其放电能量必须大于等于可燃物的最小点火能量。这是评价静电安全和危害的主要标准和依据之一。

最小点火能量是引起可燃物或引起爆炸性混合物发生火灾或发生爆炸的静电火花所具有的最小能量。各种可燃物的最小点火能量可参见表11-1和表11-2。从表中可以看出，对于饱和烃及其衍生物的最小点火能量的危险界限是0.2mJ的数量级；乙炔和氢气的最小引燃能量界限为0.019mJ；二氧化碳只有0.009mJ；工业粉尘的最小引燃危险能量界限在10~100mJ之间。

表11-1　可燃气体和蒸气最小点火能数据比较

物质名称	分子	最小点火能			
	结构式	［日］"OHM"	［日］新菊花仪器社	［日］产业、技术试制研究所	［前苏联］"化学工业中的静电问题"
甲烷	CH_4	0.28（8.5）	0.28（8.5）	0.28	0.28
乙烷	C_2H_6	0.25（6.5）	0.31（6.0）	0.25	0.24
丙烷	C_3H_8	0.26（5.3）	0.31（4.02）	0.26	0.26
正丁烷	C_4H_{10}	0.25		0.25	0.26
正己烷	C_6H_{14}	0.24		0.24	0.23
正庚烷	C_7H_{16}	0.24		0.24	
环己烷	$CH_2 \cdot (CH_2)_4 \cdot CH_2$	0.22		0.22	0.223
苯	C_6H_6	0.20		0.20	0.21
乙醚	$C_2H_5 \cdot O \cdot C_2H_5$	0.19		0.19	0.19
环丙烷	$CH_2CH_2CH_2$	0.17		0.17	0.23
（1，3）丁二烯	$CH_2:CH \cdot CH:CH_2$	0.13（5.2）	0.17（3.67）		0.125
氢气	H_2	0.019（28.24）	0.019（29.5）	0.019	0.013

（续）

物质名称	分子	最小点火能			
	结构式	［日］“OHM”	［日］新菊花仪器社	［日］产业、技术试制研究所	［前苏联］“化学工业中的静电问题”
乙炔	C_2H_5	0.019（7.7）	0.02（7.73）	0.019	0.011
二硫化碳	CS_2	0.009（7.8）	0.015（6.52）	0.009	
丁酮-2	$CH_3 \cdot CO_2H_6$	0.29			0.22
正戊烷	C_5H_{12}	0.28			
环氧丙烷	OCH_2CHCH_3	0.13			
丙烯	C_3H_6	0.11			
环氧乙烷	CH_2OCH_2	0.065			0.17
乙烯			0.096（6.52）	0.096	0.095
甲醇			0.215（12.24）	0.215	0.14
丙酮			1.15	1.15	
甲苯					0.26
氨					680
汽油					0.15
乙醇					0.14
硫化氢		0.068①			

① 摘自［日］静电手册。

表11-2 粉体的引燃危险性

粉体种类	名称	引燃温度/℃		最小爆炸下引燃界限能量浓度/(mJ·g/m³)		爆炸压力/(kgf/cm²)①	最大压力上升速度/(kgf/cm²)①
		云状	层状				
金属	锌	530	310	640	490	4.9	190
	铝	400	230	10	30	9.2	>1406
	铝、钴合金	950	570	100	180	6.5	773
	铝镁合金	430	420	20	20	7.4	703
	硫黄	190	220	15	35	5.5	330
矿产物	铀	20	100	45	60	4.9	352
	铬	580	400	140	230	4.1	352
	硅化钙	540	540	150	60	6.0	1406

（续）

粉体种类	名称	引燃温度/℃		最小爆炸下引燃界限能量浓度/(mJ·g/m³)		爆炸压力/(kgf/cm²)①	最大压力上升速度/(kgf/cm²)①
		云状	层状				
矿产物	硅	780	760	80	<100	7.5	914
	锆	20	190	5	40	6.3	914
	锡	630	430	80	190	3.4	110
	煤	440	160	30	40	7.0	352
	钼	630	300	120	<200	4.1	337
	钛	330	290	10	45	6.5	773
	铁	315	170	20	105	4.3	562
	钍	270	280	5	75	5.6	387
	硅铁	640	<450	280	240	7.9	309
	钛铁	370	330	80	140	3.9	668
	锰铁	450	290	80	130	4.4	352
	镁	470	340	20	20	8.2	1055
	锰	450	240	80	125	3.9	345
化学制品、塑料	己二酸	550	—	60	35	6.7	281
	乙酰苯胺	560	—	20	30	6.3	337
	烯丙醇感应体（烯丙树脂）	500	—	20	35	7.5	844
	醇酸树脂	500	270	120	155	2.8	21
	乙基纤维素	520	330	10	20	8.4	492

① $1kgf/cm^2 = 9.80665\times10^4Pa$，或 $1kgf/cm^2 \approx 0.1MPa$。

静电火花的能量界限，一般是按一次放电的能量来表示的，即

$$W=\frac{1}{2}CU^2=\frac{1}{2}QU=\frac{Q^2}{2C} \tag{11-3}$$

式中 W——一次放电能量；

C——物体的静电电容；

U——物体放电时的电位与放电后剩余电位之差；

Q——物体一次放电的电荷。

2. 导体静电危害的危险界限

导体放电，通常是将其储存的静电能量一次性地全部释放出来，故有较大的

静电危险性。为此，一般使用换算导体储能的方法来评价其静电危险性。

导体储能的大小仍按式（11-3）来表示，即

$$W=\frac{1}{2}CU^2 \tag{11-4}$$

式中 C——导体的静电电容；

U——导体上所带的电位差。

假定周围环境中可燃物的最小点火能量为 W_{min}时，用式（11-4）计算出导体的储能为 W，且其中

$$W \geqslant W_{min} \tag{11-5}$$

从式（11-5）可知，如果导体上的储能大于或等于可燃物的最小点火能量，该种放电为危险性放电；而 $W<W_{min}$时应为安全性放电。因此，可燃物的最小点火能量就可看作静电放电的危险界限。

同时，还可根据 W_{min}，按下式计算出导体的危险电位 U_{min}：

$$U_{min}=\sqrt{2W_{min}/C} \tag{11-6}$$

式中 W_{min}——可燃物的最小点火能量；

C——导体的静电电容。

对式（11-6）稍加变换，即可求出危险电量 Q_{min}为

$$Q_{min}=\sqrt{2CW_{min}} \tag{11-7}$$

对于导体我们还可以根据式（11-7），按电场中的静电能量 W（mJ）绘制出不同电容情况下的危险电位曲线图，供作参考。

3. 非导体材料静电危害的界限

提供产生静电危害的非导体的危险界限标准，一般很难办到，但以带电电位达 30kV 以上的非导体材料放电能量可达数百微焦的能量的基础实验为依据，可推断出非导体界面不同电位、电荷密度放电时的引燃能力的大致准则：

（1）对于引燃 0.01mJ 以下的可燃物，带电体危险电位在 1kV 以上、表面电荷密度在 $1\times10^{-7}C/m^2$以上的带电。

（2）对于引燃能量在 0.01～0.1mJ 的可燃物，带电体危险电位在 6～10kV、电荷密度在 $1\times10^{-6}C/m^2$以上的带电。

（3）对于引燃能量在 0.1～1mJ 的可燃物，危险电位界限在 20～30kV，得出 30kV 以下的实验结论。

（4）对引燃能量在 1mJ 以上的可燃物，危险电位界限在 40～60kV 之间。

（5）紧贴导体而厚度在 8mm 以下的带电薄膜，表面电荷密度可达 $2.5\times10^{-4}C/m^2$，沿面放电能量可达数焦，目前称为传播型刷形放电。

11.2　静电的产生、积聚和消散

11.2.1　静电荷的产生

摩擦能够产生静电是人们早就知道的，但为什么摩擦能够产生静电呢？实验证明，不仅仅是摩擦时，而是只要两种物体紧密接触而后再分离时，都可能产生静电。静电的产生是同接触电位差和接触面上的双电层直接相关的。

1. 静电的起电方式

（1）接触－分离起电。两种物体接触，其间距离小于25×10^{-8}cm时，由于不同原子得失电子的能力不同，不同原子（包括原子团和分子）外层电子的能级不同，其间即发生电子的转移。因此，两种物质紧密接触，界面两侧会出现大小相等、极性相反的两层电荷。这两层电荷称为双电层，其间的电位差称为接触电位差。

接触电位差与物质性质及其表面状况有很大的关系。固体物质的接触电位差只有千分之几至十分之几伏，最大1V左右。

根据双电层和接触电位差的理论，可以推知两种物质紧密接触再分离时，即可能产生静电。两种物质互相摩擦后之所以能产生静电，其中就包括通过摩擦实现较大面积的紧密接触，在接触面上产生双电层的过程。

导体与导体之间虽然也能产生双电层，但由于分离时所有互相接触的各点不可能同时分离，接触面两边的正、负电荷将通过尚未脱离开的那些点迅速中和，致使两导体都不带电。

按照两种物质间双电层的极性，把相互接触时带正电的排在前面，带负电的排在后面，依次排列下去，可以排成一个长长的序列，这样的序列叫做静电序列或静电起电序列。静电序列是实验结果，由于实验条件不同，结果不完全一样。同一静电序列中，前后两种物质紧密接触时，前者失去电子带正电，后者得到电子带负电。例如，玻璃与丝绸紧密接触或摩擦时，玻璃带正电，丝绸带负电。应当指出，物质呈现的电性在很大程度上还受到物质所含杂质成分、表面氧化和吸附情况、温度、湿度、压力、外接电场等因素的影响，有可能与序列指示的不相符合。

（2）破断起电。不论材料破断前其内电荷分布是否均匀，破断后均可能在宏观范围内导致正、负电荷的分离，即产生静电，这种起电称为破断起电。固体粉碎、液体分离过程的起电属于破断起电。

（3）感应起电。感应带电一般是指静电场对金属导体的感应带电现象。如果带电体靠近孤立导体时，受外电场的作用，导体靠近带电体的一侧的表面上会感应出与带电体相反极性的电荷，而远离带电体的一侧会感生出与带电体相同极性的电荷。孤立导体表面的电荷发生了重新分布现象，但整个导体的正、负电荷仍然相等呈现电中性，故只能是出现了局部电荷密集的现象，详见图 11-3。

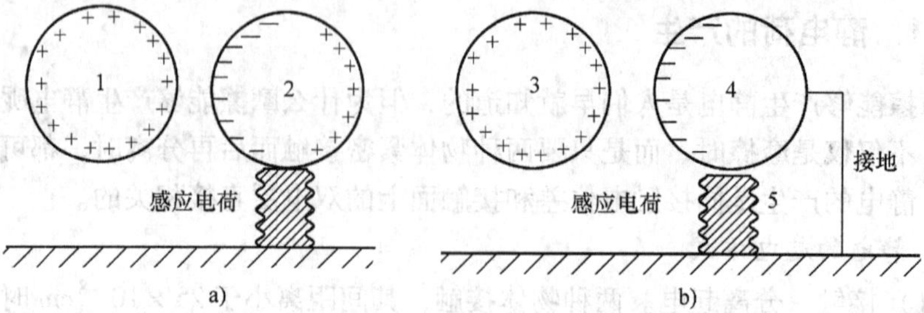

图 11-3 静电感应现象

a）电感应产生的表面带电 b）接地防止感应带电

1、3—带电物体 2—绝缘导体 4—接地导体 5—绝缘体

（4）电荷迁移。当一个带电体与一个非带电体接触时，电荷将重新分配，即发生电荷迁移而使非带电体带电。当带电雾滴或粉尘撞击在导体上时，会产生有力的电荷迁移；当气体离子流射在不带电的物体上时，也会产生电荷迁移。

除上述几种主要的起电方式外，电解、压电、热电等效应也可能产生双电层或起电。

2. 固体静电

固体静电可直接用双电层和接触电位差的理论来解释。双电层上的接触电位差是极为有限的，而固体静电电位高达数万伏以上，其原因不在于静电电荷大，而在于电容的变化。

电容器上的电压 U、电荷 Q、电容 C 三者之间保持 $U=Q/C$ 的关系。对于平板电容器，其电容为

$$C=\varepsilon S/D \tag{11-8}$$

式中 ε——极板间电介质的介电常数；

S——极板面积；

D——极板间距离。

由上述关系可以导出

$$U=QD/\varepsilon S \tag{11-9}$$

这就是说，当 Q、ε、S 不变时，U 与 D 成正比。将两者相接近的两个带电面看成是电容器的极板，紧密接触时，其间距离只有 25×10^{-8}cm。若两者分开 1cm，距离即增大为 400 万倍。因此，如接触电位差仅为 0.01V，则在不考虑分开时电荷逆流的情况下，二者之间的电压高达 40000V。应当指出，不仅平面接

触产生的静电有这种情况，而且由其他方式静电也有类似的情况。由此不难理解静电电压高的道理。

固体物质大面积的接触－分离或大面积的摩擦，以及固体物质的粉碎过程中，都有可能产生强烈的静电。橡胶、塑料、纤维等行业工艺过程中的静电高达数万伏，甚至数十万伏，如不采取有效措施，很容易引起火灾。

3. 人体静电

在从毛衣外面脱下合成纤维衣料的衣服时，或经头部脱下毛衣时，在衣服之间或衣服人体之间，均可能发生放电。这说明人体及衣服在一定条件下是会产生静电的。

人在活动过程中，人的衣服、鞋以及所携带的用具与其他材料摩擦或接触－分离时，均可能产生静电。例如，人穿混纺衣料的衣服坐在人造革面的椅子上，如人和椅子的对地绝缘都很高，则当人起立时，由于衣服与椅面之间的摩擦和接触－分离，人体静电高达10000V以上。

液体或粉体从人拿着的容器中倒出来或流出时，带走一种极性的电荷，而人体上将留下另一种极性电荷。

人体是导体，在静电场中可能感应起电而成为带电体，也可能引起感应起电。

如果空间存在带电尘埃、带电水沫或其他带电粒子，并为人体所依附，人体也能带电。

人体静电与衣服料质、操作速度、地面和鞋底电阻、相对湿度、人体对地电容等因素有关。

因为人体活动范围较大，而人体静电又容易被人们忽视，所以，由人体静电引起的放电往往是酿成静电火灾的重要原因之一。

4. 蒸气和气体静电

不但固体会产生静电，蒸气或气体在管道内高速流动或由阀门、缝隙高速喷出时也会产生危险的静电。蒸气产生静电类似液体产生静电，即其静电也是由于接触、分离和分裂等原因产生的。完全纯净的气体是不会产生静电的，由于气体内往往含有灰尘、铁末、干冰、液滴、蒸气等固体颗粒或液体颗粒，通过这些颗粒的碰撞、摩擦、分离等过程可产生静电。喷漆时含有大量杂质的气体高速喷出，会产生比较强的静电。

蒸气和气体静电比固体和液体的静电要弱一些，但也能高达数万伏以上。

11.2.2 静电荷的积聚

静电荷的产生和泄放是相关的两个过程，如果静电的产生量大于静电荷的泄漏量，则在物体上就会产生静电荷的积聚。显然，静电荷的积聚过程为静电荷产生和泄漏的代数和。

起初，静电荷的产生往往大于静电荷的泄漏，呈现线性上升，随后静电荷的泄漏量开始增长，而产生量降低，使静电累积趋于平缓，最后静电荷的产生量与泄漏量达平衡，使静电荷的累积达到和趋于某一稳定值。

由于静电荷的积聚主要依赖于静电荷的产生，所以我们应稍加讨论。静电荷的产生主要取决于静电和物体的特性，尤其是电学特性和产生静电荷的条件和环境等有关。

1. 物体的电学特性

（1）固体材料的体电阻率与介电常数。固体材料产生静电的大小主要取决于物体电阻率的大小。通过具体试验表明：在固体材料的使用、摩擦起电的过程中，固体的电阻率越大，产生静电场越高，反之亦然。这个对产生静电的大小的规律性认识，可以通过表 11-3 中得到。

表 11-3　物体起电能力与电阻率之间的关系

物体的起电能力	物体带电的最大电位/kV	物体的表面电阻率/Ω·m	物体的起电能力	物体带电的最大电位/kV	物体的表面电阻率/Ω·m
不带电体	0.01	10^6 以上	带电体	0.1 ~ 1	$10^8 \sim 10^{10}$
微量带电	0.01 ~ 0.1	$10^6 \sim 10^8$	高带电体	1 以上	10^{10} 以上

起电与介电常数之间的关系已由柯恩阐述如下：

1）两个物体接触的情况下，介电常数大的那个物体带正电，而另一个物体带负电。

2）电量与它们的介电常数的差值有关。

上述两个问题，究竟是介质电阻率，还是介电常数起主导作用，目前对前者认识比较一致，后者虽不能全部解释实践中所遇到的一些问题，但与事实也有一定的吻合性。

（2）液体材料的主要影响因素。影响液体静电的主要因素是液体介质中的含杂和液体自身的体电阻率。

液体之所以能够产生静电是因为液体中的含杂能离解成正、负离子。这些正、负离子会与导管之间产生偶电层，否则正、负离子含量太少而不容易产生静电。例如在油品中含有水分杂质时，由于水为极性分子，同时在油液中不能共溶呈胶体杂质，这种水分子在下沉过程中，就会吸附油品中的正离子构成带电质点，因此水在沉降过程中使油品极易产生静电。实验证明，在 JP－4 燃料油中加入少量的沥青杂质时就会呈现明显的带电状态。

实验还证明，在油品中如增加大量的离子杂质时，由于电导率增大，容易产生静电荷的泄漏，故也不会产生大量的静电荷。

杂质含量除可改变液体介质的带电程度外，有时还可以改变带电极性。如往油罐车内加油过程中，曾多次发现静电极性的变化。

液体自身电阻率对产生静电的影响。在一定范围内液体中静电的产生量随液体自身电阻率的增加而增大，但到达某一数值后，它又随电阻率的增加而减小。对于碳氢化合物，通过试验得到：电阻率在$10^{11}\sim10^{13}\Omega\cdot cm$的范围内最容易产生静电，故其静电危险性越大。具体影响，可由图 11-4 中清楚地看出电阻率大小对油品带电的影响。

鉴于上述原因，如果在油品中加入某种静电添加剂改变油品自身的电阻率时，对油品的冲流电流值的影响也是非常明显的。在图 11-5 中给出了喷气飞机燃料油 JP－4 中加入某种添加剂后，所获得的冲流电流与油品电阻率的关系曲线。

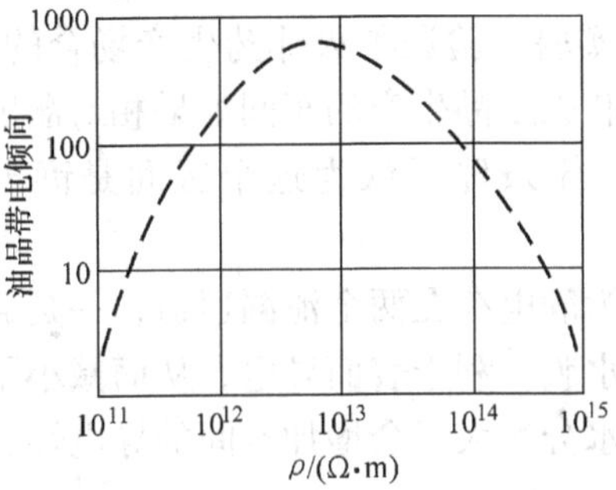

图 11-4 电阻率对油品带电的影响

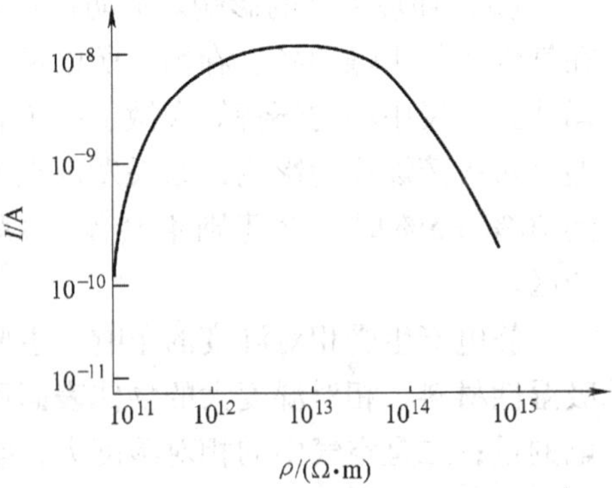

图 11-5 电阻率对冲流电流的影响

2. 其他影响静电产生的客观因素

（1）紧密接触、快速分离。所谓紧密接触是使两物体间的接触距离小于25×10^{-8}cm，即接触面积增大；而快速分离，就是使两物体间分离速度加快，使单位时间内起电速率加快。许多静电事故往往是突发事件，比如装满爆炸药的漏斗阻塞，突然畅通后，瞬间起电量超过危险值而突发事故。又比如气体本来是不易起电的材料，但从高压容器中快速喷出，当速度超过两倍马赫速度时，则就会产生十几万伏的静电高压。在排放液氢或石油液化气贮罐内的残余气体时，一定要控制排放速度，对于氢气不能超过 10m/s 的流速。

（2）被接触物的材质、表面状况和几何尺寸的影响。静电荷的产生与被摩擦物的特性也是有关系的。例如将油品或轻质碳氢化合物通过橡胶或者乳胶管中输送，输送中将会产生很高的静电。因而油轮在装卸油品过程中一般采用导电金属管或导电橡胶或导电型塑料管作为连接的软管，使用绝缘橡胶或塑料管的话，很容易会造成静电事故。因此特别好的绝缘材料要避免与导体或半导体材料接触。物体表面的粗糙度很大将会使物体间的接触机会增多，因而使得物体间的接触面积增大，产生静电的几率会增大；物体表面平滑，自然接触的紧密程度就会减弱，将不利于静电的产生。同时，物体是亲水性物质时，它的表面容易带有一层很薄的水膜，这也有利于静电的泄漏。

接触物的数量、几何形状等因素对静电影响也较大。试验表明，物体静电产生量与物体的数量（包括重量）基本成正比的关系；而物体带电的密集程度是由物体的几何形状决定的。比如电荷往往在尖端聚集，因此曲率半径越小的物体，表面带电越多，此处的电场强度最大，故容易形成放电现象。此外，物体的几何形状还能影响液体的流动速度，从而影响静电的产生。比如直线管道的流速比弯曲管道的流速快些，直线管道就容易产生静电，而弯曲管道就容易缓和静电的作用。

（3）环境条件的影响。消防部门火灾统计结果表明，大部分静电事故发生在气候比较干燥的冬、春季。所以说，相对湿度对静电的产生有很大的影响。英国炸药发展中心的怀特等人做了一个相关的实验，验证了火炸药生产场合的温、湿度对火药爆炸的影响，结果发现在火炸药和火工品生产的车间如果相对湿度达到70% ±5% 时，火药则不会发生爆炸，一般条件下认为这个区间是静电安全区。

静电产生受相对湿度的影响，主要是因为静电存在两个泄漏通道，一是通过吸湿性材料，相对湿度大的物体表面可产生水膜，利于表面导电，从而减小了静电的量；二是空气中的相对湿度大，空气中水分增大，会增加空间的导电性，静电会通过空气泄漏，也会减小。

除此之外，空气中相对湿度大时，摩擦带电物体表面的电学特性会发生改变。如棉布在相对湿度超过50% 时，棉布的电阻为$10^8\Omega$，而相对湿度降至30% 时，此时棉布的电阻增大到$10^{12}\Omega$，即棉花变成了容易带电的材料。在分析静电事故时，相对湿度对静电荷累积的影响是不能忽略的。

11.2.3 静电荷的消散

物体带有一定数量的静电荷，在不继续供给和产生的情况下，原有的静电荷总量会不断地减少。

一般物体上静电荷的消散主要有两个途径，即自放电和泄漏。

1. 静电放电

静电放电又可以分为两类，一类是强放电现象，其中包括火花放电、刷形放电和电晕放电等，而另一类则是弱放电现象，是电晕放电之前的现象。后者则是中和静电很重要的措施之一。

（1）气体放电的物理过程。空气可看作是绝缘体。在外加电场的作用下，分布在电场内部的带电离子，在电场力的作用下将会沿电场力或电场力的反方向运动，当带电粒子被加速到足够能量时，它们之间就会发生互相碰撞，并与中性粒子碰撞发生游离，继而使电场中带电离子增多，从而使空间电荷被复合的机会也增多，这个过程称为空气中的预放电现象，也是中和消除静电的最好途径。但是当电场力继续加速，带电粒子使离子产生的能量远远大于空间的复合量时，自由电子和正离子像雪崩一样急剧增加就会成为电子雪崩。当发生电子雪崩时，两极间的电流可增大数万倍，而自由电子打击在阴极上形成二次电子发射，此时不再依靠空气中自由电子加速运动的结果，这称为自激导电。此时，极间空气形成能够导电的游离气体，这个过程称为气体击穿或气体的放电。实验结果表明，在均匀的电场中，大气压为1atm、温度为20℃时，两极间距为0.01cm时，可以将空气击穿的均匀电场电压（kV）为

$$U_j = 30d + 1.35 \tag{11-10}$$

式中 U_j——空气击穿电压（kV）；

d——两电极间的距离（cm）。

（2）影响气体放电的因素。

1）电极形状和极性对击穿电压的影响。两个对称的平滑电极板之间会形成均匀的电场，故气体放电是按式（11-8）的规律进行的。当电极尖端曲率半径变小时，尖端电荷密度增大，形成的电场强度也增大，因此尖端附近比较容易被击穿，其击穿电压为均匀电场击穿电压的1/3。因此可以利用尖端放电消除静电，当电极尖端小于30°，此时最容易产生电晕放电，从而中和静电。

对空气做的实验结果表明，负极性比正极性电极容易击穿。这是因为自由电子由于其质量小，在同样电场力条件下产生的速度比正离子运动要快得多，故阴极比较容易被击穿。

2）气体状态对放电的影响。气体密度小的电子的平均自由程大，易产生碰撞电离，容易产生放电现象。

3）相对湿度对放电的影响。空气的相对湿度增大后，空气中水分增加，电离后在电场中的运动速度降低，故使击穿电压增高。

4）电压作用时间对放电的影响。电压作用时间不够、积累的击穿能量不够也不会发生放电现象。

2. 静电的泄漏

（1）对静电泄漏的认识。泄漏发生在绝缘体上主要有两种，一是绝缘体表面泄漏，二是绝缘体内部泄漏。这两个通道均受自身的体、表电阻率的影响。

静电通过绝缘体自身的泄漏，可用以下经验公式来近似表达：

$$Q = Q_0 e^{-1/\tau} \tag{11-11}$$

式中 Q_0——泄漏前存在于绝缘体上的电荷；

τ——泄漏时间常数，为导体电容率与导体电阻率的相乘积。

式（11-11）可由高斯定律或欧姆定律的微分形式导出，请读者自己推导。

由此可见，绝缘材料上所携带的静电，放电时间常数越大，静电累积也越大，且静电荷不能很快泄漏，所以其危险性也越大；反之，物体放电时间常数越小，通过接地方式很快把物体上的静电荷传导给大地，所以通常把导体接地放掉电荷，从而减小危险。但对于塑料物体，由于它不是整体导电，单点接地放电的效果是不怎么好的。

人们对静电泄漏半衰期定义为当绝缘体上的静电荷泄漏一半（即 $Q=Q_0/2$ 时）所消耗的时间，半衰期标志静电荷泄漏的快慢和静电危险性的大小。而半衰期为 $t_{半}=0.693\varepsilon\rho=0.693RC$，等式前半部适用于绝缘体，后半部分适用于导体或半导体材料。

（2）影响静电荷泄漏的因素。

1）空气相对湿度的影响。亲水性材料表面吸湿后，静电荷可以从吸湿物体表面被泄漏。主要是因为空气中的 CO_2 溶入了吸湿性材料吸湿后表面结成的一层水膜中，并且有可能溶入绝缘体中析出电解质的缘故，致使表面电阻率大大降低，加速了静电荷的泄漏。试验表明，玻璃如果在100%相对湿度下表面电阻率为1时，相对湿度下降到40%时电阻率将上升到10^6倍以上，可见相对湿度的影响还是很大的。

2）气体中带电粒子的影响。利用放射性材料使空气电离，这样为消除绝缘体上的静电荷形成一个空间通道，因而大多数情况下使空气电离可以消除绝缘体上的静电。

11.3 防止静电危害的基本措施

静电的危害在某些时候是非常大的，所以要尽力消除。消除静电有两条主要途径，其一是创造条件使物体的静电中和，限制静电的积累，使其不超过安全范围；其二是在工艺过程中进行控制，限制静电的产生。

消除静电危害的措施大致可以分为以下三大类。

（1）泄漏法。采取接地、增湿、加入抗静电剂、涂导电涂层等措施，以加快消除生产工艺过程中产生的静电，防止静电的积累。

（2）中和法。采用各种中和器（如感应静电消除器、高压静电消除器、放射线静电消除器），使带静电体附近的空气电离，让电离的空气离子中和物体所带的电荷，从而减少电荷的积累。

（3）工艺控制法。这类方法是选择好的材料和制作工艺从而减少电荷的积累，使之不超过危险程度。

而几种常用的消除静电危害的措施主要是静电接地、增湿、加抗静电添加剂、利用静电中和器及工艺控制等。

下面介绍几种预防静电的方法，以及在生产过程中消除静电的具体措施。

11.3.1 控制静电场合的危险程度

可燃物存在是酿成静电灾害的最基本的因素，所以在静电放电发生的场合，必须控制或排除放电场合的可燃物，就可以在一定程度上防止静电灾害。

1. 用非可燃物取代易燃介质

油类大多是可燃性物质（比如煤油、汽油和甲苯等），这样在静电放电场合就会埋下很大的安全隐患。油的燃点很低，而且很容易在常温常压条件下，形成爆炸性混合物，易于形成火灾或爆炸事故。例如在清洗机器设备的零件和精密加加工机床油污的过程中，用非燃烧性的洗涤剂取代煤油或汽油时，就会大大减少静电危害的可能性。这些可作为替代品的非可燃性洗涤剂，主要有苛性钾（即氢氧化钾）、磷酸三钠、碳酸钠以及水玻璃的水溶液。

2. 降低爆炸性混合物在空气中的浓度

可燃液体与空气的气体混合物，当达到爆炸极限的浓度范围时，若遇到明火就会发生爆炸事故。而且我们也知道，混合物的爆炸温度也有温度下限和温度上限之分。当温度在此上、下限范围内时，恰好可燃物产生和蒸发的蒸气与空气混合的浓度也在爆炸极限的范围内，这样我们就可利用控制爆炸温度来限定可燃物的爆炸浓度。

3. 降低含氧量或采取通风的措施

燃烧的必要条件之一就是含氧量足够，所以可以通过控制氧气的含量来控制爆炸，而减少空气中的氧含量可以使用惰性气体。此外，我们增大空气的氧含量，可以减小可燃物跟氧气在混合物中的比例，此时可燃物与氧气混合浓度超过爆炸极限的上限也不会使可燃物引起燃烧或爆炸。另外，当可燃物接近爆炸浓度时采用强制通风的办法，使可燃物被抽走，新空气得到补充，也不会引起事故。

11.3.2 工艺控制

适当的工艺控制可以限制和避免静电的产生和积累，而且工艺控制的方法应用很广，是消除静电危害的主要方法之一。

1. 摩擦速度或流速的控制

高速摩擦能够产生大量的电荷，降低流速和摩擦速度可以限制静电的产生。对罐车装油试验表明：平均流速为2m/s时，测得油面电位为2300V；当平均流速为1.7m/s时，油面电位为580V。可见，控制流速是减少静电荷产生的有效措施。所以就有了这样的规定，汽车罐车浸没装油最大线速度不应超过7m/s，铁路罐车用大鹤管装油流速不得大于5m/s，其目的还是为了减少静电的产生。

烃类燃油在管道内流动时，流速与管径应满足以下关系就可以降低产生静电的危险：

$$v^2D\leqslant 0.64 \tag{11-12}$$

式中 v——流速（m/s）；

D——管径（m）。

符合式（11-12）要求的最大流速与管径的关系见表11-4。在某些情况下，流速超过表11-4所列数值也不一定会发生危险。但是，当第一次装油或油料带有水分时，必须将液体流速限制在1m/s，否则将产生危险的静电。如铁路槽车和汽车油罐车装油时鹤管未浸没前的初速，油罐进油时进油管未淹没前的初速，内浮盘未起浮前的油品流速都必须限制在1m/s，然后才能逐渐提高流速。当管径超过25cm、流速超过1m/s时，为了防止危险的静电，引入罐内的注油管出口浸入深度不应小于50cm，并不应小于管径的2倍。

表11-4 最大流速与管径的关系

管径/cm	1	2.5	5	10	20	40	60
流速/$m\cdot s^{-1}$	8	5.1	3.6	2.5	1.8	1.3	1

以上规定是指单一品种纯净产品在管道内的正常流动速度。当处于其他情况下时，应按照表11-5中的规定。

表11-5 其他情况时管内流速

料中带有水分杂质时；甲、乙类两种以上油品混送；甲、乙类液体进入储罐、槽车的初速度	≤1m/s
入口管浸度200mm后液体中添加了抗静电剂，同时具有专门静电消除器、报警装置	≤6m/s

流速和液体电阻率也有十分密切的关系，见表11-6。

表11-6 液体电阻率与允许流速的关系

液体电阻率/Ω·m	允许流速/$m\cdot s^{-1}$
$<10^5$	<10
$10^5\sim10^9$	5
$>10^9$	1.2

粉体在管道中的允许输送速度取决于粉体的性质、荷载量、电阻率及管道内壁的光滑程度等。

2. 工艺的改进

（1）改进工艺过程可减少静电的产生。在制作橡胶过程中，作为橡胶的有机溶剂的汽油在常温下不易挥发，由于橡胶是绝缘材料，在摩擦过程中容易产生静电，所以很容易形成有爆炸危险的混合物，这就具有了危险性。又如在制造雨衣时，上胶以后要用刮刀进行刮胶，刮刀（金属）与橡胶瞬间快速分离就会产生上万伏的静电，同时还易于产生静电火花，因此这个工序经常发生静电火灾事故。现将刮胶改用两个金属滚碾胶就大大减少了静电事故，也消除了刮胶过程的静电火灾危险。

（2）改变工艺操作程序可降低静电的危险性。在生产过程中，有时必不可少需要搅拌，然而往往搅拌过程会产生大量的静电。但在搅拌过程中，如适当地安排加料顺序，则可降低静电的危险性。例如，某一工艺过程中，如最后加入汽油，液浆表面的静电电位高达 11～13kV。改进工艺是先加入部分汽油与氧化锌和氧化铁进行搅拌，最后再加入石棉填料和剩余的汽油，就会使这种浆液的表面电位降至 400V 以下。

（3）湿法生产也是防静电的有力措施。在黑火药的生产过程中也是经常发生事故的，这是因为在混制硝酸钾、木炭和硫磺三味粉时存在精加工的硫黄粉，所以会产生大量静电。研究黑火药特性表明，黑火药生产厂房内应保持足够的相对湿度，机器设备应保持接地良好，以减少静电积聚，这样就大大减少了黑火药生产中的静电危险性。

3. 正确选择材料

（1）选择不容易起电的材料。物体的电阻率达到 $10^{10}\Omega$ 以上时很容易由于摩擦带上几千伏的静电高压，因此在工艺和生产过程中，可以选择固体材料电阻率在 1010 以下的物体材料，一定程度上减少摩擦带电。比如在煤矿中传输煤皮带的托棍换成金属或导电塑料就会避免静电荷的产生和积累。

（2）根据带电序列选用不同材料。物体摩擦起电，但起电特性和起电的速度还跟物质在带电序列中的位置有关，一般在带电序列前面的物质相互摩擦后是带正电荷，而后面的则带负电荷。我们可根据这个特性，在生产过程选择两种不同材料，这种材料与前者摩擦后带上了正电荷，而与后者摩擦带上了负电荷，最后物料上所形成的正、负静电荷正好可以互相抵消，从而达到消除静电的效果。根据静电序列适当地选用不同的材料而消除静电的方法称为正、负相消法。

（3）选用吸湿性材料。吸湿性材料表面带上一层水膜后其导电性能会加强，所以在生产过程中选用吸湿性塑料，或将塑料用表面活性剂转变成吸湿性材料，当人为地增大空气湿度时，可以使绝缘材料上的静电荷沿其表面泄漏掉，从而保证安全。

11.3.3 减少静电荷的积累

1. 静电接地

把物体跟大地相接时，物体上的电荷就会顺着导体流向大地，从而可以减少静电积累。在“静电荷衰减”一节中得到，静电荷的衰减时间常数为泄漏电阻与该物体对地电容的相乘积（$\tau = RC$）。显然，对接地导体来说泄漏电阻为接地电极对地电阻，由于这个电阻很小，故衰减时间常数很小，静电衰减很快。

（1）接地对象。

1）各种易燃液体、可燃气体和可燃粉尘的设备在加工、贮存、运输过程中一定要接地，如油罐、贮存罐、油品的运输装置、过滤器、吸附器等。

2）输送可燃气体或可燃液体的管道必须进行良好的接地。

3）注油漏斗、工作台、磅秤、金属检尺等辅助设备应予接地，并与金属管道互相跨接起来。

4）在可能产生静电和累积静电的固体和粉体作业中，全部金属设备或装置的金属部分，如上光、托辊、磨、筛、混合、风力输送等，均应接地。

5）采用绝缘管运输物料时，为防止静电的产生，管道外部采用屏蔽接地，管道内衬有金属螺旋软管并接地。

6）人体是良好的静电导体，在危险的操作场合，为防止人体带电，对人体必须采取防静电措施。

7）对不是导体的材料采用涂导电涂料接地。另外，为防止绝缘体带电，还可以在绝缘体表面涂上导电涂料，使其达到消除静电的目的。

（2）接地要求。泄漏电阻达到$10^6\Omega$就完全可以导出静电电荷，达到防止带电的良好效果，但具体工艺条件不同时，要求静电荷的累积量也不同，应根据具体情况选择接地电阻。下边举几个例子说明具体情况的不同。

1）室外贮罐如已有防雷接地，可与静电接地公用，接地电阻不大于10Ω，且每罐至少有两个接地点，其间距不得大于30m，且接地点不应设在进液口附近。

2）室外贮罐如无防雷接地，须单独进行静电接地，其静电接地电阻不得大于100Ω，且有两个接地点，其间隙仍然不得大于30m。

3）在无强电的场合，可不考虑人体误触电的危险，静电接地电阻可在1000Ω以下。

（3）接地方法。

1）固定设备的接地。静电接地与一般电气设备的接地相比，不需要过高的技术，重要的是接地可靠，并满足接地电阻的要求。因此，应连接良好（采用焊接或铆接，也可用压接端螺母紧固），并保证足够的机械强度（要求1.25mm^2截面积的实心线或绞合线为宜）。

2）移动设备的接地。一般采用鳄鱼嘴夹子、电池夹子或压入式连接器等，也可用导电纤维或导电布接地。

3）采用导电覆盖层。导电覆盖层一般是使用导电涂料或掺有金属粉和石墨粉的聚合材料。覆盖层可以完全覆盖亦可不完全覆盖，但应满足未涂覆盖层部分的储能不能成为可燃物引火源的基本要求。

4）采用导电地坪。导电地坪也称为导电平面，是一种消除人体静电的有效措施之一。其方法是人所储存的静电荷通过导电工作服、导电鞋和导电地面，构成一个接地系统，可把人体静电导走。

2. 增湿

亲水性物体可以通过增湿使表面产生一层水膜，其表电阻将会减小，从而加快电荷的泄漏，以减小静电电荷。但增湿的作用主要是使静电沿绝缘体表面加速泄漏，而不是增加通过空气的泄漏量。因此，增湿法只对表面易被水润湿的非导体才有效，如醋酸纤维素、硝酸纤维纸张、纸张、橡胶等。对于表面不能形成水膜的物质，增湿是行不通的，如纯涤纶、聚四氟乙烯、聚乙烯等。另外，对于表面水分蒸发很快和孤立的非导体，由于空气增湿后虽然其表面上能形成水膜，但没有静电泄漏的途径，对消除静电也是无效的。而且，在这种情况下，一旦发生放电，由于能量释放比较集中，火花会比较强烈。基于同样理由，增湿对于悬浮粉体消除静电也是无效的。增湿对消除液体静电也是无效的。

增湿可以通过吸收一定的能量，从而提高爆炸性混合物的最小引燃能量，可以减少燃烧或爆炸的几率。然而，对于允许增湿的范围还有一点的限制，应根据具体情况具体分析。从消除静电危害的角度考虑，保持相对湿度在70%以上较为适宜。当相对湿度低于30%时，产生的静电是比较强烈的。因此，有静电危险的场所，相对湿度不应低于30%。

增湿的方法对于消除静电的效果还是很显著的。例如，某粉体筛选过程中，相对湿度低于50%时，测得容器内静电电压为40kV；相对湿度为65%～80%时，静电电压降低为18kV。

3. 使用抗静电添加剂

抗静电添加剂是化学药剂。在容易产生静电的高绝缘材料中加入抗静电添加剂之后，能降低材料的体积电阻率或表面电阻率，可以加速静电的泄漏，消除静电的危险。

（1）抗静电添加剂的种类。抗静电添加剂因为其良好的使用性能，最近几年发展非常迅速，概括起来可以分成下面的几个类别。

1）无机盐类：包括有碱金属和碱土金属，如硝酸钾、氯化钾等。

2）活化剂：包括硫酸盐、季铵盐、多元醇等。

3）无机半导体盐：包括半导体盐和金属元素的卤化物，这类抗静电添加剂还包括石墨。

4）电解质高分子聚合物类：如苯乙烯季铵化合物等。

5）非离子型抗静电剂：烷基酰胺类的 HZ－14（ECH），二乙醇月桂酰胺（LDN），二乙醇椰子酰胺（LDB）。

（2）抗静电添加剂的应用。

1）石油抗静电添加剂有油酸盐、油酸、合成脂肪酸盐等。石油中只要增加 $1/10^6$ 的油酸或油酸盐会产生良好的消除静电的效果。如苯骈三氮唑脂肪胺盐，又称 T406 石油添加剂，是一种多效能石油添加剂，具有抗磨、抗腐、抗氧化、防锈等多种性能，是一种高效复合剂。

2）化纤工业使用的活化剂、季铵盐油剂，可使体表电阻率下降 3～4 个数量级，如十八烷基二甲基羟乙基季铵硝酸盐类（SN）。

3）塑料行业采用的内加型表面活性剂，如酰胺基季铵硝酸盐适用于聚乙烯软质塑料。

4）橡胶行业使用的炭黑和金属粉做抗静电添加剂。胶液中加入 10%～20% 的炭黑就会使电阻率控制在 $10^2 \sim 10^4 \Omega \cdot m$ 范围内，抗静电效果很强。

4. 静电消除器防止静电

静电消除器又称为静电消电器和静电中和器，它由高压电源产生器和放电级组成，通过尖端电晕放电把空气电离为正负离子以中和物体表面的电荷。

（1）静电消除器的分类。根据消除静电的原理和要求不同，静电消除器分为以下三种类型。

1）自感应静电消除器。它利用带电体的电荷与被感应放电针发生的电晕放电使空气被电离产生电荷的方法来中和物体表面的静电。

2）带附加高压的静电消除器。在放电针上加上交、直流高压，使放电针与接地体之间形成强电场，加强电晕放电，增强空气电离，可以达到快速消除静电的效果。

3）放射性除电器。利用放射性材料使空气电离，产生的离子中和物体表面的电荷。放射性材料尤其是 α 射线对空气电离效果极佳，消除静电的效果也很好。

（2）各种消电器特性和使用范围。已将各种消电器的特性和使用范围列入表 11-7，请参照选择和使用。

表 11-7　消电器的特性和使用范围

种类		特征	主要消电对象
附加电压式消电器	标准型	消电能力强、机种丰富	薄膜、纸、布
	送风型	鼓风机型、喷嘴型	配管内、局部（场所）
	防爆型	不会成为引火源，但是机种受限制	可燃性液体
	直流型	消电能力强，但有时产生反放电	单极性薄膜

（续）

种类		特征	主要消电对象
自身放电式消电器	加入导电性纤维的布、导电性薄膜	使用简单，不易成为引火源，但初期电位低，消电能力弱。在2～3kV以下时不能消电	薄膜、纸、布、橡胶、粉体等
放射线式消电器	线源	不会成为引火源，但要进行放射性管理，消电能力弱	密闭空间内

11.3.4 防止人体静电

人体是静电体，在不同湿度条件下，人体活动产生的静电电位有所不同。在干燥的季节，人体静电可达几千伏甚至几万伏。实验证明，静电电压为5万伏时人体没有不适感觉，带上12万伏高压静电时也没有生命危险。不过，静电放电也会在其周围产生电磁场，虽然持续时间较短，但强度很大。假如人体带电超过10000V高压时，人体放电能量就可达到5mJ以上，足以使可燃液体、可燃气体与空气的爆炸性混合物发生燃烧和爆炸。

1. 人体静电的产生

（1）鞋子与地面的摩擦带电。鞋子与地面的摩擦可以产生很高的静电。人的绝缘鞋底与绝缘地面摩擦时所产生的静电电位高达2400V。

（2）人体与衣服之间的摩擦带电。人体脱衣时的带电属于快速剥离带电，虽然起电时间很短，但由于起电速率很快，而积累电位较高，具体结果见表11-8。

表11-8 所穿鞋、袜与人体带电的关系

鞋	袜			
	赤脚	尼龙袜	薄尼龙袜	导电袜
	人体电位/kV			
橡胶底运动鞋	20.0	19.0	21.0	21.0
皮鞋（新）	5.0	8.5	7.0	4.0
静电鞋（$10^7\Omega$）	4.0	5.5	5.0	6.0
静电鞋（$10^6\Omega$）	2.0	4.0	3.5	3.0

（3）带电物之间的感应带电和接触带电。人体是导体，在靠近带电体时，就会发生静电感应现象，结果使人体呈现带电状态；而人体与带电体接触时，自然会发生电荷的转移，也会呈现人体带电状态。

（4）吸附带电。人体从带电粉尘、带电云雾等的区域走过，由于带电粉尘吸附在人体上也会呈现强烈的带电现象。例如当人体走过压力为 $12kgf/cm^2$ (1.2MPa) 的水蒸气内法兰盘喷出的地方，人体就会带上 50000V 以上的静电高压。

2. 防止人体带电的方法

（1）到自然环境中去。有条件的话，在地上赤足运动一下，因为常见的鞋底都属绝缘体，身体无法和大地直接接触，也就无法释放身上积累的静电。

（2）尽量少穿化纤类衣物，或者选用经过防静电处理的衣物。贴身衣服、被褥一定要选用纯棉制品或真丝制品；同时，远离化纤地毯。

（3）秋冬季要保持一定的室内湿度，这样静电就不容易积累。室内放上一盆清水或摆放些花草，可以缓解空气中的静电积累和灰尘吸附。

（4）长时间用计算机或看电视后，要及时清洗裸露的皮肤，多洗手、勤洗脸，对消除皮肤上的静电很有好处。

（5）多饮水，同时补充钙质和维生素 C，减轻静电对人带来的影响。

3. 防人体静电的基本要求

（1）对泄漏电阻的要求。为泄放人体静电，一般选择的人体泄漏电阻是在 $10^8\Omega$ 范围以下，同时考虑特别敏感的爆炸危险的场合，避免通过人体直接放电所造成的引燃性，所以泄漏电阻要选在 $10^7\Omega$ 以上。另外，在低压工频线路的场合，还要考虑人身误触电的安全防护问题，故泄漏电阻选择在 $10^6\Omega$ 以上为宜。

（2）对导电工作服和导电地面等的要求。对于导电工作服，要求在摩擦过程中其带电电荷密度不得大于 $7.0\mu C/m^2$。对于导电地面，一般消电场合选择 $10^{10}\Omega$，爆炸危险场所选择在 $10^6 \sim 10^7\Omega$ 为宜；导电工作鞋以 $1.0\times10^8\Omega$ 以下为标准。

（3）对静电电位的要求。在操作对静电非常敏感的化工产品时，按规定人体电位不能超过 10V，最大不能超过 100V。因此，人们可依据这个具体要求控制操作速度和操作方法。

11.3.5 抑制静电放电和控制放电能量

1. 抑制静电放电

静电火灾和爆炸危害是由于静电放电造成的。因此，只有产生静电放电，而放电能量等于或大于可燃物的最小点火能量时，才能引发出静电火灾。如果没有放电现象，即使环境中存在的静电电位再高、能量再大也照样不会形成静电灾害。

而产生静电放电的条件是，带电物体与接地导体或其他不接地体之间的电场强度，达到或超过空间的击穿场强时，就会发生放电。对空气而言，其被击穿的均匀场强是 33kV/cm。对于非均匀场强，可降至均匀电场的 1/3。于是我们可使用静电场强计或静电电位计，监视周围空间静电荷累积情况，以预防静电事故的发生。

2. 控制放电能量

综合上面所述，如果发生静电火灾或爆炸事故，其一是存在放电，其二是放电能量必须大于或等于可燃物的最小点火能量。于是我们可根据第二条引发静电事故的条件，采用控制放电能量的方法，来避免产生静电事故。

目前国外发展一项新技术，称为“安全火花”防侵技术，这种技术就是基于在线路或周围环境中可以存在放电现象，但这种放电必须是小能量火花（即安全火花）。

复　习　题

1. 静电有哪些主要特点？
2. 简述静电火灾引燃机理。
3. 如何理解静电危害的危险界限？
4. 静电荷是如何产生的？
5. 简述气体放电的物理过程。
6. 消除静电危害的措施有哪些？
7. 如何减少静电荷的积累？

参考文献

[1] 杨在塘．电气防火工程［M］．北京：中国建筑工业出版社，1997.
[2] 杨有启，叶增禄．电气防火实用技术［M］．北京：北京经济学院出版社，1995.
[3] 张宏宇．电气防火［M］．昆明：云南人民出版社，2006.
[4] 郎永强．电气防火防爆防雷方法与技巧［M］．北京：机械工业出版社，2007.
[5] 陈南．建筑电气防火技术［M］．北京：化学工业出版社，2006.
[6] 刘介才．工厂供电［M］．北京：机械工业出版社，2004.
[7] 苏文成．工厂供电［M］．北京：机械工业出版社，2004.
[8] 高庆敏．建筑电气与安全技术［M］．郑州：黄河水利出版社，2006.
[9] 王子明，许郢．供配电技术［M］．北京：中国轻工业出版社，2007.
[10] 曾令琴，李伟，赵渝青．供配电技术［M］．北京：人民邮电出版社，2008.
[11] 王玉华，赵志英．工厂供配电［M］．北京：北京大学出版社，2006.
[12] 唐定曾，唐海主编．建筑电气技术［M］．北京：机械工业出版社，2002.
[13] 魏金成．建筑电气［M］．重庆：重庆大学出版社，2005.
[14] 梁慧敏，张奇，白春华．电气安全工程［M］．北京：北京理工大学出版社，2010.
[15] 李宏文，沈金波．电气防火检测技术与应用［M］．北京：中国建筑工业出版社，2010.
[16] 钮英建．电气安全工程［M］．北京：中国劳动社会保障出版社，2009.
[17] 瞿彩萍．电气安全事故分析及其防范［M］.2 版．北京：机械工业出版社，2007.
[18] 李悦，李海宽．电气安全工程［M］．北京：化学工业出版社，2007.
[19] 赵莲清．电气安全知识问答［M］．北京：中国劳动出版社，1996.
[20] 谈文华，万载扬，等．实用电气安全技术［M］．北京：机械工业出版社，1996.
[21] 杨岳．电气安全［M］.2 版．北京：机械工业出版社，2010.
[22] 教育部高等学校安全工程学科教学指导委员会．电气安全工程概论［M］．北京：中国劳动社会保障出版社，2010.